"十三五"普通高等教育本科规划教材

# 液压与气压传动

主　编　赵春花
副主编　范新强　张志勇
编　写　王久鑫　杨天兴　张　华
主　审　郭贵生

## 内 容 提 要

本书为“十三五”普通高等教育本科规划教材。全书共12章，主要内容如下：第1章概述液压与气压传动的工作原理和组成、特点、职能符号、工作介质的性质和选择及控制等；第2章介绍流体力学基础，主要介绍液体静力学和动力学、流动损失等；第3~8章分别介绍液压与气压传动系统常用的动力元件、执行元件、控制调节元件和辅助元件；第9章介绍液压与气压传动的基本回路；第10章介绍典型的液压与气压传动系统及实例；第11章介绍液压传动系统设计计算、系统原理图的拟定；第12章介绍液压与气压伺服系统及液压伺服系统设计。每章附有习题，书后附有部分习题参考答案和附录。在附录中简要地介绍了GB/T 786.1—2009/ISO 1291—1中规定的部分常用液压气动图形符号。

本书可作为高等工科院校和高等农林院校机械类及农机类、车辆工程、农电类等近机类各专业的本科教材，也可供高职高专院校师生和相关工程技术人员参考使用。

**图书在版编目（CIP）数据**

液压与气压传动 /赵春花主编．—北京：中国电力出版社，2017.5

“十三五”普通高等教育本科规划教材

ISBN 978-7-5198-0706-1

Ⅰ．①液…　Ⅱ．①赵…　Ⅲ．①液压传动—高等学校—教材 ②气压传动—高等学校—教材　Ⅳ．①TH137②TH138

中国版本图书馆CIP数据核字（2017）第081206号

---

出版发行：中国电力出版社

地　　址：北京市东城区北京站西街19号（邮政编码100005）

网　　址：http://www.cepp.sgcc.com.cn

责任编辑：周巧玲（010—63412539）

责任校对：常燕昆

装帧设计：郝晓燕　张　娟

责任印制：吴　迪

---

印　　刷：航远印刷有限公司印刷

版　　次：2017年5月第一版

印　　次：2017年5月北京第一次印刷

开　　本：787毫米×1092毫米　16开本

印　　张：17.25

字　　数：417千字

定　　价：38.00元

---

# 前　言

液压与气压传动课程是根据教育部专业设置和课程整合的教改要求而设置的。为了在减少课堂教学学时的同时拓宽学生知识面，本书将流体力学、液压传动和气压传动三门课程的教学内容根据教学需要进行整合，使学生在了解液压与气压传动相关的流体力学基础理论前提下，掌握液压和气压传动方面的专业知识，为后续的课程学习、设计训练和毕业后的学习、工作奠定基础。

本书从目前教学改革特点出发，强调知识的应用与能力的培养；在内容的选取和安排上，使液压与气压传动知识有机地融会贯通，相互交叉；处理好理论与实际应用的关系，重点介绍理论知识，强调基本训练，加强分析、解决实际问题的能力及工程应用素质的培养；少而精，系统性强。本书可供34～64学时的机械类或近机类各专业使用，可根据具体情况进行删减或补充。

本书是由长期在第一线从事教学工作、富有经验的教师以科学性、先进性、系统性和实用性为目标，并总结同类教材的编写经验，汲取本课程领域内最新的教学和科研成果，精心编写而成，能够满足不同类型和层次的本科教学需要；同时也为本科多媒体授课拓展学生知识面和提高创新能力提供教学平台。本书以流体力学为基础，以液压与气压传动系统为主线，以能初步设计液压与气压传动系统为目的，以液压与气压传动回路为基本框架，以实验教学和思考习题为巩固所学内容为手段，使学生对液压与气压传动方面的基础知识有全面的了解，掌握重点内容，以便于和其他课程进行有机的结合，达到所要求的教学目的。

本书由甘肃农业大学赵春花教授担任主编，由兰州城市学院范新强、西北农林科技大学张志勇担任副主编，参与编写的人员还有甘肃农业大学王久鑫、兰州城市学院杨天兴、甘肃农业大学张华。本书具体编写分工如下：杨天兴（第1、6章，第9章9.1、9.2），赵春花（第2、3、5、11章，第10章10.1，10.2），王久鑫（第4章，第9章9.3～9.5，第10章10.3～10.6），张志勇（第7章，第12章），张华（第8章8.1～8.4、附录及参考答案），范新强（第8章8.5～8.7）。本书配套电子课件，课件第1～11章由赵春花制作，第12章由张志勇制作。甘肃农业大学邓元喜进行了文稿和课件的校核工作，在此表示衷心的感谢。

本书由西北农林科技大学郭贵生老师主审，审稿老师提出了很多宝贵意见，在此表示衷心的感谢。

由于编者水平有限，书中难免有不足和疏漏之处，请广大读者批评指正。

编　者

2017.3

# 目 录

前言
第 1 章 概述 …… 1
1.1 液压与气压传动的概念和发展概况 …… 1
1.2 液压与气压传动系统的工作原理和组成 …… 3
1.3 液压与气压传动的特点 …… 8
1.4 液压与气压传动的图形符号 …… 9
1.5 液压与气压传动工作介质的性质和选择 …… 9
1.6 液压与气压传动工作介质的污染及控制 …… 18
小结 …… 20
思考题和习题 …… 21
第 2 章 流体力学基础 …… 22
2.1 液体静力学 …… 22
2.2 流体动力学 …… 26
2.3 流体流动时的压力损失 …… 33
2.4 空穴现象和液压冲击 …… 37
小结 …… 40
思考题和习题 …… 40
第 3 章 液压与气压动力元件和马达 …… 43
3.1 液压泵的概述 …… 43
3.2 齿轮泵 …… 46
3.3 叶片泵 …… 51
3.4 柱塞泵 …… 59
3.5 液压泵的噪声 …… 63
3.6 液压泵的选用 …… 63
3.7 液压及气压马达 …… 66
3.8 气源装置 …… 76
小结 …… 80
思考题和习题 …… 80
第 4 章 液压传动执行元件 …… 82
4.1 液压缸的分类和特点 …… 82
4.2 液压缸的典型结构和组成 …… 86
4.3 液压缸的设计和计算 …… 91
4.4 液压缸设计中应注意的问题 …… 95

小结 …… 95
思考题和习题 …… 96
**第 5 章　控制元件及方向控制阀** …… 98
5.1　概述 …… 98
5.2　方向控制阀 …… 99
小结 …… 115
思考题和习题 …… 115
**第 6 章　压力控制阀** …… 117
6.1　溢流阀 …… 117
6.2　减压阀 …… 121
6.3　顺序阀 …… 123
6.4　压力继电器 …… 126
6.5　压力阀在调压与减压回路中的应用 …… 127
小结 …… 129
思考题和习题 …… 130
**第 7 章　流量控制阀** …… 132
7.1　流量控制原理及节流口形式 …… 132
7.2　普通节流阀 …… 134
7.3　调速阀和温度补偿调速阀 …… 135
7.4　溢流节流阀 …… 137
7.5　分流阀 …… 137
7.6　插装阀、比例阀、伺服阀 …… 140
小结 …… 147
思考题和习题 …… 147
**第 8 章　辅助装置** …… 149
8.1　蓄能器 …… 149
8.2　滤油器 …… 152
8.3　油箱 …… 156
8.4　热交换器 …… 158
8.5　管件 …… 159
8.6　密封装置 …… 161
8.7　其他辅助元件 …… 164
小结 …… 165
思考题和习题 …… 165
**第 9 章　液压与气压基本回路** …… 166
9.1　速度控制回路 …… 166
9.2　压力控制回路 …… 178
9.3　方向控制回路 …… 183
9.4　多缸动作回路 …… 185

9.5　其他控制回路 …… 189
小结…… 190
思考题和习题…… 190
**第 10 章　典型的液压与气压传动系统** …… 194
10.1　组合机床动力滑台液压系统…… 194
10.2　M1432A 型万能外圆磨床液压系统…… 197
10.3　SZ-250A 型塑料注射成型机液压系统…… 200
10.4　双动薄板冲压机液压系统…… 205
10.5　汽车起重机液压系统…… 208
10.6　香皂装箱机气压系统…… 210
小结…… 211
思考题和习题…… 211
**第 11 章　液压传动系统设计与计算** …… 214
11.1　明确设计要求进行工况分析…… 214
11.2　液压系统原理图的拟订…… 218
11.3　确定液压系统主要参数…… 218
11.4　液压元件的计算和选择…… 219
11.5　液压系统性能的验算…… 224
11.6　绘制正式工作图和编写技术文件…… 226
11.7　液压系统设计计算举例…… 226
小结…… 230
思考题和习题…… 230
**第 12 章　液压与气压伺服系统** …… 231
12.1　概述…… 231
12.2　典型的伺服控制元件…… 234
12.3　伺服阀…… 236
12.4　液压伺服系统…… 242
12.5　气压伺服系统…… 245
12.6　液压伺服系统设计…… 247
小结…… 254
思考题和习题…… 254
**附录　部分常用液压气动图形符号**…… 255
**习题参考答案**…… 262
**参考文献**…… 265

# 第1章 概 述

本章提要

本章重点介绍：液压与气压传动的定义；液压与气压传动的工作原理及系统构成；液压与气压传动的特点；液压与气压传动的图形符号；液压传动的工作介质类型及应用。通过本章的学习，掌握液压传动的定义和两个重要原理；熟悉液压千斤顶和平面磨床的工作原理及系统职能符号图的画法、特点和功能，液压工作介质的性能要求，常用液压油的类型，适用范围及特点；了解液压、气压传动的发展概况和优缺点，液压与气压传动工作介质的污染及控制等。

一部完整的机器由原动机、传动部分、控制部分、工作机构等组成。传动部分是一个中间环节，它的作用是将原动机（电动机、内燃机等）的输出功率传送给工作机构。传动机构通常分为机械传动、电气传动、流体传动以及它们的组合传动等。

流体传动是以流体为工作介质进行能量转换、传递和控制的传动，包括液压传动、液力传动和气压传动。液压传动和液力传动均是以液体作为工作介质来进行能量传递的传动方式。液压传动主要是利用液体的压力能来传递能量，液力传动则主要是利用液体的动能来传递能量。

## 1.1 液压与气压传动的概念和发展概况

### 1.1.1 液压与气压传动概念

液压传动（hydraulics）是以液体为工作介质，通过驱动装置将原动机的机械能转换为液体的压力能，然后通过管道、液压控制、调节装置等，借助执行装置，将液体的压力能转换为机械能，驱动负载实现直线或回转运动。

几乎所有的机械或机器都需要传动机构。这是因为原动机一般很难直接满足执行机构在速度、力、转矩、运动方式等方面的要求，必须通过中间环节——传动装置进行调节控制。液压传动就是这种调节控制方式中的一种。

根据其工作特点，液压传动又称为容积式液压传动。

用气体作为工作介质进行能量传递的传动方式称为气压传动。气压传动是利用压缩气体的压力能来实现能量传递的一种传动方式，其介质主要是空气，也包括燃气和蒸汽。

### 1.1.2 液压与气压传动的现状和发展

1. 液压与气压传动的现状

液压传动和气压传动属于流体传动，在工农业生产中得到广泛应用。如今，流体传动技术水平的高低已成为一个国家工业发展水平的标志。

液压传动有许多突出的特点，应用范围广。例如，一般工业用的塑料加工机械、压力机械、机床等，行走机械中的工程机械、建筑机械、农业机械、汽车等，钢铁工业用的冶金机械、提升装置、轧辊调整装置等，土木水利工程用的防洪闸门及堤坝装置、河床升降装置、桥梁操纵机构等，发电厂用的涡轮机调速装置等，船舶用的甲板起重机械（绞车）、船头门、舱壁阀、船尾推进器等，特殊技术用的巨型天线控制装置、测量浮标、升降旋转舞台等，军事工业用的火炮操纵装置、舰船减摇装置、飞行器仿真、飞机起落架的收放装置、方向舵控制装置等。

下面以液压传动在机床上的应用为例加以说明。

（1）进给运动传动装置。磨床砂轮架和工作台的进给运动大部分采用液压传动，普通车床、六角车床、自动车床的刀架或转塔刀架，铣床、刨床、组合机床的工作台等的进给运动也都采用液压传动。这些部件有的要求快速移动，有的要求慢速移动，有的则既要求快速移动，也要求慢速移动。这些运动多半要求有较大的调速范围，要求在工作中无级调速；有的要求持续进给，有的要求间歇进给；有的要求在负载变化下速度恒定，有的要求有良好的换向性能等。上述要求均可通过液压传动来实现。

（2）往复主体运动传动装置。龙门刨床的工作台、牛头刨床或插床的滑枕，由于要求做高速往复直线运动，并且要求换向冲击小、换向时间短、能耗低，因此都可以采用液压传动。

（3）仿形装置。车床、铣床、刨床上的仿形加工可以采用液压伺服系统来完成，其精度可达0.01～0.02mm。此外，磨床上的成形砂轮修正装置也可采用这种系统。

（4）辅助装置。机床上的夹紧装置、齿轮箱变速操纵装置、丝杆螺母间隙消除装置、垂直移动部件平衡装置、分度装置、工件和刀具装卸装置、工件输送装置等，采用液压传动后，有利于简化机床结构，提高机床自动化程度。

（5）静压支承。重型机床、高速机床、高精度机床上的轴承、导轨、丝杠螺母机构等处采用液体静压支承后，可以提高工作平稳性和运动精度。

液压传动在各类机械工业部门的应用举例见表1-1。

**表1-1　液压传动在各类机械行业中的应用实例**

| 行业名称 | 应用实例 |
|---|---|
| 工程机械 | 挖掘机、装载机、推土机、压路机、铲运机等 |
| 起重运输机械 | 汽车吊、港口龙门吊、叉车、装卸机械、皮带运输机等 |
| 矿山机械 | 凿岩机、开掘机、开采机、破碎机、提升机、液压支架等 |
| 建筑机械 | 打桩机、液压千斤顶、平地机等 |
| 农业机械 | 联合收割机、拖拉机、农具悬挂系统等 |
| 冶金机械 | 电炉炉顶及电极升降机、轧钢机、压力机等 |
| 轻工机械 | 打包机、注塑机、校直机、橡胶硫化机、造纸机等 |
| 汽车工业 | 自卸式汽车、平板车、高空作业车、汽车中的转向器、减振器等 |
| 智能机械 | 折臂式小汽车装卸器、数字式体育锻炼机、模拟驾驶舱、机器人等 |

气压传动的应用也相当普遍，许多机器设备中都装有气压传动系统。在各工业领域，如机械、电子、钢铁、运输车辆及制造、橡胶、纺织、化工、食品、包装、印刷、烟草领域等，气压传动技术已成为基本组成部分。在尖端技术领域（如核工业和航天工业）中，气压

传动技术也占据着重要的地位。

2. 液压与气压传动的发展

液压传动相对于机械传动是一门新学科，但相对于计算机等新技术而言，它又是一门较老的技术。18世纪，英国便制成了世界上第一台水压机，只是由于在早期没有成熟的液压传动技术和液压元件，没有得到普遍应用。随着科学技术的不断发展，各行各业对传动技术有了新的需求。特别是在第二次世界大战期间，由于军事上迫切地需要反应快、重量轻、功率大的各种武器装备，而液压传动技术则能适应这一要求，因而获得了迅速的发展。在战后的几十年中，液压传动技术迅速转向其他各个领域，并得到了广泛的应用。

气压传动的应用更为历史悠久。早在公元前，埃及人就开始用风箱产生压缩空气助燃，这是气压传动的最初应用。从18世纪的产业革命开始，气压传动逐渐应用于各类行业中，如矿山用的风钻、火车的刹车装置等。

目前，世界各国都将气压传动作为一种低成本的工业自动化手段，气压传动元件的发展速度已超过了液压元件，气压传动已成为一个独立的专门技术领域。它们分别在实现高压、高速、大功率、高效率、低噪声、长寿命、高度集成化、小型化与轻量化、一体化、执行件柔性化等方面取得了很大的进展。同时，由于与微电子技术的密切配合，气压传动元件能在较小的空间内传递较大的功率并加以准确的控制，在各行各业中发挥出了巨大作用。

## 1.2　液压与气压传动系统的工作原理和组成

### 1.2.1　液压与气压传动系统的工作原理

本书主要介绍以液体为介质的液压传动技术和以压缩空气为介质的气压传动技术。

1. 液压传动系统的工作原理

在图1-1所示的系统中，有两个不同直径的液压缸2和4，且缸内各有一个与内壁紧密配合的活塞1和5。假设活塞在缸内自由滑动（无摩擦力），且液体不会通过配合面产生泄漏。缸2和4下腔用一管道3连通，其中充满液体。这些液体是密封在缸内壁、活塞和管道组成的容积中的。

如果活塞5上有重物$W$，则当活塞1上施加的力$F$达到一定大小时，就能阻止重物$W$下降，也就是说可以利用密封容积中的液体传递力，即这个系统传递力。

为了能提升重物$W$，必须在活塞1上施加主动力$F_1$，则重物$W$即为工作的负载。

如果活塞5上作用的$W$为0，在不计活塞摩擦力和活塞自重的情况下，活塞5下的压力为

$$p_2 = \frac{W}{A_2} = 0$$

这时，活塞1下的压力$p_1 = p_2 = 0$，主动力$F_1$只能为0，也就是说主动力是加不上去的。

如图1-2所示，在活塞1上施加力$F_1$后，如果

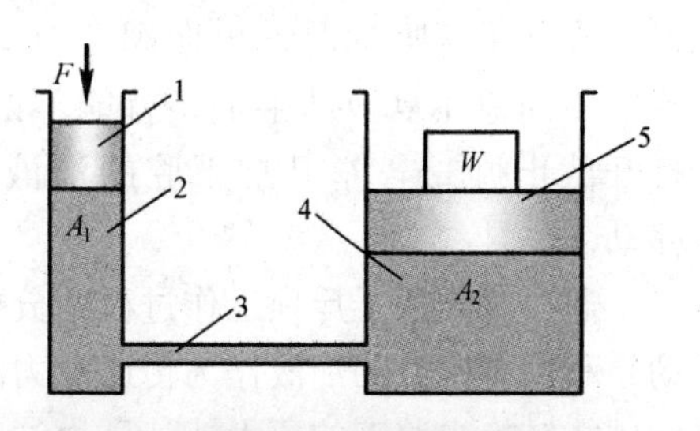


图1-1　液压传动系统模型Ⅰ

1—小活塞；2—小液压缸；3—管道；4—大液压缸；5—大活塞

大液压缸 4、管路 3、小液压缸 2 及小活塞 1 有足够的压强，就可以认为工作负载是无穷大的，那么，系统中的液体压力将为

$$p_1=\frac{F_1}{A_1}$$

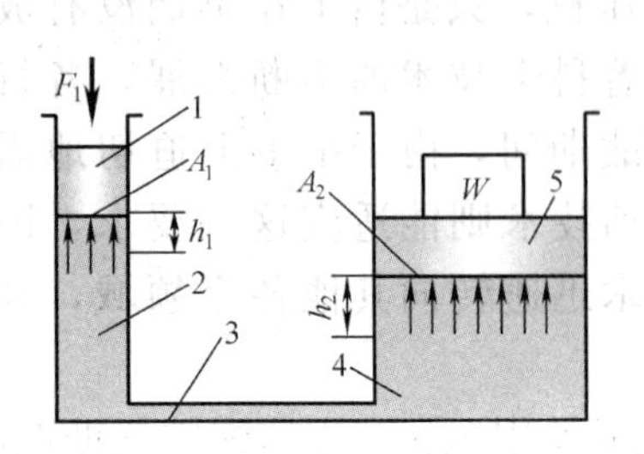


图 1-2 液压传动系统模型Ⅱ

1—小活塞；2—小液压缸；3—管道；4—大液压缸；5—大活塞

根据帕斯卡原理，该压力 $p_1$ 将在这个封闭的液体间等值传递，管道 3 和大液压缸 4 内各点都将产生大小和 $p_1$ 相等的液体压力，即压力取决于负载。

小活塞 1 向下移动 $h_1$，通过液体的能量传输，将使大活塞 5 上升 $h_2$，很显然 $h_1\neq h_2$。

由于不存在泄漏及忽略液体的可压缩性，所以在 $\Delta t$ 时间里从液压缸 2 中挤出的液体体积 $V_1=A_1h_1$，将等于通过管道 3 挤入液压缸 4 的体积 $V_2=A_2h_2$，即

$$A_1h_1=A_2h_2$$

两边同除以 $\Delta t$，则

$$\frac{A_1h_1}{\Delta t}=\frac{A_2h_2}{\Delta t} \tag{1-1}$$

单位时间内从小液压缸 2 中排出的液体体积挤入大液压缸 4 的体积称为流量 $Q$。那么，$\frac{A_1h_1}{\Delta t}=\frac{A_2h_2}{\Delta t}$实质上就是排出小液压缸 2 的流量等于挤入大液压缸 4 的流量。

由式（1-1）可得负载的运动速度 $v_2=\frac{Q}{A_2}$，则大活塞 5 的运动速度只取决于大液压缸 4 的流量，即在液压系统中执行机构的速度只取决于流量。

液压系统中，功率 $P=pQ$，压力 $p$ 和流量 $Q$ 是液压传动中最基本、最重要的参数。由于 $P_1=P_2=pQ$（不考虑任何损失），因此液压系统中的能量传输和转换是守恒的，满足能量守恒定律。

下面以液压千斤顶为例来说明液压传动的工作原理。

图 1-3 所示为液压千斤顶的工作原理。大油缸 9 和大活塞 8 组成举升液压缸。杠杆手柄 1、小油缸 2、小活塞 3、单向阀 4 和 7 组成手动液压泵。若提起手柄使小活塞向上移动，小活塞下端油腔容积增大，形成局部真空，这时单向阀 4 打开，通过吸油管 5 从油箱 12 中吸油；用力压下手柄，小活塞下移，小活塞下腔压力升高，单向阀 4 关闭，单向阀 7 打开，下腔的油液经管道 6 输入举升缸的下腔，迫使大活塞 8 向上移动，顶起重物。再次提起手柄吸油时，单向阀 7 自动关闭，使油液不能倒流，从而保证重物不会自行下落。不断地往复扳动手柄，就能不断地将油液压入举升缸下腔，使重物逐渐升起。如果打开截止阀 11，举升缸下腔的油液通过管道 10、截止阀 11 流回油箱 12，重物就向下移动。

通过对液压千斤顶工作过程的分析，可以初步了解到液压传动的基本工作原理。液压传动是利用有压力的油液作为传递动力的工作介质。压下杠杆时，小油缸 2 输出压力油，是将机械能转换成油液的压力能；压力油经过管道 6 及单向阀 7，推动大活塞 8 举起重物，是将油液的压力能又转换成机械能。大活塞 8 举升的速度取决于单位时间内流入大油缸 9 中的油容积。由此可见，液压传动是一个不同能量的转换过程。

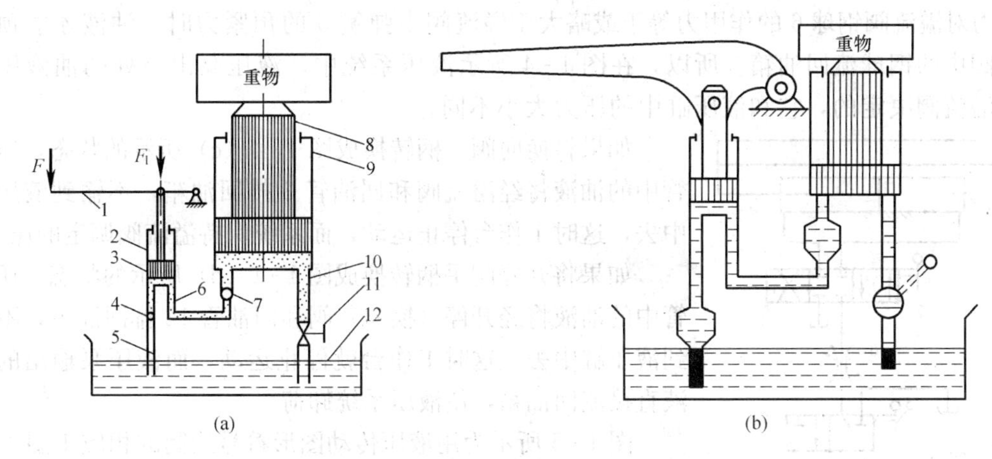


图 1-3 液压千斤顶工作原理

1—杠杆手柄；2—小油缸；3—小活塞；4、7—单向阀；5—吸油管；6、10—管道；8—大活塞；9—大油缸；11—截止阀；12—油箱

图 1-4 所示为用半结构式图形绘出的驱动机床工作台的液压传动系统工作原理。这个系统可使工作机构做直线往复运动，克服各种阻力和调节工作机构的运动速度，通过它可以进一步了解液压传动系统的工作原理。

在图 1-4（a）中，液压泵 4 由电动机驱动旋转，从油箱 1 中吸油。油液经过滤器 2 进入液压泵，当它从液压泵输出进入压力管 10 后，通过开停（换向）阀 9、节流阀 13、换向阀 15 进入液压缸 18 的左腔，推动活塞 17 和工作台 19 向右移动。这时，液压缸右腔的油液经换向阀和回油管 14 排回油箱。

如果将换向阀手柄 16 转换成如图 1-4（b）所示的状态，则压力管 10 中的油液将经过开停（换向）阀、节流阀和换向阀进入液压缸的右腔，推动活塞和工作台向左移动，并使液压缸左腔的油液经换向阀和回油管 14 排回油箱。

工作台的移动速度是由节流阀来调节的。当节流阀口开大时，进入液压缸的油液增多，工作台的移动速度增大；当节流阀口关小时，进入液压缸的油液减少，工作台的移动速度降低。

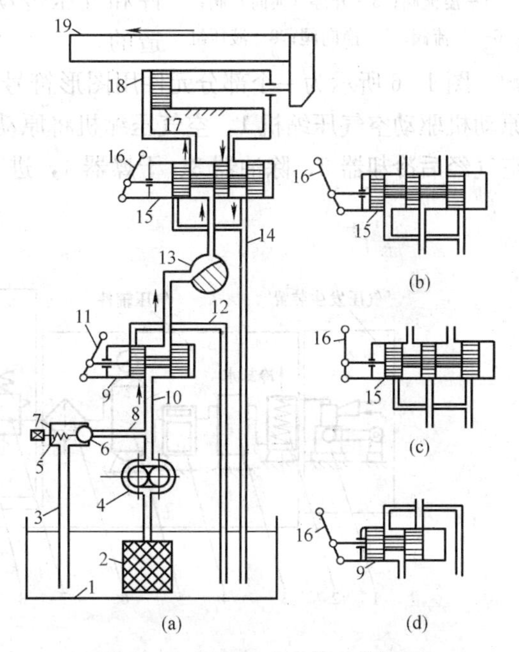


图 1-4 液压传动系统工作原理

1—油箱；2—过滤器；3、12、14—回油管；4—液压泵；5—弹簧；6—钢球；7—溢流阀；8—压力支管；9—开停（换向）阀；10—压力管；11—开停阀手柄；13—节流阀；15—换向阀；16—换向阀手柄；17—活塞；18—液压缸；19—工作台

为了克服移动工作台所受到的各种阻力，液压缸必须产生一个足够大的推力，这个推力是由液压缸中的油液压力产生的。要克服的阻力越大，液压缸中的油压越高；反之，压力就越低。液压泵输出的多余油液经溢流阀 7 和回油管 3 排回油箱，这只有在压力支管 8 中的油

液压力对溢流阀钢球 6 的作用力等于或略大于溢流阀中弹簧 5 的预紧力时，油液才能顶开溢流阀中的钢球流回油箱。所以，在图 1-4 所示液压系统中，液压泵出口处的油液压力是由溢流阀决定的，它和液压缸中的压力大小不同。

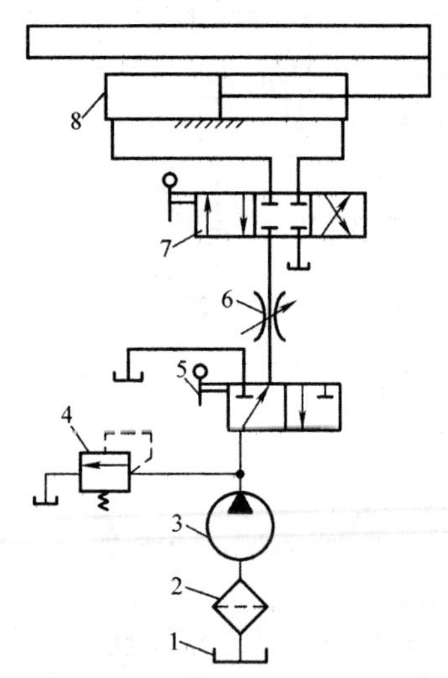


图 1-5　用液压传动图形符号绘制的液压传动系统工作原理图
1—油箱；2—过滤器；3—液压泵；4—溢流阀；5—开停（换向）阀；6—节流阀；7—换向阀；8—液压缸

如果将换向阀手柄转换成图 1-4（c）所示的状态，压力管中的油液将经溢流阀和回油管 3 排回油箱，不输到液压缸中去，这时工作台停止运动，而系统保持溢流阀调定的压力。

如果将开停阀手柄转换成图 1-4（d）所示的状态，压力管中的油液将经开停（换向）阀和回油管 12 排回油箱，不输到液压缸中去，这时工作台就停止运动，而液压泵输出的油液直接流回油箱，使液压系统卸荷。

图 1-5 所示为用液压传动图形符号绘制的相应于图 1-4 所示的液压传动系统工作原理图。

2. 气压传动系统的工作原理

从原理上讲，将液压传动系统中的工作介质换为气体，液压传动系统则变为气压传动系统。但由于这两种传动系统的工作介质及其特性有很大差别，其工作特性有较大不同，所应用的场合也不同。尽管这两种系统所采用元器件的结构原理相似，但很多元件不能互换，液压传动元件和气压传动元件是分别由不同的专业生产厂家加工制造的。

图 1-6 所示为一个部分元件用图形符号绘制的气压传动系统工作原理。在图 1-6 中，原动机驱动空气压缩机 1，空气压缩机将原动机的机械能转换为气体的压力能，受压缩后的空气经后冷却器 2、除油器 3、干燥器 4，进入到储气罐 5。储气罐用于储存压缩空气并稳定

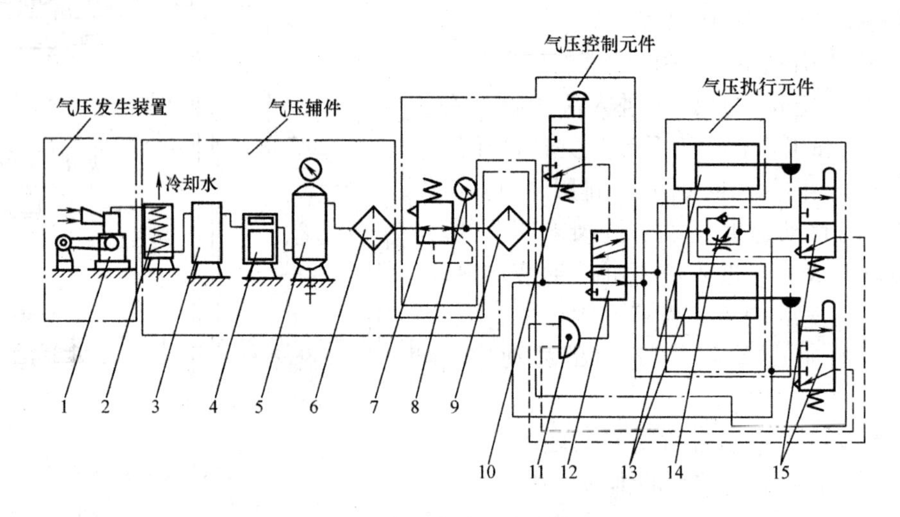


图 1-6　气压传动系统工作原理
1—空气压缩机；2—后冷却器；3—除油器；4—干燥器；5—储气罐；6—过滤器；7—减压阀；8—压力表；9—油雾器；10、12—气压控制阀；11—气压逻辑元件；13—气缸；14—可调单向节流阀；15—行程阀

压力。压缩空气再经过滤器6，由调压阀（减压阀7）将气体压力调节到气压传动装置所需的工作压力，并保持稳定。油雾器9用于将润滑油喷成雾状，悬浮于压缩空气中，使控制阀及气缸得到润滑。经过处理的压缩空气，通过气压控制元件10、11、12、14和15的控制进入气缸13，推动活塞带动负载工作。气压传动系统的能源装置一般都设在距离控制、执行元件较远的空气压缩机站内，用管道将压缩空气输送给执行元件，而过滤器以后的部分一般都集中安装在气压传动工作机构附近，各种控制元件按要求组合后构成具有不同功能的气压传动系统。

从液压传动系统和气压传动系统这两个实例可以看出：

（1）液压与气压传动是分别以液体和气体作为工作介质来进行能量传递和转换的。

（2）液压与气压传动是分别以液体和气体的压力能来传递动力和运动的。

（3）液压与气压传动中的工作介质是在受控制、受调节的状态下进行工作的。

### 1.2.2 液压与气压传动系统的组成

尽管液压传动系统和气压传动系统的特点不尽相同，但其组成形式类似。

从上述液压和气压传动系统的工作原理图可以看出，液压与气压传动系统大致由以下五部分组成：

（1）动力装置。动力装置是指能将原动机的机械能转换成液压能或气压能的装置，它是液压与气压传动系统的动力源。对液压传动系统而言是液压泵，其作用是为液压传动系统提供压力油；对气压传动系统而言是气压发生装置，也称为气源装置，其作用是为气压传动系统提供压缩空气。

（2）控制调节装置。包括各种阀类元件，其作用是控制工作介质的流动方向、压力和流量，以保证执行元件和工作机构按要求工作。

（3）执行元件。执行元件指缸或马达，是将压力能转换为机械能的装置，其作用是在工作介质的作用下输出力和速度（或转矩和转速），以驱动工作机构做功。

（4）辅助装置。除以上装置外的其他元器件都称为辅助装置，如油箱、过滤器、蓄能器、冷却器、分水滤气器、油雾器、消声器、管件、管接头、各种信号转换器等。它们是对完成主运动起辅助作用的元件，在系统中也是必不可少的，对保证系统正常工作起着重要的作用。

（5）工作介质。工作介质指传动液体或传动气体，在液压传动系统中通常称为液压油，在气压传动系统中通常指压缩空气。

液压与气压传动系统在工作过程中的能量转换和传递情况如图1-7所示。

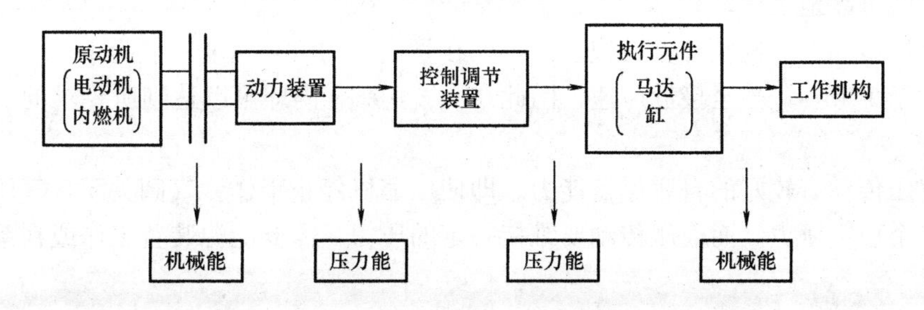


图1-7 液压与气压传动系统能量传递和转换

## 1.3 液压与气压传动的特点

液压与气压传动虽然都是以流体作为工作介质来进行能量的传递和转换，其系统的组成也基本相同，但由于所使用的工作介质不同，使得这两种系统具有各自不同的特点。

### 1.3.1 液压传动的特点

（1）与电动机相比，在同等体积下，液压装置能产生更大的动力。也就是说，在同等功率下，液压装置的体积小、重量轻、结构紧凑，即具有大的功率密度或力密度，力密度在这里指工作压力。

（2）液压传动的各种元件，可根据需要方便、灵活地来布置，容易实现直线运动。

（3）液压装置工作比较平稳，由于重量轻，惯性小，反应快，液压装置易于实现快速启动、制动和频繁的换向。

（4）操纵控制方便，可实现大范围的无级调速（调速范围达 2000∶1），它还可以在运行的过程中进行调速。

（5）一般采用矿物油为工作介质，相对运动面可自行润滑，使用寿命长。

（6）易实现机器的自动化和过载保护，当采用电液联合控制甚至计算机控制后，可实现大负载、高精度和远程自动控制。

（7）液压元件易实现系列化、标准化和通用化，便于设计、制造和推广使用。

（8）由于液压传动中的泄漏和液体的可压缩性使这种传动无法保证严格的传动比。

（9）液压传动有较多的能量损失（泄漏损失、摩擦损失等），因此，传动效率相对较低。

（10）液压传动对油温的变化比较敏感，不宜在较高或较低的温度下工作。

（11）液压传动在出现故障时不易诊断。

### 1.3.2 气压传动的特点

（1）气压传动的工作介质是空气，取之不尽用之不竭，用后的空气可以排到大气中去，不会污染环境。

（2）气压传动的工作介质黏度很低，所以流动阻力很小，压力损失小，便于集中供气和远距离输送。

（3）气压传动对工作环境适应性好，在易燃、易爆、多尘埃、强辐射、振动等恶劣工作环境下，仍能可靠地工作。

（4）气压传动动作速度及反应快。液压油在管道中的流动速度一般为 1～1.5m/s，而气体流速可大于 10m/s，甚至接近声速，因此在 0.2～0.3s 内即可以达到所要求的工作压力及速度。

（5）气压传动有较好的自我保持能力。即使压缩机停止工作，气阀关闭，气压传动系统仍可维持一个稳定压力。而液压传动要维持一定的压力，需要能源装置工作或在系统中加蓄能器。

（6）气压传动在一定的超负载工况下运行也能保证系统安全工作，并不易发生过热现象。

（7）气压传动系统的工作压力低，因此气压传动装置的推力一般不宜太大，仅适用于小功率的场合。在相同输出力的情况下，气压传动装置比液压传动装置尺寸大。

（8）由于空气的可压缩性大，气压传动系统的速度稳定性差，给系统的位置和速度控制精度带来很大影响。

（9）气压传动系统的噪声大，尤其是排气时，需加消声器。

（10）气压传动工作介质本身没有润滑性，若不采用无给油气压传动元件，需另加油雾器进行润滑，而液压系统无此问题。

气压传动与其他传动的性能比较见表1-2。

**表1-2　　气压传动与其他传动的性能比较**

| | | 操作力 | 动作快慢 | 环境要求 | 构造 | 负载变化影响 | 操作距离 | 无级调速 | 工作寿命 | 维护 | 价格 |
|---|---|---|---|---|---|---|---|---|---|---|---|
| 气压传动 | | 中等 | 较快 | 适应性好 | 简单 | 较大 | 中距离 | 较好 | 长 | 一般 | 便宜 |
| 液压传动 | | 最大 | 较慢 | 不怕振动 | 复杂 | 有一些 | 短距离 | 良好 | 一般 | 要求高 | 稍贵 |
| 电气传动 | 电气 | 中等 | 快 | 要求高 | 稍复杂 | 几乎没有 | 远距离 | 良好 | 较短 | 要求较高 | 稍贵 |
| | 电子 | 最小 | 最快 | 要求特高 | 最复杂 | 没有 | 远距离 | 良好 | 短 | 要求更高 | 最贵 |
| 机械传动 | | 较大 | 一般 | 一般 | 一般 | 没有 | 短距离 | 较困难 | 一般 | 简单 | 一般 |

## 1.4 液压与气压传动的图形符号

图1-4所示的组成液压传动系统的各个元件是用半结构式图形绘制出来的，图1-5所示的组成液压系统的元件和图1-6所示的组成气压传动系统的部分元件是用国家标准所规定的图形符号绘制的。用半结构式图形绘制的原理图直观性强，容易理解，但绘制起来比较麻烦，在系统中的元件数量比较多时更是如此。所以，在工程实际中，除某些特殊情况外，一般都是用简单的图形符号来绘制液压与气压传动系统原理图。

在用图形符号绘制系统原理图时，图中的符号只表示元（辅）件的功能、操作（控制）方法及外部连接口，不表示元（辅）件的具体结构和参数，也不表示连接口的实际位置和元（辅）件的安装位置。在用图形符号绘图时，除非特别说明，图中所示状态均表示元（辅）件的静止位置或零位置，并且除特别注明的符号或有方向性的元（辅）件符号外，它们在图中可根据具体情况水平或垂直绘制。使用这些图形符号可使系统图简单明了，便于绘制。当有些元件无法用图形符号表达或未列入国家标准中时，可根据标准中规定的符号绘制规则和所给出的符号进行派生。当无法用标准直接引用或派生时，或有必要特别说明系统中某一元（辅）件的结构和工作原理时，可采用局部结构简图或它们的结构或半结构示意图来表示。在用图形符号绘图时，符号的大小应以清晰美观为原则，绘制时可根据图纸幅面的大小酌情处理，但应保持图形本身的适当比例。

## 1.5 液压与气压传动工作介质的性质和选择

液压油是液压传动系统中的传动介质，且对液压装置的机构及零件起润滑、冷却和防锈作用。液压传动系统的压力、温度和流速在很大的范围内变化，液压油的质量优劣直接影响液压系统的工作性能。因此，合理选用液压油也是很重要的。

### 1.5.1 液压工作介质的种类

在液压传动系统中所使用的工作介质大多数是石油基液压油，但也有合成液体、水包油乳化液（也称为高水基）、油包水乳化液等。近些年来，水压传动的研究又有上升的趋势，水压传动包括纯水传动、海水传动等。这里主要介绍液压传动的工作介质，其种类见表1-3。

**表1-3 液压传动工作介质种类**

<table>
<tr><td rowspan="5">工作介质</td><td>石油基液压油</td><td colspan="3">无添加剂的石油基液压油（L-HH）<br>HH+抗氧化剂、防锈剂（L-HL）<br>HL+抗磨剂（L-HM）<br>HH+增热剂（L-HR）<br>HH+增黏剂（L-HV）<br>HH+防爬剂（L-HG）</td></tr>
<tr><td rowspan="4">难燃液压油</td><td rowspan="3">含水液压油</td><td rowspan="2">高含水液压油（L-HFA）</td><td>水包油乳化液（L-HFAE）</td></tr>
<tr><td>水的化学溶液（L-HFAS）</td></tr>
<tr><td colspan="2">油包水乳化液（L-HFB）<br>水-乙二醇（L-HFC）</td></tr>
<tr><td>合成液压油</td><td colspan="2">磷酸酯液（L-HFDR）<br>氯化烃（L-HFDS）<br>HFDR+HFDS(L-HFDT)<br>其他合成液压油（L-HFDU）</td></tr>
</table>

1. *石油基液压油*

这种液压油是以石油的精炼物为基础，为改进性能加入各种添加剂混合而成的。添加剂有抗氧化添加剂、油性添加剂、抗磨添加剂等。不同工作条件要求具有不同性能的液压油，不同品种的液压油是由于精制程度不同和加入不同的添加剂而成。所加入的添加剂大致有两类：一类用来改善油液化学性质，如抗氧化剂、防锈剂等；另一类用来改善油液物理性质，如增黏剂、抗磨剂等。

（1）L-HL液压油（又名普通液压油）。L-HL液压油采用精制矿物油作基础油，加入抗氧化、抗腐、抗泡、防锈等添加剂调和而成，是当前我国供需量最大的主品种，用于一般液压系统，但只适用于0℃以上的工作环境。其牌号有HL-32、HL-46、HL-68。在其代号L-HL中，L代表润滑剂类，H代表液压油，L代表防锈、抗氧化型，最后的数字代表运动黏度。

（2）L-HM液压油（抗磨液压油，M代表抗磨型）。L-HM液压油的基础油与普通液压油相同，加有极压抗磨剂，以减小液压件的磨损。适用于−15℃以上的高压、高速工程机械和车辆液压系统。其牌号有HM-32、HM-46、HM-68、HM-100、HM-150等。

（3）L-HG液压油（又名液压—导轨油）。除普通液压油所具有的全部添加剂外，L-HG液压油还加有油性剂，用于导轨润滑时有良好的防爬性能，适用于机床液压和导轨润滑合用的系统。

(4) L-HV液压油（又名低温液压油、稠化液压油、高黏度指数液压油）。L-HV液压油用深度脱蜡的精制矿物油，加抗氧化、抗腐、抗磨、抗泡、防锈、降凝、增黏等添加剂调和而成的。其黏温特性好，有较好的润滑性，以保证不发生低速爬行和低速不稳定现象，适用于低温地区的户外高压系统及数控精密机床液压系统。

(5) 其他专用液压油。其他专用液压油包括航空液压油（红油）、炮用液压油、舰用液压油等。

2. 难燃液压油

矿物油型液压油润滑性好，但抗燃性差。为此，又研制出难燃型液压油（乳化型、合成型等）以用于轧钢机、压铸机、挤压机等来满足耐高温、热稳定、不腐蚀、无毒、不挥发、防火等要求。难燃油压油分为合成型、油水乳化型和高水基型三大类。

(1) 合成型抗燃工作液。

1) 水-乙二醇液（L-HFC液压油）。这种液体含有35%～55%的水，其余为乙二醇及各种添加剂（如增稠剂、抗磨剂、抗腐蚀剂等）。其优点是凝点低（－50℃），有一定的黏性，而且黏度指数高，抗燃，适用于要求防火的液压系统。其缺点是价格高，润滑性差，只能用于中等压力（20MPa以下）。这种液体密度大，所以吸入困难。水-乙二醇液能使许多普通油漆和涂料软化或脱离，可换用环氧树脂或乙烯基涂料。

2) 磷酸酯液（L-HFDR液压油）。这种液体的优点是使用的温度范围宽（－54～135℃），抗燃性好，抗氧化安定性和润滑性都很好，允许使用现有元件在高压下工作。其缺点是价格昂贵（为液压油的5～8倍），有毒性，与多种密封材料（如丁腈橡胶）的相容性差，但与丁基胶、乙丙胶、氟橡胶、硅橡胶、聚四氟乙烯等均可相容。

(2) 油水乳化型抗燃工作液（L-HFB、L-HFAE液压油）。

油水乳化液是指互不相溶的油和水，使其中的一种液体以极小的液滴均匀分散在另一种液体中所形成的抗燃液体。分为水包油乳化液和油包水乳化液两大类。

(3) 高水基型抗燃工作液（L-HFAS液压油）。

这种工作液不是油水乳化液。其主体为水，占95%；其余5%为各种添加剂（抗磨剂、防锈剂、抗腐剂、乳化剂、抗泡剂、极压剂、增黏剂等）。其优点是成本低，抗燃性好，不污染环境；缺点是黏度低，润滑性差。

### 1.5.2　液压工作介质的性质

1. 密度

单位体积的液体质量称为密度。矿物油型液压油在15℃时的密度为900kg/m³左右，在实际使用中可认为其不受温度和压力的影响。

2. 可压缩性和膨胀性

液体受压力的作用而使体积发生变化的性质，称为液体的可压缩性。液体受温度的影响而使体积发生变化的性质，称为液体的膨胀性。

如图1-8所示，体积为$V$的液体，当压力变化量为$\Delta p$时，体积的绝对变化量为$\Delta V$，液体在单位压力变化下的体积相对变化量为

$$k=-\frac{1}{\Delta p}\frac{\Delta V}{V} \tag{1-2}$$

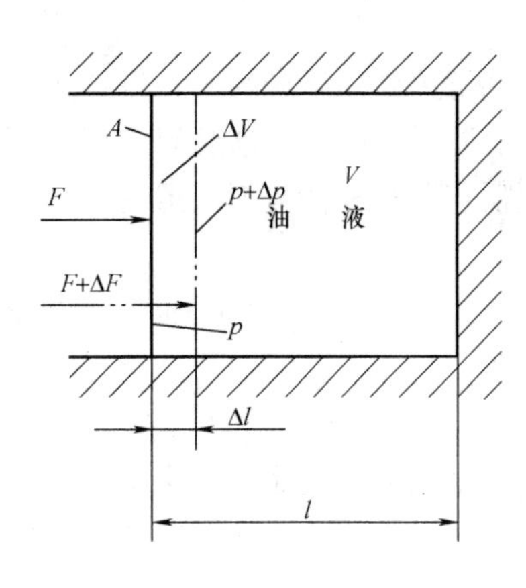

图 1-8 液压弹簧刚度计算

式中 $k$——液体的体积压缩系数。

因为压力增大时液体的体积减小，所以式（1-2）右边加一负号，以便使液体的体积压缩系数 $k$ 为正值。

液体体积压缩系数的倒数称为液体的体积弹性模量，简称体积模量，用 $K$ 表示，即

$$K=\frac{1}{k}=-\frac{V}{\Delta V}\Delta p \tag{1-3}$$

体积弹性模量 $K$ 表示液体产生单位体积相对变化量时所需要的压力增量。在使用中，可用体积弹性模量 $K$ 值来说明液体抵抗压缩能力的大小。一般矿物油型液压油的体积弹性模量 $K=(1.4\sim2)\times10^3\mathrm{MPa}$，它的可压缩性是钢的 100～150 倍。但在实际使用中，由于在液体内会不可避免地混入空气等原因，使其抗压缩能力显著降低，影响液压系统的工作性能。因此，在有较高要求或压力变化较大的液压系统中，应尽量减少油液中混入的气体及其他易挥发性物质（如煤油、汽油等）的含量。由于油液中的气体难以完全排除，在工程计算中常取液压油的体积弹性模量 $K=0.7\times10^3\mathrm{MPa}$。

液压油的体积弹性模量与温度、压力有关。温度增高时，$K$ 值减小，在液压油正常的工作温度范围内，$K$ 值会有 5%～25%的变化。压力增大时，$K$ 值增大，反之则减小，但这种变化不呈线性关系。当压力大于 3MPa 时，$K$ 值基本上不再增大。

封闭在容器内的液体在外力作用下的情况极像一根弹簧，外力增大，体积减小；外力减小，体积增大。在液体承压面积 $A$ 不变时（见图 1-8），可以通过压力变化 $\Delta p=\Delta F/A$（$\Delta F$ 为外力变化值）、体积变化 $\Delta V=A\Delta l$（$\Delta l$ 为液柱长度变化值）和式（1-3）求出它的液压弹簧刚度 $k_h$，即

$$k_h=-\frac{\Delta F}{\Delta l}=\frac{A^2}{V} \tag{1-4}$$

液压油的可压缩性对液压传动系统的动态性能影响较大，但当液压传动系统在静态（稳态）下工作时，一般可以不予考虑。

3. 黏性及其表示方法

在液压传动技术中，液压油最重要的特性是它的可压缩性和黏性。

液体在外力作用下流动或有流动趋势时，液体内分子间的内聚力要阻止液体分子的相对运动，由此产生一种内摩擦力，这种现象称为液体的黏性。

液体流动时，液体的黏性及液体和固体壁面间的附着力，会使液体内部各液层间的流动速度大小不等。如图 1-9 所示，设两平行平板间充满液体，下平板不动，上平板以速度 $u_0$ 向右平移。由于液体的黏性作用，紧贴下平板的液体层速度为零，紧贴上平板的液体层速度为 $u_0$，而中间各液层的速度则视其距下平板距离的大小按线性规律或曲线规律变化。实验表明，液体流动时相邻

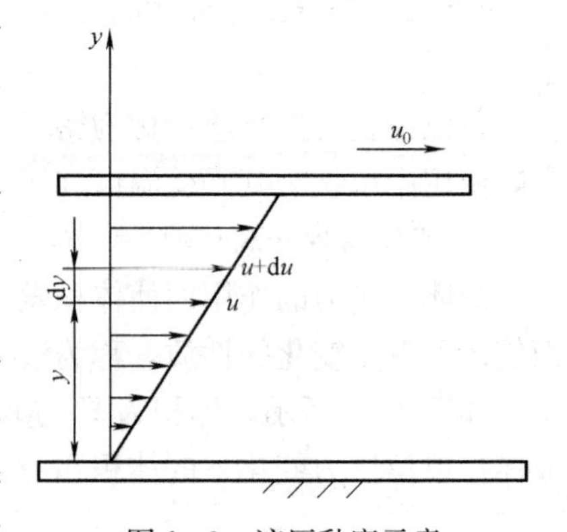

图 1-9 液压黏度示意

液层间的内摩擦力 $F_f$ 与液层接触面积 $A$ 和液层间的速度梯度$\frac{du}{dy}$成正比，即

$$F_f = \mu A \frac{du}{dy} \tag{1-5}$$

其中，$\mu$ 是比例常数，称为黏性系数或动力黏度。如以 $\tau$ 表示液体的内摩擦切应力，即液层间单位面积上的内摩擦力，则有

$$\tau = \frac{F_f}{A} = \mu \frac{du}{dy} \tag{1-6}$$

这就是牛顿液体内摩擦定律。牛顿液体是指其动力黏度只与液体种类有关，而与速度梯度无关，否则为非牛顿液体。石油基液压油一般为牛顿液体。

由式（1-6）可知，在静止液体中，因速度梯度$\frac{du}{dy}=0$，内摩擦力 $\tau$ 也为零，所以液体在静止状态下不呈现黏性。

液体黏性的大小用黏度来表示。常用的液体黏度表示方法有三种，即动力黏度、运动黏度和相对黏度。

（1）动力黏度。动力黏度又称为绝对黏度，由式（1-6）可得

$$\mu = \frac{F_f}{A\frac{du}{dy}} \tag{1-7}$$

式（1-7）所表示液体动力黏度的物理意义是：液体在单位速度梯度下流动或有流动趋势时，相接触的液层间单位面积上产生的内摩擦力。动力黏度的法定计量单位为 Pa·s($1Pa \cdot s = 1N \cdot s/m^2$)，以前沿用的单位为 P(泊，$dyn \cdot s/cm^2$)，它们之间的关系是 1Pa·s=10P。

（2）运动黏度。液体的动力黏度 $\mu$ 与其密度 $\rho$ 的比值称为液体的运动黏度，即

$$\nu = \frac{\mu}{\rho} \tag{1-8}$$

液体的运动黏度没有明确的物理意义，但它在工程实际中经常用到。因为它的单位只有长度和时间的量纲，类似于运动学的量，所以被称为运动黏度。运动黏度的法定计量单位为 $m^2/s$，以前沿用的单位为 St（斯），它们之间的关系是

$$1m^2/s = 10^4 St = 10^6 cSt(\text{厘斯})$$

我国液压油的牌号是用它在温度为 40℃时的运动黏度平均值来表示的。例如 32 号液压油，就是指这种油在 40℃时的运动黏度平均值为 $32mm^2/s$。

（3）相对黏度。动力黏度和运动黏度是理论分析和计算时经常使用到的黏度，但它们都难以直接测量。因此，在工程上常使用相对黏度。相对黏度又称为条件黏度，它是采用特定的黏度计在规定条件下测量出来的黏度。用相对黏度计测量出相对黏度后，再根据相应的关系式换算出运动黏度或动力黏度，以便于使用。例如，中国、德国等采用恩氏米度，美国、英国等用通用赛氏秒 SSU，美国、英国还用商用雷氏秒 $R_1S$，法国等用巴氏度°B等。

用恩氏黏度计测定液压油恩氏黏度的过程是：将 200mL 温度为 $t$(℃) 的被测液体装入恩氏黏度计的容器内，测出液体经容器底部直径为 2.8mm 的小孔流尽所需时间 $t_1$(s)，并将它和同体积的蒸馏水在 20℃时流过同一小孔所需时间 $t_2$(s)（通常 $t_2$=51s）相比，其比值即为被测液体在温度 $t$(℃) 下的恩氏黏度，即

$$°E_t = t_1/t_2$$

一般以 20、40、100℃作为测定液体恩氏黏度的标准温度，由此而得到恩氏黏度分别用 $°E_{20}$、$°E_{40}$、$°E_{100}$ 来标记。

恩氏黏度和运动黏度之间的换算关系式为

$$\nu = \left(7.31°E - \frac{6.31}{°E}\right) \times 10^{-6} \tag{1-9}$$

其中，$\nu$ 的单位为 $m^2/s$。

事实上，液体的黏度是随着液体压力和温度的变化而变化的。对液压油液而言，压力增大时，黏度增大，而在一般液压系统使用的压力范围内，黏度增大的数值很小，可以忽略不计。但是液压油的黏度对温度的变化十分敏感。如图 1-10 所示，温度升高，黏度显著下降，这种变化将直接影响液压油的正常使用和液压系统的性能。

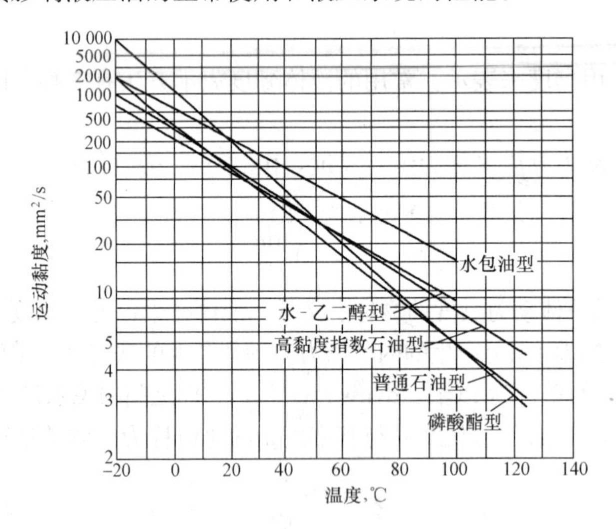


图 1-10 液压油黏度和温度之间的关系

### 1.5.3 对液压工作介质的要求

液压工作介质一般称为液压油。液压工作介质的性能对液压系统的工作状态有很大影响，液压系统对工作介质的基本要求有以下几个：

(1) 有适当的黏度和良好的黏温特性。黏度是选择工作介质的首要因素。液压油的黏性，对减少间隙的泄漏、保证液压元件的密封性能都起着重要作用。

液压介质黏度用运动黏度表示。在国际单位制中 $\nu$ 的单位是 $m^2/s$，而在工程实际中油的黏度用 $mm^2/s$（cSt）表示。

黏度是液压油（液）划分牌号的依据。按 GB/T 3141—1994 所规定，液压油产品的牌号用黏度的等级表示，即用该液压油在 40℃时的运动黏度中心值表示。

所有工作介质的黏度都随温度的升高而降低，黏温特性好是指工作介质的黏度随温度变化小，黏温特性通常用黏度指数表示。

一般情况下，在高压或者高温条件下工作时，为了获得较高的容积效率，不使油的黏度过低，应采用高牌号液压油；低温时或泵的吸入条件不好时（压力低、阻力大），应采用低牌号液压油。

（2）氧化安定性和剪切安定性好。

（3）抗乳化性、抗泡沫性和防锈性好，腐蚀性小。

（4）体积膨胀系数小，比热容大，流动点和凝固点低，闪点、燃点要高，能防火、防爆。

（5）有良好的润滑性和防腐蚀性，不腐蚀金属和密封件。

（6）对人体无害，成本低。

### 1.5.4 液压工作介质的选择

正确合理地选择液压油，对保证液压传动系统正常工作、延长液压传动系统和液压元件的使用寿命、提高液压传动系统的工作可靠性等都有重要影响。

液压油的选用，首先应根据液压传动系统的工作环境和工作条件来选择合适的液压油类型，然后再选择液压油的黏度。

1. 选择液压油类型

在选择液压油类型时，首选专用液压油。最主要的是考虑液压传动系统的工作环境和工作条件，若系统靠近 300℃以上的高温表面热源或有明火场所，就要选择难燃型液压油（见表 1-3）。对液压油用量大的液压传动系统建议选用乳化型液压油；用量小的选用合成型液压油。当选用了矿物油型液压油后，在客观条件受到限制时或对简单的液压传动系统，也可选用普通液压油或汽轮机油。

2. 选择液压油的黏度

液压油的类型选定后，再选择液压油的黏度，即牌号。黏度太大，液流的压力损失和发热大，使系统的效率降低；黏度太小，泄漏增大，也会使液压系统的效率降低。因此，应选择使系统能正常、高效和可靠工作的油液黏度。

在液压传动系统中，液压泵的工作条件最为严峻。它不但压力大、转速和温度高，而且液压油被泵吸入和压出时要受到剪切作用，所以一般根据液压泵的要求来确定液压油的黏度。同时，因油温对油液的黏度影响极大，过高的油温不仅改变了油液黏度，还会使常温下平和、稳定的油液变得带有腐蚀性，分解出不利于使用的成分，或因过量的汽化而使液压泵吸空，无法正常工作。所以，应根据具体情况控制油温，使泵和系统在油液的最佳黏度范围内工作。

对各种不同的液压泵，在不同的工作压力和工作温度下，油液的黏度范围及推荐用油见表 1-4。

**表 1-4　液压泵油液的黏度范围及推荐用油**

| 名　称 | 黏度范围（$mm^2/s$） | | 工作压力（MPa） | 工作温度（℃） | 推荐用油 |
|---|---|---|---|---|---|
| | 允许 | 最佳 | | | |
| 叶片泵（1200r/min） | 16～220 | 26～54 | 7 | 5～40 | L-HH32，L-HH46 |
| | | | | 40～80 | L-HH46，L-HH68 |
| 叶片泵（1800r/min） | 20～220 | 25～54 | 14 以上 | 5～40 | L-HL32，L-HL46 |
| | | | | 40～80 | L-HL46，L-HL68 |

续表

| 名　　称 | 黏度范围（$mm^2/s$） | | 工作压力（MPa） | 工作温度（℃） | 推荐用油 |
|---|---|---|---|---|---|
| | 允许 | 最佳 | | | |
| 齿轮泵 | 4～220 | 25～54 | 12.5 以下 | 5～40 | L-HL32，L-HL46 |
| | | | | 40～80 | L-HL46，L-HL68 |
| | | | 10～20 | 5～40 | L-HL46，L-HL68 |
| | | | | 40～80 | L-HL46，L-HM68 |
| | | | 16～32 | 5～40 | L-HM32，L-HM68 |
| | | | | 40～80 | L-HM46，L-HM68 |
| 径向柱塞泵 | 10～65 | 16～48 | 14～35 | 5～40 | L-HM32，L-HM46 |
| | | | | 40～80 | L-HM46，L-HM68 |
| 轴向柱塞泵 | 4～76 | 16～47 | 35 以上 | 5～40 | L-HM32，L-HM68 |
| | | | | 40～80 | L-HM68，L-HM100 |
| 螺杆泵 | 19～49 | | 10.5 以上 | 5～40 | L-HL32，L-HL46 |
| | | | | 40～80 | L-HL46，L-HL68 |

### 1.5.5　气压工作介质

气压工作介质主要是压缩空气。空气是由若干种气体混合组成的，主要有氮气（$N_2$）、氧气（$O_2$）、少量的氩气（Ar）、二氧化碳（$CO_2$）等。此外，空气中常含有一定量的水蒸气。完全不含水蒸气的空气称为干空气，含水蒸气的空气称为湿空气。

氮气和氧气是空气中含量比例最大的两种气体，它们的体积比近似于 4∶1，因为氮气是惰性气体，具有稳定性，不会自燃，所以用空气作为工作介质可以用在易燃、易爆场所。

### 1.5.6　空气的性质

这里所提到的空气性质也是仅与气压传动技术相关的性质。

1. 密度

单位体积的空气质量称为密度。在热力学温度为 273.16K 时空气的密度为 1.293kg/$m^3$ 左右。空气的密度随温度和压力的变化而变化，它与温度和压力的关系式为

$$\rho = \rho_0 \frac{273.16}{273.16 + t} \frac{p}{p_0} \tag{1-10}$$

式中　$\rho_0$——在热力学温度 273.16K、绝对压力 $p_0 = 1.013 \times 10^5$ Pa 时的密度；

$t$——摄氏温度；

$p$——绝对压力。

2. 可压缩性和膨胀性

气体受压力的作用而使体积发生变化的性质称为气体的可压缩性。气体受温度的影响而使体积发生变化的性质称为气体的膨胀性。

气体的可压缩性和膨胀性比液体大得多，由此形成了液压传动与气压传动许多不同的特点。液压油在温度不变的情况下，当压力为 0.2MPa 时，压力每变化 0.1MPa，其体积变化为 1/20 000，而在同样情况下，气体的体积变化为 1/2，即空气的可压缩性是油液的 10 000

倍。水在压力不变的情况下，温度每变化1℃时体积变化为1/20 000，而在同样条件下，空气体积只改变了1/273，即空气的膨胀性是水的273倍。

空气的可压缩性及膨胀性大，造成了气压传动的软特性，即气缸活塞的运动速度受负载变化影响很大，因此很难得到稳定的速度和精确的位移。这些都是气压传动的缺点，但同时又可利用这种软特性来适应某些生产要求。

3. 黏性

空气的黏性也是由于分子间的内聚力，在分子间相对运动时产生的内摩擦力而表现出的性质。由于气体分子间距离大，内聚力小，因此与液体相比，气体的黏度要小得多。

空气的黏度仅与温度有关，而压力对黏度的影响小到可以忽略不计。与液体不同的是，气体的黏度随温度的升高而增加。

4. 湿度

大气中的空气或多或少都含有水蒸气。在一定的温度和压力下，空气中水蒸气的含量并不是无限的，当水蒸气的含量达到一定值时，再加入水蒸气，就会有水滴析出。此时，水蒸气的含量达到最大值，即饱和状态，这种湿空气称为饱和湿空气。当空气中所含的水蒸气未达到饱和状态时，称此时的水蒸气是过热状态，这种湿空气称为未饱和湿空气。根据道尔顿定理，湿空气的压力 $p$ 应为干空气的分压 $p_{da}$ 与水蒸气分压 $p_v$ 之和，即

$$p = p_{da} + p_v \tag{1-11}$$

湿空气中所含水蒸气的程度用湿度和含湿量来表示。

（1）湿度。湿度又分绝对湿度和相对湿度。

1）绝对湿度。$1m^3$ 湿空气中含有的水蒸气质量称为湿空气的绝对湿度，用 $X$ 表示

$$X = \frac{m_v}{V} \tag{1-12}$$

式中 $m_v$——水蒸气的质量；

$V$——湿空气的体积。

在一定温度下，湿空气达到饱和状态时的绝对湿度称为饱和绝对湿度，用 $X_s$ 表示。当 $X<X_s$ 时，湿空气是未饱和的；当 $X=X_s$ 时，湿空气是饱和的。绝对湿度只能说明湿空气中实际所含水蒸气的多少，不能说明湿空气吸收水蒸气能力的大小，因此引入相对湿度的概念。

2）相对湿度。在相同温度和压力下，绝对湿度与饱和绝对湿度之比称为该温度下的相对湿度，用 $\varphi$ 表示

$$\varphi = \frac{X}{X_s} \times 100\% = \frac{p_v}{p_s} \times 100\% \tag{1-13}$$

式中 $p_s$——饱和湿空气水蒸气分压力。

相对湿度表示了湿空气中水蒸气含量接近饱和的程度，故也称为饱和度。它同时也说明了湿空气吸收水蒸气能力的大小。$\varphi$ 值越小，湿空气吸收水蒸气的能力越强；$\varphi$ 值越大，湿空气吸收水分能力越弱。通常，当 $\varphi=60\%\sim70\%$ 时，人体感到舒适。气压传动技术中规定，各种阀内空气相对湿度不得大于90%。

（2）含湿量。1kg 质量的干空气中所混合的水蒸气质量称为质量含湿量，用 $d$ 表示

$$d=\frac{m_{\mathrm{v}}}{m_{\mathrm{da}}} \tag{1-14}$$

式中 $m_{\mathrm{da}}$——干空气的质量。

含湿量也可以用容积含湿量来表示，其定义是 $1\mathrm{m}^3$ 干空气中所含水蒸气的质量。

（3）露点。湿空气的饱和绝对湿度与湿空气的温度和压力有关，饱和绝对湿度随温度的升高而增加，随压力的升高而降低。在一定温度和压力条件下的未饱和湿空气，当降低其温度时，也将成为饱和湿空气。未饱和湿空气保持水蒸气压力不变而降低温度，达到饱和状态时的温度称为露点。当温度降至露点以下，湿空气中便有水滴析出。用降温法清除湿空气中的水分，就是利用此原理。

## 1.6 液压与气压传动工作介质的污染及控制

一般而言，液压油的污染是液压传动系统发生故障的主要原因，它严重影响着液压传动系统工作的可靠性及液压元件的寿命。因此，液压油的正确使用、管理及污染控制是提高液压传动系统的可靠性、延长液压元件使用寿命的重要手段。

对于气压传动系统而言，只要能满足对压缩空气的要求且进行必要的净化，通常能使气压系统正常工作。

因此，这里着重介绍液压传动工作介质的污染和控制。

### 1.6.1 工作介质污染的原因

液压油被污染的原因是很复杂的，主要有以下几个方面：

（1）残留物的污染。残留物的污染主要指液压元件及管道、油箱在制造、储存、运输、安装、维修过程中，带入的砂粒、铁屑、磨料、焊渣、锈片、棉纱、灰尘等，虽然经过清洗，但未清洗干净而残留下来的残留物所造成的液压油污染。

（2）侵入物的污染。侵入物的污染主要指周围环境中的污染物，如空气、尘埃、水滴等通过一切可能的侵入点，如外露的活塞杆、油箱的通气孔、注油孔等侵入系统所造成的液压油污染。

（3）生成物的污染。生成物的污染主要指液压传动系统在工作过程中所产生的金属微粒、密封材料磨损颗粒、涂料剥离片、水分、气泡、油液变质后的胶状物等所造成的液压油污染。

工作介质的污染用污染度等级来表示，它是指单位体积工作介质中固体颗粒污染物的含量，即工作介质中所含固体颗粒的浓度。为了定量地描述和评定工作介质的污染程度，ISO 4460 中已经给出了污染度等级标准（见表 1-4）。污染度等级用两组数码表示工作介质中固体颗粒的污染度，前面一组数码代表 1mL 工作介质中尺寸不小于 5μm 的颗粒数等级，后面一组数码代表 1mL 工作介质中尺寸不小于 15μm 的颗粒数等级，两组数码之间用一斜线分隔。例如，污染度等级数码为 18/15 的液压油，表示在每毫升内不小于 5μm 的颗粒数为 1300～2500，不小于 15μm 的颗粒数为 160～320。

由表 1-5 可知，ISO 4460 规定的污染度根据颗粒浓度的大小共分为 26 个等级数码，颗粒浓度越大，代表等级的数码越大。

表 1-5　　ISO 4460 污染度等级

| 每毫升颗粒数 | | 等级数码 | 每毫升颗粒数 | | 等级数码 |
|---|---|---|---|---|---|
| 大于 | 上限值 | | 大于 | 上限值 | |
| 80 000 | 16 0000 | 24 | 10 | 20 | 11 |
| 40 000 | 80 000 | 23 | 5 | 10 | 10 |
| 20 000 | 40 000 | 22 | 2.5 | 5 | 9 |
| 10 000 | 20 000 | 21 | 1.3 | 2.5 | 8 |
| 5000 | 10 000 | 20 | 0.64 | 1.3 | 7 |
| 2500 | 5000 | 19 | 0.32 | 0.64 | 6 |
| 1300 | 2500 | 18 | 0.16 | 0.32 | 5 |
| 640 | 1300 | 17 | 0.08 | 0.1 | 4 |
| 320 | 640 | 16 | 0.04 | 0.08 | 3 |
| 160 | 320 | 15 | 0.02 | 0.04 | 2 |
| 80 | 160 | 14 | 0.01 | 0.02 | 1 |
| 40 | 80 | 13 | 0.005 | 0.01 | 0 |
| 20 | 40 | 12 | 0.002 5 | 0.005 | 0.9 |

### 1.6.2　工作介质污染的危害

液压油被污染后对液压传动系统所造成的主要危害有以下几个方面：

（1）固体颗粒和胶状生成物堵塞过滤器，使液压泵吸油不畅、运转困难，产生噪声。堵塞阀类元件的小孔或缝隙，使阀类元件动作失灵。

（2）微小固体颗粒会加速有相对滑动零件表面的磨损，使液压元件不能正常工作；同时，它也会划伤密封件，使泄漏流量增加。

（3）水分和空气的混入会降低液压油的润滑性，并加速其氧化变质；产生气蚀，使液压元件加速损坏；使液压传动系统出现振动、爬行等现象。

### 1.6.3　工作介质污染的控制

由于液压油被污染的原因比较复杂，而液压油液压传动系统的工作过程中又在不断地产生污染物，因此，要彻底地防止污染是很困难的。为了延长液压元件的使用寿命，保证液压传动系统的正常工作，应将液压油的污染程度控制在一定的范围内。一般常采取以下措施来控制污染：

（1）减少外来的污染。液压传动系统在装配前、后必须严格清洗，用机械的方法除去残渣和表面氧化物，然后进行酸洗。液压传动系统在组装后要进行全面清洗，最好用系统工作时使用的油液清洗，特别是液压伺服系统最好要经过几次清洗来保证清洁。油箱通气孔要加空气滤清器，给油箱加油要用滤油器，对外露件应装防尘密封，并经常检查，定期更换。液压传动系统的维修，液压元件的更换、拆卸应在无尘区进行。

（2）滤除系统产生的杂质。应在系统的相应部位安装适当精度的过滤器，并且要定期检查、清洗或更换滤芯。

（3）控制液压油的工作温度。液压油的工作温度过高会加速其氧化变质，产生各种生成物，缩短它的使用期限。所以要限制油液的最高使用温度。

（4）定期检查更换液压油。应根据液压设备使用说明书的要求和维护保养规程的有关规定，定期检查更换液压油。更换液压油时要清洗油箱，冲洗系统管道及液压元件。

为了有效地控制液压系统的污染，保证液压系统的工作可靠性和液压元件的使用寿命，国家标准规定的典型液压元件和液压系统清洁度等级见表1-6和表1-7。

**表1-6　　典型液压元件清洁度等级**

| 液压元件类型 | 优等品 | 一等品 | 合格品 | 液压元件类型 | 优等品 | 一等品 | 合格品 |
|---|---|---|---|---|---|---|---|
| 各种类型液压泵 | 16/13 | 18/15 | 19/16 | 活塞缸和柱塞缸 | 16/13 | 18/15 | 19/16 |
| 一般液压阀 | 16/13 | 18/15 | 19/16 | 摆动缸 | 17/14 | 19/16 | 10/17 |
| 伺服阀 | 13/10 | 14/11 | 15/12 | 液压蓄能器 | 16/13 | 18/15 | 19/16 |
| 比例控制阀 | 14/11 | 15/12 | 16/13 | 过滤器壳体 | 15/12 | 16/13 | 17/14 |
| 液压马达 | 16/13 | 18/15 | 19/16 | | | | |

**表1-7　　典型液压系统清洁度等级**

| 液压系统类型 | 清洁度等级 | | | | | | | | | | |
|---|---|---|---|---|---|---|---|---|---|---|---|
| | 12/9 | 13/10 | 14/11 | 15/12 | 16/13 | 17/14 | 18/15 | 19/16 | 20/17 | 21/18 | 22/19 |
| 对污染敏感的系统 | — | — | — | — | — | | | | | | |
| 伺服系统 | | — | — | — | — | — | | | | | |
| 高压系统 | | | — | — | — | — | — | | | | |
| 中压系统 | | | | | — | — | — | — | — | | |
| 低压系统 | | | | | | — | — | — | — | — | |
| 低敏感系统 | | | | | | | — | — | — | — | — |
| 数控机床液压系统 | | — | — | — | — | — | | | | | |
| 机床液压系统 | | | | | — | — | — | — | — | | |
| 一般机械液压系统 | | | | | | — | — | — | — | — | |
| 行走机械液压系统 | | | | — | — | — | — | — | | | |
| 重型机械液压系统 | | | | | — | — | — | — | — | | |
| 重型和行走设备液压系统 | | | | | | — | — | — | — | — | |
| 冶金轧钢设备液压系统 | | | | — | — | — | — | — | | | |

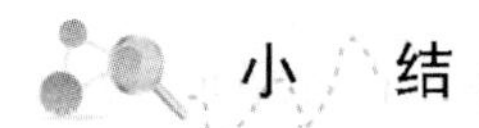

## 小　结

作为流体传动的液压传动和气压传动，在工农业生产中得到广泛的应用。液压传动由动力装置、控制调节装置、执行元件、辅助装置和工作介质组成，是借助于液体的压力能进行能量传递和控制的一种传动形式。气压传动是用气体作为工作介质进行能量传递的传动方式，其介质主要是空气，也包括燃气和蒸汽。液压与气压传动虽然都是以流体作为工作介质来进行能量的传递和转换，其系统的组成也基本相同，但由于所使用的工作介质不同，使得这两种系统具有各自不同的特点。其工作介质的种类及化学、物理性质和力学特性一直作为被研究的对象，伴随着液压与气压传动技术发展的全过程。熟悉工作介质的类型、性质、适用范围及特点，防止工作介质的污染，是保证传动系统正常工作的前提。熟悉和掌握液压与气压传动图形符号的画法、特点和功能，有助于液压传动和气压传动的学习。

## 思考题和习题

1-1　液体传动有哪两种形式？它们的主要区别是什么？

1-2　液压传动系统由哪几部分组成？各组成部分的作用是什么？

1-3　液压传动的主要优缺点是什么？

1-4　气压传动系统与液压传动系统相比有哪些优缺点？

1-5　液压油的黏度有几种表示方法？它们各用什么符号表示？各用什么单位？

1-6　国家新标准规定的液压油牌号是在什么温度下哪种黏度的平均值？

1-7　液压油的选用应考虑哪几个方面？

1-8　为什么气体的可压缩性大？

1-9　什么是空气的相对湿度？对气压传动系统而言，多大的相对湿度合适？

1-10　液压传动的工作介质污染原因主要来自哪几个方面？应该怎样控制工作介质的污染？

1-11　如图1-11所示的液压千斤顶，小柱塞直径 $d=100$mm，行程 $S_1=25$mm，大柱塞直径 $D=50$mm，重物产生的力 $F_2=5000$N，手压杠杆比 $L:l=500:25$，试求：(1) 此时密封容积中的液体压力 $p$；(2) 杠杆端施加力 $F$ 为多少时才能举起重物；(3) 杠杆上下动作一次，重物的上升高度 $S$。

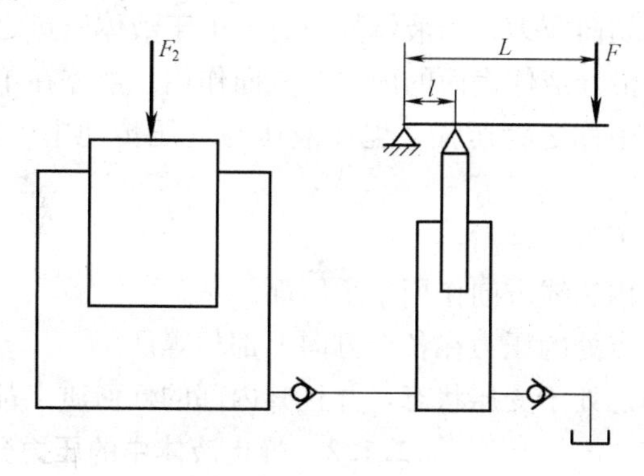


图1-11　题1-11图

1-12　密闭容器内液压油的体积压缩系数 $k$ 为 $1.5\times10^{-3}$/MPa，压力在1MPa时的容积为2L。试求在压力升高到10MPa时液压油的容积。

1-13　某液压油的运动黏度为 $68mm^2/s$，密度为 $900kg/m^3$，求其动力黏度和恩氏黏度。

1-14　20℃时200mL蒸馏水从恩氏黏度计中流尽的时间为51s，如果200mL的某液压油在40℃时从恩氏黏度计中流尽的时间为232s，已知该液压油的密度为 $900kg/m^3$，试求该液压油在40℃时的恩氏黏度、运动黏度和动力黏度。

# 第2章 流体力学基础

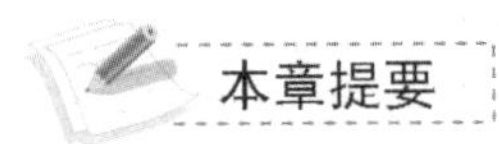


本章重点介绍：液压静力学；液压动力学；流动阻力和能量损失。着重掌握流体力学三大基本方程（连续性方程、伯努利方程和动量方程）及其应用。

流体力学是研究流体（液体和气体）在外力作用下平衡和运动规律的一门学科，它涉及许多方面的内容，这里主要介绍和液压与气压传动有关的流体力学基本内容，为以后学习、分析、使用及设计液压与气压传动系统打下必要的理论基础。

## 2.1 液体静力学

液体静力学主要讨论液体在静止时的平衡规律，以及这些规律在工程上的应用。液体静止是指液体内部质点间没有相对运动。盛装液体的容器可以是静止的，也可以是运动的。

### 2.1.1 液体的压力

作用在液体上的力有两种，即质量力和表面力。与液体质量有关并且作用在质量中心上的力称为质量力，单位质量液体所受的力称为单位质量力，它在数值上等于加速度值；与液体表面面积有关并且作用在液体表面上的力称为表面力，单位面积上作用的表面力称为应力。应力分为法向应力和切向应力。当液体静止时，由于液体质点之间没有相对运动，不存在切向摩擦力，只能总是沿着液体表面的内法线方向作用。液体在单位面积上所受的内法向力简称为压力，在物理学中称之为压强，但在液压与气压传动中则称为压力，通常用 $p$ 来表示。

静止液体的压力有以下重要性质：

（1）液体的压力沿着内法线方向作用于承压面。

（2）静止液体内任一点处的压力在各个方向上都相等。

由此可知，静止液体总处于受压状态，并且其内部的任何质点都受平衡压力的作用。

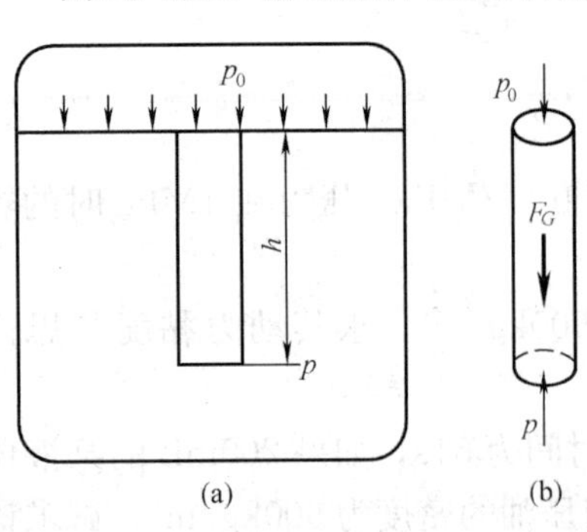


图 2-1 重力作用下的静止液体

### 2.1.2 静止液体中的压力分布

在重力作用下，密度为 $\rho$ 的液体在容器中处于静止状态，外加压力为 $p_0$，它的受力情况如图 2-1（a）所示。为了求出在容器内任意深度 $h$ 处的压力 $p$，可以假想从液面往下切取一个垂直小液柱作为研究体。设液柱的底面积为 $\Delta A$，高为 $h$，如图 2-1（b）所示。由于液柱处于平衡状态，在垂直方向上列出它的静力平衡方程

$$p\Delta A = p_0\Delta A + F_G \tag{2-1}$$

其中，$F_G$ 为液柱重力，且 $F_G=\rho gh\Delta A$，则

$$p\Delta A = p_0\Delta A + \rho gh\Delta A \tag{2-2}$$

$$p = p_0 + \rho gh \tag{2-3}$$

式（2-3）是液体静力学基本方程式。由此可知，在重力作用下的静止液体，其压力分布有以下特点：

（1）静止液体内任一点处的压力都由两部分组成：一部分是液面上的压力 $p_0$；另一部分是该点以上液体自重所形成的压力，即 $\rho g$ 与该点离液面深度 $h$ 的乘积。当液面上只受大气压力 $p_0$ 作用时，则液体内任一点处的压力为 $p=p_0+\rho gh$。

（2）静止液体内的压力 $p$ 随液体深度 $h$ 呈直线规律分布。

（3）距液面深度 $h$ 相同的各点组成了等压面，这个等压面为一水平面。

**【例 2-1】** 图 2-2 所示的容器内充满油液。已知油液密度 $\rho=900\text{kg/m}^3$，活塞上的作用力 $F=1000\text{N}$，活塞直径 $d=2\times10^{-1}\text{m}$，活塞厚度 $H=d=2\times10^{-2}\text{m}$，活塞材料为钢，其密度 $\rho=7800\text{kg/m}^3$。试求活塞下方深度为 $h=0.5\text{m}$ 处的液体压力。

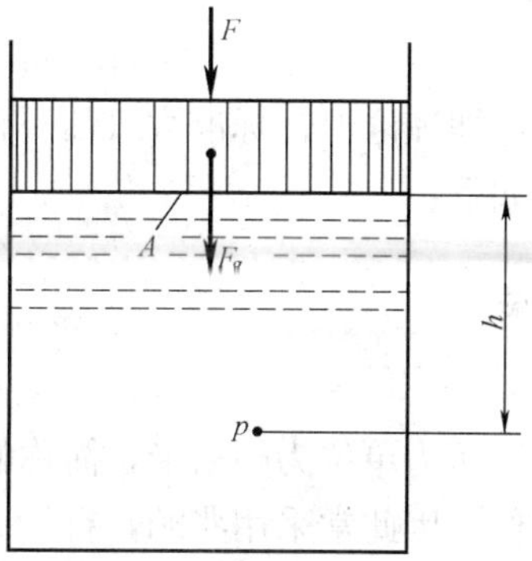

图 2-2 ［例 2-1］图

**解** 活塞的重力

$$\begin{aligned}F_g &= \rho Vg \\ &= 7800\times\frac{\pi}{4}\times(2\times10^{-1})^2\times5\times10^{-2}\times9.81 \\ &= 120(\text{N})\end{aligned}$$

由活塞重力所产生的压力为

$$p_g=\frac{F_g}{A}=\frac{120}{\frac{\pi}{4}\times(2\times10^{-1})^2}=3826(\text{Pa})$$

由作用力 $F$ 所产生的压力为

$$p_F=\frac{F}{A}=\frac{1000}{\frac{\pi}{4}\times(2\times10^{-1})^2}=318\ 310(\text{Pa})$$

由液体重力所产生的压力为

$$p_G=\rho gh=900\times9.81\times10^{-2}\times0.5=411(\text{Pa})$$

根据式（2-3），$p_0=p_g+p_F$，则深度 $h$ 处的压力为

$$\begin{aligned}p &= p_0+\rho gh=p_g+p_F+p_G=3826+318\ 310+411 \\ &= 322\ 577=3.23\times10^5(\text{Pa})\end{aligned}$$

由［例 2-1］可以看出，在液体受外力作用的情况下，外力作用产生的压力与由外加重物和液体自重所产生的压力相比，后者很小，从而忽略不计，可以近似地认为在整个液体内部的压力是相等的，但在气压传动系统中要根据实际情况处理。以后在分析液压传动系统压力时，一般都采用此结论。

### 2.1.3　压力的表示方法和单位

压力有两种表示方法，即绝对压力和相对压力。以绝对真空为基准来进行度量的压力称为绝对压力，以大气压为基准来进行度量的压力称为相对压力。大多数测压仪表都受大气压的作用，所以，仪表指示的压力都是相对压力。在液压与气压传动技术中，若不特别说明，

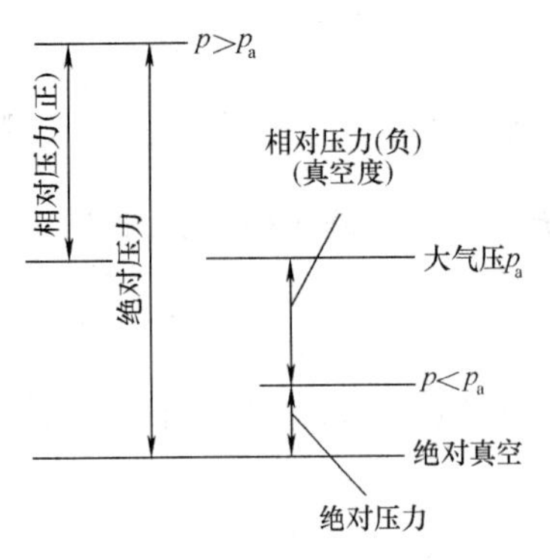


图 2-3　绝对压力、相对压力和真空度

所提到的压力均指相对压力。如果液体中某点处的绝对压力小于大气压力，这时，比大气压小的那部分数值称为该点的真空度。由图 2-3 可知，以大气压为基准计算压力值时，基准以上的正值是表压力，基准以下的负值就是真空度。真空度的大小往往可以用液柱高度 $h_0=(p_a-p_0)/\rho g$ 来表示。在理论上，当 $p_0$ 等于零（即管中呈绝对真空）时，$h_0$ 达到最大值，设为 $h_{max}$，在标准大气压下，$h_{max}=p_{atm}/\rho g=10.1325/(9.8066\rho)=1.033/\rho$。

水的密度 $\rho=10^{-3}\ kg/cm^3$，汞的密度为 $13.6\times10^{-3}\ kg/cm^3$。

所以

$$h_{max}=1.033/10^{-3}=1033(cmH_2O)=10.33(mH_2O)$$

或

$$h_{max}=1.033/(13.6\times10^{-3})=76(cmHg)=760(mmHg)$$

即理论上在标准大气压下的最大真空度可达 $10.33mH_2O$ 或 760mmHg。根据上述可归纳如下：

$$绝对压力=大气压力+表压力$$
$$表压力=绝对压力-大气压力$$
$$真空度=大气压力-绝对压力$$

压力单位为帕斯卡，简称帕，符号为 Pa，$1Pa=1N/m^2$。由于此单位很小，工程上使用不便，因此常采用兆帕，符号 MPa，$1MPa=10^6Pa$。

**【例 2-2】** 图 2-4 所示的容器内充入 10m 高的水。已知水的密度 $\rho=1000kg/m^3$，试求容器底部的相对压力。

**解** 根据式（2-3），因为水的表面只受大气压的作用，所以 $p_0$ 可由 $p_a$ 替换，由于这里只求相对压力 $p_r$，则有

$$p_r=p_0-p_a=\rho gh=1000\times9.81\times10=98\ 100(Pa)$$

**【例 2-3】** 在某一容器内装有液体，当液体内部某点的绝对压力为 $0.4\times10^5Pa$ 时，试求其真空度。(取大气压近似为 $p_a=1\times10^5Pa$)

**解** 其相对压力为

$$p_r=p_0-p_a=0.4\times10^5-1\times10^5$$
$$=-0.6\times10^5(Pa)$$

则该点的真空度为 $0.6\times10^5Pa$。

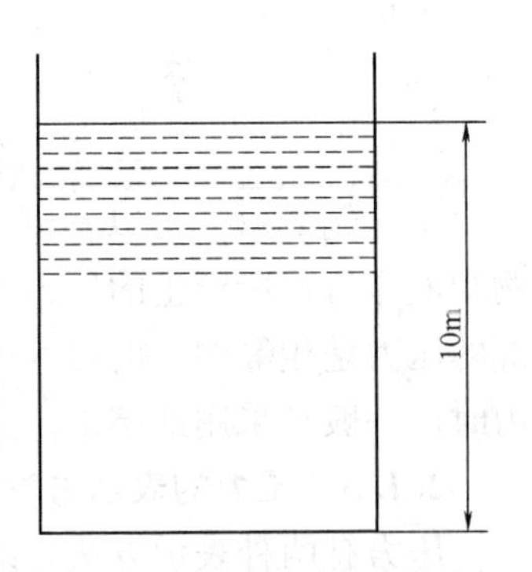


图 2-4 ［例 2-2］图

压力的法定计量单位是 Pa（帕），$1Pa=1N/m^2$，$1\times10^6Pa=$ 1MPa（兆帕）。以前沿用过的和有些部门惯用的一些压力单位还有 bar（巴）、at（工程大气压，即 $kgf/cm^2$）、atm（标准大气压）、$mmH_2O$（约定毫米水柱）、mmHg（约定毫米汞柱）等。各种压力单位之间的换算关系见表 2-1。当要求不严格时，可认为 $1kgf/cm^2=1bar$。

**表 2-1** 各种压力单位的换算关系

| Pa | bar | at(kgf/cm²) | lbf/in² | atm | mmH₂O | mmHg |
|---|---|---|---|---|---|---|
| $1\times10^5$ | 1 | 1.019 72 | $1.45\times10$ | 0.986 923 | $1.197\ 2\times10^4$ | $7.500\ 62\times10^2$ |

### 2.1.4 静止液体中的压力传递

如图 2-2 所示密闭容器内的静止液体，当外力 $F$ 变化引起外加压力发生变化时，液体内任一点的压力将发生同样大小的变化。即在密闭容器内，施加于静止液体上的压力可以等值传递到液体内各点。这就是静压传递原理，或称为帕斯卡原理。

在图 2-2 中，活塞上的作用力 $F$ 是外加负载，$A$ 为活塞横截面面积，根据静压传递原理，缸筒内的压力将随负载的变化而变化，并且各点处压力的变化值相等。在不考虑活塞和液体重力所引起压力变化的情况下，液体中的压力为

$$p=\frac{F}{A} \tag{2-4}$$

由此可见，作用在活塞上的外负载越大，缸筒内的压力就越高。若负载恒定不变，则压力不再增高，这说明缸筒中的压力是由外界负载决定的，这是液压传动中的一个基本概念。

**【例 2-4】** 图 2-5 所示为相互连通的两个液压缸，已知大缸的内径 $D=100$mm，小缸的内径 $d=20$mm，大活塞上放一重物 $F_2=50\ 000$N。问：在小活塞上应加多大的力 $F_1$ 才能使大活塞顶起重物？

**解** 根据帕斯卡原理，两缸中由外力产生的压力相等，即

$$\frac{F_1}{\frac{\pi d^2}{4}}=\frac{F_2}{\frac{\pi D^2}{4}}$$

顶起重物时小活塞上应加的力为

$$F_1=\frac{d^2}{D^2}F_2=\frac{20^2}{100^2}\times50\ 000=2000(\text{N})$$

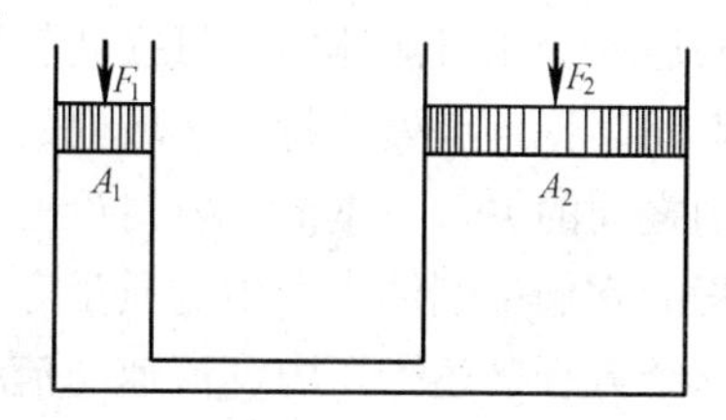


图 2-5 ［例 2-4］图

这里也说明了压力决定于负载这一概念。作用在大活塞上的外负载 $F_2$ 越大，施加于小活塞上的力 $F_1$ 越大，则密闭容器内的压力 $p$ 也就越高。但压力只增高到相应于活塞面积能克服负载的程度为止。若负载恒定不变，则压力不再增高。由此说明了液压千斤顶等液压起重机械的工作原理，它体现了液压装置的力的放大作用。

### 2.1.5 液体静压力作用在固体壁面上的力

静止液体和固体壁面相接触时，固体壁面上各点在某一方向上所受静压作用力的总和，就是液体在该方向上作用于固体壁面上的力。

固体壁面为平面时，若不计重力作用（即忽略 $\rho gh$ 项），则平面上各点处的静压力大小相等。

作用在固体壁面上的力 $F$ 等于静压力 $p$ 与承压面积 $A$ 的乘积，其作用力方向垂直于壁面，即

$$F=pA \tag{2-5}$$

当固体壁面为图 2-6 中所示的曲面时，为求压力为 $p$ 的液压油对液压缸右半部缸筒内壁在 $x$ 方向上的作用力 $F_x$，这时在内壁上取一微小面积 $\mathrm{d}A=l\mathrm{d}s=lr\mathrm{d}\theta$（$l$ 和 $r$ 分别为缸筒

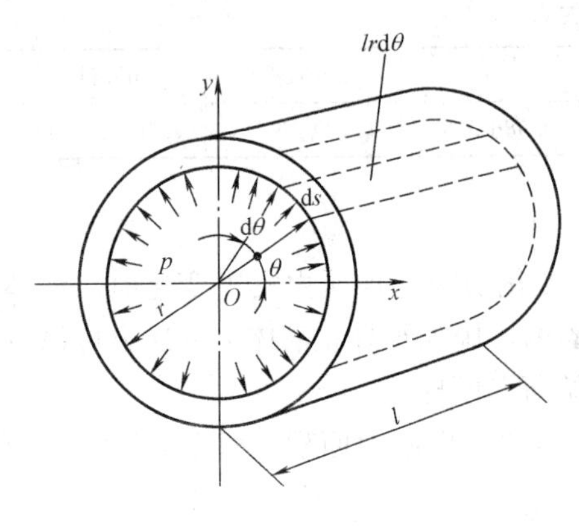

图 2-6 压力作用在缸体内壁上的力

的长度和半径)，则液压油作用在该面积上的力 $\mathrm{d}F$ 的水平分量为

$$\mathrm{d}F_x = \mathrm{d}F\cos\theta = p\mathrm{d}A\cos\theta = plr\cos\theta\mathrm{d}\theta$$

由此，得出液压油对缸筒内壁在 $x$ 方向上的作用力为

$$F_x = \int_{-\frac{\pi}{2}}^{\frac{\pi}{2}} \mathrm{d}F_x = \int_{-\frac{\pi}{2}}^{\frac{\pi}{2}} plr\cos\theta\mathrm{d}\theta = 2plr = pA_x$$

式中 $A_x$——缸筒右半部内壁在 $x$ 方向上的投影面积，$A_x=2rl$。

由此可得曲面上液压作用力在 $x$ 方向上的总作用力 $F_x$ 为

$$F_x = pA_x \tag{2-6}$$

## 2.2 流体动力学

本节主要讨论液体的流动状态、运动规律、能量转换等问题，这些都是流体动力学的基础及液压传动中分析问题和设计计算的理论依据。液体流动时，由于重力、惯性力、黏性摩擦力等因素影响，其内部各处质点的运动状态各不相同。这些质点在不同时间、不同空间处的运动变化对液体的能量损耗有所影响。但对液压技术而言，人们感兴趣的只是整个液体在空间某特定点处或特定区域内的平均运动情况，对液压流体力学我们只研究平均作用力和运动之间的关系。本节主要讨论三个基本方程式，即液流的连续性方程、伯努利方程和动量方程。它们是刚体力学中的质量守恒、能量守恒及动量守恒原理在流体力学中的具体应用。前两个方程描述了压力、流速与流量之间的关系，以及液体能量相互间的转换关系，后者描述了流动液体与固体壁面之间作用的情况。液体是有黏性的，并在流动中表现出来，因此，在研究液体运动规律时，不但要考虑质量力和压力，还要考虑黏性摩擦力的影响。此外，液体的流动状态还与温度、密度、压力等参数有关。为了便于分析，可以简化条件，从理想液体着手。所谓理想液体是指没有黏性的液体，同时，在等温条件下一般都将黏度、密度视为常量来讨论液体的运动规律；然后，再通过实验对产生的偏差加以补充和修正，使之符合实际情况。

### 2.2.1 基本概念

1. 理想液体、定常流动和一维流动

研究液体流动时必须考虑到黏性的影响，但由于这个问题相当复杂，所以在开始分析时，可以假设液体没有黏性，寻找出液体流动的基本规律后，再考虑黏性作用的影响，并通过实验验证的办法对所得出的结论进行补充或修正。液体的可压缩性问题也可以用这种方法处理。一般将既无黏性又不可压缩的假想液体称为理想液体。

液体流动时，如果液体中任一空间点处的压力、速度、密度等都不随时间变化，则称这种流动为定常流动（或稳定流动、恒定流动)；反之，则称为非定常流动。

当液体整个做线形流动时，称为一维流动；当做平面或空间流动时，称为二维或三维流动。一维流动最简单，但是从严格意义而言，一维流动要求液流截面上各点处的速度矢量完全相同，这在现实中极为少见。一般将封闭容器内的流动按一维流动处理，再用实验数据修正其结果，在本书中对工作介质的运动分析就是这样进行的。

2. 流线、流管和流束

流线是流场中一条一条的曲线，它表示同一瞬时流场中各质点的运动状态。流线上每一质点的速度矢量与这条曲线相切，因此，流线代表了在某一瞬时许多流体质点的流速方向，如图 2-7（a）所示。在非恒定流动时，由于液流通过空间点的速度随时间变化，因此流线形状也随时间变化；在恒定流动时，流线的形状不随时间变化。由于流场中每一质点在每一瞬时只能有一个速度，所以流线之间不可能相交，流线也不可能突然转折，它只能是一条光滑的曲线。

在流场中给出一条不属于流线的任意封闭曲线，沿该封闭曲线上的每一点作流线，由这些流线组成的表面称为流管，如图 2-7（b）所示；流管内的流线群称为流束，如图 2-7（c）所示。根据流线不会相交的性质，流管内外的流线均不会穿越流管，故流管与真实管道相似。将流管截面无限缩小趋近于零，便获得微小流管或微小流束。微小流束截面上各点处的流速可以认为是相等的。

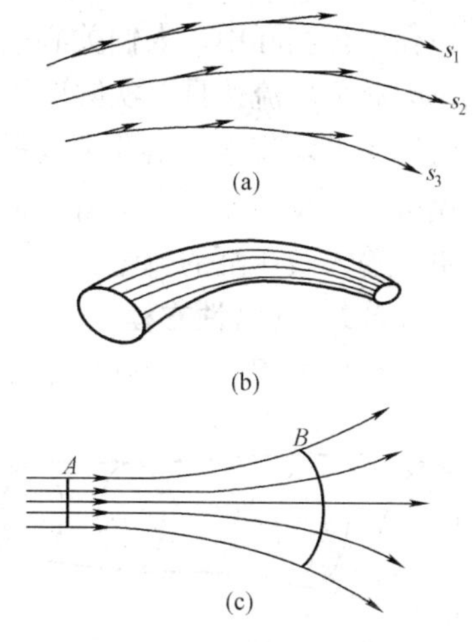

图 2-7 流线、流管和流束
（a）流线；（b）流管；（c）流束

流线彼此平行的流动称为平行流动。流线间夹角很小，或流线曲率半径很大的流动称为缓变流动。平行流动和缓变流动都可认为是一维流动。

3. 通流截面、流量和平均流速

在流束中与所有流线正交的截面称为通流截面。在液压传动系统中，液体在管道中流动时，垂直于流动方向的截面即为通流截面，也称为过流断面。在单位时间内流过某一通流截面的液体体积称为体积流量，简称为流量。流量用 $q$ 表示，单位为 $m^3/s$ 或 L/min。由流量定义得，$q=\dfrac{V}{t}$，其中 $V$ 为液体的体积，$t$ 为时间。

当液体通过如图 2-8（a）所示的微小通流截面 d$A$ 时，液体在该断面上各点的速度 $u$ 可以认为是相等的，所以流过该微小通流截面的流量为

$$dq = u dA$$

则流过整个通流截面 $A$ 的流量为

$$q = \int_A u dA$$

实际上，对于流动的液体，由于黏性力的作用，在整个通流截面上各点处的流速 $u$ 是不相等的，其分布规律也比较复杂，不易确定，如图 2-8（b）所示。在工程实际中，可以采用平均流速 $v$ 来简化分析计算。平均流速 $v$ 是假设通过某一通流截面上各点的流速均匀分布，液体以此均布流速 $v$ 流过此通流截面的流量等于以实际流速 $u$ 流过的流量，即

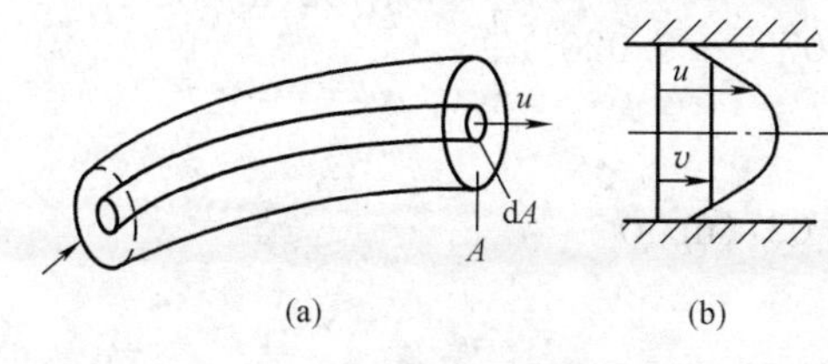

图 2-8 液体流量和平均速度

$$q=\int_A u\mathrm{d}A=vA$$

由此，得出通流截面上的平均流速为

$$v=\frac{q}{A} \tag{2-7}$$

在工程实际中，人们关心的往往是整个液体在某特定空间或特定区域内的平均运动情况，因此平均流速具有实际应用价值。例如，在液压缸工作时，活塞的运动速度就等于缸体内液体的平均流速，由此可以根据式（2-7）建立起活塞运动速度 $v$、液压缸有效面积（即通流截面）$A$ 和流量 $q$ 三者之间的关系。当液压缸的有效面积 $A$ 不变时，活塞运动速度 $v$ 取决于输入液压缸的流量。

### 2.2.2 连续性方程

连续性方程是质量守恒定律在流体力学中的一种具体表现形式。如图 2-9 所示的液体在具有不同通流截面的任意形状管道中做定常流动时，可任取 1 和 2 两个不同的通流截面，其面积分别为 $A_1$ 和 $A_2$，在这两个截面处的液体密度和平均流速分别为 $\rho_1$、$v_1$ 和 $\rho_2$、$v_2$，根据质量守恒定律，在单位时间内流过这两个截面的液体质量相等，即

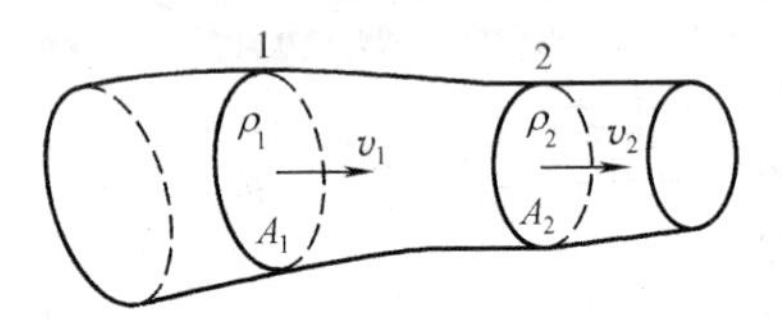


图 2-9 连续性方程推导

$$\rho_1 v_1 A_1=\rho_2 v_2 A_2 \tag{2-8}$$

当忽略液体的可压缩性时，即 $\rho_1=\rho_2$，有

$$v_1 A_1=v_2 A_2 \tag{2-9}$$

由此得

$$q_1=q_2 \quad 或 \quad q=vA=\text{const}(常数)$$

这就是液体在同一连通管道中做定常流动的连续性方程。它说明液体在管道中做定常流动时（忽略管道变形），对不可压缩液体，流过各截面的体积流量是相等的（即液流是连续的）。因此，在管道中流动的液体流速 $v$ 和过流断面积 $A$ 成反比。

**【例 2-5】** 如图 2-10 所示，已知流量 $q_1=25\text{L/min}$，小活塞杆直径 $d_1=20\text{mm}$，小活塞直径 $D_1=75\text{mm}$，大活塞杆直径 $d_2=40\text{mm}$，大活塞直径 $D_2=125\text{mm}$，假设没有泄漏流量，求大小活塞的运动速度 $v_1$、$v_2$。

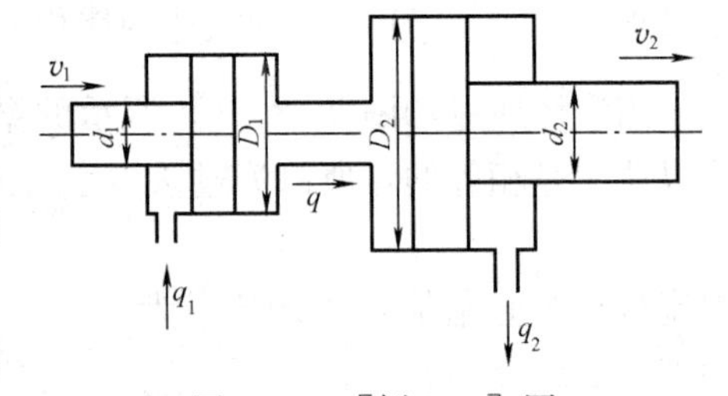


图 2-10 ［例 2-5］图

**解** 根据液流连续性方程 $q=vA$，求大小活塞的运动速度 $v_1$ 和 $v_2$ 分别为

$$v_1=\frac{q_1}{A_1}=\frac{q_1}{\frac{\pi}{4}D_1^2-\frac{\pi}{4}d_1^2}=\frac{25\times10^{-3}}{60\times\left[\frac{\pi}{4}\times(0.075^2-0.020^2)\right]}=0.102(\text{m/s})$$

$$v_2=\frac{q_2}{A_2}=\frac{\frac{\pi}{4}D_1^2 v_1}{\frac{\pi}{4}D_2^2}=\frac{0.075^2\times0.102}{0.125^2}=0.037(\text{m/s})$$

### 2.2.3 伯努利方程

伯努利方程是能量守恒定律在流体力学中的一种具体表现形式。为了研究方便，我们先

讨论理想液体的伯努利方程，然后再对它进行修正，最后给出实际液体的伯努利方程。

1. 理想液体的运动微分方程

在液流的微小流束上取出一段通流截面积为 $dA$、长度为 $ds$ 的微元体，如图 2-11 所示。在一维流动情况下，理想液体在微元体上作用有两种外力。

（1）压力在两端截面上所产生的作用力

$$pdA-\left(p+\frac{\partial p}{\partial s}ds\right)dA=-\frac{\partial p}{\partial s}dsdA$$

式中　$\frac{\partial p}{\partial s}$——沿流线方向的压力梯度。

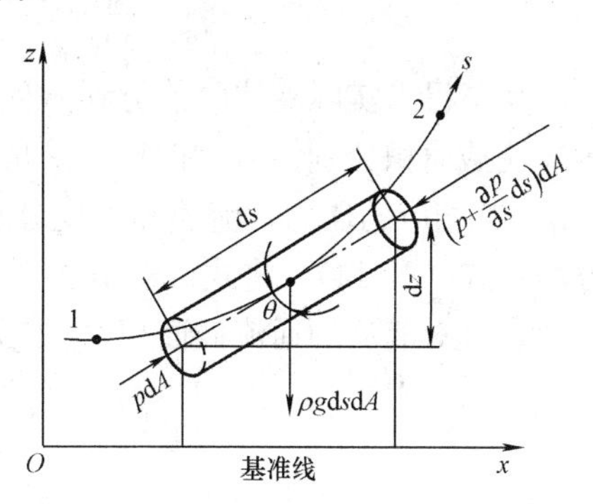


图 2-11　理想液体二维流动微元体

（2）作用在微元体上的重力为 $-\rho g dsdA$，在恒定流动下这一微元体的惯性力为

$$ma=\rho g\, dsdA\frac{du}{dt}=\rho dsdA\left(u\frac{\partial u}{\partial s}\right) \tag{2-10}$$

式中　$u$——微元体沿流线的运动速度，$u=\frac{ds}{dt}$。

根据牛顿第二定律 $\sum F=ma$，有

$$-\frac{\partial p}{\partial s}dsdA-\rho g\, dsdA\cos\theta=\rho dsdA\left(u\frac{\partial p}{\partial s}\right)$$

由于 $\cos\theta=\frac{\partial z}{\partial s}$，整理后得

$$-\frac{1}{\rho}\frac{\partial p}{\partial s}-g\frac{\partial z}{\partial s}=u\frac{\partial p}{\partial s} \tag{2-11}$$

这就是理想液体沿流线做恒定流动时的运动微分方程，它表示单位质量液体的力平衡方程。

2. 理想液体的伯努利方程

将式（2-11）沿流线 $s$ 从截面 1 积分到截面 2（见图 2-11），便可得到微元体流动时的能量关系式，即

$$\int_1^2\left(-\frac{1}{\rho}\frac{\partial p}{\partial s}-g\frac{\partial z}{\partial s}\right)ds=\int_1^2\frac{\partial}{\partial s}\left(\frac{u^2}{2}\right)ds$$

两边同除以 $g$，移项后整理得

$$\frac{p_1}{\rho g}+z_1+\frac{u_1^2}{2g}=\frac{p_2}{\rho g}+z_2+\frac{u_2^2}{2g} \tag{2-12}$$

由于截面 1 和 2 是任意取的，所以式（2-12）也可写成

$$\frac{p}{\rho g}+z+\frac{u_1^2}{2g}=\text{const} \tag{2-13}$$

式（2-12）和式（2-13）就是理想液体微小流束做恒定流动时的伯努利方程或能量方程。

理想液体伯努利方程的物理意义是：理想液体做恒定流动时具有压力能、位能和动能三种能量形式，在任一截面上这三种能量形式之间可以相互转换，但三者之和为一定值，即能量守恒。

3. 实际液体的伯努利方程

实际液体在流动时，由于液体存在黏性，会产生内摩擦力，消耗能量；同时，管道局部

形状和尺寸的骤然变化，使液体产生扰动，也消耗能量。因此，实际液体流动有能量损失，这里可设图 2-11 中微元体从截面 1 流到截面 2 损耗的能量为 $h'_w$，则实际液体微小流束做恒定流动时的伯努利方程为

$$\frac{p_1}{\rho g}+z_1+\frac{u_1^2}{2g}=\frac{p_2}{\rho g}+z_2+\frac{u_2^2}{2g}+h'_w \tag{2-14}$$

为了得出实际液体的伯努利方程，图 2-12 给出了一段流管中的液流。在流管中，两端的通流截面积分别为 $A_1$ 和 $A_2$。在此液流中取出一微小流束，两端的通流截面积各为 $dA_1$ 和 $dA_2$。其相应的压力、流速和高度分别为 $p_1$、$u_1$、$z_1$ 和 $p_2$、$u_2$、$z_2$。这一微小流束的伯努利方程是式（2-14）。将式（2-14）的两端乘以相应的微小流量 $dq(dq=u_1dA_1=u_2dA_2)$。然后，各自对液流的通流截面积 $A_1$ 和 $A_2$ 进行积分，得

$$\begin{aligned}&\int_{A_1}\left(\frac{p_1}{\rho g}+z_1\right)u_1dA_1+\int_{A_1}\frac{u_1^2}{2g}u_1dA_1\\=&\int_{A_2}\left(\frac{p_2}{\rho g}+z_2\right)u_2dA_2+\int_{A_2}\frac{u_2^2}{2g}u_2dA_2+\int_{A_q}h'_wdq\end{aligned} \tag{2-15}$$

式（2-15）左端及右端的前两项积分分别表示单位时间内流过 $A_1$ 和 $A_2$ 的流量所具有的总能量，而右端最后一项则表示流管内的液体从截面 1 流到截面 2 损耗的能量。

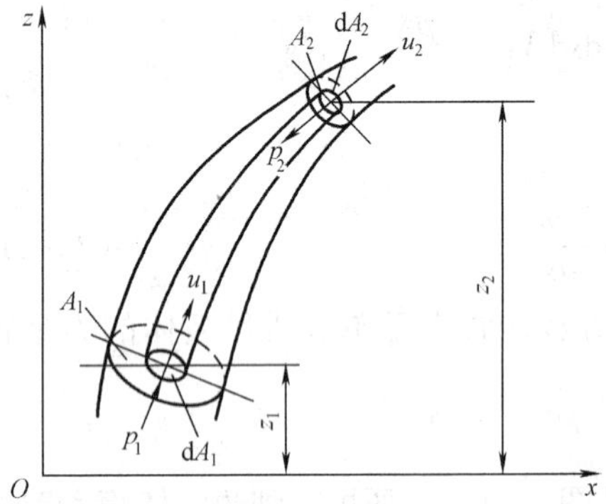

图 2-12　实际液体伯努利方程推导

为使式（2-15）便于使用，首先将图中截面 $A_1$ 和 $A_2$ 处的流动限于平行流动（或缓变流动），这样，通流截面可视为平面，在通流截面上除重力外无其他质量力，因而通流截面下各点处的压力具有与液体静压力相同的分布规律。

其次，用平均流速 $v$ 代替液流截面 $A_1$ 和 $A_2$ 上各点处不等的流速 $u$，且令单位时间内截面 $A$ 处液流的实际动能和按平均流速计算出的动能之比为动能修正系数 $\alpha$，即

$$\alpha=\frac{\int_A\rho\frac{u^2}{2}udA}{\frac{1}{2}\rho Avv^2}=\frac{\int_Au^3dA}{v^3A} \tag{2-16}$$

此外，对液体在流管中流动时产生的能量损耗，也用平均能量损耗的概念来处理，即令

$$h_w=\frac{\int_Ah'_wdq}{q}$$

将上述关系式代入式（2-15），整理后可得

$$\frac{p_1}{\rho g}+z_1+\frac{\alpha_1v_1^2}{2g}=\frac{p_2}{\rho g}+z_2+\frac{\alpha_2v_2^2}{2g}+h_w \tag{2-17}$$

式中　$\alpha_1$、$\alpha_2$——截面 $A_1$、$A_2$ 上的动能修正系数。

式（2-17）就是仅受重力作用的实际液体在流管中做平行（或缓变）流动时的伯努利方程。它的物理意义是单位重力液体的能量守恒。其中，$h_w$ 为单位重力作用下液体从截面 $A_1$ 流到截面 $A_2$ 过程中的能量损耗。

在应用式（2-17）时，必须注意 $p$ 和 $z$ 应为通流截面上同一点上的两个参数，特别是压力参数 $p$ 的度量基准应该相同，若用绝对压力都用绝对压力，用相对压力都用相对压力，为方便起见，通常将这两个参数都取在通流截面的轴心处。

在液压系统的计算中，通常将式（2-17）写成另外一种形式，即

$$p_1+\rho g h_1+\frac{1}{2}\rho\alpha_1 v_1^2=p_2+\rho g h_2+\frac{1}{2}\rho\alpha_2 v_2^2+\Delta p_w \tag{2-18}$$

式中 $h_1$、$h_2$——液体在流动时的不同高度；

$\Delta p_w$——液体流动时的压力损失。

伯努利方程揭示了液体流动过程中的能量变化规律。它指出，对于流动的液体，如果没有能量的输入和输出，液体内的总能量是不变的。伯努利方程是流体力学中一个重要的基本方程，它不仅是进行液压传动系统分析的基础，而且还可以对多种液压问题进行研究和计算。

**【例2-6】** 如图2-13所示，油从垂直安放的圆管流出，管的直径 $d_1=10\text{cm}$，管口处平均流速 $v_1=1.4\text{m/s}$，试求管垂直下方 $H=5\text{m}$ 处的流速 $v_2$ 和油柱的直径 $d_2$。

**解** 在液体自由滴下时，可不考虑液柱与空气之间的摩擦能量损失 $\Delta p_w$ 的影响，设管口处为原点，对管口处1—1截面和 $H=5\text{m}$ 处2—2截面建立理想液体的伯努利方程为

$$p_1+\rho g h_1+\frac{1}{2}\rho\alpha_1 v_1^2=p_2+\rho g h_2+\frac{1}{2}\rho\alpha_2 v_2^2$$

其中，$h_1=0$，$h_2=H=1.5\text{m}$，$p_1=p_2$，将各参数代入，则可导出

$$\frac{v_1^2}{2g}=\frac{v_2^2}{2g}+(-h_2)$$

这时，油液流速 $v_2=\sqrt{2gh_2+v_1^2}$，即

$$v_2=\sqrt{2\times 9.81\times 1.5+1.4^2}=5.603(\text{m/s})$$

由连续性方程，得

$$q_1=q_2=\frac{\pi}{4}d_1^2 v_1=\frac{\pi}{4}d_2^2 v_2$$

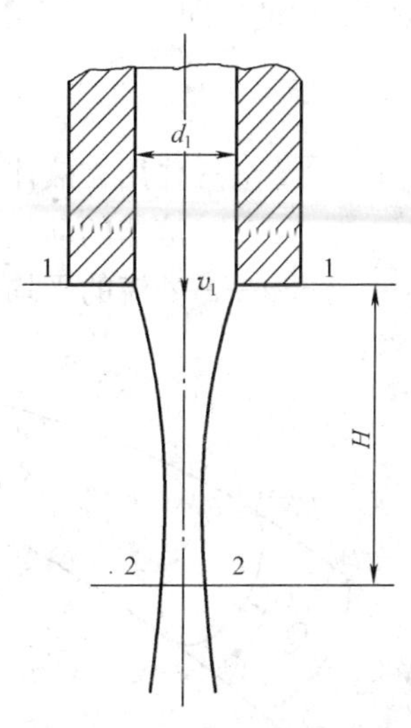

图2-13 ［例2-6］图

因此，油柱直径

$$d_2=\sqrt{\frac{v_1 d_1^2}{v_2}}=\sqrt{\frac{1.4\times 0.1^2}{5.6}}(\text{m})=0.050(\text{m})$$

**【例2-7】** 计算图2-14所示的液压泵吸油口处的真空度。设油箱液面压力为 $p_1$，液压泵吸油口处的绝对压力为 $p_2$，距油箱液面的高度为 $h$。

**解** 以油箱液面为基准，并定为1—1截面，泵的吸油口处为2—2截面。对1—1和2—2截面，建立实际液体的伯努利方程，则有

$$p_1+\rho g h_1+\frac{1}{2}\rho\alpha_1 v_1^2=p_2+\rho g h_2+\frac{1}{2}\rho\alpha_2 v_2^2+\Delta p_w$$

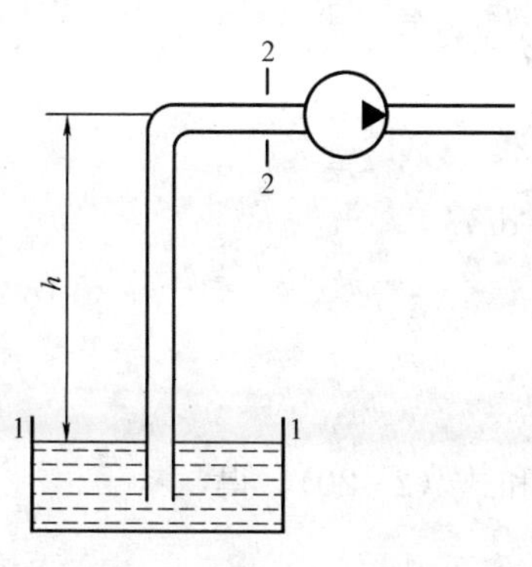

图2-14 ［例2-7］图

图2-14所示油箱液面与大气接触，故 $p_1$ 为大气压，即 $p_1=p_a$；$v_1$ 为油箱液面下降速度，由于 $v_1\leqslant v_2$，故 $v_1$ 可

近似为零，$h_1=0$，$h_2=h$；$v_2$ 为泵吸油口处液体的流速，它等于液体在吸油管内的流速；$\Delta p_w$ 为吸油管路的能量损失。因此，上式可简化为

$$p_a = p_2 + \rho g h_2 + \frac{1}{2}\rho\alpha_2 v_2^2 + \Delta p_w$$

所以，液压泵吸油口处的真空度为

$$p_a - p_2 = \rho g h_2 + \frac{1}{2}\rho\alpha_2 v_2^2 + \Delta p_w$$

由此可见，液压泵吸油口处的真空度由三部分组成：将油液提升到高度 $h$ 所需的压力，吸油管路的压力损失，以及将静止液体加速到 $v_2$ 所需的压力。

**2.2.4 动量方程**

动量方程是动量定律在流体力学中的具体应用。在液压传动中，要计算液流作用在固体壁面上的力时，应用动量方程求解比较方便。

刚体力学动量定律指出，作用在物体上的外合力等于物体在力作用方向上单位时间内动量的变化量，即

$$\sum F = \frac{\mathrm{d}I}{\mathrm{d}t} = \frac{\mathrm{d}(mv)}{\mathrm{d}t} \tag{2-19}$$

式中 $\sum F$——作用在液体上所有外力的矢量和；

$I$——液体的动量；

$v$——液流的平均流速矢量。

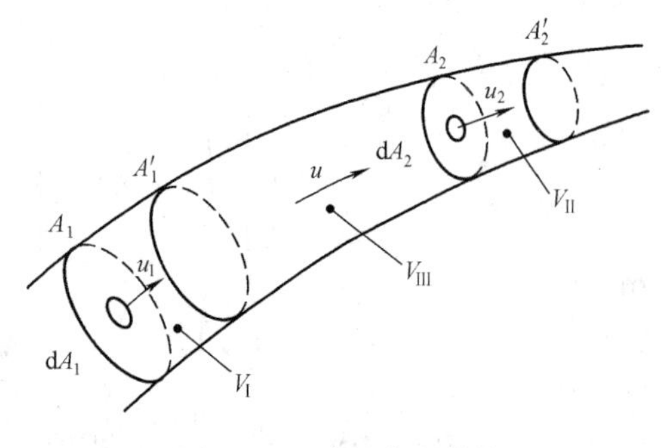


图 2-15 动量方程推导

将动量定律应用于流体时，必须在任意时刻 $t$ 从流管中取出一个由通流截面 $A_1$ 和 $A_2$ 围起来的液体控制体积，如图 2-15 所示。这里，截面 $A_1$ 和 $A_2$ 是控制表面。在此控制体积内取一微小流束，其在 $A_1$、$A_2$ 上的通流截面为 $\mathrm{d}A_1$、$\mathrm{d}A_2$，流速为 $u_1$、$u_2$。假定控制体积经过 $\mathrm{d}t$ 后流到新的位置 $A'_1$、$A'_2$，则在 $\mathrm{d}t$ 时间内控制体积中液体质量的动量变化为

$$\mathrm{d}(\sum I) = I_{\mathrm{III}_{t+\mathrm{d}t}} - I_{\mathrm{III}_t} + I_{\mathrm{II}_{t+\mathrm{d}t}} - I_t \tag{2-20}$$

体积 $V_{\mathrm{II}}$ 中液体在 $t+\mathrm{d}t$ 时的动量为

$$I_{\mathrm{II}_{t+\mathrm{d}t}} = \int_{V_{\mathrm{II}}} \rho u_2 \mathrm{d}V_{\mathrm{II}} = \int_{A_2} \rho u_2 \mathrm{d}A_2 u_2 \mathrm{d}t$$

同样，可推得体积 $V_{\mathrm{I}}$ 中液体在 $t$ 时的动量为

$$I_{\mathrm{I}_t} = \int_{V_{\mathrm{I}}} \rho u_1 \mathrm{d}V_{\mathrm{I}} = \int_{A_1} \rho u_1 \mathrm{d}A_1 u_1 \mathrm{d}t$$

式（2-20）中右边的第 1 项和 2 项为

$$I_{\mathrm{III}_{t+\mathrm{d}t}} - I_{\mathrm{III}_t} = \frac{\mathrm{d}}{\mathrm{d}t}\left(\int_{V_{\mathrm{II}}} \rho u \mathrm{d}V_{\mathrm{II}}\right)\mathrm{d}t$$

当 $\mathrm{d}t \to 0$ 时，体积 $V_{\mathrm{III}} \approx V$，将以上关系代入式（2-19）和式（2-20），得

$$\sum F = \frac{\mathrm{d}}{\mathrm{d}t}\left(\int_V \rho u \mathrm{d}V\right) + \int_{A_2} \rho u_2 u_2 \mathrm{d}A_2 - \int_{A_1} \rho u_1 u_1 \mathrm{d}A_1$$

若用流管内液体的平均流速 $v$ 代替截面上的实际流速 $u$，其误差用动量修正系数 $\beta$ 予以修正，且不考虑液体的可压缩性，即 $A_1v_1=A_2v_2=q$，而 $q=\int_A u\mathrm{d}A$，则上式经整理后可得

$$\sum F=\frac{\mathrm{d}}{\mathrm{d}t}\left(\int_V \rho u\mathrm{d}V\right)+\rho q(\beta_2v_2-\beta_1v_1) \tag{2-21}$$

其中，动量修正系数 $\beta$ 等于实际动量与按平均流速计算出的动量之比，即

$$\beta=\frac{\int_A u\mathrm{d}m}{mv}=\frac{\int_A u(\rho u\mathrm{d}A)}{(\rho vA)v}=\frac{\int_A u^2\mathrm{d}A}{v^2A} \tag{2-22}$$

式（2-21）即为流体力学中的动量定律。等式左边 $\sum F$ 为作用于控制体积内液体上外力的矢量和；等式右边第一项是使控制体积内的液体加速（或减速）所需的力，称为瞬态液动力；等式右边第二项是由于液体在不同控制表面上具有不同速度所引起的力，称为稳态液动力。

对于做恒定流动的液体，式（2-21）右边第一项等于零，于是有

$$\sum F=\rho q(\beta_2v_2-\beta_1v_1) \tag{2-23}$$

必须注意，式（2-21）和式（2-23）均为矢量方程式，在应用时可根据具体要求向指定方向投影，列出该方向上的动量方程，然后再进行求解。例如，在指定 $x$ 方向上的动量方程可写成

$$\sum F_x=\rho q(\beta_2v_{2x}-\beta_1v_{1x}) \tag{2-24}$$

在工程实际中，往往要求出液流对通道固体壁面的作用力，即动量方程中 $\sum F$ 的反作用 $F'$ 在指定力方向 $x$ 上的稳态液动力计算公式为

$$F'_x=-\sum F_x=\rho q(\beta_1v_{1x}-\beta_2v_{2x}) \tag{2-25}$$

根据式（2-25）可求得作用在滑阀阀芯上的稳态液动力，同时可以证明该稳态液动力总是企图关闭阀口。当液流反方向通过同一阀时，可得相同结论。

## 2.3 流体流动时的压力损失

实际液体具有黏性，是产生流动阻力的根本原因。然而流动状态不同，阻力大小也不同。下面先研究两种不同的流动状态。

### 2.3.1 流动状态、雷诺数

*1. 流动状态——层流和紊流*

液体在管道中流动时存在两种不同状态，它们的阻力性质也不相同。虽然这是在管道液流中发生的现象，却对气流和液体也同样适用。

实验装置如图2-16所示，实验时保持水箱中水位恒定和平静，然后将阀门A微微开启，使少量水流流经玻璃管，即玻璃管内平均流速 $v$ 很小。这时，如果将颜色水容器的阀门B也微微开启，使颜色水也流入玻璃管内，我们可以在玻璃管内看到一条细直而鲜明的颜色流束，而且不论颜色水放在玻璃管内的任何位置，它都能呈直线状，这说明管中水流都是安定地沿轴向运动，液体质点没有垂直于主流方向的横向运动，所以颜色水和周围的液体没有混杂。如果将A阀缓慢开大，管中流量和它的平均流速 $v$ 也将逐渐增大，直至平均流速增加至某一数值，颜色流束开始弯曲颤动，这说明玻璃管内液体质点不再保持安定，开始发生

脉动，不仅具有横向的脉动速度，而且也具有纵向脉动速度。如果A阀继续开大，脉动加剧，颜色水就完全与周围液体混杂而不再维持流束状态。

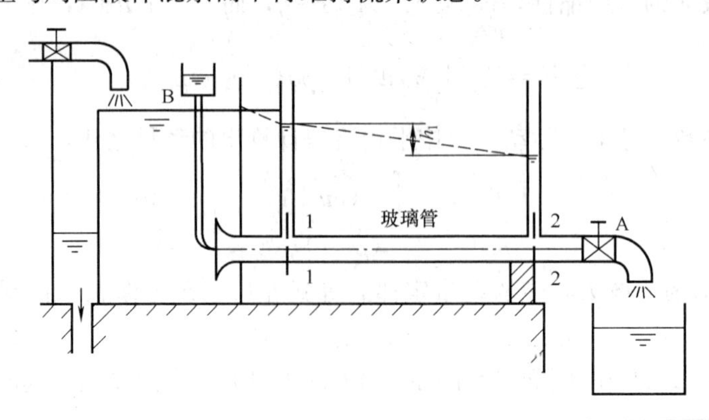


图2-16 雷诺实验

在液体运动时，如果质点没有横向脉动，不引起液体质点混杂，而是层次分明，能够维持安定的流束状态，这种流动称为层流。

如果液体流动时质点具有脉动速度，引起流层间质点相互错杂交换，这种流动称为紊流或湍流。

2. 雷诺数

液体流动时究竟是层流还是紊流，需用雷诺数来判别。

试验证明，液体在圆管中的流动状态不仅与管内的平均流速 $v$ 有关，还和管径 $d$、液体的运动黏度 $\nu$ 有关。但是，真正决定液流状态的，却是这三个参数所组成的一个称为雷诺数 $Re$ 的无量纲纯数：

$$Re = vd/\nu \tag{2-26}$$

由式（2-26）可知，液流的雷诺数若相同，它的流动状态也相同。当液流的雷诺数 $Re$ 小于临界雷诺数时，液流为层流；反之，液流大多为紊流。常见液流管道的临界雷诺数由试验求得，见表2-2。

**表2-2 常见液流管道的临界雷诺数**

| 管道的材料与形状 | $Re_{cr}$ | 管道的材料与形状 | $Re_{cr}$ |
|---|---|---|---|
| 光滑的金属圆管 | 2000～2320 | 带槽装的同心环状缝隙 | 700 |
| 橡胶软管 | 1600～2000 | 带槽装的偏心环状缝隙 | 400 |
| 光滑的同心环状缝隙 | 1100 | 圆柱形滑阀阀口 | 260 |
| 光滑的偏心环状缝隙 | 1000 | 锥状阀口 | 20～100 |

对于非圆截面的管道而言，$Re$ 可用式（2-27）计算：

$$Re = \frac{4vR}{\nu} \tag{2-27}$$

式中 $R$——液流截面的水力半径。

$R$ 等于液流的有效截面积 $A$ 和它的湿周（有效截面的周界长度）$\chi$ 之比，即

$$R = \frac{A}{\chi} \tag{2-28}$$

正方形的管道，边长为 $b$，则湿周为 $4b$，因而水力半径为 $R=b/4$。水力半径的大小，对管道的通流能力影响很大。水力半径大，表明流体与管壁的接触少，通流能力强；水力半径小，表明流体与管壁的接触多，通流能力差，容易堵塞。

### 2.3.2　沿程压力损失

实际黏性液体在流动时存在阻力，为了克服阻力就要消耗一部分能量，这样便有能量损失。在液压传动中，能量损失主要表现为压力损失，这就是实际液体流动的伯努利方程式中 $h_w$ 项的含义。液压系统中的压力损失分为两类。一类是油液沿等直径直管流动时所产生的压力损失，称为沿程压力损失。这类压力损失是由液体流动时的内、外摩擦力所引起的。另一类是油液流经局部障碍（如弯头、接头、管道截面突然扩大或收缩）时，由于液流的方向和速度的突然变化，在局部形成旋涡引起油液质点间以及质点与固体壁面之间的相互碰撞和剧烈摩擦而产生的压力损失，称为局部压力损失。

压力损失过大也就是液压系统中功率损耗的增加，这将导致油液发热加剧，泄漏量增加，效率下降和液压系统性能变坏。

在液压技术中，研究阻力的目的是：①正确计算液压系统中的阻力；②找出减小流动阻力的途径；③利用阻力所形成的压差 $\Delta p$ 来控制某些液压元件的动作。

液体在直管中流动时的压力损失是由液体流动时的摩擦引起的，称为沿程压力损失，主要取决于管路的长度、内径、液体的流速、黏度等。液体的流态不同，沿程压力损失也不同。液体在圆管中层流流动在液压传动中最为常见，因此，在设计液压系统时，常希望管道中的液流保持层流流动的状态。

1. 层流时的压力损失

在液压传动中，液体的流动状态多数是层流流动，在这种状态下液体流经直管的压力损失可以通过理论计算求得。

（1）液体在流通截面上的速度分布规律。如图 2-17（a）所示，液体在直径 $d$ 的圆管中做层流运动，圆管水平放置，在管内取一段与管轴线重合的小圆柱体，设其半径为 $r$，长度为 $l$。在这一小圆柱体上沿管轴方向的作用力有左端压力 $p_1$、右端压力 $p_2$、圆柱面上的摩擦力为 $F_f$，则其受力平衡方程式为

$$(p_1-p_2)\pi r^2-F_f=0 \tag{2-29}$$

由式（1-5）可知

$$F_f=2\pi rl\tau=2\pi rl\left(-\mu\frac{\mathrm{d}u}{\mathrm{d}r}\right) \tag{2-30}$$

式中　$\mu$——动力黏度。

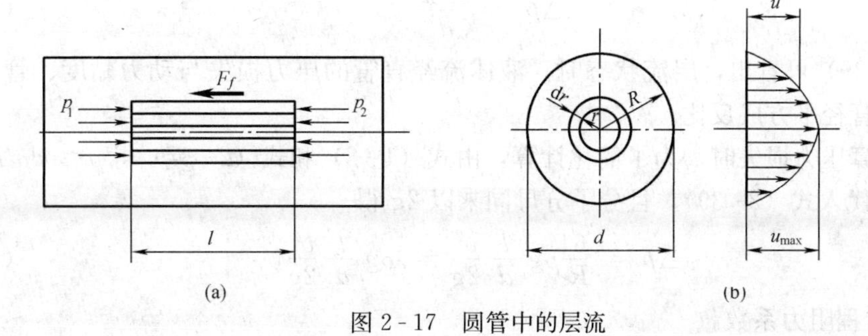


图 2-17　圆管中的层流

因为速度增量 d$u$ 与半径增量 d$r$ 符号相反，则在式中加一负号。

另外

$$\Delta p = p_1 - p_2$$

将 $\Delta p$ 和式（2-30）代入式（2-29），则得

$$\frac{\mathrm{d}u}{\mathrm{d}r} = \frac{-\Delta p}{2\mu l}r \tag{2-31}$$

对式（2-31）积分，得

$$u = -\frac{\Delta p r^2}{4\mu l} + c \tag{2-32}$$

当 $r=R$ 时，$u=0$，代入式（2-32）得

$$c = \frac{\Delta p R^2}{4\mu l}$$

则

$$u = \frac{\Delta p}{4\mu l}(R^2 - r^2) \tag{2-33}$$

由式（2-33）可知管内流速 $u$ 沿半径方向按抛物线规律分布，最大流速在轴线上，其值为

$$u_{\max} = \frac{\Delta p R^2}{4\mu l} \tag{2-34}$$

（2）管路中的流量。图 2-17（b）所示抛物体体积，是液体单位时间内流过通流截面的体积，即流量。为计算其体积，可在半径为 $r$ 处取一层厚度为 d$r$ 的微小圆环面积，通过此环形面积的流量为

$$\mathrm{d}q = 2\pi r u \mathrm{d}r = 2\pi r \frac{\Delta p}{4\mu l}(R^2 - r^2)\mathrm{d}r \tag{2-35}$$

对式（2-35）积分，即可得流量为

$$q = \int_0^R \mathrm{d}q = \int_0^R 2\pi r \frac{\Delta p}{4\mu l}(R^2 - r^2)\mathrm{d}r = \frac{\pi R^2 \Delta p}{8\mu l} = \frac{\pi d^4 \Delta p}{128\mu l} \tag{2-36}$$

（3）平均流速。设管内平均流速为 $v$，有

$$v = \frac{q}{A} = \frac{\pi d^4 \Delta p}{128\mu l} \Big/ \frac{\pi d^2}{4} = \frac{d^2 \Delta p}{32\mu l} \tag{2-37}$$

将式（2-37）与式（2-34）对比可得平均流速与最大流速的关系

$$v = u_{\max}/2 \tag{2-38}$$

（4）沿程压力损失。层流状态时，液体流经直管的沿程压力损失可从式（2-37）求得

$$\Delta p_\lambda = \frac{32\mu l v}{d^2} \tag{2-39}$$

由式（2-39）可看出，层流状态时，液体流经直管的压力损失与动力黏度、管长、流速成正比，与管径平方成反比。

在实际计算压力损失时，为了简化计算，由式（1-8）和式（2-37）得 $\mu = v d\rho / Re$，并把 $\mu = v d\rho / Re$ 代入式（2-39），且分子分母同乘以 $2g$ 得

$$\Delta p_\lambda = \frac{64}{Re}\rho g \frac{l}{d}\frac{v^2}{2g} = \lambda \rho g \frac{l}{d}\frac{v^2}{2g} \tag{2-40}$$

式中 $\lambda$——沿程阻力系数。

沿程阻力系数的理论值为$\lambda=64/Re$，而实际由于各种因素的影响，对光滑金属管取$\lambda=75/Re$，对橡胶管取$\lambda=80/Re$。

2. 紊流时的压力损失

层流流动中各质点有沿轴向的规则运动，而无横向运动。紊流的重要特性之一是液体各质点不再是有规则的轴向运动，而是在运动过程中互相渗混和脉动。这种极不规则的运动，引起质点间的碰撞，并形成旋涡，使紊流能量损失比层流大得多。

由于紊流流动现象的复杂性，至今，完全用理论方法研究尚未获得令人满意的成果，故仍用实验的方法加以研究，再辅以理论解释。因而，紊流状态下液体流动的压力损失仍用式(2-40)来计算，式中的$\lambda$值不仅与雷诺数$Re$有关，而且与管壁表面粗糙度$\Delta$有关，具体的$\lambda$值见表2-3。

**表2-3　　圆管紊流时的$\lambda$值**

| 雷诺数 $Re$ | | $\lambda$值计算公式 |
|---|---|---|
| $Re<22\left(\frac{d}{\Delta}\right)^{\frac{8}{7}}$ | $3000<Re<10^5$ | $\lambda=0.3164/Re^{0.25}$ |
| | $10^5<Re<10^8$ | $\lambda=0.308/(0.842-\lg Re)^2$ |
| $32\left(\frac{d}{\Delta}\right)^{\frac{8}{7}}<Re<597\left(\frac{d}{\Delta}\right)^{\frac{9}{8}}$ | | $\lambda=\left[1.14-2\lg\left(\frac{d}{\Delta}+\frac{21.25}{Re^{0.9}}\right)\right]^{-2}$ |
| $Re>597\left(\frac{d}{\Delta}\right)^{\frac{9}{8}}$ | | $\lambda=0.11\left(\frac{d}{\Delta}\right)^{0.25}$ |

### 2.3.3 局部压力损失

局部压力损失是液体流经阀口、弯管时由于通流截面发生变化所引起的压力损失。液流通过这些地方时，由于液流方向和速度均发生变化，形成旋涡(见图2-18)，使液体的质点间相互撞击，从而产生较大的能量损耗。

局部压力损失的计算式可以表示为

$$\Delta p_{\xi}=\xi\rho v^2/2 \qquad (2-41)$$

其中，$\xi$为局部阻力系数，其值仅在液流流经突然扩大的截面时可以用理论推导方法求得，其他情况均须通过实验来确定；$v$为液体的平均流速，一般情况下指局部阻力下游处的流速。

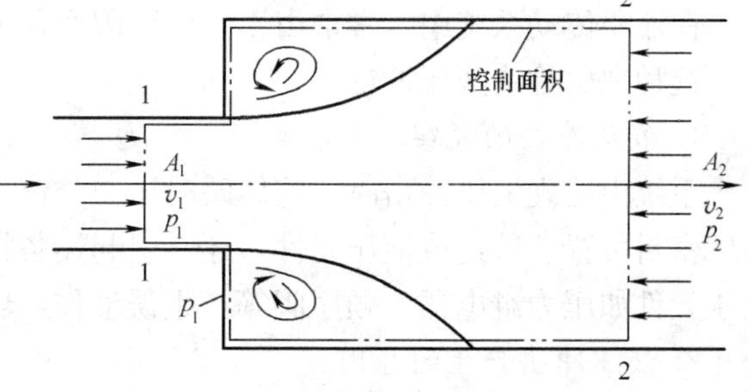


图2-18　突然扩大处的局部损失

### 2.3.4 管路系统总压力损失

管路系统的总压力损失等于所有沿程压力损失和所有局部压力损失之和，即

$$\Delta p=\sum\Delta p_{\lambda}+\sum\Delta p_{\xi}=\sum\lambda\frac{l}{d}\frac{\rho v^2}{2}+\sum\xi\frac{\rho v^2}{2} \qquad (2-42)$$

## 2.4 空穴现象和液压冲击

在液压传动系统中，空穴现象和液压冲击会给系统带来不利影响，因此需要了解这些现象产生的原因，并采取措施加以防治。

### 2.4.1 空穴现象

在流动的液体中，如果某处的压力低于空气分离压时，原来溶解在液体中的空气就会分离出来，从而导致液体中出现大量的气泡，这种现象称为空穴现象；如果液体中的压力进一步降低到饱和蒸汽压力时，液体将迅速汽化，产生大量蒸汽泡，使空穴现象更加严重。

空穴多发生在阀口和液压泵的进口处。由于阀口的通道狭窄，液流的速度增大，压力下降，容易产生空穴；当泵的安装高度过高、吸油管直径太小、吸油管阻力太大或泵的转速过高时，都会造成进口处真空度过大，而产生空穴。

空穴现象是一种有害的现象，主要有以下几个方面的危害：

（1）液体在低压部分产生空穴后，到高压部分气泡又重新溶解于液体中，周围的高压液体迅速填补原来的空间，形成无数微小范围内的液压冲击，这将引起噪声、振动等有害现象。

（2）液压系统受到空穴引起的液压冲击而造成零件的损坏。另外，由于析出空气中有游离氧，对零件具有很强的氧化作用，引起元件的腐蚀。这些称之为气蚀作用。

（3）空穴现象使液体中带有一定量的气泡，从而引起流量的不连续及压力的波动。严重时甚至断流，使液压系统不能正常工作。

为减小空穴和气蚀的危害，通常采取以下措施：

（1）减小孔口或缝隙前、后的压力降。一般希望孔口或缝隙前后的压力比 $p_1/p_2<3.5$。

（2）降低泵的吸油高度，适当加大吸油管直径，限制吸油管的流速，尽量减小吸油管路中的压力损失（如及时清洗过滤器、更换滤芯等）。对于自吸能力差的泵要安装辅助泵供油。

（3）管路要有良好的密封，防止空气进入。

（4）提高液压零件的抗气蚀能力，采用抗腐蚀能力强的金属材料，减小零件表面粗糙度值等。

### 2.4.2 液压冲击

在液压传动系统中，常常由于一些原因而使液体压力突然急剧上升，形成很高的压力峰值，这种现象称为液压冲击。

1. 液压冲击的危害

系统中出现液压冲击时，液体瞬时压力峰值可以比正常工作压力大好几倍。液压冲击会损坏密封装置、管道或液压元件，还会引起设备振动，产生很大的噪声。有时冲击会使某些液压元件如压力继电器、顺序阀等产生误动作，影响系统正常工作。

2. 液压冲击产生的原因

在阀门突然关闭、运动部件快速制动等情况下，液体在系统中的流动会突然受阻。这时，由于液流的惯性作用，液体就从受阻端开始，迅速将动能逐层转换为液压能，因而产生了压力冲击波；此后，这个压力波又从该端开始反向传递，将压力能逐层转化为动能，使得液体又反向流动；然后，在另一端又再次将动能转化为压力能，如此反复地进行能量转换。由于这种压力波的迅速往复传播，便在系统内形成压力振荡。这一振荡过程，由于液体受到摩擦力，以及液体和管壁的弹性作用不断消耗能量，才使振荡过程逐渐衰减而趋向稳定，产生液压冲击的本质是动量变化。

3. 冲击压力

假设系统正常工作的压力为 $p$，产生压力冲击时的最大压力为

$$p_{max}=p+\Delta p \tag{2-43}$$

式中 $\Delta p$——冲击压力的最大升高值。

由于液压冲击是一种非定常流动，动态过程非常复杂，影响因素很多，故精确计算 $\Delta p$ 值是很困难的。这里给出两种液压冲击情况下 $\Delta p$ 值的近似计算公式。

（1）管道阀门关闭时的液压冲击。设管道截面积为 $A$，产生冲击的管长为 $l$，压力冲击波第一波在 $l$ 长度内传播的时间为 $t_1$，液体的密度为 $\rho$，管中液体的流速为 $v$，阀门关闭后的流速为零，则由动量方程得

$$\Delta pA = \rho Al \frac{v}{t_1}$$

整理得

$$\Delta p = \rho l \frac{v}{t_1} = \rho cv \tag{2-44}$$

其中，$c=l/t_1$，为压力冲击波在管中的传播速度。

应用式（2-44）时，需要先知道 $c$ 值的大小，而 $c$ 值不仅与液体的体积弹性模量 $K$ 有关，而且还与管道材料的弹性模量 $E$、管道的内径 $d$ 及壁厚 $\delta$ 有关。在液压传动中，$c$ 值一般为 900～1400m/s。

若流速 $v$ 不是突然降为零，而是降为 $v_1$，则式（2-44）可写成

$$\Delta p = \rho c(v - v_1) \tag{2-45}$$

设压力冲击波在管中往复一次的时间为 $t_c$，其中 $t_c=2l/c$。当阀门关闭时间 $t<t_c$ 时，称为突然关闭，此时压力峰值很大，这时的冲击称为直接冲击，其值可按式（2-44）或式（2-45）计算；当 $t>t_c$ 时，阀门不是突然关闭，此时压力峰值较小，这时的冲击称为间接冲击，其 $\Delta p$ 值可按式（2-46）计算：

$$\Delta p = \rho c(v - v_1)\frac{t_c}{t} \tag{2-46}$$

（2）运动部件制动时的液压冲击。设总质量为 $\sum m$ 的运动部件在制动时的减速时间为 $\Delta t$，速度减小值为 $\Delta v$，液压缸有效面积为 $A$，则根据动量定理得

$$\Delta p = \frac{\sum m\Delta v}{A\Delta t} \tag{2-47}$$

式（2-47）中忽略了阻尼、泄漏等因素，计算结果偏大，但比较安全。

4. *减小压力冲击的措施*

分析式（2-45）～式（2-47）中的影响因素，可以归纳出减小液压冲击的主要措施有以下几个：

（1）尽可能延长阀门关闭和运动部件制动换向的时间。在液压传动系统中采用换向时间可调的换向阀就可做到这一点。

（2）正确设计阀口，限制管道流速及运动部件速度，使运动部件制动时速度变化比较均匀。例如在机床液压传动系统中，通常将管道流速限制在 4.5m/s 以下，液压缸驱动的运动部件速度一般不宜超过 10m/min 等。

（3）在某些精度要求不高的工作机械上，使液压缸两腔油路在换向阀回到中位时瞬时互通。

（4）适当加大管道直径，尽量缩短管道长度。加大管道直径不仅可以降低流速，而且可以减小压力冲击波速度 $c$ 值；缩短管道长度的目的是减小压力冲击波的传播时间 $t_c$；必要

时，还可通过在冲击区附近设置卸荷阀、安装蓄能器等缓冲装置来达到此目的。

（5）采用软管，增加系统的弹性，以减小压力冲击。

## 小　结

熟悉流体的基本力学性质，掌握流体在平衡和运动状态下的力学规律，有助于正确理解液压传动原理，也是合理设计和使用液压系统的理论基础。流体静力学主要讨论液体在静止时的平衡规律及这些规律在工程上的应用。流体静力学一般用流体静力学基本方程来计算。压力的表示方法有绝对压力和相对压力两种。静止液体和固体壁面相接触时，固体壁面上各点在某一方向上所受静压作用力的总和，就是液体在该方向上作用于固体壁面上的力。流体动力学是研究流体运动规律及流体与力的关系的力学。流体动力学的三个基本方程式，即液流的连续性方程、伯努利方程和动量方程，它们是刚体力学中的质量守恒、能量守恒及动量守恒定理在流体力学中的具体应用。描述流体流动的一些基本概念，如理想液体、定常流动、流线、流管、流束、通流截面、流量、平均流速、层流、紊流等；液体的平均流速与通流截面积成反比。

液压系统中的压力损失分为沿程压力损失和局部压力损失。在液压传动系统中，空穴现象和液压冲击会给系统带来不利影响，因此需要了解这些现象产生的原因，并采取措施加以防治。

## 思考题和习题

2-1　什么是压力？压力有哪几种表示方法？液压系统的压力与外界负载有什么关系？

2-2　解释下述概念：理想流体、定常流动、过流断面、流量、平均流速、层流、紊流和雷诺数。

2-3　连续性方程的本质是什么？它的物理意义是什么？

2-4　说明伯努利方程的物理意义并指出理想液体伯努利方程和实际液体伯努利方程的区别。

2-5　如图 2-19 所示，已知测压计水银面高度，计算 $b$、$c$、$d$ 点处的压力。

2-6　一个压力水箱与两个 U 形水银测压计连接，如图 2-20 所示，$a$、$b$、$c$、$d$ 和 $e$ 分别为各液面相对于某基准面的高度值，求压力水箱上部的气体压力 $p$。

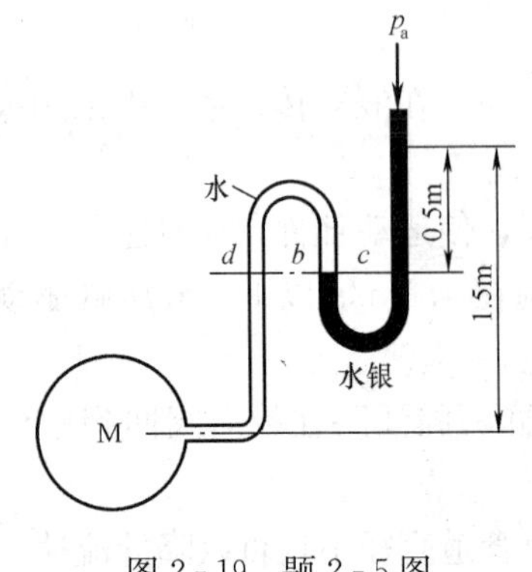

图 2-19　题 2-5 图

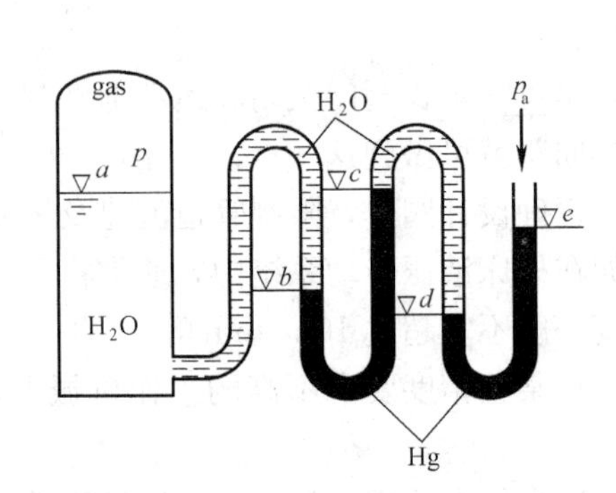


图 2-20　题 2-6 图

2-7 如图2-21所示的连通器中，内装两种液体，其中已知水的密度$\rho_1=1000\text{kg/m}^3$，$h_1=60\text{cm}$，$h_2=75\text{cm}$，试求另一种液体的密度$\rho_2$。

2-8 如图2-22所示，水池侧壁排水管为0.5m×0.5m的正方形断面，已知，$h=2\text{m}$，$\alpha=45°$，不计盖板自重及铰链处摩擦影响，计算打开盖板的力$F$。

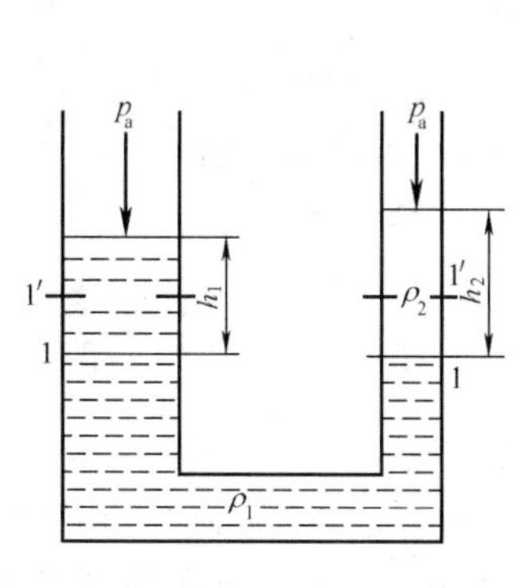


图2-21 题2-7图

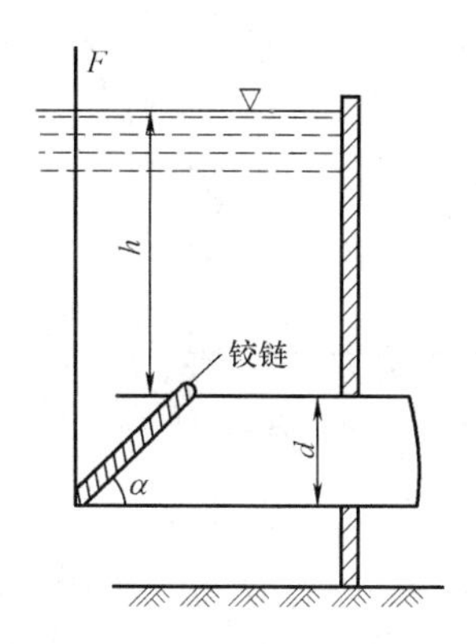


图2-22 题2-8图

2-9 如图2-23所示的渐扩水管，已知$d=15\text{cm}$，$D=30\text{cm}$，$p_A=6.68\times10^4\text{Pa}$，$p_B=5.88\times10^4\text{Pa}$，$h=1\text{m}$，$v_B=1.5\text{m/s}$，求（1）$v_A$；（2）水流的方向；（3）压力损失为多少？

2-10 如图2-24所示，液压柱塞缸筒直径$D=150\text{mm}$，柱塞直径$d=100\text{mm}$，负载$F=5\times10^4\text{N}$。若不计液压油自重及柱塞与缸体重量，试求图示两种情况下液压柱塞缸内的液体压力。

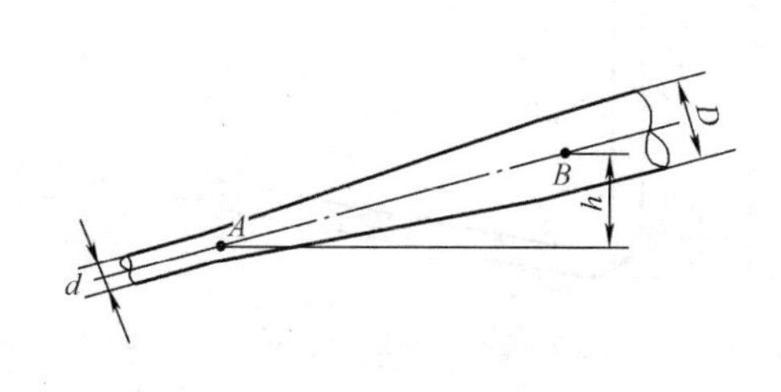


图2-23 题2-9图

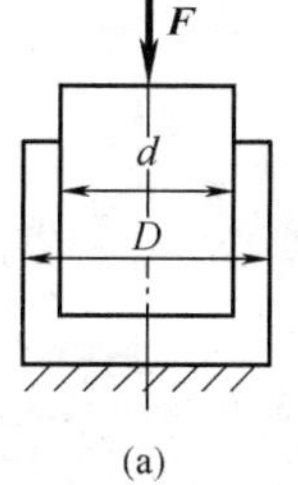

图2-24 题2-10图

2-11 如图2-25所示，液压泵的流量$q=25\text{L/min}$，吸油管直径$d=25\text{mm}$，泵入口比油箱液面高出400mm，管长=600mm。如果只考虑吸油管中的沿程压力损失$\Delta p$，当用32号液压油，油温为40℃时，液压油的密度$\rho=900\text{kg/m}^3$，试求油泵入口处的真空度。

2-12 沿直径$d=200\text{mm}$，长度$l=3000\text{m}$的钢管（$\varepsilon\approx0.1\text{mm}$），输送密度$\rho=1000\text{kg/m}^3$的油液，流量$q=9\times10^4\text{kg/h}$，若其黏度$\nu=1.092\text{cm}^2/\text{s}$，求沿程压力损失。

2-13 如图2-26所示的管路，已知：$d_1=300\text{mm}$，$l_1=500\text{m}$；$d_2=250\text{mm}$，$l_2=300\text{m}$；$d_3=400\text{mm}$，$l_3=800\text{m}$；$d_{AB}=500\text{mm}$，$l_{AB}=800\text{m}$；$d_{CD}=500\text{mm}$，$l_{CD}=400\text{m}$；B点流量$q=300\text{L/s}$，计算沿程压力损失。

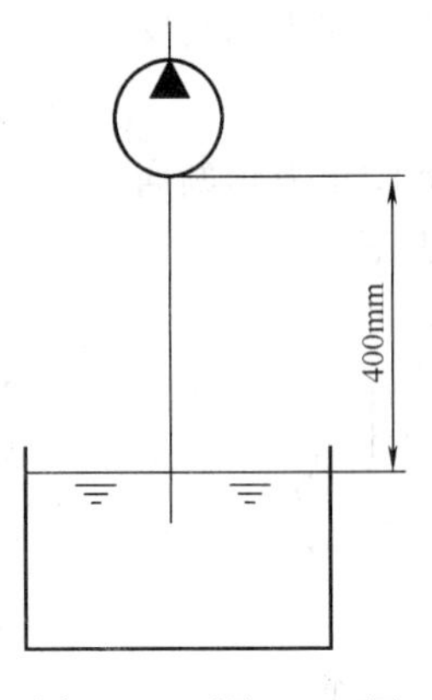


图 2-25 题 2-11 图

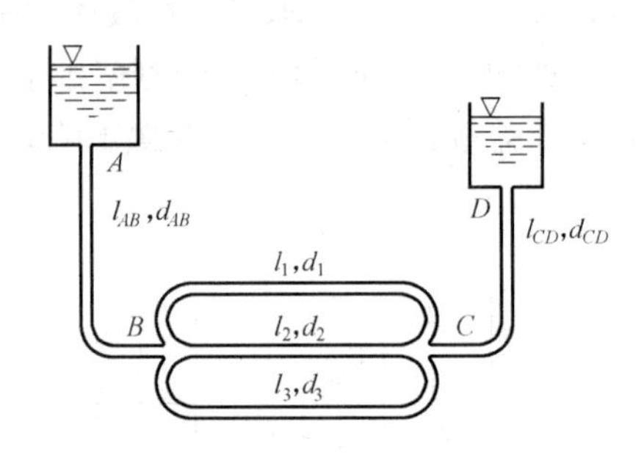


图 2-26 题 2-13 图

2-14 如图 2-27 所示，液压泵从一个大容积的油池中抽吸润滑油，流量 $q=1.2\text{L/s}$，油液的黏度°$E=40$，密度 $\rho=900\text{kg/m}^3$，假设液压油的空气分离压为 $2.8\text{mH}_2\text{O}$，吸油管长度 $l=10\text{m}$，直径 $d=40\text{mm}$，如果只考虑管中的摩擦损失，求液压泵在油箱液面以上的最大允许安装高度 $H_{\max}$。

2-15 管路系统如图 2-28 所示，$A$ 点的标高为 10m，$B$ 点的标高为 12m，管径 $d=250\text{mm}$，管长 $l=1000\text{m}$，求管路中的流量 $q$。（沿程阻力系数 $\lambda=0.03$；局部阻力系数，入口 $\xi=0.5$，弯管 $\xi=0.2$，出口 $\xi=1.0$）

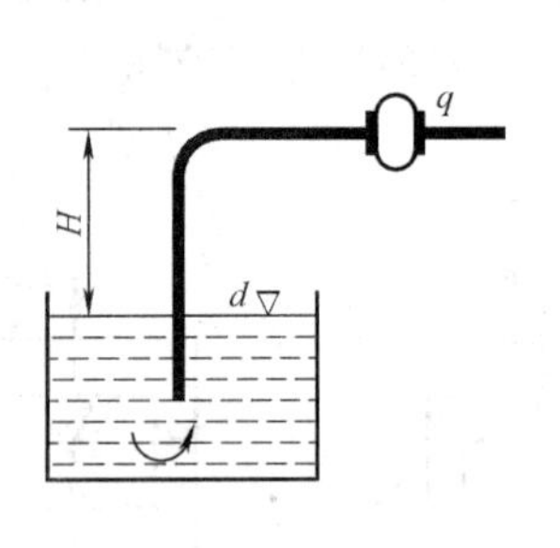


图 2-27 题 2-14 图

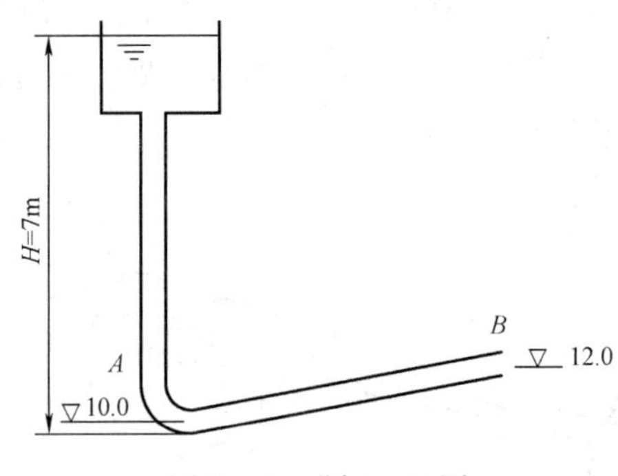


图 2-28 题 2-15 图

2-16 已知容器中空气的压力为 $1.1705\times10^5\text{Pa}$（绝对压力），空气的温度为 0℃，经管嘴喷入压力为 $1.0136\times10^5\text{Pa}$ 的大气中，计算喷嘴出口处气流的速度。

# 第3章　液压与气压动力元件和马达

本章提要

本章重点介绍：液压、气压泵和马达的基本原理与性能参数；齿轮式、叶片式、柱塞式液压泵；高速液压马达及低速大转矩马达、气源装置等。通过本章的学习，要求掌握常用的几种泵和马达的工作原理、结构及主要性能特点；掌握各种泵和马达的流量、排量、功率、效率、转矩等参数的计算方法，理解其内在联系；了解不同类型的泵和马达之间的性能差异及适用范围，为日后正确选用奠定基础。

## 3.1 液压泵的概述

液压动力元件起着向系统提供动力源的作用，是系统不可缺少的核心元件。液压系统是以液压泵作为向系统提供一定的流量和压力的动力元件，液压泵将原动机（电动机或内燃机）输出的机械能转换为工作液体的压力能，是一种能量转换装置。

### 3.1.1 液压泵的工作原理及特点

1. 液压泵的工作原理

液压泵都是依靠密封容积变化的原理来进行工作的，一般称为容积式液压泵。图3-1所示为单柱塞液压泵的工作原理图。图3-1中柱塞2装在缸体3中形成一个密封容积a，柱塞在弹簧4的作用下始终压紧在偏心轮1上。原动机驱动偏心轮1旋转使柱塞2做往复运动，使密封容积a的大小发生周期性的交替变化。当a由小变大时就形成部分真空，使油箱中的油液在大气压作用下，经吸油管顶开单向阀6进入油箱a而实现吸油；反之，当a由大变小时，a腔中吸满的油液将顶开单向阀5流入系统而实现排油。这样，液压泵就将原动机输入的机械能转换成液体的压力能，原动机驱动偏心轮不断旋转，液压泵就不断地吸油和排油。

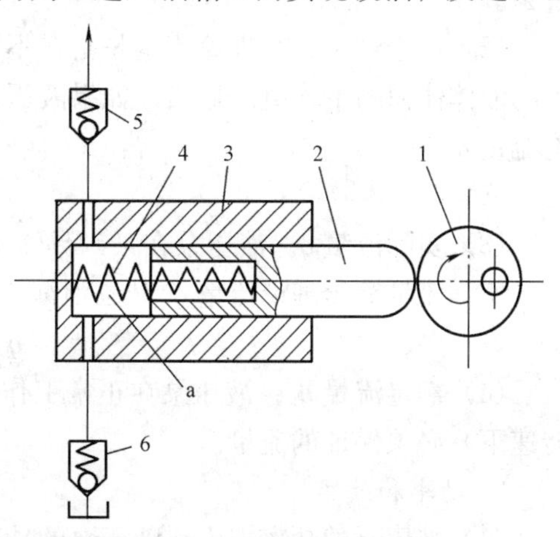

图3-1　液压泵工作原理

1—偏心轮；2—柱塞；3—缸体；4—弹簧；5、6—单向阀

2. 液压泵的特点

单柱塞液压泵具有一切容积式液压泵的基本特点。

(1) 具有若干个密封且可以周期性变化的空间。液压泵输出流量与此空间的容积变化量和单位时间内的变化次数成正比，与其他因素无关。这是容积式液压泵的一个重要特性。

(2) 油箱内液体的绝对压力必须恒等于或大于大气压力。这是容积式液压泵能够吸入油液的外部条件。因此，为保证液压泵正常吸油，油箱必须与大气相通，或采用密闭的充压油箱。

（3）具有相应的配油机构。将吸油腔和排油腔隔开，保证液压泵有规律地、连续地吸、排油液。液压泵的结构原理不同，其配油机构也不相同。如图3-1所示的单向阀5、6即为配油机构。

容积式液压泵中的油腔处于吸油状态时称为吸油腔。吸油腔的压力取决于吸油高度和吸油管路的阻力。吸油高度过高或吸油管路阻力太大，会使吸油腔真空度过高而影响液压泵的自吸能力，压油腔的压力则取决于外负载和排油管路的压力损失，从理论上讲排油压力与液压泵的流量无关。

容积式液压泵排油的理论流量取决于液压泵的相关几何尺寸和转速，而与排油压力无关。但排油压力会影响泵的内泄漏和油液的压缩量，从而影响泵的实际输出流量，所以液压泵的实际输出流量随排油压力的升高而降低。

液压泵按其在单位时间内所能输出的油液体积是否可调节分为定量泵和变量泵两类；按结构形式可分为齿轮式、叶片式和柱塞式三类。

### 3.1.2 液压泵的主要性能参数

1. 压力

（1）工作压力。液压泵实际工作时的输出压力称为工作压力。工作压力的大小取决于外负载的大小和排油管路上的压力损失，而与液压泵的流量无关。

（2）额定压力。液压泵在正常工作条件下，按试验标准规定连续运转的最高压力称为液压泵的额定压力。

（3）最高允许压力。在超过额定压力的条件下，根据试验标准规定，允许液压泵短暂运行的最高压力值，称为液压泵的最高允许压力。

2. 排量和流量

（1）排量$V$。液压泵每转一周，由其密封容积几何尺寸变化计算而得的排出液体的体积称为液压泵的排量。排量可调节的液压泵称为变量泵，排量为常数的液压泵则称为定量泵。

（2）理论流量$q_t$。理论流量是指在不考虑液压泵泄漏流量的情况下，在单位时间内所排出的液体体积的平均值。显然，如果液压泵的排量为$V$，其主轴转速为$n$，则该液压泵的理论流量$q_t$为

$$q_t = Vn \tag{3-1}$$

（3）实际流量$q$。液压泵在某一具体工况下，单位时间内所排出的液体体积称为实际流量。实际流量等于理论流量$q_t$减去泄漏流量$\Delta q$，即

$$q = q_t - \Delta q \tag{3-2}$$

（4）额定流量$q_n$。液压泵在正常工作条件下，按试验标准规定（如在额定压力和额定转速下）必须保证的流量。

3. 功率和效率

（1）液压泵的功率损失。液压泵的功率损失有容积损失和机械损失两部分。

1）容积损失。容积损失是指液压泵流量上的损失，液压泵的实际输出流量总是小于其理论流量。其主要原因是液压泵内部高压腔的泄漏、油液的压缩，在吸油过程中由于吸油阻力太大、油液黏度大、液压泵转速高等而导致油液不能全部充满密封工作腔。液压泵的容积

损失用容积效率来表示，它等于液压泵的实际输出流量 $q$ 与其理论流量 $q_t$ 之比，即

$$\eta_V = \frac{q}{q_t} = \frac{q_t - \Delta q}{q_t} = 1 - \frac{\Delta q}{q_t} \tag{3-3}$$

因此，液压泵的实际输出流量 $q$ 为

$$q = q_t \eta_V = Vn\eta_V \tag{3-4}$$

式中　$V$——液压泵的排量，$m^3/r$；

$n$——液压泵的转速，r/s。

如图 3-2 所示，液压泵的容积效率随着液压泵工作压力的增大而减小，且随液压泵的结构类型不同而有所差异，但恒小于 1。

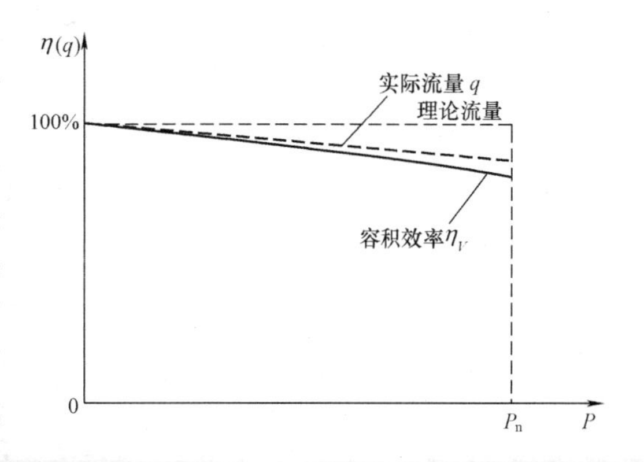


图 3-2　液压泵的容积效率

2）机械损失。机械损失是指液压泵在转矩上的损失。液压泵的实际输入转矩 $T_0$ 总是大于理论上所需要的转矩 $T_t$，其主要原因是液压泵体内相对运动部件之间因机械摩擦而引起的摩擦转矩损失，以及因液体的黏性而引起的摩擦损失。液压泵的机械损失用机械效率表示，它等于液压泵的理论转矩 $T_t$ 与实际输入转矩 $T_0$ 之比，设转矩损失为 $\Delta T$，则液压泵的机械效率为

$$\eta_m = \frac{T_t}{T_0} = \frac{1}{1 + \dfrac{\Delta T}{T_t}} \tag{3-5}$$

（2）液压泵的功率。

1）输入功率 $P_i$。液压泵的输入功率是指作用在液压泵主轴上的机械功率，当输入转矩为 $T_i$，角速度为 $\omega$ 时，有

$$P_i = T_i \omega \tag{3-6}$$

2）输出功率 $P_o$。液压泵的输出功率是指液压泵在工作过程中的实际吸、排油口间的压差 $\Delta p$ 和输出流量 $q$ 的乘积，即

$$P_o = \Delta p q \tag{3-7}$$

式中　$\Delta p$——液压泵吸、排油口之间的压力差，$N/m^2$；

$q$——液压泵的实际输出流量，$m^3/s$。

在实际的计算中，若油箱通大气，液压泵吸、排油的压力差往往用液压泵出口压力 $p$ 代入。

（3）液压泵的总效率。液压泵的总效率是指液压泵的实际输出功率与其输入功率的比值，即

$$\eta = \frac{P}{P_i} = \frac{\Delta p q}{T_i \omega} = \frac{\Delta p q_t \eta_V}{\dfrac{T_t \omega}{\eta_m}} = \eta_V \eta_m \tag{3-8}$$

其中，$\Delta p q_t / \omega$ 为理论输入转矩 $T_t$。

由式（3-8）可知，液压泵的总效率等于其容积效率与机械效率的乘积，所以液压泵的

输入功率也可写成

$$P_i = \frac{\Delta p q}{\eta} \tag{3-9}$$

液压泵的各个参数和压力之间的关系如图 3-3 所示。

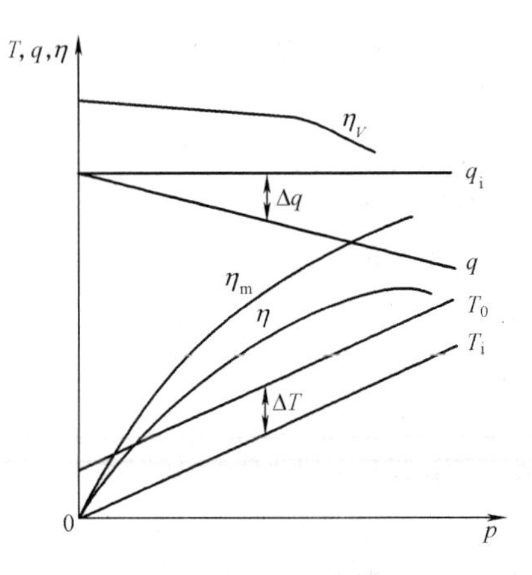


图 3-3　液压泵的特性曲线

## 3.2 齿　轮　泵

齿轮泵是液压系统中广泛采用的一种液压泵，一般做成定量泵。按结构不同，齿轮泵分为外啮合齿轮泵和内啮合齿轮泵，外啮合齿轮泵应用最广。下面以外啮合齿轮泵为例来剖析齿轮泵。

### 3.2.1　齿轮泵的工作原理和结构

如图 3-4 所示的 CB-B 齿轮泵是分离三片式结构。三片是指泵盖 4、8 和泵体 7，泵体 7 内装有一对齿数相同、宽度和泵体接近而又互相啮合的齿轮 6，这对齿轮与两端盖和泵体形成一密封腔，并由齿轮的齿顶和啮合线将密封腔划分为两部分，即吸油腔和压油腔。两齿轮分别用键固定在由滚针轴承支承的主动轴 12 和从动轴 15 上，主动轴由电动机带动旋转。

当泵的主动齿轮按逆时针方向旋转时，齿轮泵右侧（吸油腔）齿轮脱开啮合，齿轮的轮齿退出齿间，使密封容积增大，形成局部真空，油箱中的油液在外界大气压的作用下，经吸油管路、吸油腔进入齿间。随着齿轮的旋转，吸入齿间的油液被带到另一侧，进入压油腔。这时，轮齿进入啮合，使密封容积逐渐减小，齿轮间部分的油液被挤出，形成了齿轮泵的排油过程。齿轮啮合时齿向接触线将吸油腔和压油腔分开，起配油作用。当齿轮泵的主动齿轮由电动机带动不断旋转时，轮齿脱开啮合的一侧，由于密封容积变大则不断从油箱中吸油，轮齿进入啮合的一侧，由于密封容积减小而不断地排油，这就是齿轮泵的工作原理。泵的前、后盖和泵体由两个定位销 17 定位，用 6 只螺钉固紧。为了保证齿轮灵活地转动，同时保证泄漏最小，在齿轮端面和泵盖之间应留有适当间隙（轴向间隙）。小流量泵轴向间隙为 0.025～0.04mm，大流量泵为 0.04～0.06mm。齿顶和泵体内表面间的间隙（径向间隙），由于密封带长，同时齿顶线速度形成的剪切流动又和油液泄漏方向相反，故对泄漏的影响较小。当齿轮受到不平衡的径向力后，应避免齿顶和泵体内壁相碰，所以径向间隙就可稍大，一般取 0.13～0.16mm。

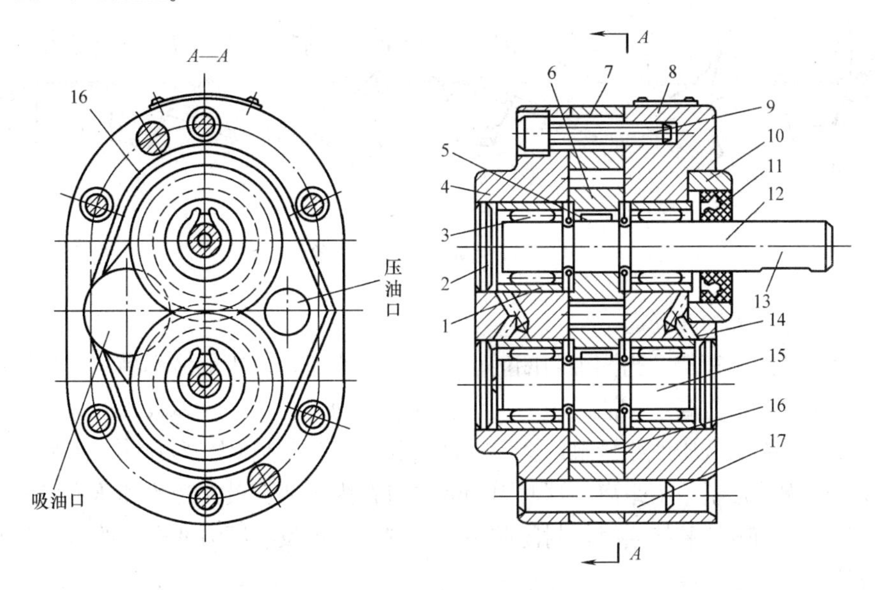


图 3-4　CB-B 齿轮泵的结构

1—轴承外环；2—堵头；3—滚子；4—后泵盖；5—键；6—齿轮；7—泵体；8—前泵盖；9—螺钉；10—压环；11—密封环；12—主动轴；13—键；14—泄油孔；15—从动轴；16—卸荷槽；17—定位销

为了防止压力油从泵体和泵盖间泄漏到泵外，并减小压紧螺钉的拉力，泵体两侧的端面上开有油封卸荷槽 16，将渗入泵体和泵盖间的压力油引入吸油腔。在泵盖和从动轴上的小孔，其作用是将泄漏到轴承端部的压力油也引到泵的吸油腔去，防止油液外溢，同时也润滑了滚针轴承。

### 3.2.2　齿轮泵的特点

1. 齿轮泵的困油问题

齿轮泵要能连续地供油，就要求齿轮啮合的重叠系数 $\varepsilon$ 大于 1，也就是当一对齿轮尚未脱开啮合时，另一对齿轮已进入啮合。这样，就出现同时有两对齿轮啮合的瞬间，在两对齿轮的齿向啮合线之间形成了一个封闭容积，一部分油液被困在这一封闭容积中［见图 3-5 (a)］。齿轮连续旋转时，这一封闭容积便逐渐减小，到两啮合点处于节点两侧的对称位置时［见图 3-5 (b)］，封闭容积为最小。齿轮再继续转动时，封闭容积又逐渐增大，直到图 3-5 (c) 所示位置时，容积又变为最大。在封闭容积减小时，被困油液受到挤压，压力急剧上升，轴承上突然受到很大的冲击载荷，使泵剧烈振动，这时高压油从一切可能泄漏的缝隙中挤出，造成功率损失、油液发热等。当封闭容积增大时，由于没有油液补充，形成局部真空，使原来溶解于油液中的空气分离出来，形成气泡，油液中产生气泡后，会引起噪声、气蚀等。上述情况即为齿轮泵的困油现象。这种困油现象严重影响泵的工作平稳性和使用寿命。

为了消除困油现象，在 CB-B 型齿轮泵的泵盖上铣出两个困油卸荷凹槽，其几何关系如图 3-6 所示。卸荷槽的位置应该使困油腔由大变小时，能通过卸荷槽与压油腔相通，而当困油腔由小变大时，能通过另一卸荷槽与吸油腔相通。两卸荷槽之间的距离为 $a$，必须保证在任何时

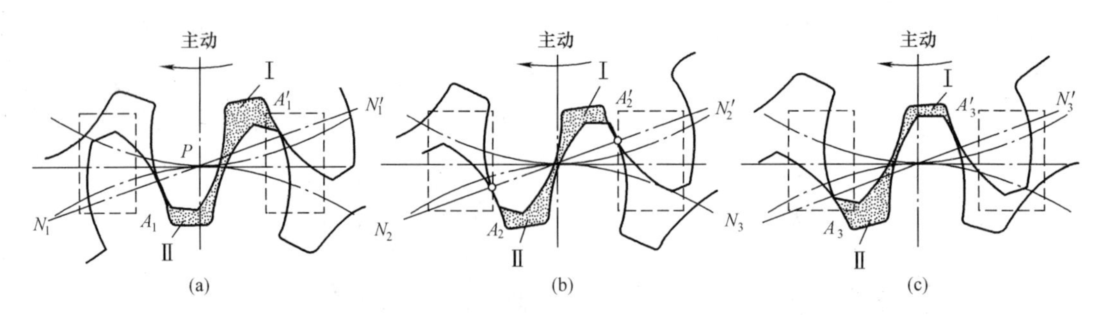

图 3-5 齿轮泵的困油现象

候都不能使压油腔和吸油腔互通。

按上述对称开的卸荷槽，当困油封闭腔由大变至最小时，由于油液不易从即将关闭的缝隙中挤出，故封闭油压仍将高于压油腔压力；齿轮继续转动，当封闭腔和吸油腔相通的瞬间，高压油又突然和吸油腔的低压油相接触，会引起冲击和噪声。于是 CB-B 型齿轮泵将卸荷槽的位置整个向吸油腔侧平移了一个距离。这时封闭腔只有在由小变至最大时才和压油腔断开，油压没有突变，封闭腔和吸油腔接通时，封闭腔不会出现真空也没有压力冲击。改进后齿轮泵的振动和噪声得到了进一步改善。

2. 径向不平衡力

齿轮泵工作时，在齿轮和轴承上承受径向液压力的作用。如图 3-7 所示，泵的右侧为吸油腔，左侧为压油腔。在压油腔内有液压力作用于齿轮上，沿着齿顶的泄漏油，具有大小不等的压力，就是齿轮和轴承受到的径向不平衡力。液压力越高，这个不平衡力就越大，其结果不仅加速了轴承的磨损，降低了轴承的寿命，甚至使轴变形，造成齿顶和泵体内壁的摩擦等。为了解决径向力不平衡的问题，在有些齿轮泵上，采用开压力平衡槽的办法来消除径向不平衡力，但这将使泄漏增大，容积效率降低。CB-B 型齿轮泵则采用缩小压油腔，以减小液压力对齿顶部分的作用面积，进而减小径向不平衡力，所以泵的压油口孔径比吸油口孔径要小。

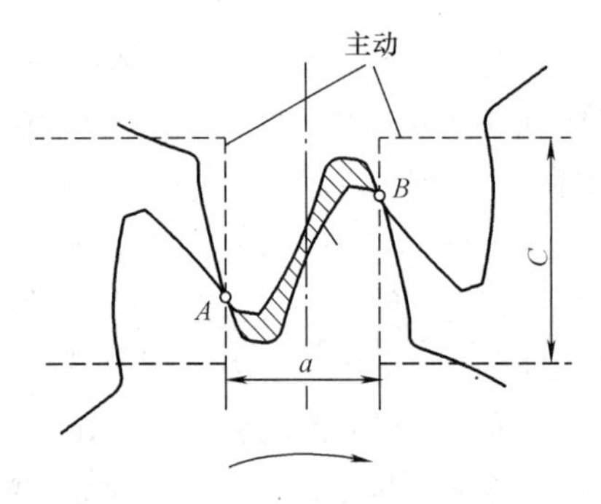

图 3-6 齿轮泵的困油卸荷槽

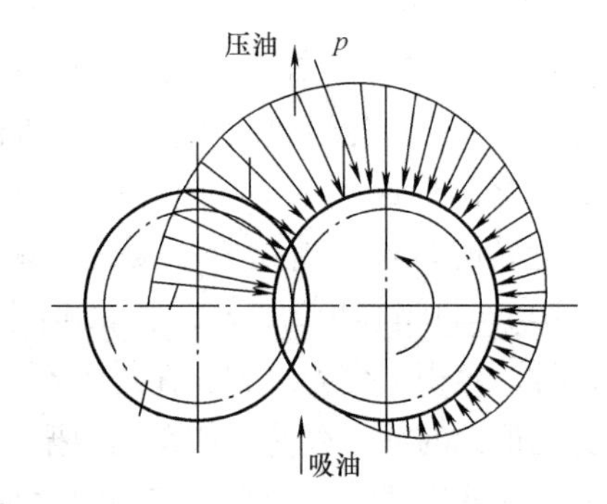

图 3-7 齿轮泵的径向不平衡力

3. 齿轮泵的流量脉动率大

流量脉动会直接影响到系统工作的平稳性，引起压力脉动，使管路系统产生振动和噪声。在容积式泵中，齿轮泵的流量脉动最大，并且齿数越少，脉动率越大，这是外啮合齿轮泵的一个弱点。

4. 齿轮泵的泄漏通道及端面间隙的自动补偿

齿轮泵压油腔的压力油可通过三条途径泄漏到吸油腔去：一是通过齿轮啮合线处的间隙——齿侧间隙；二是通过泵体定子环内孔和齿顶间的径向间隙——齿顶间隙；三是通过齿轮两端面和侧板间的间隙——端面间隙。在这三类间隙中，端面间隙的泄漏量最大，压力越高，由间隙泄漏的液压油就越多。

通常采用的自动补偿端面间隙装置有浮动轴套式和弹性侧板式两种。该装置是引入压力油使轴套或侧板紧贴在齿轮端面上，压力越高，间隙越小，可自动补偿端面磨损和减小间隙。为了提高齿轮泵的压力和容积效率，实现齿轮泵的高压化，需要从结构上采取措施，对端面间隙进行自动补偿。

### 3.2.3　齿轮泵的流量计算

齿轮泵的排量$V$相当于一对齿轮所有齿谷容积之和，假如齿谷容积大致等于轮齿的体积，那么齿轮泵的排量等于一个齿轮的齿谷容积和轮齿容积体积的总和，即相当于以有效齿高（$h=2m$）和齿宽构成的平面所扫过的环形体积，即

$$V = \pi DhB = 2\pi zm^2B \tag{3-10}$$

式中　$D$——齿轮分度圆直径，$D=mz$，cm；

$h$——有效齿高，$h=2m$，cm；

$B$——齿宽，cm；

$m$——齿轮模数，cm；

$z$——齿数。

实际上齿谷的容积要比轮齿的体积稍大，故式（3-10）中的$\pi$常以3.33代替，则式（3-10）可写成

$$V = 6.66zm^2B \tag{3-11}$$

齿轮泵的流量$q$（L/min）为

$$q = 6.66zm^2Bn\eta_V \times 10^{-3} \tag{3-12}$$

式中　$n$——齿轮泵转速，r/min；

$\eta_V$——齿轮泵的容积效率。

实际上齿轮泵的输油量是有脉动的，故式（3-12）所表示的是泵的平均输油量。

从式（3-12）可以看出流量和几个主要参数有以下关系：

（1）输油量与齿轮模数$m$的平方成正比。

（2）在泵的体积一定时，齿数少，模数就大，故输油量增加，但流量脉动大；齿数增加时，模数就小，输油量减少，流量脉动也小。用于机床上的低压齿轮泵，取$z=13\sim19$；而高中压齿轮泵，取$z=6\sim14$；齿数$z<14$时，要进行修正。

（3）输油量和齿宽$B$、转速$n$成正比。一般齿宽$B=(6\sim10)m$，转速$n$为750、1000、1500r/min。转速过高，会造成吸油不足；转速过低，泵也不能正常工作。一般齿轮的最大圆周速度不应大于5～6m/s。

### 3.2.4　提高外啮合齿轮泵压力的措施

上述齿轮泵由于泄漏大（主要是端面泄漏，占总泄漏量的70%～80%），且存在径向不平衡力，故压力不易提高。高压齿轮泵针对上述问题采取了一些措施，如尽量减小径向不平衡力和提高轴与轴承的刚度；对泄漏量最大处的端面间隙，采用了自动补偿装置等。下面对

端面间隙的补偿装置作简单介绍。

（1）浮动轴套式。图 3-8（a）所示为浮动轴套式的间隙补偿装置。它是利用泵的出口压力油引到齿轮轴上的浮动轴套 1 外侧的 A 腔，在液体压力作用下，使轴套紧贴齿轮轴 3 的侧面，因而可以消除间隙并可补偿齿轮侧面和轴套间的磨损量。在泵启动时，靠弹簧 4 来产生预紧力，保证了轴向间隙的密封。

（2）浮动侧板式。浮动侧板式补偿装置的工作原理与浮动轴套式基本相似。它也是利用泵的出口压力油引到浮动侧板 5 的背面［见图 3-8（b）］，使之紧贴于齿轮轴 3 的端面来补偿间隙。启动时，浮动侧板靠密封圈来产生预紧力。

（3）挠性侧板式。图 3-8（c）所示为挠性侧板式间隙补偿装置。它是利用泵的出口压力油引到侧板的背面后，靠侧板自身的变形来补偿端面间隙的，侧板的厚度较薄，内侧面要耐磨（如烧结有 0.5～0.7mm 的磷青铜）。这种结构采取一定措施后，易使侧板外侧面的压力分布大体上和齿轮侧面的压力分布相适应。

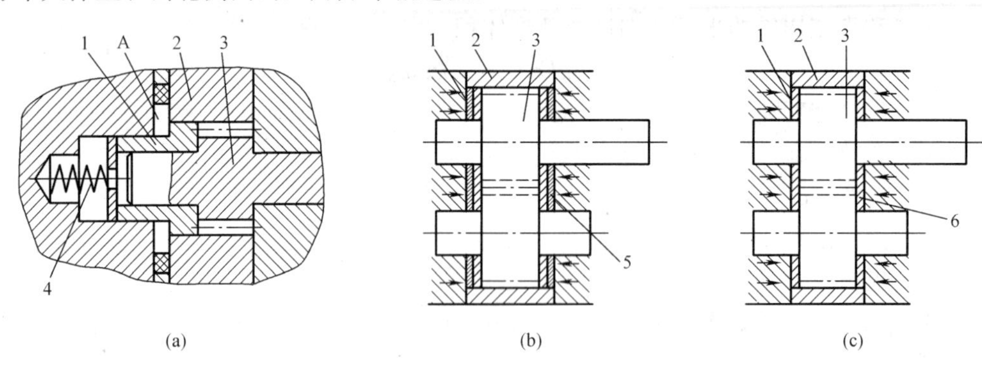


图 3-8　端面间隙补偿装置示意

（a）浮动轴套式；（b）浮动侧板式；（c）挠性侧板式

1—浮动轴套；2—泵体；3—齿轮轴；4—弹簧；5—浮动侧板；6—挠性侧板

### 3.2.5　内啮合齿轮泵

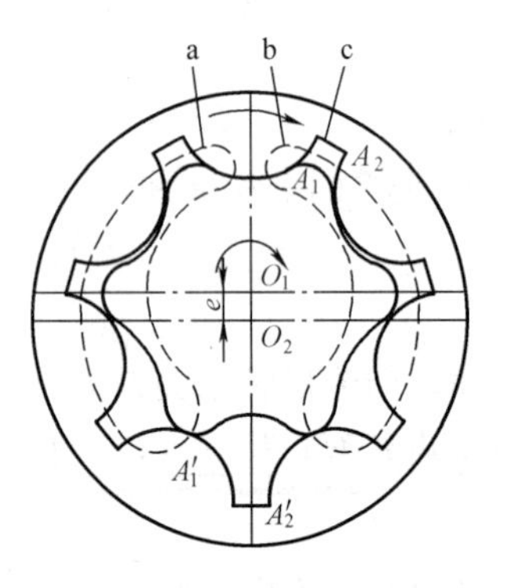


图 3-9　内啮合齿轮泵的工作原理

内啮合齿轮泵的工作原理也是利用齿间密封容积的变化来实现吸、排油的。图 3-9 所示为内啮合齿轮泵的工作原理图。它是由配油盘（前、后盖）、外转子（从动轮）、偏心安置在泵体内的内转子（主动轮）等组成的。内、外转子相差一齿，图 3-9 中内转子为六齿，外转子为七齿，由于内外转子是多齿啮合，这就形成了若干密封容积。当内转子围绕中心 $O_1$ 旋转时，带动外转子绕外转子中心 $O_2$ 做同向旋转。此时，由内转子齿顶 $A_1$ 和外转子齿谷 $A_2$ 间形成的密封容积，随着转子的转动密封容积就逐渐扩大，于是就形成局部真空，油液从配油窗口 b 被吸入密封腔，至 $A_1'$、$A_2'$位置时封闭容积最大，这时吸油完毕。当转子继续旋转时，充满油液的密封容积便逐渐减小，油液受挤压，于是通过另一配油窗口 a 将油排出，至内转子的另一齿全部和外转子的齿谷 $A_2$ 全部啮合时，排油完毕。内转子每转一周，由内转子齿顶和外转子齿谷所构成的每个密封容积，完成吸、排油各一次。当内转子连续转动时，即完成了液压泵的吸排油工作。

内啮合齿轮泵的外转子齿形是圆弧，内转子齿形为短幅外摆线的等距线，又称为内啮合摆线齿轮泵，也叫转子泵。

内啮合齿轮泵有许多优点，如结构紧凑，体积小，零件少，转速可高达 10 000r/min，运动平稳，噪声低，容积效率较高等。缺点是流量脉动大，转子的制造工艺复杂等。目前已采用粉末冶金压制成形工艺制造内啮合齿轮泵。随着工业技术的发展，内啮合齿轮泵的应用将会越来越广泛。内啮合齿轮泵可正、反转，可作液压马达用。

## 3.3 叶　片　泵

叶片泵的结构较齿轮泵复杂，但其工作压力较高，且流量脉动小，工作平稳，噪声小，寿命较长，广泛应用于机械制造中的专用机床、自动线等中低液压系统中。但其结构复杂，吸油特性不太好，对油液的污染也比较敏感。

根据各密封工作容积在转子旋转一周吸、排油液次数的不同，叶片泵分为两类，即完成一次吸、排油液的单作用叶片泵和完成两次吸、排油液的双作用叶片泵。单作用叶片泵多为变量泵，工作压力最大为 7.0MPa；双作用叶片泵均为定量泵，一般最大工作压力也为 7.0MPa，结构经改进的高压叶片泵最大的工作压力可达 16.0～21.0MPa。

### 3.3.1 单作用叶片泵

1. 单作用叶片泵的工作原理

单作用叶片泵的工作原理如图 3-10 所示，由转子、定子、叶片、端盖等组成。定子具有圆柱形内表面，定子和转子间有偏心距 $e$。叶片装在转子槽中，并可在槽内滑动，当转子回转时，由于离心力的作用，使叶片紧靠在定子内壁，这样在定子、转子、叶片和两侧配油盘间就形成若干个密封的工作空间。当转子按图 3-10 所示的方向回转时，在图示右部，叶片逐渐伸出，叶片间的工作空间逐渐增大，从吸油口吸油，这是吸油腔；在图示左部，叶片被定子内壁逐渐压进槽内，工作空间逐渐缩小，将油液从排油口压出，这是压油腔。在吸油腔和压油腔之间，有一段封油区，将吸油腔和压油腔隔开。这种叶片泵转子每转一周，各工作空间完成一次吸油和排油，因此称为单作用叶片泵。转子不停地旋转，泵就不断地吸油和排油。

2. 单作用叶片泵的排量和流量计算

单作用叶片泵的排量为各工作容积在主轴旋转一周时所排出液体的总和，如图 3-11 所示。两个叶片形成的一个工作容积 $V'$ 近似地等于扇形体积 $V_1$ 和 $V_2$ 之差，即

$$V' = V_1 - V_2 = \frac{1}{2}B\beta[(R+e)^2-(R-e)^2] = \frac{4\pi}{z}ReB \qquad (3-13)$$

式中　$B$——定子的宽度，m；

$\beta$——相邻两个叶片间的夹角，$\beta=2\pi/z$；

$R$——定子的内径，m；

$e$——转子与定子之间的偏心矩，m；

$z$——叶片的个数。

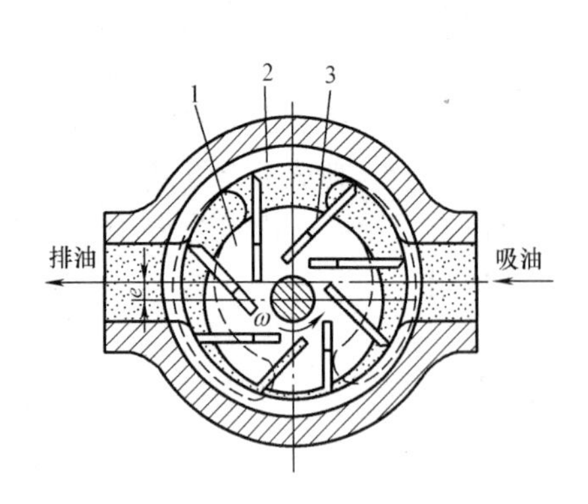


图 3-10 单作用叶片泵的工作原理

1—转子；2—定子；3—叶片

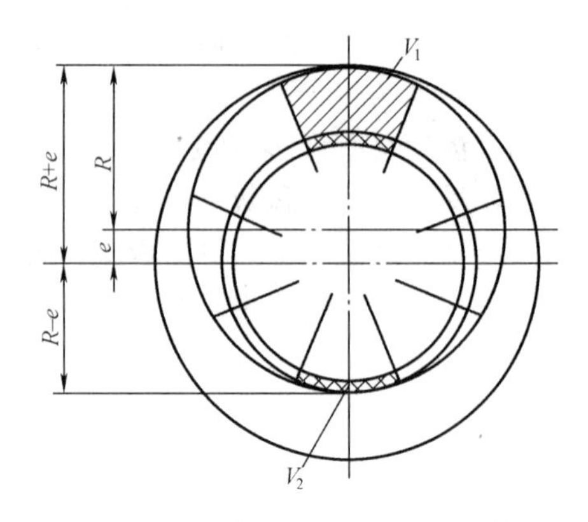


图 3-11 单作用叶片泵排量计算

因此，单作用叶片泵的排量为

$$V = zV' = 4\pi ReB \tag{3-14}$$

故当转速为 $n$，泵的容积效率为 $\eta_V$ 时，泵的理论流量和实际流量分别为

$$q_t = Vn = 4\pi ReBn \tag{3-15}$$

$$q = q_t\eta_V = 4\pi ReBn\eta_V \tag{3-16}$$

在式（3-14）～式（3-16）中，并未考虑叶片的厚度及叶片的倾角对单作用叶片泵排量和流量的影响，实际上叶片在槽中伸出和缩进时，叶片槽底部也有吸油和排油的过程。一般在单作用叶片泵中，压油腔和吸油腔处叶片的底部分别和压油腔及吸油腔相通，因此，叶片槽底部的吸油和排油恰好补偿了叶片厚度及倾角所占据体积而引起的排量和流量的减小，这就是在计算中不考虑叶片厚度和倾角影响的缘故。

单作用叶片泵的流量也是有脉动的，理论分析表明，泵内叶片数越多，流量脉动率越小。此外，奇数叶片的泵脉动率比偶数叶片的泵脉动率小，所以单作用叶片泵的叶片数均为奇数，一般为 13 或 15 片。

3. 单作用叶片泵的特点

（1）改变定子和转子之间的偏心距，便可改变流量。

（2）处在压油腔的叶片顶部受到压力油的作用，该作用要把叶片推入转子槽内。为了使叶片顶部可靠地和定子内表面相接触，压油腔一侧的叶片底部要通过特殊的沟槽和压油腔相通。吸油腔一侧的叶片底部要和吸油腔相通，叶片底部吸油排油作用，正好补足了工作腔中叶片所占的体积，故叶片容积对流量的影响可不考虑。

（3）由于转子受到不平衡的径向液压作用力，所以这种泵一般不宜用于高压。

（4）为了更有利于叶片在惯性力作用下向外伸出，而使叶片有一个与旋转方向相反的倾斜角，称后倾角，一般为 24°。

### 3.3.2 限压式变量叶片泵

1. 限压式变量叶片泵的工作原理

限压式变量叶片泵是单作用叶片泵，根据前面介绍的单作用叶片泵的工作原理，改变定子和转子间的偏心距 $e$，就能改变泵的输出流量，限压式变量叶片泵能借助输出压力的大小自动改变偏心距 $e$ 的大小来改变输出流量。当压力低于某一可调节的限定压力时，泵的输出流量最大；压力高于限定压力时，随着压力增加，泵的输出流量线性地减小，其工作原理如图 3 - 12 所示。泵的出口经通道 7 与活塞 6 相通。在泵未运转时，定子 2 在调压弹簧 9 的作用下，紧靠活塞 4，并使活塞 4 靠在螺钉 5 上。这时，定子和转子有一偏心量 $e_0$，调节螺钉 5 的位置，便可改变 $e_0$。当泵的出口压力 $p$ 较低时，作用在活塞 4 上的液压力也较小，若此液压力小于上端的弹簧作用力，当活塞的面积为 $A$、调压弹簧的刚度为 $k_s$、预压缩量为 $x_0$ 时，有

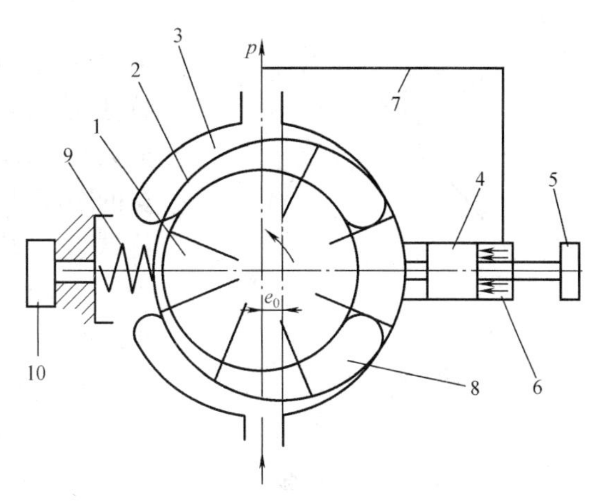


图 3 - 12　限压式变量叶片泵的工作原理

1—转子；2—定子；3—吸油窗口；4—活塞；5—螺钉；6—活塞腔；7—通道；8—排油窗口；9—调压弹簧；10—调压螺钉

$$pA < k_s x_0 \tag{3-17}$$

此时，定子相对于转子的偏心量最大，输出流量最大。随着外负载的增大，液压泵的出口压力 $p$ 也将随之提高，当压力升至与弹簧力相平衡的控制压力 $p_B$ 时，有

$$p_B A = k_s x_0 \tag{3-18}$$

当压力进一步升高，使 $pA > k_s x_0$，这时，若不考虑定子移动时的摩擦力，液压作用力就要克服弹簧力推动定子向上移动，随之泵的偏心量减小，泵的输出流量也减小。$p_B$ 称为泵的限定压力，即泵处于最大流量时所能达到的最高压力，调节调压螺钉 10，可改变弹簧的预压缩量 $x_0$，进而改变 $p_B$ 的大小。

设定子的最大偏心量为 $e_0$，偏心量减小时，弹簧的附加压缩量为 $x$，则定子移动后的偏心量

$$e = e_0 - x \tag{3-19}$$

这时，定子上的受力平衡方程式为

$$pA = k_s (x_0 + x) \tag{3-20}$$

将式（3 - 18）和式（3 - 20）代入式（3 - 19），可得

$$e = e_0 - A(p - p_B)/k_s \quad (p \geqslant p_B) \tag{3-21}$$

式（3 - 21）表示泵的工作压力与偏心量的关系，可以看出，泵的工作压力越高，偏心量就越小，泵的输出流量也越小。当 $p = k_s(e_0 + x_0)/A$ 时，泵的输出流量为零。控制定子移动的作用力是将液压泵出口的压力油引到柱塞上，然后再加到定子上。这种控制方式称为外反馈式。

2. 限压式变量叶片泵的特性曲线

对于限压式变量叶片泵，当工作压力 $p$ 小于预先调定的限定压力 $p_B$ 时，液压作用力不能克服弹簧的预紧力，这时定子的偏心距保持最大不变，因此泵的输出流量 $q_A$ 不变，但由于供油压力增大时，泵的泄漏流量 $q_l$ 也增加，所以泵的实际输出流量 $q$ 也略有减少，如图3 -13 所示限压式变量叶片泵的特性曲线 $AB$ 段所示。调节流量调节螺钉可调节最大偏心量（初始偏心量）的大小，从而改变泵的最大输出流量 $q_A$，特性曲线 $AB$ 段上下平移，当泵的供油压力 $p$ 超过预先调整的压力 $p_B$ 时，液压作用力大于弹簧的预紧力，此时弹簧受压缩，定子向偏心量减

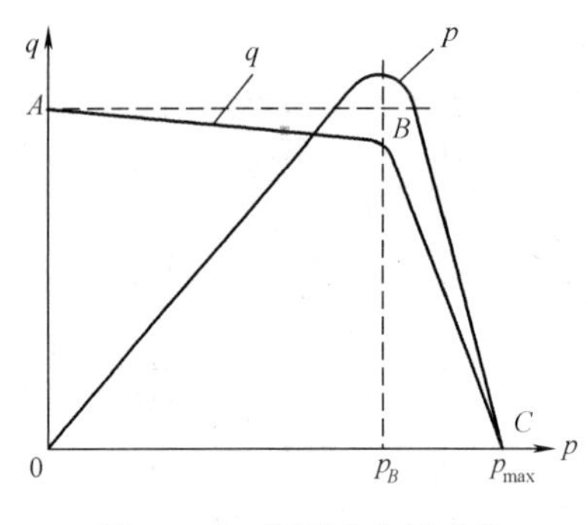


图3-13　限压式变量叶片泵的特性曲线

小的方向移动，使泵的输出流量减小，压力越高，弹簧压缩量越大，偏心量越小，输出流量越小，其变化规律如特性曲线 $BC$ 段所示。调节调压弹簧可改变限定压力 $p_B$ 的大小，这时特性曲线 $BC$ 段左右平移，而改变调压弹簧的刚度时，可以改变 $BC$ 段的斜率。弹簧越“软”（$k_s$ 值越小），$BC$ 段越陡，$p_{max}$ 值越小；反之，弹簧越“硬”（$k_s$ 值越大），$BC$ 段越平坦，$p_{max}$ 值也越大。当定子和转子之间的偏心量为零时，系统压力达到最大值，该压力称为截止压力。实际上，由于泵存在泄漏，当偏心量尚未达到零时，泵向系统的输出流量实际已为零。

### 3.3.3　双作用叶片泵

1. 双作用叶片泵的工作原理

双作用叶片泵的工作原理如图3-14所示，泵也是由定子1、转子2、叶片3、配油盘（图中未画出）等组成。转子和定子中心重合，定子内表面近似为椭圆柱形，该椭圆形由两段长半径 $R$、两段短半径 $r$ 和四段过渡曲线所组成。当转子转动时，叶片在离心力和根部压力油（减压后）的作用下，在转子槽内做径向移动而压向定子内表面，由叶片、定子的内表面、转子的外表面和两侧配油盘间形成若干个密封空间。当转子按图3-14所示方向旋转时，处在小圆弧上的密封空间经过渡曲线而运动到大圆弧的过程中，叶片外伸，密封空间的容积增大，要吸入油液；在从大圆弧经过渡曲线运动到小圆弧的过程中，叶片被定子内壁逐渐压进槽内，密封空间容积变小，将油液从排油口压出，因而，转子每转一周，每个工作空间要完成两次吸油和排油，所以称为双作用叶片泵。这种叶片泵由于有两个吸油腔和两个压油腔，并且各自的中心夹角是对称的，于是作用在转子上的油液压力相互平衡，因此双作用叶片泵又称为卸荷式叶片泵。为了使径向力完全平衡，密封空间数（即叶片数）应为偶数。

2. 双作用叶片泵的排量和流量计算

双作用叶片泵排量计算如图3-15所示，由于转子在转一周的过程中，每个密封空间完成两次吸油和排油，所以当定子的大圆弧半径为 $R$、小圆弧半径为 $r$、定子宽度为 $B$、两叶片间的夹角为 $\beta=2\pi/z$ 弧度时，每个密封容积排出的油液体积是半径为 $R$ 和 $r$、扇形角为 $\beta$、厚度为 $B$ 的两扇形体积之差的两倍。因而，在不考虑叶片的厚度和倾角时双作用叶片泵的排量为

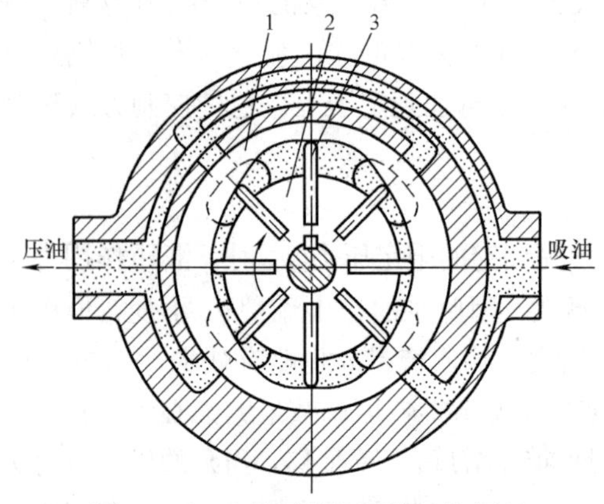


图3-14　双作用叶片泵的工作原理
1—定子；2—转子；3—叶片

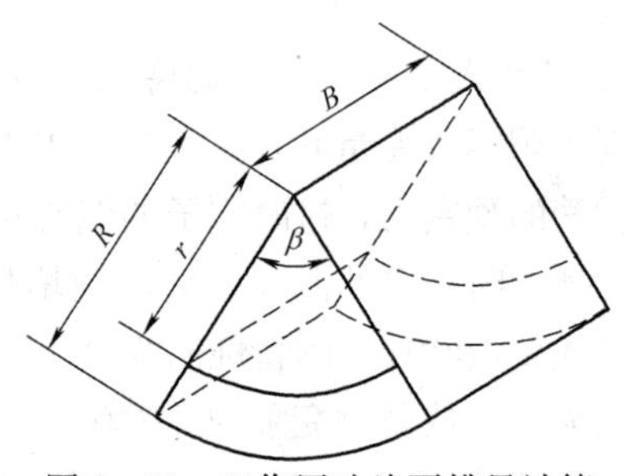


图3-15　双作用叶片泵排量计算

$$V' = 2z \times \frac{1}{2}\beta(R^2 - r^2)B = 2\pi(R^2 - r^2)B \tag{3-22}$$

一般在双作用叶片泵中，叶片底部全部接通压力油腔，因而叶片在槽中做往复运动时，叶片槽底部的吸油和排油不能补偿由于叶片厚度所造成的排量减小。为此，双作用叶片泵当叶片厚度为 $b$、叶片安放的倾角为 $\theta$ 时的排量为

$$V = 2\pi(R^2 - r^2)B - 2\frac{R-r}{\cos\theta}bzB = 2B\left[\pi(R^2 - r^2) - \frac{R-r}{\cos\theta}bz\right] \tag{3-23}$$

所以当双作用叶片泵的转数为 $n$，泵的容积效率为 $\eta_V$ 时，泵的理论流量和实际输出流量分别为

$$q_t = V_n = 2B[\pi(R^2 - r^2) - \frac{R-r}{\cos\theta}bz]n \tag{3-24}$$

$$q = q_t\eta_V = 2B[\pi(R^2 - r^2) - \frac{R-r}{\cos\theta}bz]n\eta_V \tag{3-25}$$

若不考虑双作用叶片泵的叶片厚度，泵的输出流量是均匀的。但实际叶片是有厚度的，长半径圆弧和短半径圆弧也不可能完全同心，尤其是叶片底部槽与压油腔相通，因此泵的输出流量将出现微小的脉动，但其脉动率较其他形式的泵（螺杆泵除外）小得多，且在叶片数为 4 的整数倍时最小，为此，双作用叶片泵的叶片数一般为 12 或 16 片。

3. 双作用叶片泵的结构特点

（1）配油盘。双作用叶片泵的配油盘如图 3 - 16 所示，在盘上有两个吸油窗口 2、4 和两个排油窗口 1、3，窗口之间为封油区，通常应使封油区对应的中心角稍大于或等于两个叶片之间的夹角，否则会使吸油腔和压油腔连通，造成泄漏。当两个叶片间密封油液从吸油区过渡到封油区（长半径圆弧处）时，其压力基本与吸油压力相同。但当转子再继续旋转一个微小角度时，使该密封腔突然与压油腔相通，其中油液压力突然升高，油液的体积突然收缩，压油腔中的油倒流进该腔，使液压泵的瞬时流量突然减小，引起液压泵的流量脉动、压力脉动和噪声。为此，在配油盘的排油窗口靠叶片从封油区进入排油区的一边开有一个截面形状为三角形的三角槽（又称眉毛槽），使两叶片之间的封闭油液在未进入排油区之前就通过该三角槽与压力油相连，其压力逐渐上升，减缓了流量和压力脉动，并降低了噪声。环形槽 c 与压油腔相通并与转子叶片槽底部相通，使叶片的底部作用有压力油。

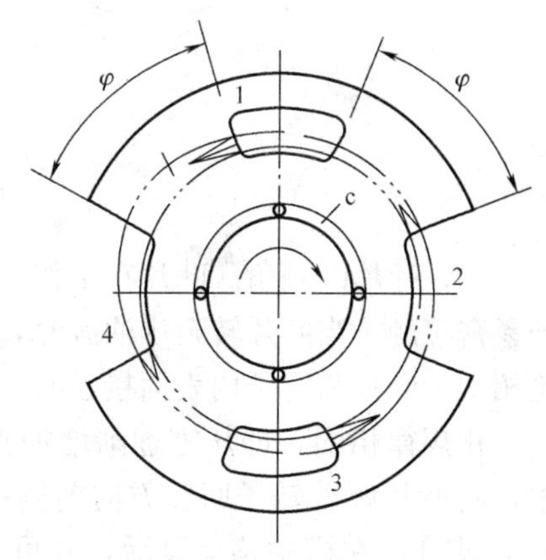


图 3 - 16　配油盘

1、3—排油窗口；2、4—吸油窗口；c—环形槽

（2）定子曲线。定子曲线是由四段圆弧和四段过渡曲线组成的。过渡曲线应保证叶片贴紧在定子内表面上，保证叶片在转子槽中径向运动时速度和加速度的变化均匀，使叶片对定子内表面的冲击尽可能小。

过渡曲线若采用阿基米德螺旋线，则叶片泵的流量理论上没有脉动，可是叶片在大、小圆弧和过渡曲线的连接点处产生很大的径向加速度，对定子造成冲击，致使连接点处严重磨损，并产生噪声。在连接点处用小圆弧进行修正可以改善这种情况，在较为新式的泵中采用

等加速—等减速曲线，如图 3 - 17（a）所示。这种曲线的极坐标方程为

$$
\begin{aligned}
\rho &= r+\frac{2(R-r)}{\alpha^{2}}\theta^{2} \quad (0<\theta<\alpha/2) \\
\rho &= 2r+R+\frac{4(R-r)}{\alpha}\left(\theta-\frac{\theta^{2}}{2\alpha}\right) \quad (\alpha/2<\theta<\alpha)
\end{aligned} \tag{3-26}
$$

式（3 - 26）中的符号如图 3 - 17 所示。

由式（3 - 26）可求出叶片的径向速度 $\mathrm{d}\rho/\mathrm{d}t$ 和径向加速度 $\mathrm{d}^2\rho/\mathrm{d}t^2$，可知，当 $0<\theta<\alpha/2$ 时，叶片的径向加速度为等加速度；当 $\alpha/2<\theta<\alpha$ 时，叶片的径向加速度为等减速度。由于叶片的速度变化均匀，不会对定子内表面产生很大的冲击，但是，在 $\theta=0$、$\theta=\alpha/2$ 和 $\theta=\alpha$ 处，叶片的径向加速度仍有突变，还会产生一些冲击，如图 3 - 17（b）所示。所以，在国外有些叶片泵上采用了三次以上的高次曲线作为过渡曲线。

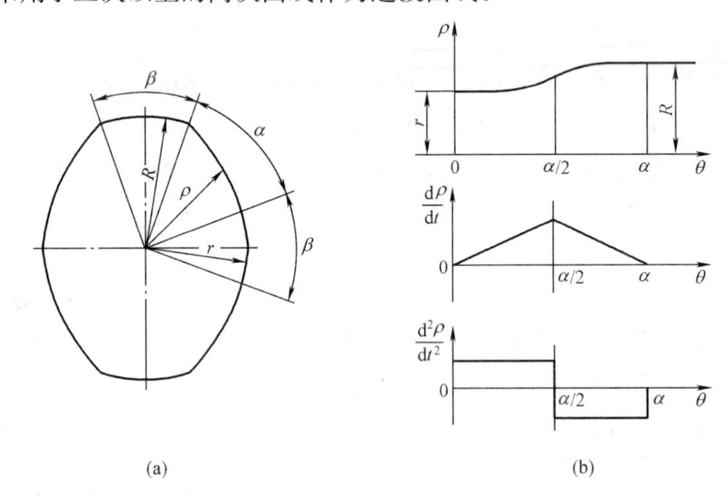


图 3 - 17　定子的过渡曲线

（3）叶片的倾角。叶片在工作过程中，受离心力和叶片根部压力油的作用，使叶片和定子紧密接触。当叶片转至排油区时，定子内表面迫使叶片推向转子中心，它的工作情况和凸轮相似。叶片与定子内表面接触有一压力角 $\beta$，且大小是变化的，其变化规律与叶片径向速度变化规律相同，即从零逐渐增加到最大，又从最大逐渐减小到零，因而在双作用叶片泵中，将叶片顺着转子回转方向前倾一个 $\theta$ 角，使压力角减小到 $\beta'$，这样就可以减小侧向力 $F_T$，使叶片在槽中移动灵活，并可减小磨损，如图 3 - 17 所示。根据双作用叶片泵定子内表面的几何参数，其压力角的最大值 $\beta_{max}\approx24°$。一般取 $\theta=\frac{1}{2}\beta_{max}$，因而叶片泵叶片的倾角 $\theta$ 一般为 10°～14°。YB 型叶片泵叶片相对于转子径向连线前倾 13°。

4. 限压式变量叶片泵与双作用叶片泵的区别

（1）在限压式变量叶片泵中，当叶片处于排油区时，叶片底部通压力油；当叶片处于吸油区时，叶片底部通吸油腔。这样，叶片顶部和底部的液压力基本平衡，进而避免了定量叶片泵在吸油区定子内表面严重磨损的问题。如果在吸油腔叶片底部仍通压力油，叶片顶部就会给定子内表面以较大的摩擦力，减弱压力反馈的作用。

（2）叶片也有倾角，但倾斜方向正好与双作用叶片泵相反，这是因为限压式变量叶片泵的叶片上下压力是平衡的，叶片在吸油区向外运动主要依靠其旋转时的离心惯性作用。根据

力学分析，这样的倾斜方向更有利于叶片在离心惯性的作用下向外伸出。

(3) 限压式变量叶片泵结构复杂，轮廓尺寸大，相对运动的机件多，泄漏较大，轴上承受不平衡的径向液压力，噪声较大，容积效率和机械效率都没有定量叶片泵高。但是，它能按负载压力自动调节流量，在功率使用上较为合理，可减少油液发热。

限压式变量叶片泵对既要实现快速行程，又要实现工作进给（慢速移动）的执行元件而言是一种合适的油源。快速行程需要大的流量，负载压力较低，正好使用特性曲线的 $AB$ 段，工作进给时负载压力升高，需要流量减少，正好使用其特性曲线的 $BC$ 段，因而合理调整拐点压力 $p_B$ 是使用该泵的关键。目前，这种泵广泛应用于要求执行元件有快速、慢速和保压阶段的中低压系统中，有利于节能和简化回路。

### 3.3.4 叶片泵的高压化发展

由于一般双作用叶片泵的叶片底部通压力油，就使得处于吸油区的叶片顶部和底部的液压作用力不平衡，叶片顶部以很大的压紧力抵在定子吸油区的内表面上，使磨损加剧，影响叶片泵的使用寿命。尤其是工作压力较高时，磨损更严重，致使吸油区叶片两端压力不平衡，限制了双作用叶片泵工作压力的提高。因此，在高压叶片泵的结构上必须采取措施，使叶片压向定子的作用力减小。常采取的措施有以下几个：

(1) 减小作用在叶片底部的油液压力。将泵的压油腔的油通过阻尼槽或内装式小减压阀通到吸油区的叶片底部，使叶片经过吸油腔时，叶片压向定子内表面的作用力不致过大。

(2) 减小叶片底部承受压力油作用的面积。叶片底部受压面积为叶片宽度和叶片厚度的乘积，因此减小叶片的实际受力宽度和厚度，就可减小叶片的受压面积。

减小叶片实际受力宽度的结构如图 3-18 (a) 所示，这种结构中采用了复合式叶片（也称子母叶片），叶片分成母叶片 1 和子叶片 2 两部分。通过配油盘使 K 腔总是接通压力油，引入母子叶片间的小腔 c 内，而母叶片底部 L 腔内的压力始终与顶部油液压力相同。这样，无论叶片处在吸油区还是排油区，母叶片顶部和底部的压力油总是相等的，当叶片处在吸油腔时，只有 c 腔的高压油作用而压向定子内表面，减小了叶片和定子内表面间的作用力。图 3-18 (b) 所示为阶梯片结构。在这里，阶梯叶片和阶梯叶片槽之间的油室 d 始终和压力油相通，而叶片的底部和所在腔相通。这样，叶片在 d 室内油液压力的作用下压向定子表面，由于作用面积减小，使其作用力不致太大，但这种结构的工艺性较差。

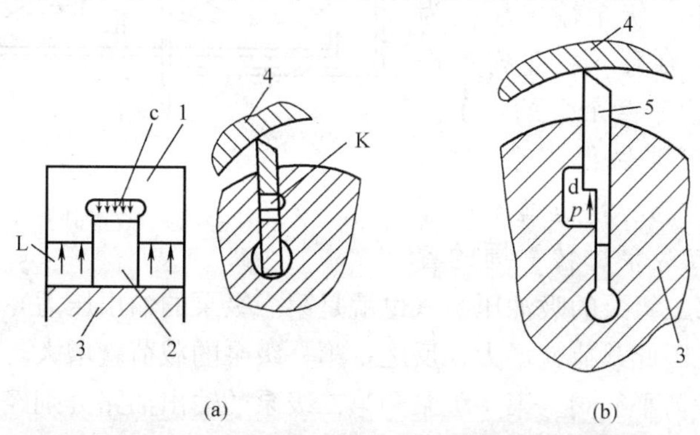


图 3-18　减小叶片作用面积的高压叶片泵叶片结构

(a) 减小叶片实际受力宽度；(b) 减小叶片实际受力厚度

1—母叶片；2—子叶片；3—转子；4—定子；5—叶片

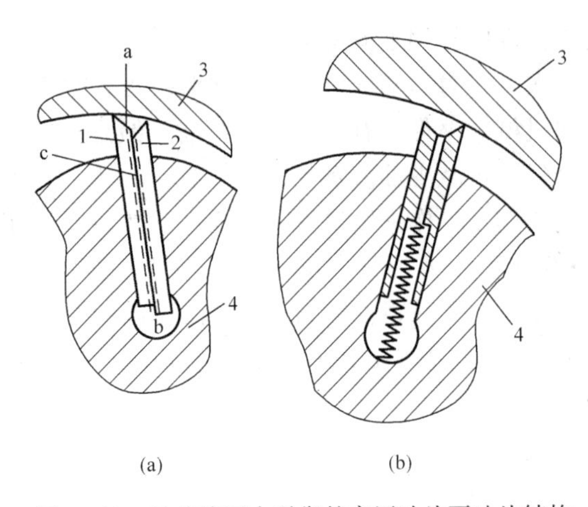


图 3-19 叶片液压力平衡的高压叶片泵叶片结构
(a) 双叶片结构；(b) 叶片装弹簧的结构
1、2—叶片；3—定子；4—转子

(3) 使叶片顶端和底部的液压作用力平衡。图 3-19 (a) 所示的泵采用双叶片结构，叶片槽中有两个可以做相对滑动的叶片 1 和 2，每个叶片都有一棱边与定子内表面接触，在叶片的顶部形成一个油腔 a，叶片底部油腔 b 始终与压油腔相通，并通过两叶片间的小孔 c 与油腔 a 相连通，因而使叶片顶端和底部的液压作用力得到平衡。适当选择叶片顶部棱边的宽度，可以使叶片对定子表面既有一定的压紧力，又不致使该力过大。为了使叶片运动灵活，对零件的制造精度将提出较高的要求。

图 3-19 (b) 所示为叶片装弹簧的结构，这种结构叶片较厚，顶部与底部有孔相通，叶片底部的油液是由叶片顶部经叶片的孔引入的，因此叶片上、下油腔油液的作用力基本平衡，为使叶片紧贴定子内表面，保证密封，在叶片根部装有弹簧。

### 3.3.5 双级叶片泵和双联叶片泵

1. 双级叶片泵

为了得到较高的工作压力，也可以不用高压叶片泵，而用双级叶片泵。双级叶片泵是由两个普通压力的单级叶片泵装在一个泵体内在油路上串接而成的，如果单级泵的压力可达 7.0MPa，双级泵的工作压力则可达 14.0MPa。

双级叶片泵的工作原理如图 3-20 所示，两个单级叶片泵的转子安装在同一根传动轴上，当传动轴回转时就带动两个转子一起转动。第一级泵经吸油管从油箱吸油，输出的油液就送入第二级泵的吸油口，第二级泵的输出油液经管路送往工作系统。设第一级泵输出压力为 $p_1$，第二级泵输出压力为 $p_2$。正常工作时，$p_2=2p_1$。但是由于两个泵的定子内壁曲线、宽度等不可能做得完全一样，两个单级泵每转一周的容量也就不可能完全相等。如果第二级泵每转一周的容

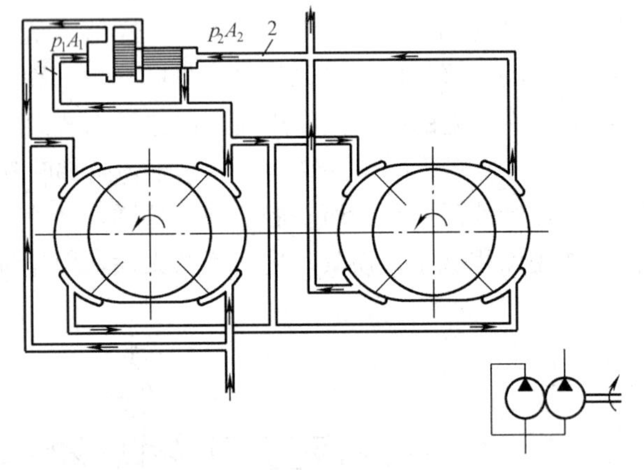


图 3-20 双级叶片泵的工作原理
1、2—管路

量大于第一级泵，第二级泵的吸油压力（也就是第一级泵的输出压力）就要降低，第二级泵前后压力差就加大，因此载荷就增大；反之，第一级泵的载荷就增大，为了平衡两个泵的载荷，在泵体内设有载荷平衡阀。第一级泵和第二级泵的输出油路分别经管路 1 和 2 通到平衡阀的大滑阀和小滑阀的端面，两滑阀的面积比 $A_1/A_2=2$。如果第一级泵的流量大于第二级时，油液压力 $p_1$ 就增大，使 $p_1>1/2p_2$，因此 $p_1A_1>p_2A_2$，平衡阀被推向右，第一级泵的多余油液从管路 1 经阀口流回第一级泵的进油管路，使两个泵的载荷获得平衡；如果第二级

泵流量大于第一级时，油压 $p_1$ 就降低，使 $p_1A_1<p_2A_2$，平衡阀被推向左，第二级泵输出的部分油液从管路 2 经阀口流回第二级泵的进油口而获得平衡；如果两个泵的容量绝对相等时，平衡阀两边的阀口都封闭。

2. 双联叶片泵

双联叶片泵是由两个单级叶片泵装在一个泵体内在油路上并联组成的。两个叶片泵的转子由同一传动轴带动旋转，有各自独立的出油口，两个泵可以是相等流量的，也可以是不等流量的。双联叶片泵常用于有快速进给和工作进给要求的机械加工专用机床中，这时双联泵由一小流量和一大流量泵组成。当快速进给时，两个泵同时供油（此时压力较低）；当工作进给时，由小流量泵供油（此时压力较高），同时在油路系统上使大流量泵卸荷。这与采用一个高压大流量的泵相比，可以节省能源，减少油液发热。双联叶片泵也常用于机床液压系统中需要两个互不影响的独立油路中。

## 3.4 柱　塞　泵

柱塞泵是靠柱塞在缸体中做往复运动造成密封容积的变化，来实现吸油与排油的液压泵。与齿轮泵和叶片泵相比，柱塞泵有许多优点：第一，构成密封容积的零件为圆柱形的柱塞和缸孔，加工方便，可得到较高的配合精度，密封性能好，在高压工作仍有较高的容积效率；第二，只需改变柱塞的工作行程就能改变流量，易于实现变量；第三，柱塞泵中的主要零件均受压应力作用，材料强度性能可得到充分利用。由于柱塞泵压力高，结构紧凑，效率高，流量调节方便，故在需要高压、大流量、大功率的系统中和流量需要调节的场合，如龙门刨床、拉床、液压机、工程机械、矿山冶金机械、船舶等得到广泛的应用。柱塞泵按柱塞的排列和运动方向不同，可分为径向柱塞泵和轴向柱塞泵两大类。

### 3.4.1 径向柱塞泵

1. 径向柱塞泵的工作原理

径向柱塞泵的工作原理如图 3-21 所示，柱塞 1 径向排列装在缸体 2 中，缸体由原动机带动连同柱塞 1 一起旋转，所以缸体 2 一般称为转子。柱塞 1 在离心力（或在低压油）的作用下抵紧定子 4 的内壁，当转子按图 3-21 所示方向回转时，由于定子和转子之间有偏心距 $e$，柱塞绕经上半周时向外伸出，柱塞底部的容积逐渐增大，形成部分真空，因此便经过衬套 3（衬套 3 是压紧在转子内，并和转子一起回转）上的油孔从配油孔 5 和吸油口 b 吸油。当柱塞转到下半周时，定子内壁将柱塞向里推，柱塞底部的容积逐渐减小，向配油孔 5 的压油口 c 排油。当转子回转一周时，每个柱塞底部的密封容积完成一次吸、排油，转子连续运转，即完成吸、排油工作。配油轴固定不动，油液从配油轴上半部的两个孔 a 流入，从下半部两个油孔 d 压出。为了进行配油，配油轴在和衬套 3 接触的一段加工出上下两个缺口，形成吸油口 b 和排油口 c，留下的部分形成封油区。封油区的宽度应能封住衬套上的吸、排油孔，以防吸油口和排油口相连通，但尺寸也不能大得太多，以免产生困油现象。

2. 径向柱塞泵的排量和流量计算

当转子和定子之间的偏心距为 $e$ 时，柱塞在缸体孔中的行程为 $2e$，设柱塞个数为 $z$，直径为 $d$ 时，泵的排量为

$$V=\frac{\pi}{4}d^2 2ez \tag{3-27}$$

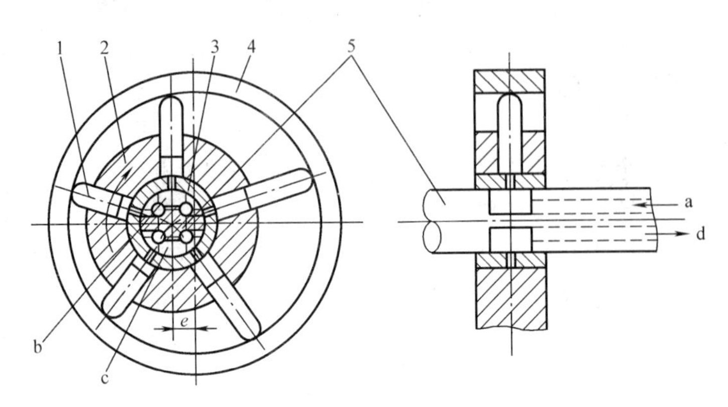


图 3-21　径向柱塞泵的工作原理

1—柱塞；2—缸体；3—衬套；4—定子；5—配油孔

设泵的转数为 $n$，容积效率为 $\eta_V$，则泵的实际输出流量为

$$q=\frac{\pi}{4}d^2 2ezn\eta_V=\frac{\pi}{2}d^2 ezn\eta_V \qquad (3-28)$$

### 3.4.2　轴向柱塞泵

1. 轴向柱塞泵的工作原理

轴向柱塞泵是将多个柱塞配置在一个共同缸体的圆周上，并使柱塞中心线和缸体中心线平行的一种泵。轴向柱塞泵有两种形式：直轴式（斜盘式）和斜轴式（摆缸式）。图 3-22 所示为直轴式轴向柱塞泵的工作原理，这种泵的主体由缸体 1、配油盘 2、柱塞 3 和斜盘 4 组成。柱塞沿圆周均匀分布在缸体内。斜盘轴线与缸体轴线倾斜一角度，柱塞靠机械装置或在低压油作用下压紧在斜盘上（图 3-22 中为弹簧），配油盘 2 和斜盘 4 固定不转。当原动机通过传动轴使缸体转动时，由于斜盘的作用，迫使柱塞在缸体内做往复运动，并通过配油盘的配油窗口进行吸油和排油。如图 3-22 所示回转方向，当缸体转角在 $\pi\sim2\pi$ 范围内时，柱塞向外伸出，柱塞底部缸孔的密封工作容积增大，通过配油盘的吸油窗口吸油；在 $0\sim\pi$ 范围内时，柱塞被斜盘推入缸体，使缸孔容积减小，通过配油盘的排油窗口排油。缸体每转一周，每个柱塞各完成吸、排油一次。如果改变斜盘倾角 $\gamma$，就能改变柱塞行程的长度。也就是说改变液压泵的排量，改变斜盘倾角方向，就能改变吸油和排油的方向，即成为双向变量泵。

配油盘上吸油窗口和排油窗口之间的密封区宽度应稍大于柱塞缸体底部通油孔宽度。但不能相差太大，否则会发生困油现象。一般在两配油窗口的两端部开有小三角槽，以减小冲击和噪声。

斜轴式轴向柱塞泵的缸体轴线相对传动轴轴线成一倾角，传动轴端部用万向铰链、连杆与缸体中的每个柱塞相连接。当传动轴转动时，通过万向铰链、连杆使柱塞和缸体一起转动，并迫使柱塞在缸体中做往复运动，借助配油盘进行吸油和排油。这类泵的优点是变量范围大，泵的强度较高，但和上述直轴式相比，其结构较复杂，外形尺寸和重量均较大。

轴向柱塞泵的优点是：结构紧凑、径向尺寸小，惯性小，容积效率高，目前最高压力可达 40.0MPa，甚至更高，一般用于工程机械、压力机等高压系统中；但其轴向尺寸较大，轴向作用力也较大，结构比较复杂。

2. 轴向柱塞泵的排量和流量计算

如图 3-22 所示，柱塞的直径为 $d$，柱塞分布圆直径为 $D$，斜盘倾角为 $\gamma$ 时，柱塞的行

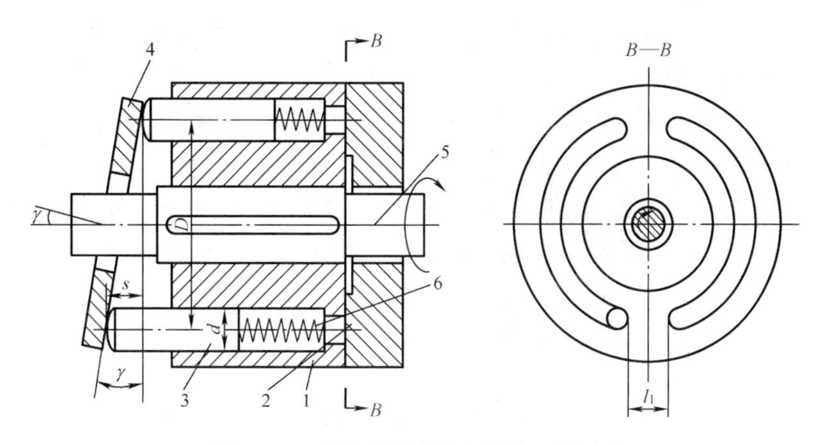


图3-22　直轴式轴向柱塞泵的工作原理

1—缸体；2—配油盘；3—柱塞；4—斜盘；5—传动轴；6—弹簧

程为 $s=D\tan\gamma$，所以当柱塞数为 $z$ 时，轴向柱塞泵的排量为

$$V=\pi d^2 D\tan\gamma z/4 \tag{3-29}$$

设泵的转数为 $n$，容积效率为 $\eta_V$，则泵的实际输出流量为

$$V=\pi d^2 D\tan\gamma zn\eta_V/4 \tag{3-30}$$

实际上，由于柱塞在缸体孔中运动的速度不是恒定的，因而输出流量是有脉动的，当柱塞数为奇数时，脉动较小，且柱塞数多脉动也较小，因而一般常用柱塞泵的柱塞个数为7、9或11。

3. 轴向柱塞泵的结构

（1）典型结构。图3-23所示为一种直轴式轴向柱塞泵的结构。柱塞的球状头部装在滑

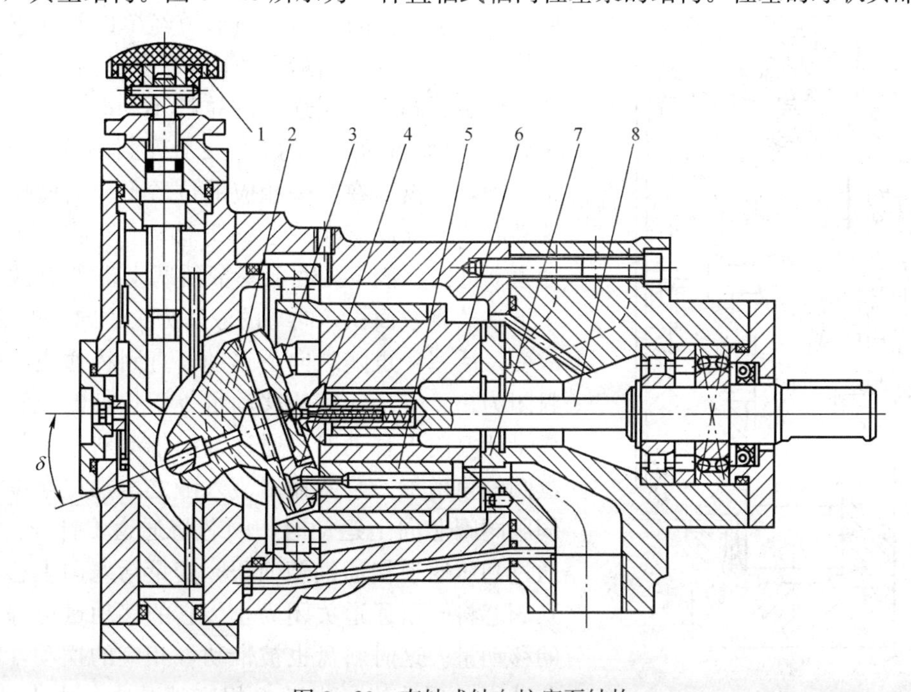


图3-23　直轴式轴向柱塞泵结构

1—转动手轮；2—斜盘；3—回程盘；4—滑履；5—柱塞；6—缸体；7—配油盘；8—传动轴

履 4 内，以缸体作为支承的弹簧通过钢球推压回程盘 3，回程盘和柱塞滑履一同转动。在排油过程中，借助斜盘 2 推动柱塞做轴向运动；在吸油时，依靠回程盘、钢球和弹簧组成的回程装置将滑履紧紧压在斜盘表面上滑动，弹簧一般称为回程弹簧，这样的泵具有自吸能力。在滑履与斜盘相接触的部分有一油室，通过柱塞中间的小孔与缸体中的工作腔相连，压力油进入油室后在滑履与斜盘的接触面间形成一层油膜，起静压支承的作用，使滑履作用在斜盘上的力大大减小，进而减小磨损。传动轴 8 通过左边的花键带动缸体 6 旋转，由于滑履 4 贴紧在斜盘表面上，柱塞在随缸体旋转的同时在缸体中做往复运动。缸体中柱塞底部的密封工作容积是通过配油盘 7 与泵的进出口相通的。随着传动轴的转动，液压泵就连续地吸油和排油。

（2）变量机构。由式（3-29）可知，只要改变斜盘的倾角，即可改变轴向柱塞泵的排量和输出流量，下面介绍常用轴向柱塞泵的手动变量和伺服变量机构的工作原理。

1）手动变量机构。如图 3-23 所示，转动手轮 1，使丝杠转动，带动变量活塞做轴向移动（因导向键的作用，变量活塞只能做轴向移动，不能转动）。通过轴销使斜盘 2 绕变量机构壳体上的圆弧导轨面的中心（即钢球中心）旋转，从而使斜盘倾角改变，达到变量的目的。当流量达到要求时，可用锁紧螺母锁紧。这种变量机构结构简单，但操纵不方便，且不能在工作过程中变量。

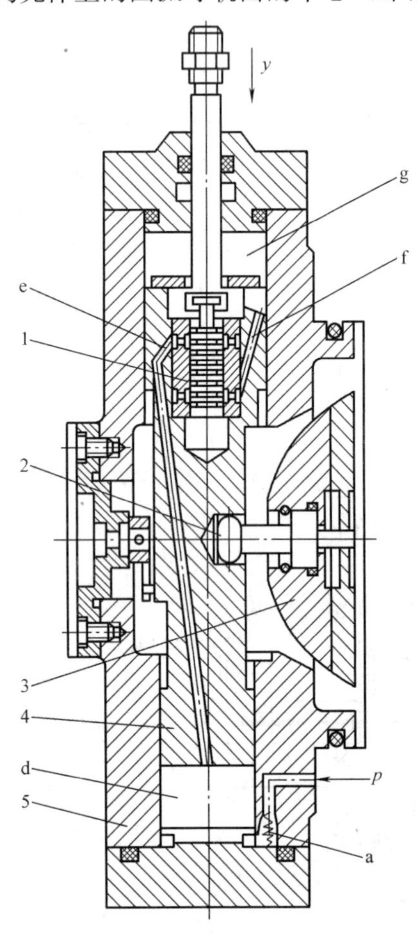


图 3-24 伺服变量机构

1—阀芯；2—铰链；3—斜盘；4—活塞；5—壳体

2）伺服变量机构。图 3-24 所示为轴向柱塞泵的伺服变量机构，以此机构代替图 3-23所示轴向柱塞泵中的手动变量机构，就成为手动伺服变量泵。其工作原理是：泵输出的压力油由通道经单向阀 a 进入变量机构壳体的下腔 d，液压力作用在变量活塞 4 的下端。当与伺服阀阀芯 1 相连接的拉杆不动时（图 3-24 所示状态），变量活塞 4 的上腔 g 处于封闭状态，变量活塞不动，斜盘 3 在某一相应的位置上。当使拉杆向下移动时，推动阀芯 1 一起向下移动，d 腔的压力油经通道 e 进入上腔 g。由于变量活塞上端的有效面积大于下端的有效面积，向下的液压力大于向上的液压力，故变量活塞 4 也随之向下移动，直到将通道 e 的油口封闭为止。变量活塞的移动量等于拉杆的位移量。当变量活塞向下移动时，通过轴销带动斜盘 3 摆动，斜盘倾斜角增加，泵的输出流入随之增加；当拉杆带动伺服阀阀芯向上运动时，阀芯将通道 f 打开，上腔 g 通过卸压通道接通油箱面压，变量活塞向上移动，直到阀芯将卸压通道关闭为止。它的移动量也等于拉杆的移动量。这时斜盘也被带动做相应的摆动，使倾斜角减小，泵的流量也随之相应地减小。由上述可知，伺服变量机构是通过操作液压伺服阀动作，利用泵输出的压力油推动变量活塞来实现变量的。故加在拉杆上的力很小，控制灵敏。拉杆可用手动方式或机械方式操作，斜盘可以倾斜±18°，故在工作过程中泵的吸、排油方向可以变换，因而这种泵就成为双向变量液压泵。除了以上介绍的两种变量机构以外，轴向柱塞泵还有很多种变量机构，如恒功率变量机构、恒压变量机构、恒流量变量机构等，这些变量机构与轴向柱塞泵的泵体部分组合就成为各种不同变量方式的轴向柱塞泵，在此不再赘述。

## 3.5 液压泵的噪声

噪声对人们的健康十分有害。目前，液压技术向着高压、大流量和高功率的方向发展，产生的噪声也随之增加，其中，液压泵的噪声占有很大的比重。因此，研究减小液压系统的噪声，特别是液压泵的噪声，已引起液压界广大工程技术人员和专家学者的重视。

液压泵的噪声大小和液压泵的种类、结构、大小、转速、工作压力等很多因素有关。

### 3.5.1 产生噪声的原因

（1）泵的流量脉动和压力脉动，造成泵构件的振动。这种振动有时还可产生谐振。谐振频率可以是流量脉动频率的 2 倍、3 倍甚至更大。泵的基本频率及其谐振频率若与机械或液压的自然频率相一致，噪声便大幅增加。研究结果表明，转速增加对噪声的影响一般比压力增加还要大。

（2）泵的工作腔从吸油腔突然和压油腔相通，或从压油腔突然和吸油腔相通时，产生的油液流量和压力突变，对噪声的影响非常大。

（3）空穴现象。当泵吸油腔中的压力小于油液所在温度下的空气分离压时，溶解在油液中的空气要析出而变成气泡。这种带有气泡的油液进入高压腔时，气泡被击破，形成局部的高频压力冲击，从而产生噪声。

（4）泵内流道具有截面突然扩大和收缩、急拐弯、通道截面过小而导致液体紊流、旋涡及喷流，使噪声加大。

（5）由于机械原因（如转动部分不平衡、轴承不良、泵轴的弯曲等机械振动）引起的机械噪声。

### 3.5.2 降低噪声的措施

（1）消除液压泵内部油液压力的急剧变化。

（2）为吸收液压泵流量及压力脉动，可在液压泵的出口安装消声器。

（3）装在油箱上的泵应使用橡胶垫减振。

（4）压油管的一段用橡胶软管，对泵和管路的连接进行隔振。

（5）防止泵产生空穴现象，可采用直径较大的吸油管，减小管道局部阻力；采用大容量的吸油滤油器，防止油液中混入空气；合理设计液压泵，提高零件刚度。

## 3.6 液压泵的选用

液压泵是液压系统提供一定流量和压力的油液动力元件，它是每个液压系统不可缺少的核心元件。合理地选择液压泵，对于降低液压系统的能耗、提高系统的效率、减小噪声、改善工作性能和保证系统的可靠工作都十分重要。

### 3.6.1 选择液压泵的原则

根据主机工况、功率大小和系统对工作性能的要求，首先确定液压泵的类型，然后按系统所要求的压力、流量大小确定其规格型号。

液压系统中常用液压泵的性能比较见表3-1。

表3-1 液压系统中常用液压泵的性能比较

| 性能 | 外啮合轮泵 | 双作用叶片泵 | 限压式变量叶片泵 | 径向柱塞泵 | 轴向柱塞泵 | 螺杆泵 |
|---|---|---|---|---|---|---|
| 输出压力 | 低压 | 中压 | 中压 | 高压 | 高压 | 低压 |
| 流量调节 | 不能 | 不能 | 能 | 能 | 能 | 不能 |
| 效率 | 低 | 较高 | 较高 | 高 | 高 | 较高 |
| 输出流量脉动 | 很大 | 很小 | 一般 | 一般 | 一般 | 最小 |
| 自吸特性 | 好 | 较差 | 较差 | 差 | 差 | 好 |
| 对油的污染敏感性 | 不敏感 | 较敏感 | 较敏感 | 很敏感 | 很敏感 | 不敏感 |
| 噪声 | 大 | 小 | 较大 | 大 | 大 | 最小 |

一般而言，由于各类液压泵具有各自突出的特点，其结构、功用和动转方式也各不相同，因此应根据不同的使用场合选择合适的液压泵。一般在机床液压系统中，往往选用双作用叶片泵和限压式变量叶片泵；在筑路机械、港口机械及小型工程机械中，往往选择抗污染能力较强的齿轮泵；在负载大、功率大的场合，往往选择柱塞泵。

### 3.6.2 各类液压泵的性能比较及应用

液压泵广泛应用于各个领域，可以归纳为两大类：一类统称为固定设备用液压装置，如各类机床、液压机、注塑机、轧钢机等；另一类统称为移动设备用液压装置，如起重机、汽车、飞机等。这两类液压装置对液压泵的选用有较大的差异，它们的区别见表3-2。

表3-2 两类不同液压装置的主要区别

| 固定设备用 | 移动设备用 |
|---|---|
| 原动机多为电动机，驱动转速较稳定，且多为1450r/min | 原动机多为内燃机，驱动转速变化范围较大，一般为500～4000r/min |
| 多采用中压范围，压力范围为7～21MPa，个别可达25MPa | 多采用高中压范围，压力范围为14～35MPa，个别高达40MPa |
| 环境温度较稳定，液压装置工作温度为50～70℃ | 环境温度变化大，液压装置工作温度为－20～110℃ |
| 工作环境较清洁 | 工作环境较脏、尘埃多 |
| 因在室内工作，要求噪声低，应不超过80dB | 因在室外工作，噪声可较大，允许达90dB |
| 空间布置尺寸较宽裕，利于维修、保养 | 空间布置尺寸紧凑，不利于维修、保养 |

在了解固定设备和移动设备这两种液压装置不同的基础上，来选用前述各类液压泵。在选用各种液压泵时，最主要是满足使用要求，其次要考虑的是价格、是否便于维修保养等因

素。比较前述各类液压泵的性能，有利于在实际工作中的选用。按目前统计资料，将它们的主要性能及应用场合列于表 3 - 3 中。

**表 3 - 3　　各类液压泵的性能及应用**

| 类型<br>性能参数 | 齿轮泵 | | | 叶片泵 | | 螺杆泵 | 柱塞泵 | | | |
|---|---|---|---|---|---|---|---|---|---|---|
| | 内啮合 | | 外啮合 | 单作用 | 双作用 | | 轴向 | | 径向 | |
| | 渐开线式 | 摆线式 | | | | | 斜盘式 | 斜轴式 | 轴配式 | 阀配式 |
| 压力范围（MPa）<br>（低压型）<br>（高中压型） | 2.5<br>≤30 | 1.6<br>16 | 2.5<br>≤30 | ≤<br>6.3 | 6.3<br>≤32 | 2.5<br>10 | ≤40 | ≤40 | 35 | ≤70 |
| 排量范围（mL/r） | 0.3～300 | 2.5～150 | 0.3～650 | 1～320 | 0.5～480 | 1～9200 | 0.2～560 | 0.2～3600 | 16～2500 | ≤4200 |
| 转速范围（r/min） | 300～4000 | 1000～4500 | 3000～7000 | 500～2000 | 500～4000 | 1000～18 000 | 600～6000 | | 700～4000 | ≤1800 |
| 容积效率（%） | ≤96 | 80～90 | 70～95 | 58～92 | 80～94 | 70～95 | 88～93 | | 80～90 | 90～95 |
| 总效率（%） | ≤90 | 65～80 | 63～87 | 54～81 | 65～82 | 70～85 | 81～88 | | 81～83 | 83～86 |
| 流量脉动 | 小 | 小 | 大 | 中等 | 小 | 很小 | 中等 | | 中等 | |
| 功率质量比（kW/kg） | 大 | 中 | 中 | 小 | 中 | 小 | 大 | 中～大 | 小 | 大 |
| 噪声 | 小 | | 大 | 较大 | 小 | 很小 | 大 | | | |
| 对油液污染敏感性 | 不敏感 | | | 敏感 | 敏感 | 不敏感 | 敏感 | | | |
| 流量调节 | 不能 | | | 能 | 不能 | | 能 | | | |
| 自吸能力 | 好 | | | 中 | | 好 | 差 | | | |
| 价格 | 较低 | 低 | 最低 | 中 | 中低 | 高 | | | | |
| 应用范围 | 机床、农业机械、工程机械、航空、船舶、一般机械 | | | 机床、注塑机、工程机械、液压机、飞机等 | | 精密机床及机械、食品化工、石油、纺织机械等 | | 工程机械、运输机械、锻压机械、船舶和飞机、机床和液压机 | | |

### 3.6.3　液压泵与电动机参数的选用

1. 选择液压泵的原则

（1）是否要求变量。径向柱塞泵、轴向柱塞泵、单作用叶片泵是变量泵。

（2）工作压力。柱塞泵压力 31.5MPa；叶片泵压力 6.3MPa，高压化以后可达 16MPa；齿轮泵压力 2.5MPa，高压化以后可达 21MPa。

（3）工作环境。齿轮泵的抗污染能力最好。

（4）噪声指标。低噪声泵有内啮合齿轮泵、双作用叶片泵和螺杆泵，双作用叶片泵和螺杆泵的瞬时流量均匀。

(5) 效率。轴向柱塞泵的总效率最高；同一结构的泵，排量大的泵总效率高；同一排量的泵在额定工况下总效率最高。

2. 液压泵大小的选用

对于液压泵的选择，通常是先根据对液压泵性能的要求来选定其形式，再根据液压泵所应保证的压力和流量来确定它的具体规格。液压泵的工作压力是根据执行元件的最大工作压力来确定的，考虑到各种压力损失，泵的最大工作压力 $p_p$ 可按式 (3-31) 确定：

$$p_p \geqslant k p_{缸} \tag{3-31}$$

式中 $p_p$——液压泵所需要提供的压力，Pa；

$k$——系统中压力损失系数，取 1.3～1.5；

$p_{缸}$——液压缸中所需的最大工作压力，Pa。

液压泵的选择，通常是先根据对液压泵的性能要求来选定液压泵的形式，再根据液压泵所应保证的压力和流量来确定其具体规格。液压泵的输出流量取决于系统所需最大流量及泄漏量，即

$$Q_p \geqslant K_1 Q_{缸} \tag{3-32}$$

式中 $Q_p$——液压泵所需输出的流量，$m^3/min$；

$K_1$——系统的泄漏系数，取 1.1～1.3；

$Q_{缸}$——液压缸所需提供的最大流量，$m^3/min$。

若为多液压缸同时动作，$Q_{缸}$ 应为同时动作的几个液压缸所需的最大流量之和。计算出 $p_p$、$Q_p$ 以后，就可具体选择液压泵的规格，选择时应使实际选用泵的额定压力大于所求出的 $p_p$ 值，通常可放大 25%。泵的额定流量略大于或等于所求出的 $Q_{缸}$ 值即可。

3. 电动机参数的选择

驱动液压泵所需的电动机功率可按式 (3-33) 确定

$$P_M = \frac{p_p Q_p}{60\eta} \tag{3-33}$$

式中 $P_M$——电动机所需的功率，kW；

$p_p$——泵所需的最大工作压力，Pa；

$Q_p$——泵所需输出的最大流量，$m^3/min$；

$\eta$——泵的总效率。

各种泵的总效率大致如下：齿轮泵 0.6～0.7，叶片泵 0.6～0.75，柱塞泵 0.8～0.85。

## 3.7 液压及气压马达

### 3.7.1 液压马达的分类、特点及应用

液压马达和液压泵在结构上基本相同，也是靠密封容积的变化进行工作的。马达和泵在工作原理上是互逆的，当向泵输入压力油时，其轴输出转速和转矩，此时就成为马达。

液压马达是将液体的压力能转换为机械能的装置，从原理上讲，液压泵可以作液压马达用，液压马达也可作液压泵用。但事实上同类型的液压泵和液压马达虽然在结构上相似，但由于两者的工作情况不同，使得两者在结构上也有某些差异。

(1) 液压马达一般需要正反转，所以在内部结构上应具有对称性，而液压泵一般是单方

向旋转的，没有这一要求。

(2) 为了减小吸油阻力和径向力，一般液压泵的吸油口比出油口的尺寸大。而液压马达低压腔的压力稍高于大气压力，所以没有上述要求。

(3) 液压马达要求能在很宽的转速范围内正常工作，因此，应采用滚动轴承或静压轴承。因为当马达速度很低时，若采用动压轴承，就不易形成润滑油膜。

(4) 叶片泵依靠叶片跟转子一起高速旋转而产生的离心力使叶片始终贴紧定子的内表面，起封油作用，形成工作容积。若将其当马达用，必须在液压马达的叶片根部装上弹簧，以保证叶片始终贴紧定子内表面，以便马达能正常启动。

(5) 液压泵在结构上需保证具有自吸能力，而液压马达就没有这一要求。

(6) 液压马达必须具有较大的启动转矩。所谓启动转矩，就是马达由静止状态启动时，马达轴上所能输出的转矩，该转矩通常大于在同一工作压差时处于运行状态下的转矩，所以，为了使启动转矩尽可能接近工作状态下的转矩，要求马达转矩的脉动小，内部摩擦小。

由于液压马达与液压泵具有上述不同的特点，使得很多类型的液压马达和液压泵不能互逆使用。

液压马达按其额定转速分为高速和低速两大类，额定转速高于500r/min的属于高速液压马达，额定转速低于500r/min的属于低速液压马达。高速液压马达的基本形式有齿轮式、螺杆式、叶片式、轴向柱塞式等。它们的主要特点是转速高、转动惯量小，便于启动和制动，调速和换向的灵敏度高。通常高速液压马达的输出转矩不大（仅几十牛·米到几百牛·米），所以又称为高速小转矩液压马达。低速液压马达的基本形式是径向柱塞式，例如单作用曲轴连杆式、液压平衡式、多作用内曲线式等。此外，在轴向柱塞式、叶片式和齿轮式中也有低速的结构形式。低速液压马达的主要特点是排量大、体积大、转速低（有时可达每分钟几转甚至零点几转），因此可直接与工作机构连接，不需要减速装置，使传动机构大为简化，通常低速液压马达输出转矩较大（可达几千牛顿·米到几万牛顿·米），所以又称为低速大转矩液压马达。

### 3.7.2　液压马达的主要性能参数

液压马达的性能参数很多。下面是液压马达的主要性能参数。

(1) 排量、流量和容积效率。习惯上将马达的轴每转一周，按几何尺寸计算所进入的液体容积，称为马达的排量$V$，有时称为几何排量或理论排量，即不考虑泄漏损失时的排量。

液压马达的排量表示其工作容腔的大小，是一个重要的参数。因为液压马达在工作中输出的转矩大小是由负载转矩决定的。但是，推动同样大小的负载，工作容腔大的马达压力要低于工作容腔小的马达压力，所以工作容腔的大小是液压马达工作能力的主要标志，也就是说，排量的大小是液压马达工作能力的重要标志。

根据液压动力元件的工作原理可知，马达转速$n$、理论流量$q_t$与排量$V$之间具有下列关系：

$$q_t = nV \tag{3-34}$$

式中　$q_t$——理论流量，$m^3/s$；

$n$——转速，r/min；

$V$——排量，$m^3/s$。

为了满足转速要求，马达实际输入流量 $q$ 大于理论输入流量

$$q = q_t + \Delta q \tag{3-35}$$

式中　$\Delta q$——泄漏流量。

$$\eta_V = q_t/q = 1/(1+\Delta q/q_t) \tag{3-36}$$

所以，实际流量为

$$q = q_t/\eta_V \tag{3-37}$$

马达入口油液的实际压力称为马达的工作压力，马达入口压力和出口压力的差值称为马达的工作压差。

因马达实际存在泄漏，由实际流量 $q$ 计算转速 $n$ 时，应考虑马达的容积效率 $\eta_V$。当液压马达的泄漏流量为 $q_l$ 时，马达的实际流量为 $q=q_t+q_l$，则液压马达的容积效率为

$$\eta_V = \frac{q_t}{q} = 1 - \frac{q_l}{q} \tag{3-38}$$

马达的输出转速等于理论流量 $q_t$ 与排量 $V$ 的比值，即

$$n = \frac{q_t}{V} = \frac{q}{V}\eta_V \tag{3-39}$$

(2) 液压马达输出的理论转矩。根据排量的大小，可以计算在给定压力下液压马达所能输出的转矩大小，也可以计算在给定负载转矩下马达的工作压力大小。当液压马达进、出油口之间的压力差为 $\Delta p$，输入液压马达的流量为 $q$，液压马达输出的理论转矩为 $T_t$，角速度为 $\omega$。如果不计损失，液压马达输入的液压功率应当全部转化为液压马达输出的机械功率，即

$$\Delta p_q = T_t\omega \tag{3-40}$$

又因为 $\omega=2\pi n$，所以液压马达的理论转矩为

$$T_t = \Delta pV/2\pi \tag{3-41}$$

式中　$\Delta p$——马达进出口之间的压力差。

(3) 液压马达的效率。由于液压马达内部不可避免地存在各种摩擦，实际输出的转矩 $T$ 总要比理论转矩 $T_t$ 小一些，即

$$T = T_t\eta_m \tag{3-42}$$

式中　$\eta_m$——液压马达的机械效率，%。

马达的输入功率为

$$P_i = pq \tag{3-43}$$

马达的输出功率为

$$P_o = 2\pi nT \tag{3-44}$$

马达的总效率为

$$\eta = \frac{P_o}{P_i} = \frac{2\pi nT}{pq} = \eta_V\eta_m \tag{3-45}$$

由式 (3-45) 可见，液压马达的总效率也同于液压泵的总效率，等于机械效率与容积效率的乘积。

(4) 液压马达的启动机械效率 $\eta_{m0}$。液压马达的启动机械效率，是指液压马达由静止状

态启动时，马达实际输出的转矩 $T$ 与它在同一工作压差时的理论转矩 $T_t$ 之比，即

$$\eta_{m0} = T/T_t \tag{3-46}$$

液压马达的启动机械效率表示其启动性能的指标。因为在相同压力下，液压马达由静止到开始转动的启动状态的输出转矩要比运转中的转矩大，这给液压马达带载启动造成了困难，所以启动性能对液压马达是非常重要的。启动转矩降低的原因，一方面是在静止状态下的摩擦系数最大，在摩擦表面出现相对滑动后摩擦系数明显减小；另一方面也是最主要的方面，液压马达静止状态润滑油膜被挤掉，基本变成了干摩擦。一旦马达开始运动，随着润滑油膜的建立，摩擦阻力立即下降，并随着滑动速度增大和油膜变厚而减小。

实际工作中都希望启动性能好一些，即希望启动转矩和启动机械效率大一些。不同结构形式液压马达的启动机械效率见表 3-4。

**表 3-4　液压马达的启动机械效率**

| 液压马达的结构形式 | | 启动机械效率 $\eta_{m0}$（%） |
|---|---|---|
| 齿轮马达 | 老结构 | 0.60～0.80 |
| | 新结构 | 0.85～0.88 |
| 叶片马达 | 高速小转矩型 | 0.75～0.85 |
| 轴向柱塞马达 | 滑履式 | 0.80～0.90 |
| | 非滑履式 | 0.82～0.92 |
| 曲轴连杆马达 | 老结构 | 0.80～0.85 |
| | 新结构 | 0.83～0.90 |
| 静压平衡马达 | 老结构 | 0.80～0.85 |
| | 新结构 | 0.83～0.90 |
| 多作用内曲线马达 | 由横梁的滑动摩擦副传递切向力 | 0.90～0.94 |
| | 传递切向力的部位具有滚动副 | 0.95～0.98 |

由表 3-4 可知，多作用内曲线马达的启动性能最好，轴向柱塞马达、曲轴连杆马达和静压平衡马达居中，叶片马达较差，而齿轮马达最差。

（5）最低稳定转速。最低稳定转速是指液压马达在额定负载下，不出现爬行现象的最低转速。所谓爬行现象，就是当液压马达工作转速过低时，往往保持不了均匀的速度，进入时动时停的不稳定状态。

液压马达在低速时产生爬行现象的原因有以下几点：

1）摩擦力的大小不稳定。通常的摩擦力是随速度增加而增大的，而对静止和低速区域工作的马达内部摩擦阻力，当工作速度增大时非但不增加，反而减小，形成了所谓“负特性”的阻力。另外，液压马达和负载是由被压缩后压力升高的液压油推动的，因此，可用如图 3-25（a）所示的物理模型表示低速区域液压马达的工作过程。以匀速 $v_0$ 推弹簧的一端（相当于高压下不可压缩的工作介质），使质量为 $m$ 的物体（相当于马达和负载质量、转动惯量）克服“负特性”的摩擦阻力而运动。当物体静止或速度很低时，阻力大，弹簧不断压缩，增加推力。只有等到弹簧压缩到其推力大于静摩擦力时才开始运动。一旦物体开始运动，阻力突然减小，物体突然加速跃动，其结果又使弹簧的压缩量减少，推力减小，物体依靠惯性前移一段路程后停止下来，直到弹簧的移动又使弹簧压缩、推力增加、物体再一次跃

动为止，形成如图 3-25（b）所示的时动时停的状态。对液压马达而言，这就是爬行现象。

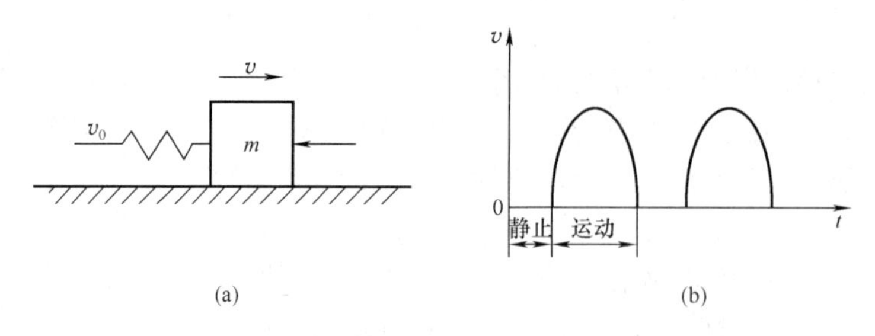


图 3-25 液压马达爬行的物理模型

2）泄漏量大小不稳定。液压马达的泄漏量不是每个瞬间都相同，它也随转子转动的相位角度变化做周期性波动。由于低速时进入马达的流量小，泄漏所占的比重就增大，泄漏量的不稳定就会明显影响到参与马达工作的流量数值，从而造成转速的波动。当马达在低速运转时，其转动部分及所带的负载表现出的惯性较小，上述影响比较明显，因而出现爬行现象。

实际工作中，一般都期望最低稳定转速越小越好。

液压马达的最高使用转速主要受使用寿命和机械效率的限制。转速提高后，各运动副的磨损加剧，使用寿命降低。转速高，液压马达需要输入的流量就大，因此各过流部分的流速也相应增大，压力损失随之增加，从而使机械效率降低。

对某些液压马达，转速的提高还受到背压的限制。例如曲轴连杆式液压马达，转速提高时，回油背压必须显著增大才能保证连杆不会撞击曲轴表面，从而避免了撞击现象。随着转速的提高，回油腔所需的背压值也应随之提高。但过分提高背压，会使液压马达的效率明显下降。因此，为了使马达的效率不致过低，马达的转速不应太高。

液压马达的调速范围用最高使用转速和最低稳定转速之比表示，即

$$i = n_{\max}/n_{\min} \tag{3-47}$$

### 3.7.3 高速液压马达

高速液压马达基本形式包括齿轮式、叶片式、轴向柱塞式等。它们的主要特点是转速高，转动惯量小，便于启动、制动、调速和换向。通常高速马达的输出转矩不大，最低稳定转速较高，只能满足高速小转矩工况。

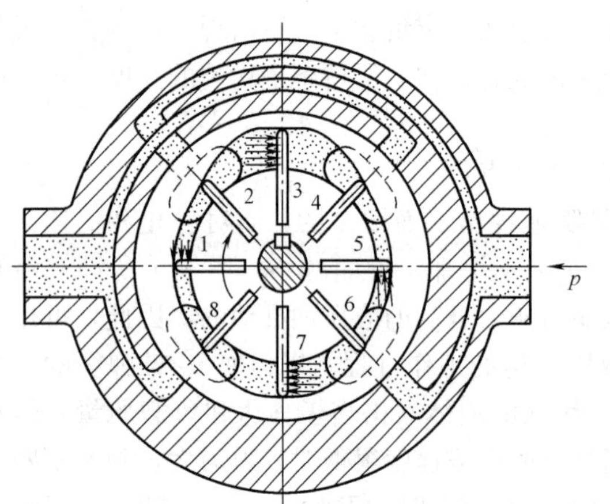


图 3-26 叶片马达的工作原理
1～8—叶片

1. 叶片马达

图 3-26 所示为叶片马达的工作原理。当压力为 $p$ 的油液从进油口进入叶片 1 和 3 之间时，叶片 2 因两面均受液压油的作用而不产生转矩。在叶片 1、3 上，一面作用有压力油，另一面为低压油。由于叶片 3 伸出的面积大于叶片 1 伸出的面积，因此作用于叶片 3 上的总液压力大于作用于叶片 1 上的总液压力，于是压力差使转子产生顺时针的转矩。同理，压力油进入叶片 5 和 7 之间时，叶片 7 伸出的面积大于叶片 5 伸出的面积，也产生顺时针转矩。这样，就将油液的压力

能转变为机械能，这就是叶片马达的工作原理。当输油方向改变时，液压马达就反转。

当定子的长短径差值越大、转子的直径越大、输入的压力越高时，叶片马达输出的转矩也越大。

在图3-26中，叶片2、4、6、8两侧的压力相等，无转矩产生。叶片3、7产生的转矩为$T_1$，方向为顺时针方向。假设马达出口压力为零，则

$$T_1 = 2\left[(R_1 - R_2)Bp\frac{R_1 + R_2}{2}\right] = B(R_1^2 - R_2^2)p \tag{3-48}$$

式中　$R_1$——定子长半径；

$R_2$——转子半径；

$B$——叶片宽度；

$p$——马达的进口压力。

叶片1、5产生的转矩为$T_2$，方向为逆时针方向，则

$$T = T_1 - T_2 = B(R_1^2 - R_2^2)p \tag{3-49}$$

由式（3-48）和式（3-49）看出，对结构尺寸已确定的叶片马达，其输出转矩$T$取决于输入油的压力。

由叶片泵理论流量$q_t$的公式

$$q_t = 2\pi Bn(R_1^2 - R_2^2)$$

得

$$n = q_t/[2\pi B(R_1^2 - R_2^2)] \tag{3-50}$$

式中　$q_t$——液压马达的理论流量，$q_t = q\eta_V$；

$q$——液压马达的实际流量，即进口流量。

由式（3-50）看出，对结构尺寸已确定的叶片马达，其输出转速$n$取决于输入油的流量。

叶片马达的体积小，转动惯量小，动作灵敏，可适应的换向频率较高，但泄漏较大，不能在很低的转速下工作。因此，叶片马达一般用于转速高、转矩小和动作灵敏的场合。

2. 轴向柱塞马达

柱塞式马达如图3-27所示。当压力油输入液压马达时，处于压力腔的柱塞被顶出，压在斜盘上，斜盘对柱塞产生反力，该力可分解为轴向分力和垂直于轴向的分力。其中，垂直于轴向的分力使缸体产生转矩。

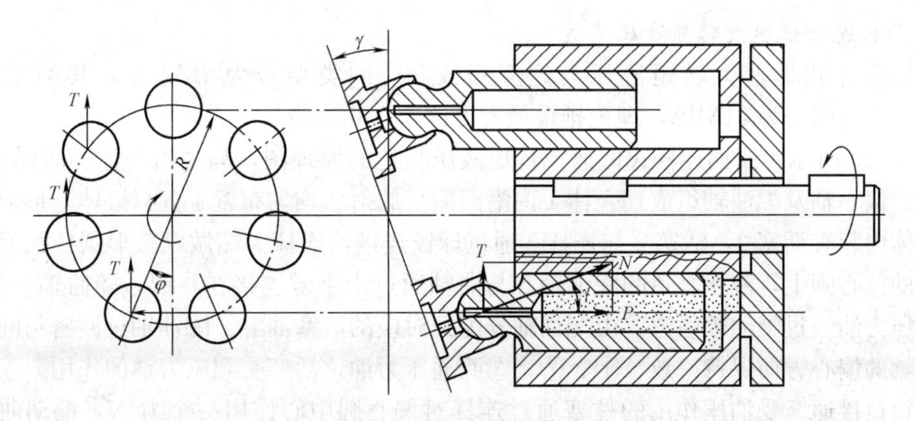


图3-27　柱塞式马达的工作原理

柱塞式马达的转矩计算：

当压力油输入液压马达后，所产生的轴向分力为

$$F = \frac{\pi}{4}d^2 p \tag{3-51}$$

使缸体产生转矩的垂直分力为

$$F_t = F_t r = \frac{\pi}{4}d^2 p\tan\gamma \tag{3-52}$$

单个柱塞产生的瞬时转矩为

$$T_i = F_t R\sin\alpha = \frac{\pi}{4}d^2 pR\tan\gamma\sin\varphi_i \tag{3-53}$$

液压马达总的输出转矩

$$T = \sum_{i=1}^{N} T_i = \frac{\pi}{4}d^2 pR\tan\gamma\sum_{i=1}^{N}\sin\varphi_i \tag{3-54}$$

式中 $R$——柱塞在缸体的分布圆半径；

$d$——柱塞直径；

$N$——压力腔半圆内的柱塞数。

可以看出，液压马达总的输出转矩等于处在马达压力腔半圆内各柱塞瞬时转矩的总和。由于柱塞的瞬时方位角呈周期性变化，液压马达总的输出转矩也呈周期性变化，所以液压马达输出的转矩是脉动的，通常只计算马达的平均转矩。

一般而言，轴向柱塞马达都是高速马达，输出转矩小，因此，必须通过减速器来带动工作机构。如果我们能使液压马达的排量显著增大，也就可以使轴向柱塞马达做成低速大转矩马达。

### 3.7.4 低速大转矩液压马达

低速大转矩液压马达是相对于高速马达而言的，通常这类马达在结构形式上多为径向柱塞式，其特点是：最低转速低，在 5～10r/min；输出转矩大，可达几万牛顿·米；径向尺寸大，转动惯量大。它可以直接与工作机构直接连接，不需要减速装置，使传动结构大为简化。低速大转矩液压马达广泛用于起重、运输、建筑、矿山、船舶等机械上。低速大转矩液压马达的基本形式有三种：曲柄连杆马达、静力平衡马达和多作用内曲线马达。

1. 曲柄连杆低速大转矩液压马达

曲柄连杆式低速大转矩液压马达应用较早，同类型号为 JMZ 型，其额定压力为 16MPa，最高压力为 21MPa，理论排量最大可达 6.140r/min。

图 3-28 所示为曲柄连杆式低速大转矩液压马达的原理图，马达由壳体、曲柄-连杆-活塞组件、偏心轴及配油轴组成。壳体 1 内沿圆周呈放射状均匀布置了五只缸体，形成星形壳体；缸体内装有活塞 2，活塞 2 与连杆 3 通过球铰连接，连杆大端做成鞍形圆柱瓦面紧贴在曲轴 4 的偏心圆上，液压马达的配油轴 5 与曲轴通过十字键连接在一起，随曲轴一起转动，马达的压力油经过配油轴通道，由配油轴分配到对应的活塞油缸。配油轴过渡密封间隔的方位和曲轴的偏心方向保持一致。①、②、③腔通压力油，活塞受到压力油的作用。④、⑤腔与排油窗口接通。受油压作用的柱塞通过连杆对偏心圆中心作用一个力 $N$，推动曲轴绕旋转中心转动，对外输出转速和转矩；随着驱动轴、配油轴转动，配油状态交替变化。在曲轴

旋转过程中，位于高压侧的油缸容积逐渐增大，而位于低压侧的油缸的容积逐渐缩小，因此，高压油不断进入液压马达，从低压腔不断排出。

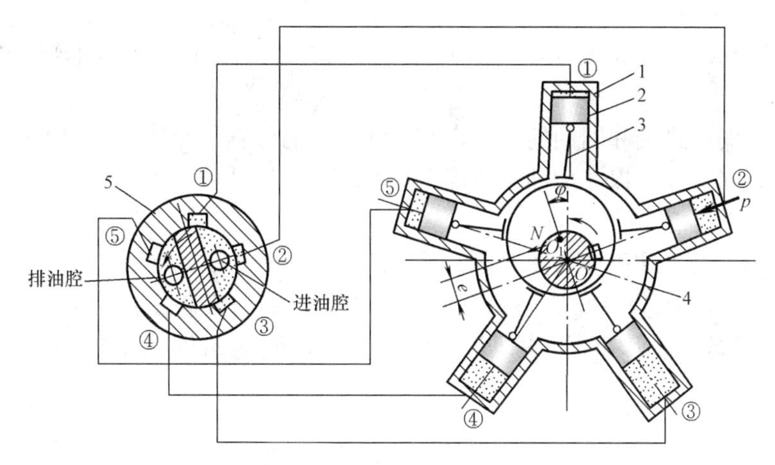


图 3 - 28　曲柄连杆式低速大转矩液压马达的工作原理

1—壳体；2—活塞；3—连杆；4—曲轴；5—配油轴

2. 静力平衡式低速大转矩液压马达

静力平衡式低速大转矩马达也称为无连杆马达，是从曲柄连杆式液压马达改进发展而来的，如图 3 - 29 所示。它的主要特点是取消了连杆，并且在主要摩擦副之间实现了油压静力平衡，进而改善了工作性能。国外将这类马达称为罗斯通（Roston）马达，国内也有不少产品，并已经在船舶机械、挖掘机及石油钻探机械上使用。

3. 多作用内曲线马达

多作用内曲线液压马达如图 3 - 30 所示，由定子 1、转子 2、柱塞组 3、配油轴 4 等主要部件组成，定子 1 的内壁有若干段均布的、形状完全相同的曲面组成。每一相同形状的曲面又可分为对称的两边，其中允许柱塞副向外伸的一边称为进油工作段，与它对称的另一边称为排油工作段。

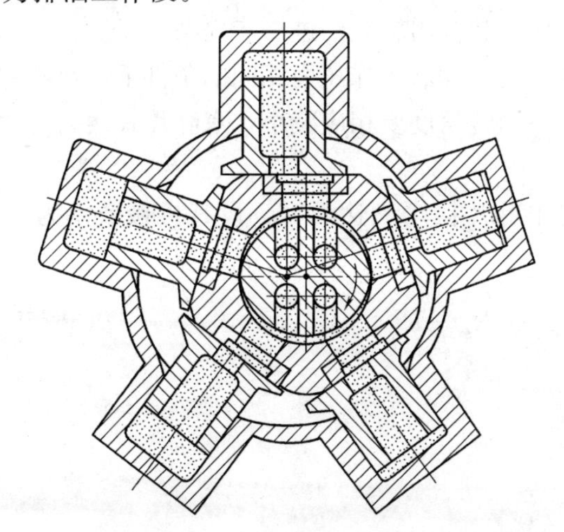

图 3 - 29　静力平衡式低速大转矩马达的工作原理

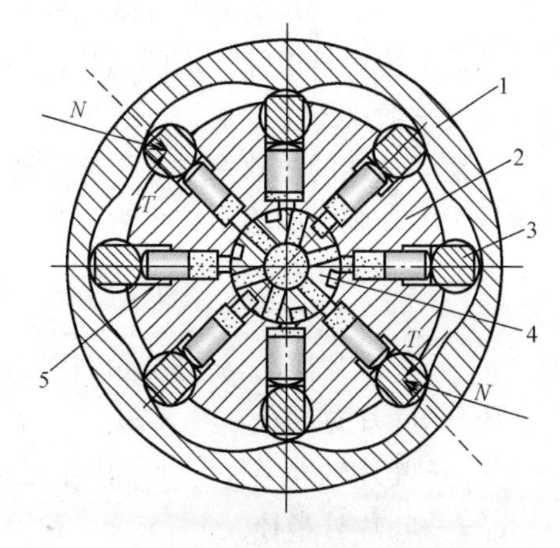


图 3 - 30　多作用内曲线马达的工作原理

1—定子；2—转子；3—柱塞组；4—配油轴；5—柱塞

每个柱塞在液压马达每转中往复的次数等于定子曲面数 $X$，称 $X$ 为该液压马达的作用次数。

$Z$ 个柱塞缸孔，每个缸孔的底部都有一配油窗口，并与它的中心配油轴 4 相配合的配油孔相通。

配油轴 4 中间有进油和回油的孔道，其配油窗口的位置与导轨曲面的进油工作段和回油工作段的位置相对应，所以在配油轴圆周上有 $2X$ 个均布配油窗口。

4. 摆动马达

摆动液压马达的工作原理如图 3-31 所示。

图 3-31（a）所示为单叶片摆动马达。若从油口Ⅰ通入高压油，叶片做逆时针摆动，低压油从油口Ⅱ排出。因叶片与输出轴连在一起，使输出轴摆动同时输出转矩、克服负载。

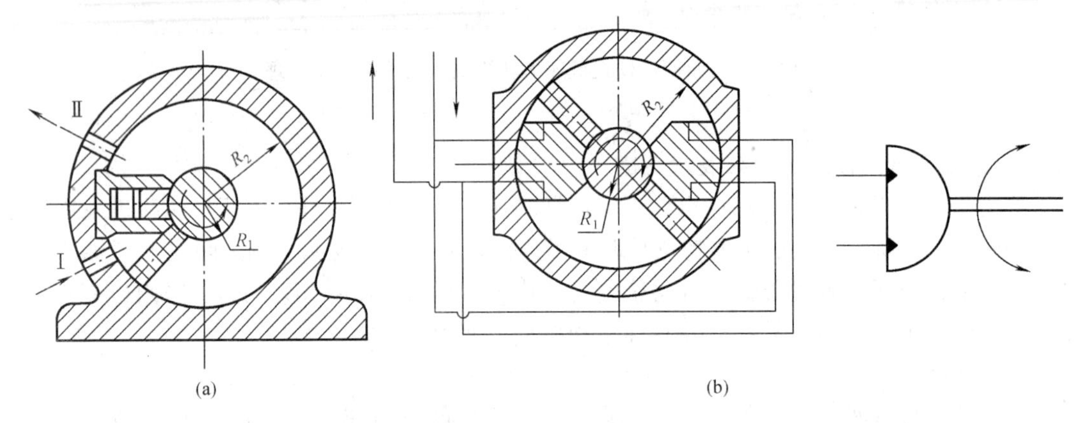


图 3-31 摆动缸摆动液压马达的工作原理

（a）单叶片式；（b）双叶片式

此类摆动马达的工作压力小于 10MPa，摆动角度小于 280°。由于径向力不平衡，叶片和壳体、叶片和挡块之间密封困难，限制了工作压力和输出转矩的进一步提高。

图 3-31（b）所示为双叶片式摆动马达。在径向尺寸和工作压力相同的条件下，双叶片摆动马达输出转矩是单叶片式摆动马达的两倍，但回转角度要相应减小，双叶片式摆动马达的回转角度一般小于 120°。

叶片摆动马达的总效率 $\eta=70\%\sim95\%$，对单叶片摆动马达而言，设其机械效率为 1，出口背压为零，则它的输出转矩为

$$T = pB\int_{R_1}^{R_2} r\mathrm{d}r = p\,\frac{B}{2}(R_2^2 - R_1^2) \tag{3-55}$$

式中 $p$——单叶片摆动马达的进口压力；

$B$——叶片宽度；

$R_1$——叶片轴外半径，叶片内半径；

$R_2$——叶片外半径。

### 3.7.5 气压马达的分类、特点及应用

气压马达常用的有叶片式和活塞式两种。它的特点如下：①可以无级调速；②可正、反

方向旋转；③有过载保护作用；④具有高的启动力矩，可以直接带负载启动等。此外，还有其独特的地方：①工作安全，在具有爆炸性瓦斯的工作场所，无引火爆炸的危险，同时，能忍受振动与高温的影响；②功率范围大，转速范围很宽，功率小至几百瓦，大至几千千瓦，转速则为0～50 000r/min。缺点是转矩随转速的增大而降低，特性较软，耗气量较大，效率较低。

气压马达在矿山机械中用得较多，在机械制造厂、化工厂、造纸厂、炼钢厂、开凿隧道、开凿水电站等场合也有使用。

1. 叶片式气压马达

图3-32所示为叶片式气压马达的结构原理图，其原理类似于叶片式液压马达。马达的叶片数一般在3～10片的范围内。叶片5纵向安放在转子6的径向槽内。转子中心与定子的内壁是不同心的。当压缩空气从气口1进入、经机体上的孔道2、3从定子上的喷口4射进定子内腔时，气压迫使叶片带动转子6顺时针方向旋转，废气则从定子的排气口7和经机体上的排气口8排至大气，转子右半部的残余废气则通过孔道9、10、11和气口12处排出。需要改变马达的旋转方向时，将压缩空气由气口12处通入，如图3-32中虚线箭头所示，废气仍从孔7和8处排出，此时转子左半部的残余废气则由孔道4、3、2和气口1排至大气。

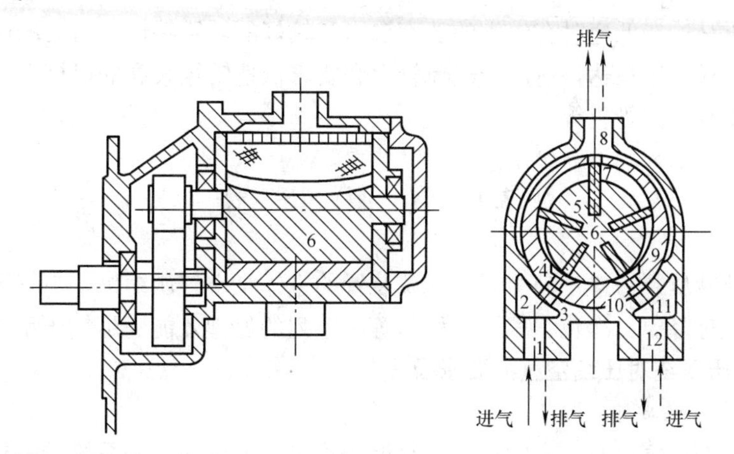


图3-32　叶片式气压马达

1、12—气口；2、3、4、9、10、11—孔道；5—叶片；6—转子；7、8—排气口

2. 径向活塞式气压马达

常用的径向活塞式气压马达大多是径向连杆式。图3-33所示为径向活塞式气压马达的工作原理图，五个气缸呈星形布置，缸内的活塞4通过连杆组件5与曲轴6的偏心圆柱面连接，圆柱面的几何中心为$O$，曲轴的回旋中心为$O_1$，配气阀2与曲轴6同轴连接并一起同步旋转，配气阀套1固定在星形缸体3上。

配气阀2在图3-33所示位置正好将配气阀套1的内腔分隔成左、右两个气室。右气室通过中心区附近的两个轴向孔与马达的进（排）气口相通，左气室则通过与之相应的另外两个轴向孔与马达的排（进）气口相通。在图3-33所示的情况中，右气室正在向缸Ⅰ和Ⅱ供气，这两缸的活塞在气压作用下通过各自的连杆推动偏心圆柱面驱动曲轴连同配气阀一起绕曲轴中心$O$做逆时针方向转动。同时，缸Ⅳ和Ⅴ内的活塞被偏心圆柱面通过连杆推向缸底，

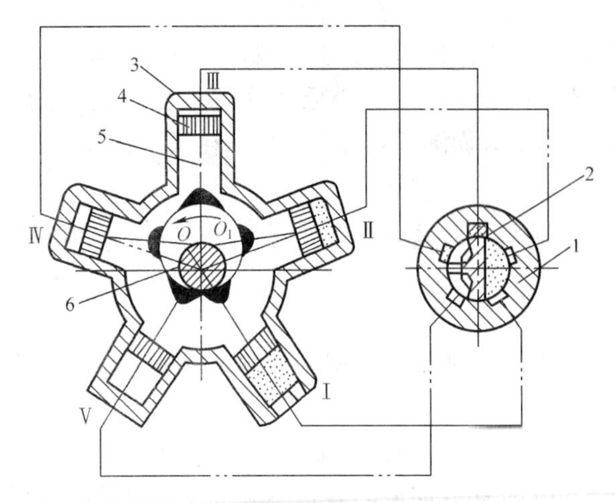


图 3-33 径向活塞式气压马达
1—配气阀套；2—配气阀；3—气缸体；
4—活塞；5—连杆组件；6—曲轴

缸内的废气经配气阀套前的左气室和相应的两个轴向孔通到马达的排气口和大气。曲轴继续转动，配气阀也跟着转动，同时连续不断地依次向缸Ⅲ、Ⅳ、Ⅴ等供气，其余相应的气缸也依次排气，维持曲轴继续旋转和输出转矩。改变进、排气口的供、排气状态，便可使马达反向转旋。

活塞式气压马达转速比叶片式低，一般为100～1300r/min，最高6000r/min，但输出的转矩要比叶片式大得多。活塞式气压马达虽然结构复杂，但维护与保养比叶片式容易。

叶片式气压马达结构紧凑，但低速启动转矩小，低速性能不好，适用于要求低或中等功率的机械，如手提工具、复合工具传送带、升降机、拖拉机等。

活塞式气压马达在低速时有较大的功率输出和较好的转矩特性，启动准确，启动和停止特性都好于叶片式气压马达，适用于载荷较大和要求低速转矩较高的机械，如手提工具、起重机、绞车、绞盘、拉管机等。

## 3.8 气 源 装 置

气源装置与液压泵一样是动力源。气源装置的主体是空气压缩机，空气压缩机产生的压缩空气，还需经过降温、净化、减压、稳压等一系列的处理才能满足气压系统的要求。

### 3.8.1 气压系统对压缩空气的要求及净化

1. 对压缩空气的要求

(1) 要求压缩空气具有一定的压力和足够的流量，能满足气压系统的需求。

(2) 对压缩空气有一定的净化要求，不得含有水分、油分。所含灰尘等杂质颗粒平均直径一般不超过以下数值：气缸、膜片和截止式气动元件，不大于50μm；气马达、硬配滑阀，不大于25μm；射流元件，不大于10μm。

(3) 有些气压装置和气压仪表还要求压缩空气的压力波动要小，能稳定在一定的范围之内才能正常工作。

2. 压缩空气的净化

压缩空气是由大气压缩而成的。由于大气中混有灰尘、水蒸气等杂质，这些杂质也就混在压缩空气中。空气压缩机排出压缩空气的排气口温度可高达140～170℃，在这样的高温下，用于润滑空气压缩机气缸的油通常会变为蒸汽，一同混在压缩空气中。混有灰尘、水分、油分的压缩空气将对气压系统的工作产生下列不利的影响。

(1) 在一定的压力温度条件下，压缩空气中的水蒸气因饱和而凝结成水滴，并集聚在气压元件或气压装置的管道中。水分有促使元件腐蚀和生锈的作用，这样将影响气压系统和气压元件的正常工作和使用寿命。若在寒冷地区，还有使管道冻裂的危险。

(2) 混在压缩空气中的油蒸气，一方面可能聚集在储气罐、管道和气压系统的容腔中形成易燃物，有引起爆炸的危险；另一方面使气压系统或气压元件结构中使用的橡胶、塑料等密封材料老化，影响元件工作寿命，且排气会对环境产生一定的污染。

(3) 压缩空气中含有灰尘等杂质，对气压系统中往复运动或转动的部件（如气缸、气马达、气控阀等）会产生磨损作用，使气压元件产生漏气，效率降低，影响气压元件工作寿命。

(4) 压缩空气中混入灰尘、水分、油分等杂质后，会混合形成一种胶体状杂质沉积在气压元件上，它们会堵塞节流孔或气流管道，使气压信号不能正常传递，造成气压元件或气压系统工作不稳定或者失灵。

由此可见，空气压缩机排出的压缩空气必须经过降温、除油、除水、降尘、干燥等一系列净化处理后才能使用。

### 3.8.2 气源装置的组成和布置

气源装置为气压系统提供满足一定质量要求的压缩空气。图3-34所示为气源装置的组成和布置。

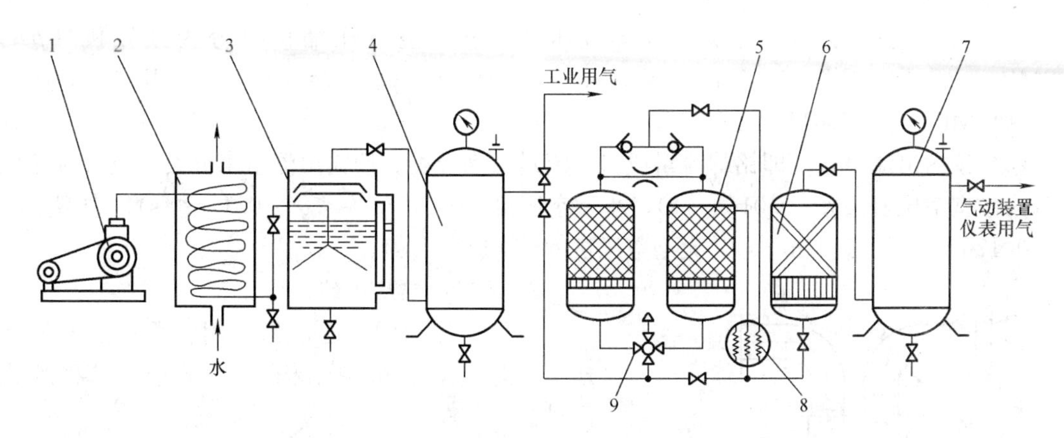


图3-34 气源装置的组成和布置

1—空气压缩机；2—冷却器；3—油水分离器；4、7—储气罐；
5—干燥器；6—过滤器；8—加热器；9—四通阀

通常由空气压缩机1产生压缩空气，其吸气口装有空气过滤器，以减少进入空气压缩机中气体的灰尘杂质量。冷却器2用于降温冷却从空气压缩机中排出的高温压缩空气，将汽化的水、油凝结出来。油水分离器3用于使降温后凝结出来的油滴、水滴、杂质等从压缩空气中分离出来，并从排污口排出。储气罐4和7用于储存压缩空气以便稳定压缩空气的压力，同时使压缩空气中的部分油分和水分沉积在储气罐底部以便于除去。干燥器5用于进一步吸收和排除压缩空气中的油分和水分，使之变为干燥空气。过滤器6用于进一步过滤压缩空气中的灰尘、杂质和颗粒。

储气罐4中的压缩空气可用于一般要求的气压系统，储气罐7中的压缩空气可用于要求较高的气压系统（如气压仪表、射流元件等组成的系统）。

### 3.8.3 空气压缩机

气源装置中的主体是空气压缩机，它是将原动机的机械能转换成气体压力能的装置，是产生压缩空气的气压发生装置。

1. 空气压缩机的分类

空气压缩机（简称空压机）的种类很多，常用的有以下几种分类方法。

（1）按工作原理来分类。按工作原理分类如下：

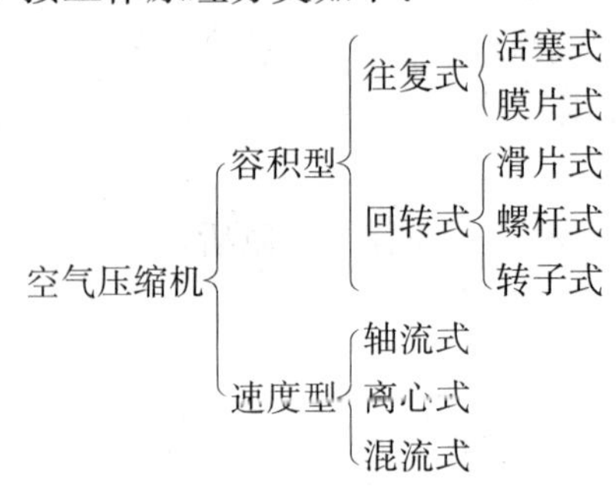


容积型空气压缩机是靠压缩空气的方法，使单位体积内空气分子密度增加，进而提高空气压力的。

速度型空气压缩机是利用提高气体分子运动速度的方法，使气体分子具有的动能转化成气体的压力能。

（2）按排气压力 $p$ 来分类。按排气压力分类，空气压缩机可分为鼓风机（$p\leqslant0.2$MPa）、低压空压机（0.2MPa$<p\leqslant$1MPa）、中压空压机（1MPa$<p\leqslant$10MPa）、高压空压机（10MPa$<p\leqslant$100MPa）。

（3）按输出流量 $q_z$（即铭牌流量或自由流量）来分类。按输出流量来分类，空气压缩机可分为微型空压机（$q_z\leqslant0.017\text{m}^3/\text{s}$）、小型空压机（$0.017\text{m}^3/\text{s}<q_z\leqslant0.17\text{m}^3/\text{s}$）、中型空压机（$0.17\text{m}^3/\text{s}<q_z\leqslant1.7\text{m}^3/\text{s}$）、大型空压机（$q_z>1.7\text{m}^3/\text{s}$）。

2. 活塞式空压机的工作原理

在气压传动中，通常都采用容积型活塞式空压机，此种空压机按结构又可分为立式和卧式两种。

（1）立式活塞式空压机的工作原理。图 3-35 所示为立式活塞式空压机工作原理。

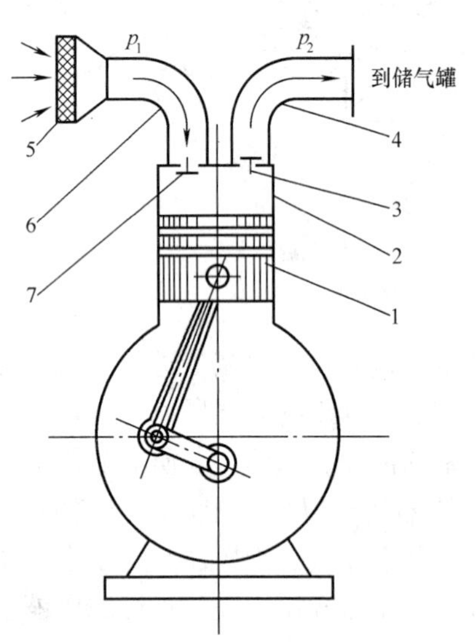


图 3-35　立式空压机工作原理

1—活塞；2—气缸；3—排气阀；4—排气管；5—空气滤清器；6—进气管；7—进气阀

立式活塞式空压机中的立式是指气缸中心线垂直于地面。它利用曲柄连杆机构，将原动机（电动机、内燃机等）的回转运动转变为活塞的往复直线运动，当活塞 1 向下运动时，气缸 2 内的容积逐渐增大，压力逐渐降低而产生真空，进气阀 7 打开，外界空气在大气压作用下，通过空气滤清器 5 和进气管 6 被吸入气缸内，此过程称为吸气过程。当活塞向上运动时，气缸的容积逐渐减小，空气受到压缩，压力逐渐升高而使进气阀关闭，压缩空气就会打开排气阀 3 经排气管 4 输入储气罐中，此过程称为排气过程。

（2）卧式活塞式空压机的工作原理。图3-36所示为卧式活塞式空压机工作原理。

卧式活塞式空压机中的卧式是指气缸中心线平行于地面，其工作原理及工作过程与立式相同，此处不再赘述。

上述两种空压机仅为单活塞和单气缸，多数空压机是多缸和多活塞的组合。

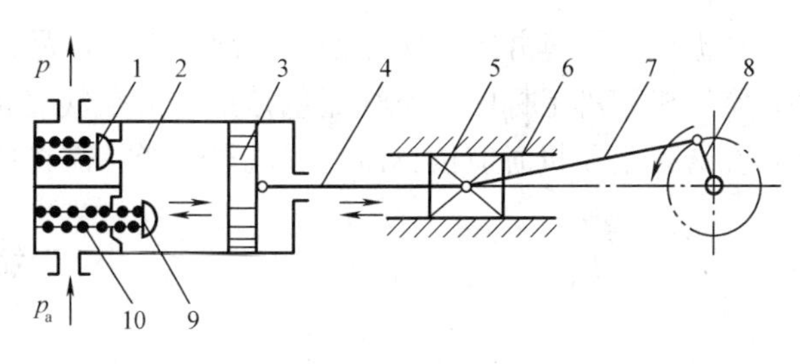


图3-36　卧式空压机工作原理

1—排气阀；2—气缸；3—活塞；4—活塞杆；5、6—十字头与滑道；7—连杆；8—曲柄；9—进气阀；10—弹簧

3. 空压机的选择

选择空压机主要依据气压系统的工作压力和流量两个主要参数。

（1）输出压力的选择。若整个气压系统中各执行机构对空压机的工作压力有不同要求，可按其中的最大压力来考虑。若气压系统中某些气压装置的工作压力要求较低，则可采用减压阀进行减压的方式供气。气源压力应考虑供气系统管道的沿程压力损失和局部压力损失。气源压力应高于设备中最高工作压力的20%左右，并以此压力来选空压机。目前，一般气压系统的工作压力为0.5～0.8MPa，这样可选用额定排气压力为0.7～1MPa的低压空压机。特殊需要也可选用中、高压甚至超高压的空压机。

（2）流量的选择。空压机或空压站供气量的选择可按经验公式（3-56）计算：

$$q_a = \psi K_1 K_2 \sum q_f \tag{3-56}$$

式中　$q_a$——空压机供气量；

$\psi$——气压设备利用系数；

$K_1$——漏损系数；

$K_2$——备用系数；

$q_f$——单台设备的平均自由空气耗量。

气压设备利用系数$\psi$表示气压系统的设备较多时一般不会同时使用，故尚需考虑同时使用的情况，其数值与气压设备多少有关，由图3-37来选取。漏损系数$K_1$，是考虑到各管道、接头、元件等处的泄漏，尤其是风动工具等磨损泄漏，会使供气量增加15%～50%。一般$K_1$=1.15～1.5，有风动工具或管路复杂时取大值。备用系数$K_2$是考虑各工作时间用气量不等，以及考虑今后增加气压装置还能满足供气的需要，通常$K_2$=1.3～1.6。

由于每台气压设备工作压力不同，将不同压力下的压缩空气的流量都转换成未经压缩的自由状态下的空气，即自由空气流量来计算的。压缩空气流量与自由空气流量之间的换算关系为

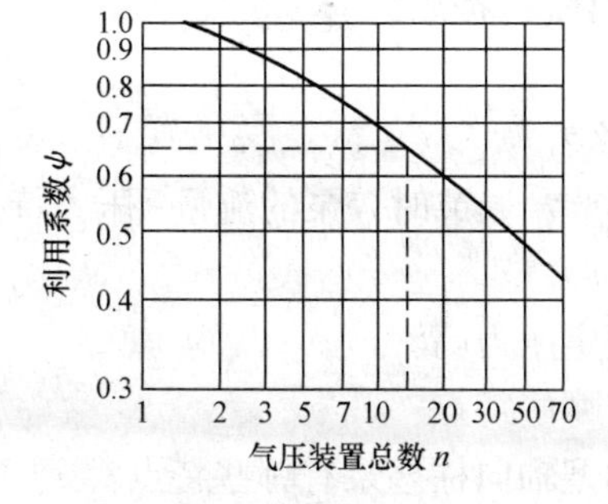


图3-37　气压设备利用系数

$$q_f = q_p \frac{p_p T_f}{p_f T_p} \tag{3-57}$$

式中　$q_f$——自由空气流量；

$q_p$——压缩空气流量；

$p_p$——压缩空气的绝对压力；

$p_f$——自由空气的绝对压力；

$T_f$——自由空气热力学温度；

$T_p$——压缩空气热力学温度。

根据以上计算并结合实际使用情况，可从产品样本上选择适当型号和规格的空压机。注意，空压机铭牌上标明的空气流量是指自由空气流量（未经压缩的自由状态下的空气），因此，在选择空压机时应按自由空气流量选择，需将压缩空气流量转换为自由空气流量。

## 小　结

液压泵是液压系统的动力源，构成液压泵所需的基本条件是：可变的密封容积、协调的配油机构及高、低压腔相互隔离的结构；液压泵的性能参数有排量、流量、压力、功率、效率。排量为几何参数，流量则为排量和转速的乘积；实际工作压力取决于外负载，最高压力和额定压力则是设计参数；液压的功率为泵输出流量和工作压力的乘积，容积效率和机械效率分别反映了液压泵的容积损失和机械损失。液压泵从结构形式上主要有齿轮式、叶片式和柱塞式三大类。柱塞泵是目前性能比较完善、压力和效率最高的液压泵；高性能叶片泵以流量、压力脉动小，噪声低而见长；齿轮泵最大的特点是抗污染，可用于环境比较恶劣的工作条件下。

液压马达是液压系统的重要执行元件之一，它是液压泵的逆工况，向工作机构提供机械能，并以转速和转矩的形式输出。本章介绍了高速马达及以曲柄连杆马达、静力平衡马达、多作用内曲线马达为代表的低速大转矩马达。

## 思考题和习题

3-1　容积式液压泵的工作原理是什么？

3-2　液压泵装在液压系统中之后，它的工作压力是否就是液压泵铭牌上的压力？为什么？

3-3　液压泵在工作过程中会产生哪些能量损失？产生损失的原因是什么？

3-4　外啮合齿轮泵为什么有较大的流量脉动？流量脉动大会产生什么危害？

3-5　什么是齿轮泵的困油现象？产生困油现象有何危害？如何消除困油现象？其他类型的液压泵是否有困油现象？

3-6　齿轮泵压力的提高主要受哪些因素的影响？可以采取哪些措施来提高齿轮泵的压力？

3-7　渐开线内啮合齿轮泵与渐开线外啮合齿轮泵相比有哪些特点？

3-8　螺杆泵与其他泵相比的特点是什么？

3-9　双作用叶片泵和单作用叶片泵各自的优缺点是什么？

3-10　限压式变量叶片泵的拐点压力和最大流量如何调节？调节时，泵的流量-压力特性曲线如何变化？

3-11　从理论上讲为什么柱塞泵比齿轮泵、叶片泵的额定压力高？

3-12　与斜盘式轴向柱塞泵相比，斜轴式轴向柱塞泵有哪些特点？

3-13　与斜盘式非通轴型轴向柱塞泵相比，斜盘式通轴型轴向柱塞泵有哪些特点？

3-14　YCY14—1 柱塞泵的变量原理是什么？

3-15　在实际中应如何选用液压泵？

3-16　在设计气压传动系统中，应如何选择空气压缩机？

3-17　某一液压泵额定压力 $p=2.5\text{MPa}$，机械效率 $\eta_{pm}=0.9$。(1) 由实际测得，当泵的转速 $n=1450\text{r/min}$，泵的出口压力为零时，其流量 $q_1=106\text{L/min}$。当泵出口压力为 2.5MPa 时，其流量 $q_2=100.7\text{L/min}$。试求泵在额定压力时的容积效率。(2) 当泵的转速 $n=500\text{r/min}$，压力为额定压力时，泵的流量是多少？容积效率又是多少？(3) 以上两种情况时，泵的驱动功率分别为多少？

3-18　已知齿轮泵的齿轮模数 $m=3\text{mm}$，齿数 $z=15$，齿宽 $B=25\text{mm}$，转速 $n=1450\text{r/min}$，在额定压力下输出流量 $q=25\text{L/min}$，求该泵的容积效率 $\eta_V$。

3-19　如图 3-38 所示，某组合机床动力滑台采用双联叶片泵 YB—40/6。快速进给时两泵同时供油，工作压力为 $10\times10^5\text{Pa}$；工作进给时，大流量泵卸荷，其卸荷压力为 $3\times10^5\text{Pa}$，此时系统由小流量泵供油，其供油压力为 $45\times10^5\text{Pa}$。若泵的总效率为 $\eta_V=0.8$，求该双联泵所需电动机功率。

3-20　某液压系统采用限压式变量叶片泵，该泵的流量—压力特性曲线 $ABC$ 如图 3-39所示。已知泵的总效率为 0.7。若系统在工作进给时，泵的压力和流量分别为 $45\times10^5\text{Pa}$ 和 2.5L/min，在快速移动时，泵的压力和流量为 $20\times10^5\text{Pa}$ 和 20L/min，试问泵的特性曲线应调成何种形状，泵所需的最大驱动功率为多少。

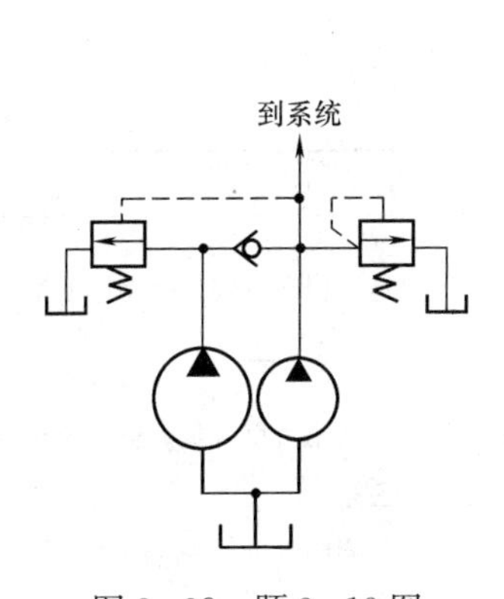


图 3-38　题 3-19 图

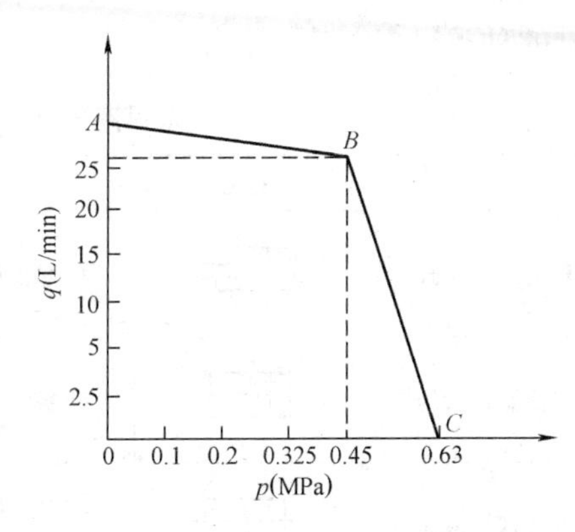


图 3-39　题 3-20 图

# 第 4 章　液 压 传 动 执 行 元 件

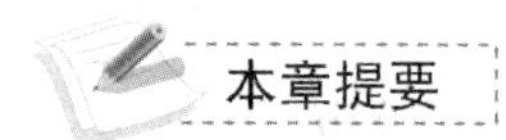

本章提要

液压缸是液压传动系统的执行元件之一，它是将油液的压力能转换为机械能、实现往复直线运动或摆动的能量转换装置，也是液压系统中应用最多的执行元件。通过学习要求掌握以下几点：①液压缸的种类、应用场合及各个部分的基本结构；②缸的基本计算，特别是运动速度和输出力的计算；③液压缸设计的基本步骤。

## 4.1　液压缸的分类和特点

液压缸又称为油缸，它是液压系统中的一种执行元件，其功能就是将液压能转变成直线往复式的机械运动。

液压缸的种类很多，其详细分类见表 4 - 1。

**表 4 - 1**　　常见液压缸的种类及特点

| 分类 | 名称 | 符号 | 说　明 |
|---|---|---|---|
| 单作用液压缸 | 柱塞式液压缸 | | 柱塞仅单向运动，返回行程是利用自重或负荷将柱塞推回 |
| | 单活塞杆液压缸 | | 活塞仅单向运动，返回行程是利用自重或负荷将活塞推回 |
| | 双活塞杆液压缸 | | 活塞的两侧都装有活塞杆，只能向活塞一侧供给压力油，返回行程通常利用弹簧力、重力或外力 |
| | 伸缩液压缸 | | 它以短缸获得长行程。用液压油由大到小逐节推出，靠外力由小到大逐节缩回 |
| 双作用液压缸 | 单活塞杆液压缸 | | 单边有杆，两向液压驱动，再向推力和速度不等 |
| | 双活塞杆液压缸 | | 双向有杆，双向液压驱动，可实现等速往复运动 |
| | 伸缩液压缸 | | 双向液压驱动，伸出由大到小逐步推出，由小到大逐节缩回 |
| 组合液压缸 | 弹簧复位液压缸 | | 单向液压驱动，由弹簧力复位 |
| | 串联液压缸 | | 用于缸的直径受限制，而长度不受限制处，获得大的推力 |

续表

| 分类 | 名称 | 符号 | 说明 |
|---|---|---|---|
| 组合液压缸 | 增压缸（增压器） |  | 由低压力室A缸驱动，使B室获得高压油源 |
|  | 齿条传动液压缸 |  | 活塞往复运动经装在一起的齿条驱动齿轮获得往复回转运动 |
| 摆动液压缸 |  |  | 输出轴直接输出转矩，其往复回转的角度小于360°，也称摆动马达 |

下面分别介绍几种常用的液压缸。

### 4.1.1 活塞式液压缸

活塞式液压缸根据其使用要求不同可分为双杆式和单杆式两种。

(1) 双杆式活塞缸。活塞两端都有一根直径相等的活塞杆伸出的液压缸称为双杆式活塞缸，它一般由缸体、缸盖、活塞、活塞杆、密封件等零件构成。根据安装方式不同可分为缸筒固定式和活塞杆固定式两种。

图4-1 (a) 所示为缸筒固定式双杆活塞缸。它的进、出口布置在缸筒两端，活塞通过活塞杆带动工作台移动，当活塞的有效行程为 $l$ 时，整个工作台的运动范围为 $3l$，所以机床占地面积大，一般适用于小型机床。当工作台行程要求较长时，可采用如图4-1 (b) 所示的活塞杆固定的形式，这时，缸体与工作台相连，活塞杆通过支架固定在机床上，动力由缸体传出。这种安装形式中，工作台的移动范围只等于液压缸有效行程 $l$ 的两倍 ($2l$)，因此占地面积小。进、出油口可以设置在固定不动的空心活塞杆的两端，但必须使用软管连接。

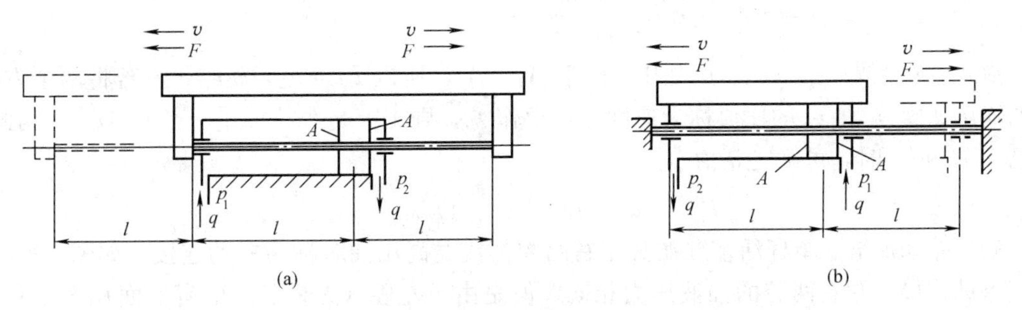


图4-1 双杆式活塞缸工作原理

(a) 缸筒固定式；(b) 活塞杆固定式

由于双杆活塞缸两端的活塞杆直径通常是相等的，因此左、右两腔的有效面积也相等，当分别向左、右腔输入相同压力和相同流量的油液时，液压缸左、右两个方向的推力和速度相等。当活塞的直径为 $D$，活塞杆的直径为 $d$，液压缸进、出油腔的压力为 $p_1$ 和 $p_2$，输入流量为 $q$ 时，双杆活塞缸的推力 $F$ 和速度 $v$ 为

$$F=A(p_1-p_2)\eta_m=\pi(D^2-d^2)(p_1-p_2)\eta_m/4 \tag{4-1}$$

$$v=q\eta_V/A=\frac{4q\eta_V}{\pi(D^2-d^2)} \tag{4-2}$$

式中 $A$——活塞的有效工作面积。

双杆活塞缸在工作时，设计成一个活塞杆受拉，而另一个活塞杆不受力，因此这种液压缸的活塞杆可以做得细一些。

(2) 单杆式活塞缸。如图 4-2 所示，活塞只有一端带活塞杆，单杆液压缸也有缸体固定和活塞杆固定两种形式，但它们的工作台移动范围都是活塞有效行程的两倍。

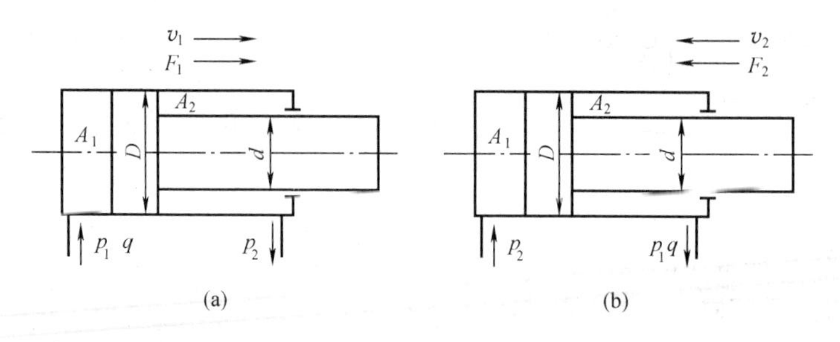


图 4-2 单杆式活塞缸

由于液压缸两腔的有效工作面积不等，因此在两个方向上的输出推力和速度也不等，其值分别为

$$F_1=(p_1A_1-p_2A_2)\eta_m=\frac{\pi}{4}[D^2(p_1-p_2)-d^2p_2]\eta_m \tag{4-3}$$

$$F_2=(p_1A_2-p_2A_1)\eta_m=\frac{\pi}{4}[D^2(p_1-p_2)-d^2p_1]\eta_m \tag{4-4}$$

$$v_1=q\eta_V/A_1=\frac{4q\eta_V}{\pi D^2} \tag{4-5}$$

$$v_2=q\eta_V/A_2=\frac{4q\eta_V}{\pi(D^2-d^2)} \tag{4-6}$$

由式 (4-3) ～式 (4-6) 可知，由于 $A_1>A_2$，所以 $F_1>F_2$，$v_1<v_2$。若将两个方向上的输出速度 $v_2$ 和 $v_1$ 的比值称为速度比，记作 $\lambda_v$，则 $\lambda_v=v_2/v_1=1/[1-(d/D)^2]$。因此，在已知 $D$ 和 $\lambda_v$ 时，可确定 $d$ 值

$$d=D\sqrt{(\lambda_v-1)/\lambda_v}$$

(3) 差动油缸。单杆活塞缸在其左右两腔都接通高压油时称为差动连接，如图 4-3 所示。差动连接缸左右两腔的油液压力相同，但是由于左腔（无杆腔）的有效面积大于右腔（有杆腔）的有效面积，故活塞向右运动，同时使右腔中排出的油液（流量为 $q'$）也进入左腔，加大了流入左腔的流量 $(q+q')$，从而也加快了活塞移动的速度。实际上活塞在运动时，由于差动连接时两腔间的管路中有压力损失，所以右腔中油液的压力稍大于左腔油液压力，而这个差值一般都较小，可以忽略不计，则差动连接时活塞推力 $F_3$ 和运动速度 $v_3$ 为

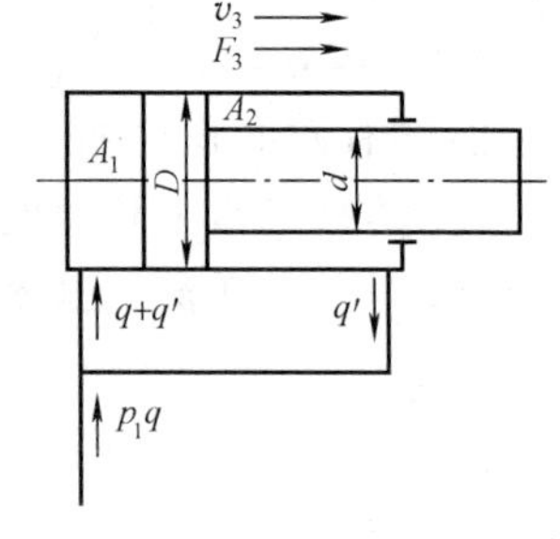


图 4-3 差动油缸

$$F_3=p_1(A_1-A_2)\eta_m=p_1\pi d^2\eta_m/4 \tag{4-7}$$

进入无杆腔的流量为

$$q_1=v_3\frac{\pi D^2}{4}\eta_V=q+v_3\frac{\pi(D^2-d^2)}{4}\eta_V$$

$$v_3 = 4q\eta_V/(\pi d^2) \tag{4-8}$$

由式（4－7）和式（4－8）可知，差动连接时液压缸的推力比非差动连接时小，速度比非差动连接时大，正好利用这一点，可使在不加大油源流量的情况下得到较快的运动速度。这种连接方式广泛应用于组合机床的液压动力系统和其他机械设备的快速运动中。如果要求机床往返快速相等时，则由式（4－6）和式（4－8）得

$$\frac{4q}{\pi(D^2-d^2)} = \frac{4q}{\pi d^2}$$

即

$$D = \sqrt{2}d \tag{4-9}$$

将单杆活塞缸实现差动连接，并按 $D=\sqrt{2}d$ 设计缸径和杆径的油缸称之为差动液压缸。

### 4.1.2　柱塞缸

图4－4（a）所示为柱塞缸，它只能实现一个方向的液压传动，反向运动要靠外力。若需要实现双向运动，则必须成对使用。如图4－4（b）所示，这种液压缸中的柱塞和缸筒不接触，运动时由缸盖上的导向套来导向，因此缸筒的内壁不需精加工，适用于行程较长的场合。

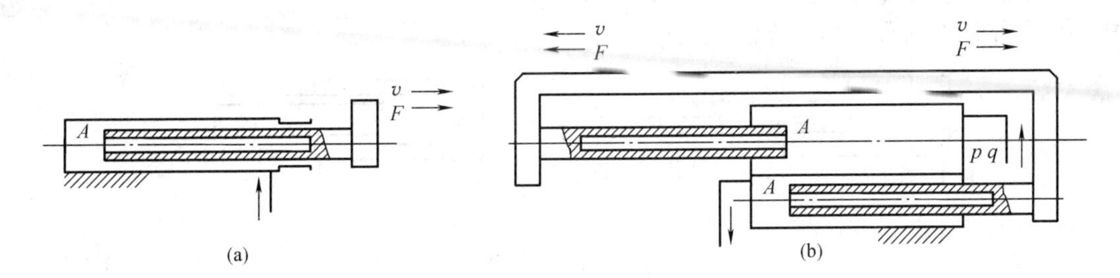


图4－4　柱塞缸

（a）柱塞缸；（b）双向运动柱塞缸

柱塞缸输出的推力和速度为

$$F = pA\eta_m = p\pi d^2\eta_m/4 \tag{4-10}$$

$$v_i = \frac{q\eta_V}{A} = \frac{4q\eta_V}{\pi d^2} \tag{4-11}$$

### 4.1.3　其他液压缸

（1）增压液压缸。增压液压缸又称增压器，它利用活塞和柱塞有效面积的不同使液压系统中的局部区域获得高压。增压液压缸有单作用和双作用两种形式，单作用增压缸的工作原理如图4－5（a）所示，当输入活塞缸的液体压力为 $p_1$、活塞直径为 $D$、柱塞直径为 $d$ 时，柱塞缸中输出的液体压力为高压，其值为

$$p_2 = p_1(D/d)^2 = Kp_1 \tag{4-12}$$

式中　$K$——增压比，代表液压缸的增压程度，$K=\frac{D^2}{d^2}$。

显然增压能力是在降低有效能量的基础上得到的，也就是说增压缸仅仅是增大输出的压力，并不能增大输出的能量。

单作用增压缸在柱塞运动到终点时，不能再输出高压液体，需要将活塞退回到左端位置，再向右移动时才又输出高压液体。为了克服这一缺点，可采用双作用增压缸，如图4－5（b）

所示，由两个高压端连续向系统供油。

（2）伸缩缸。伸缩缸由两个或多个活塞缸套装而成的，前一级活塞缸的活塞杆内孔是后一级活塞缸的缸筒，伸出时可获得很长的工作行程，缩回时可保持很小的结构尺寸。伸缩缸广泛用于起重运输车辆上。

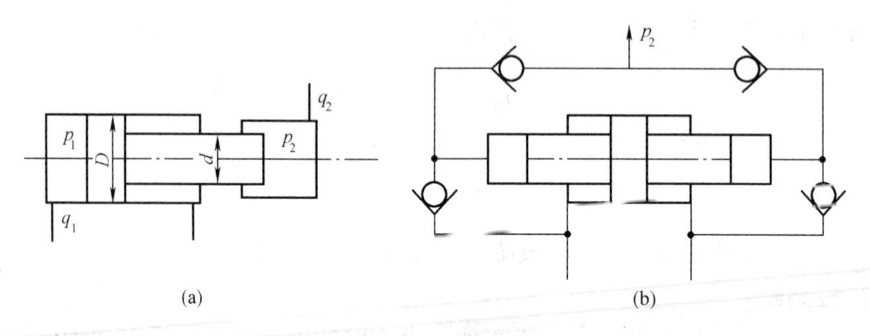


图 4-5 增压缸
（a）单作用；（b）双作用

伸缩缸可以是如图 4-6（a）所示的单作用式，也可以是如图 4-6（b）所示的双作用式，前者靠外力回程，后者靠液压回程。

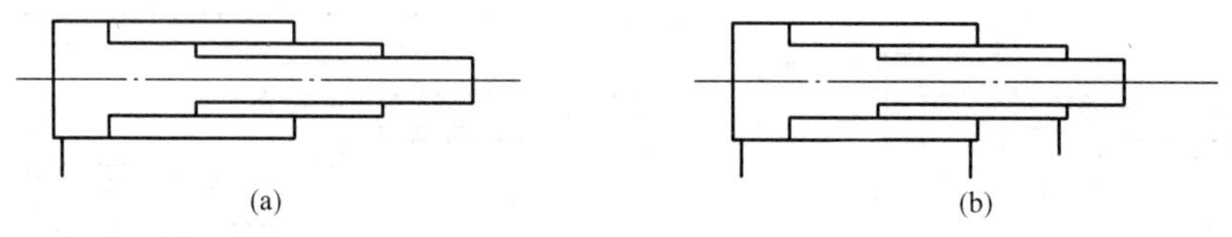


图 4-6 伸缩缸
（a）单作用式；（b）双作用式

伸缩缸的外伸动作是逐级进行的。首先是最大直径的缸筒以最低的油液压力开始外伸，当到达行程终点后，稍小直径的缸筒开始外伸，直径最小的末级最后伸出。随着工作级数变大，外伸缸筒直径越来越小，工作油液压力随之升高，工作速度变快。其值为

$$F_i=\frac{p_i\pi D_i^2\eta_m}{4} \tag{4-13}$$

$$V_i=\frac{4q\eta_V}{\pi D_i^2} \tag{4-14}$$

式中 $i$——$i$ 级活塞缸。

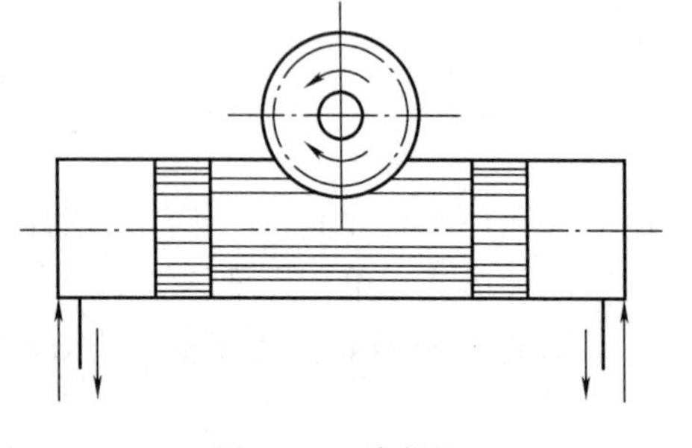

图 4-7 齿轮缸

（3）齿轮缸。齿轮缸由两个柱塞缸和一套齿条传动装置组成，如图 4-7 所示。柱塞的移动经齿轮齿条传动装置变成齿轮的传动，用于实现工作部件的往复摆动或间歇进给运动。

## 4.2 液压缸的典型结构和组成

### 4.2.1 液压缸的典型结构

图 4-8 所示为一个较常用的双作用单活塞杆液压缸，由缸底 20、缸筒 10、缸盖兼导向

套9、活塞11和活塞杆18组成。缸筒一端与缸底焊接，另一端缸盖（导向套）与缸筒用卡键6、套5和弹簧挡圈4固定，以便拆装检修，两端设有油口A和B。活塞11与活塞杆18利用卡键15、卡键帽16和弹簧挡圈17连在一起。活塞与缸孔的密封采用一对Y形聚氨酯密封圈12，由于活塞与缸孔有一定间隙，采用由尼龙1010制成的耐磨环（又称支承环）13定心导向。杆18和活塞11的内孔由密封圈14密封。较长的导向套9则可保证活塞杆不偏离中心，导向套外径由O形圈7密封，而其内孔则由Y形密封圈8和防尘圈3分别防止油外漏和灰尘带入缸内。缸与杆端销孔与外界连接，销孔内有尼龙衬套抗磨。

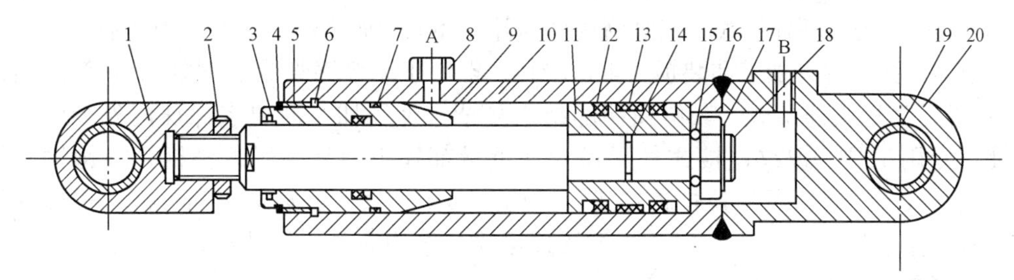


图4-8 双作用单活塞杆液压缸

1—耳环；2—螺母；3—防尘圈；4、17—弹簧挡圈；5—套；6、15—卡键；7、14—O形密封圈；8、12—Y形密封圈；9—缸盖兼导向套；10—缸筒；11—活塞；13—耐磨环；16—卡键帽；18—活塞杆；19—衬套；20—缸底

图4-9所示为一空心双活塞杆式液压缸的结构。由图4-9可见，液压缸的左右两腔是通过油口b和d经活塞杆1和15的中心孔与左右径向孔a和c相通的。由于活塞杆固定在床身上，缸体10固定在工作台上，工作台在径向孔c接通压力油，径向孔a接通回油时向右移动；反之则向左移动。在这里，缸盖18和24是通过螺钉（图中未画出）与压板11和20相连，并经钢丝环12相连，左缸盖24空套在托架3孔内，可以自由伸缩。空心活塞杆的一端用堵头2堵死，并通过锥销9和22与活塞8相连。缸筒相对于活塞运动由左右两个导向套6和19导向。活塞与缸筒之间、缸盖与活塞杆之间以及缸盖与缸筒之间分别用O形圈7、V形圈4和17、纸垫13和23进行密封，以防止油液的内、外泄漏。缸筒在接近行程的左右终端时，径向孔a和c的开口逐渐减小，对移动部件起制动缓冲作用。为了排除液压缸中剩留的空气，缸盖上设置有排气孔5和14，经导向套环槽的侧面孔道（图4-9中未画出）引出与排气阀相连。

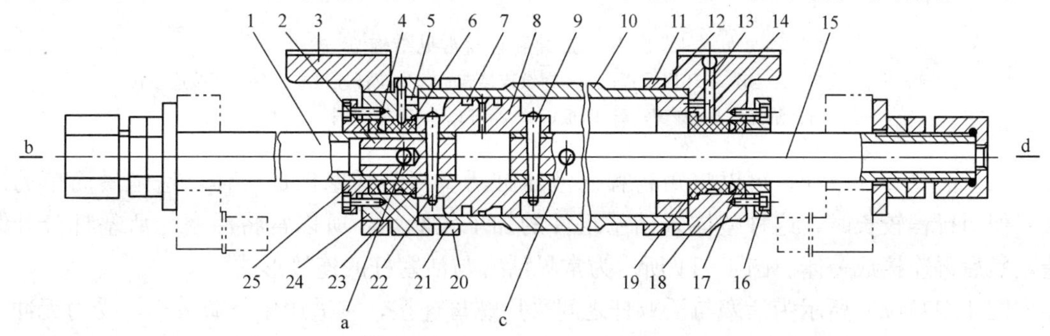


图4-9 空心双活塞杆式液压缸的结构

1—活塞杆；2—堵头；3—托架；4、17—V形密封圈；5、14—排气孔；6、19—导向套；7—O形密封圈；8—活塞；9、22—锥销；10—缸体；11、20—压板；12、21—钢丝环；13、23—纸垫；15—活塞杆；16、25—压盖；18、24—缸盖

### 4.2.2 液压缸的组成

从上面所述的液压缸典型结构中可以看到，液压缸的结构基本上可以分为缸筒和缸盖、活塞和活塞杆、密封装置、缓冲装置和排气装置五个部分，现分述如下。

（1）缸筒和缸盖。一般而言，缸筒和缸盖的结构形式和其使用的材料有关。工作压力 $p<10$MPa 时，使用铸铁；10MPa$\leqslant p<20$MPa 时，使用无缝钢管；$p>20$MPa 时，使用铸钢或锻钢。图 4-10 所示为缸筒和缸盖的常见结构形式。图 4-10（a）所示为法兰连接式，结构简单，容易加工，也容易装拆，但外形尺寸和重量都较大，常用于铸铁制的缸筒上。图 4-10（b）所示为半环连接式，其缸筒壁部因开了环形槽而削弱了强度，为此有时需要加厚缸壁。半环连接式容易加工和装拆，重量较轻，常用于无缝钢管或锻钢制的缸筒上。图 4-10（c）所示为螺纹连接式，其缸筒端部结构复杂，外径加工时要求保证内外径同心，装拆要使用专用工具。螺纹连接式外形尺寸和重量都较小，常用于无缝钢管或铸钢制的缸筒上。图4-10（d）所示为拉杆连接式，结构的通用性大，容易加工和装拆，但外形尺寸较大，且较重。图 4-10（e）所示为焊接连接式，结构简单，尺寸小，但缸底处内径不易加工，且可能引起变形。

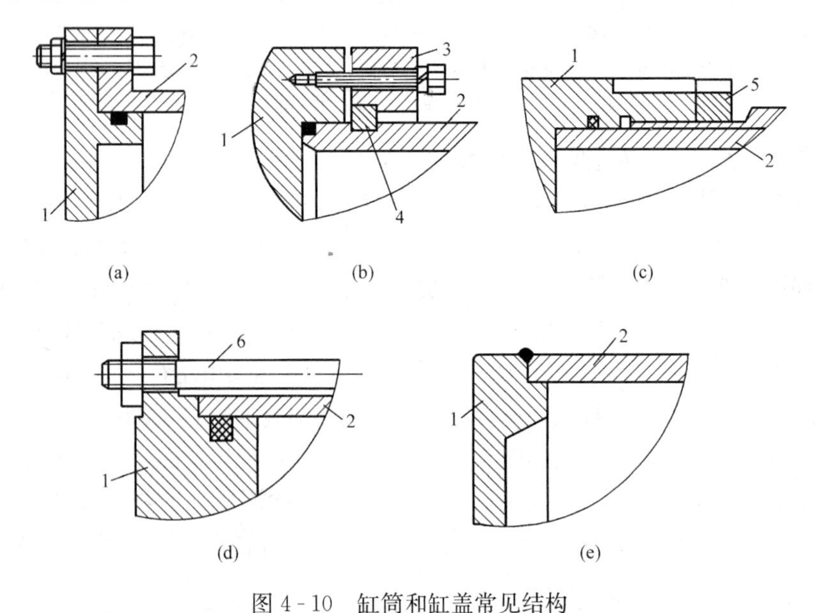


图 4-10 缸筒和缸盖常见结构

（a）法兰连接式；（b）半环连接式；（c）螺纹连接式；（d）拉杆连接式；（e）焊接连接式

1—缸盖；2—缸筒；3—压板；4—半环；5—防松螺帽；6—拉杆

（2）活塞和活塞杆。可以将短行程的液压缸活塞杆与活塞做成一体，这是最简单的形式。但当行程较长时，这种整体式活塞组件的加工较麻烦，所以常将活塞与活塞杆分开制造，然后再连接成一体。图 4-11 所示为常见活塞与活塞杆的连接形式。

图 4-11（a）所示为活塞与活塞杆之间采用螺母连接，它适用于负载较小，受力无冲击的液压缸。螺纹连接虽然结构简单，安装方便可靠，但在活塞杆上车螺纹将削弱其强度。图 4-11（b）和（c）所示为卡环式连接方式。图 4-11（b）中活塞杆上开有一个环形槽，槽内装有两个半圆环以夹紧活塞，半环由轴套套住，而轴套的轴向位置用弹簧卡圈来固定。图 4-11（c）中的活塞杆，使用了两个半圆环，它们分别由两个密封圈座套住，半圆形的活塞

安放在密封圈座的中间。图 4 - 11（d）所示为一种径向销式连接结构，用锥销将活塞固连在活塞杆上。这种连接方式特别适用于双出杆式活塞。

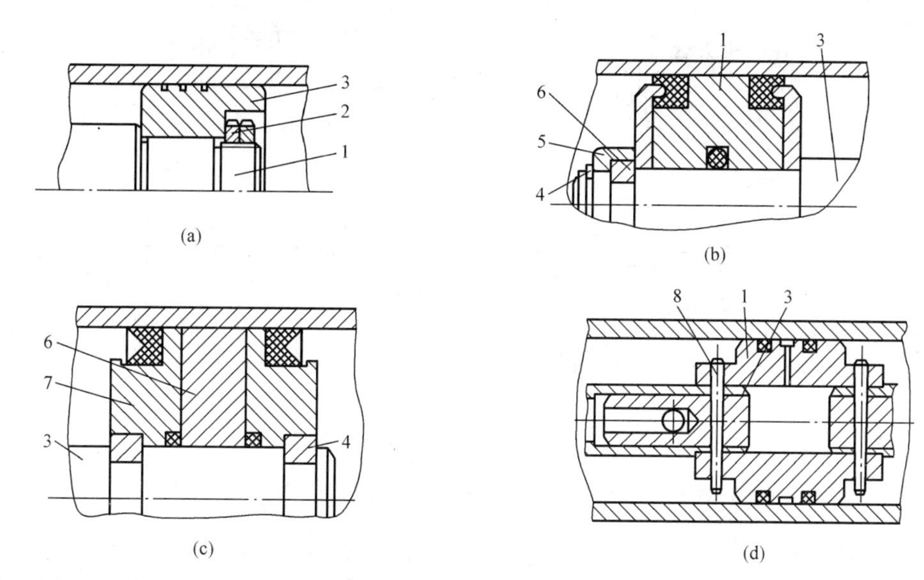


图 4 - 11 常见活塞与活塞杆的连接形式

（a）螺母连接；（b）、（c）卡环式连接；（d）径向销式连接

1—活塞；2—螺母；3—活塞杆；4—弹簧卡圈；5—轴套；6—半环；7—密封圈座；8—锥销

（3）密封装置。液压缸中常见的密封装置如图 4 - 12 所示。图 4 - 12（a）所示为间隙密封，它依靠运动时的微小间隙来防止泄漏。为了提高这种装置的密封能力，常在活塞的表面上制出几条细小的环形槽，以增大油液通过间隙时的阻力。间隙密封结构简单，摩擦阻力小，可耐高温，但泄漏大，加工要求高，磨损后无法恢复原有能力，只有在尺寸较小、压力较低、相对运动速度较高的缸筒和活塞间使用。图 4 - 12（b）所示为摩擦环密封，它依靠套在活塞上的摩擦环（尼龙或其他高分子材料制成）在 O 形密封圈弹力作用下贴紧缸壁而防止泄漏。这种材料效果较好，摩擦阻力较小且稳定，可耐高温，磨损后有自动补偿能力，但加工要求高，装拆较不便，适用于缸筒和活塞之间的密封。图 4 - 12（c）和（d）所示为密封圈（O 形圈、V 形圈等）密封，它利用橡胶或塑料的弹性使各种截面的环形圈贴紧在静、动配合面之间来防止泄漏。密封圈密封结构简单，制造方便，磨损后有自动补偿能力，性能可靠，在缸筒和活塞之间、缸盖和活塞杆之间、活塞和活塞杆之间、缸筒和缸盖之间都能使用。

对于活塞杆外伸部分而言，由于它很容易将脏物带入液压缸，使油液受污染，令密封件磨损，因此常需在活塞杆密封处增加防尘圈，并放在向着活塞杆外伸的一端。

（4）缓冲装置。液压缸一般都设置缓冲装置，特别是对大型、高速或要求高的液压缸，为了防止活塞在行程终点时和缸盖相互撞击，引起噪声、冲击，则必须设置缓冲装置。

缓冲装置的工作原理是利用活塞或缸筒在其走向行程终端时封住活塞和缸盖之间的部分油液，强迫它从小孔或细缝中挤出，以产生很大的阻力，使工作部件受到制动，逐渐减慢运动速度，达到避免活塞和缸盖相互撞击的目的。

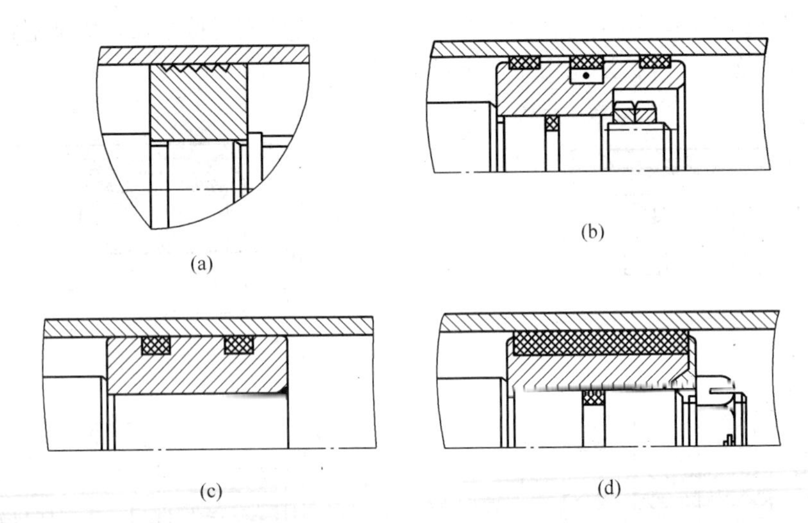

图 4-12 密封装置

(a) 间隙密封；(b) 摩擦环密封；(c) O形圈密封；(d) V形圈密封

如图 4-13 (a) 所示，当缓冲柱塞进入与其相配的缸盖上的内孔时，孔中的液压油只能通过间隙 $\delta$ 排出，使活塞速度降低。由于配合间隙不变，随着活塞运动速度的降低，起缓冲作用。当缓冲柱塞进入配合孔之后，油腔中的油只能经节流阀 1 排出，如图 4-13 (b) 所示。由于节流阀 1 是可调的，因此缓冲作用也可调节，但仍不能解决速度降低后缓冲作用减弱的问题。如图 4-13 (c) 所示，在缓冲柱塞上开有三角槽，随着柱塞逐渐进入配合孔中，其节流面积越来越小，解决了在行程最后阶段缓冲作用过弱的问题。

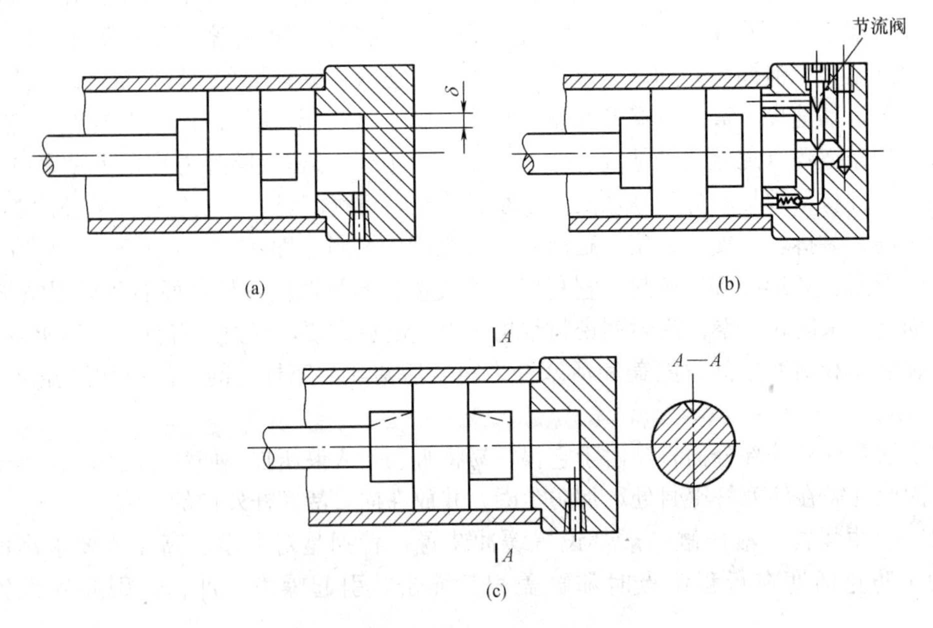


图 4-13 液压缸的缓冲装置

(a) 圆柱形环隙式；(b) 可调节流式；(c) 可变节流式

(5) 排气装置。液压缸在安装过程中或长时间停放重新工作时，液压缸和管道系统中会渗入空气，为了防止执行元件出现爬行、噪声、发热等不正常现象，需将缸和系统中的空气排出。一般可在液压缸的最高处设置进出油口将气带走，也可在最高处设置如图 4-14（a）所示的放气孔或专门的排气阀［见图 4-14（b）、（c）］。

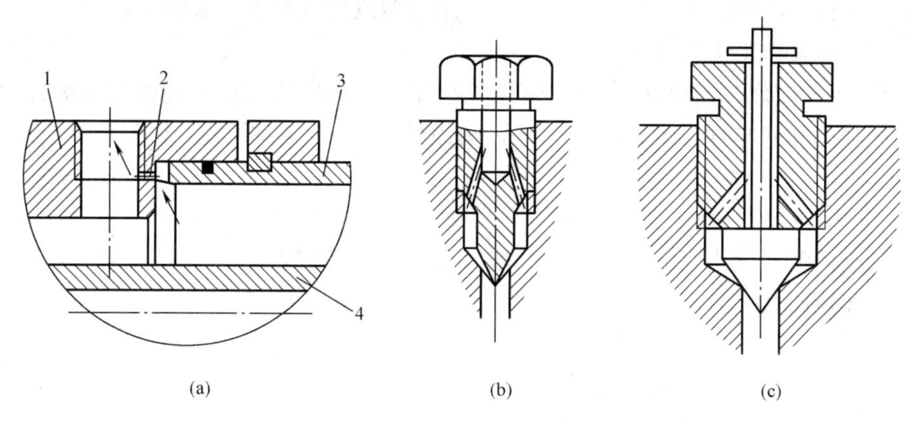


图 4-14　排气装置

1—缸盖；2—放气小孔；3—缸体；4—活塞杆

## 4.3　液压缸的设计和计算

液压缸是液压传动的执行元件，它和主机工作机构有直接的联系。对于不同的机种和机构，液压缸具有不同的用途和工作要求。因此，在设计液压缸之前，必须对整个液压系统进行工况分析，编制负载图，选定系统的工作压力，然后根据使用要求选择结构类型，按负载情况、运动要求、最大行程等确定其主要工作尺寸，进行强度、稳定性和缓冲验算，最后再进行结构设计。

### 4.3.1　液压缸的设计内容和步骤

（1）选择液压缸的类型和各部分结构形式。

（2）确定液压缸的工作参数和结构尺寸。

（3）结构强度、刚度的计算和校核。

（4）导向、密封、防尘、排气、缓冲等装置的设计。

（5）绘制装配图、零件图、编写设计说明书。

下面只着重介绍几项设计工作。

### 4.3.2　液压缸的结构尺寸计算

液压缸的结构尺寸主要有三个：缸筒内径 $D$、活塞杆外径 $d$ 和缸筒长度 $L$。

（1）缸筒内径 $D$。液压缸的缸筒内径 $D$ 是根据负载的大小来选定工作压力或往返运动速度比，求得液压缸的有效工作面积，从而得到缸筒内径 $D$，将 $D$ 圆整后再从《液压工程手册》中选取标准系列值作为所设计的缸筒内径。

根据负载和工作压力的大小确定 $D$。

1）以无杆腔作工作腔时

$$D=\sqrt{\frac{4F_{\max}}{\pi p_{\mathrm{I}}}} \tag{4-15}$$

2）以有杆腔作工作腔时

$$D=\sqrt{\frac{4F_{max}}{\pi p_I}+d^2} \tag{4-16}$$

式中　$p_I$——缸工作腔的工作压力，可根据机床类型或负载的大小来确定；

$F_{max}$——最大作用负载。

（2）活塞杆外径 $d$。活塞杆外径 $d$ 通常先根据满足速度或速度比的要求来选择，然后再校核其结构强度和稳定性。若速度比为 $\lambda_v$，则该处应有一个带根号的式子

$$d=D\sqrt{\frac{\lambda_v-1}{\lambda_v}} \tag{4-17}$$

也可根据活塞杆受力状况来确定，一般为受拉力作用时，$d=(0.3\sim0.5)D$。

受压力作用时

$$p_I<5\text{MPa}\text{ 时}，\quad d=(0.5\sim0.55)D$$
$$5\text{MPa}<p_I<7\text{MPa}\text{ 时}，\quad d=(0.6\sim0.7)D$$
$$p_I>7\text{MPa}\text{ 时}，\quad d=0.7D$$

（3）缸筒长度 $L$。缸筒长度 $L$ 由最大工作行程长度加上各种结构需要来确定，即

$$L=l+B+A+M+C$$

式中　$l$——活塞的最大工作行程；

$B$——活塞宽度，一般为 $(0.6\sim1)D$；

$A$——活塞杆导向长度，取 $(0.6\sim1.5)D$；

$M$——活塞杆密封长度，由密封方式确定；

$C$——其他长度。

一般缸筒的长度最好不超过内径的 20 倍。

（4）最小导向长度的确定。当活塞杆全部外伸时，从活塞支承面中点到导向套滑动面中点的距离称为最小导向长度 $H$，如图 4-15 所示。如果导向长度过小，将使液压缸的初始挠度（间隙引起的挠度）增大，影响液压缸的稳定性，因此设计时必须保证有一最小导向长度。

对于一般的液压缸，其最小导向长度应满足式（4-18）：

$$H\geqslant L/20+D/2 \tag{4-18}$$

式中　$L$——液压缸最大工作行程，m；

$D$——缸筒内径，m。

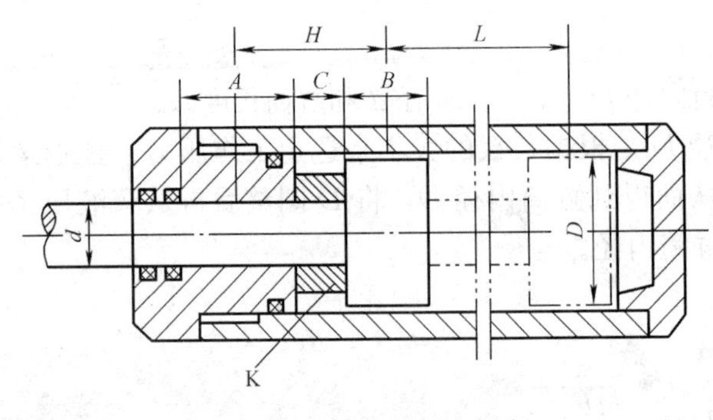

图 4-15　油缸的导向长度

一般导向套滑动面的长度 $A$，在 $D<80$mm 时，取 $A=(0.6\sim1.0)D$；在 $D>80$mm 时，取 $A=(0.6\sim1.0)d$；活塞的宽度则取 $B=(0.6\sim1.0)D$。为保证最小导向长度，过分增大 $A$ 和 $B$ 都是不适宜的，最好在导向套与活塞之间装一隔套 K，隔套宽度 $C$ 由所需的最小导向长度决定，即

$$C = H - \frac{A+B}{2} \tag{4-19}$$

采用隔套不仅能保证最小导向长度，还可以改善导向套及活塞的通用性。

### 4.3.3 气缸的耗气量计算

气缸的耗气量通常用自由空气耗气量表示以便于选择空气压缩机，它与缸径、活塞杆径、气缸的运动速度和工作压力有关。对于一个单杆双作用气缸，全程往复一次的自由空气消耗量包括以下几项：

（1）活塞杆外伸行程的耗气量

$$q_1 = \frac{\pi D^2}{4}\frac{L}{t_1}\frac{p+p_a}{p_a} \tag{4-20}$$

式中 $D$——气缸内径；

$L$——气缸行程；

$t_1$——杆外伸行程的时间；

$p$——气缸工作压力；

$p_a$——大气压力。

（2）活塞杆内缩回程的耗气量

$$q_2 = \frac{\pi(D^2-d^2)}{4}\frac{L}{t_2}\frac{p+p_a}{p_a} \tag{4-21}$$

式中 $d$——活塞杆直径；

$t_2$——杆内缩行程时间。

考虑到换向阀至气缸之间的管路容积在气缸每次动作时要消耗空气，而且管路系统有泄漏损失，故实际耗气量 $q_H$ 比上述两项之和要大，即

$$q_H = k(q_1+q_2) \tag{4-22}$$

一般取系数 $k=1.3$。

### 4.3.4 液压缸的强度计算与校核

对液压缸的缸筒壁厚 $\delta$、活塞杆直径 $d$ 和缸盖固定螺栓的直径，在高压系统中必须进行强度校核。

（1）缸筒壁厚校核。缸筒壁厚校核时分薄壁和厚壁两种情况，当 $D/\delta \geqslant 10$ 时为薄壁，壁厚按式（4-23）进行校核

$$\delta \geqslant \frac{p_t D}{2[\sigma]} \tag{4-23}$$

式中 $D$——缸筒内径；

$p_t$——缸筒试验压力，当缸的额定压力 $p_n \leqslant 16$MPa 时，取 $p_t=1.5p_n$，$p_n$ 为缸生产时的试验压力，当 $p_n>16$MPa 时，取 $p_v=1.25p_n$；

$[\sigma]$——缸筒材料的许用应力，$[\sigma]=\sigma_b/n$，$\sigma_b$ 为材料的抗拉强度，$n$ 为安全系数，一般取 $n=5$。

当 $D/\sigma<10$ 时为厚壁，壁厚按式（4-24）进行校核

$$\delta \geqslant \frac{D}{2}\left(\sqrt{\frac{[\sigma]+0.4p_t}{[\sigma]-1.3p_t}}-1\right) \tag{4-24}$$

在使用式（4-20）和式（4-21）进行校核时，若液压缸缸筒与缸盖采用半环连接，$\delta$

应取缸筒壁厚最小处的值。

（2）活塞杆直径校核。活塞杆的直径 $d$ 按式（4-25）进行校核

$$d \geqslant \sqrt{\frac{4F}{\pi[\sigma]}} \tag{4-25}$$

式中 $F$——活塞杆上的作用力；

$[\sigma]$——活塞杆材料的许用应力，$[\sigma]=\sigma_b/1.4$。

（3）液压缸盖固定螺栓直径校核。液压缸盖固定螺栓直径按式（4-26）计算

$$d \geqslant \sqrt{\frac{5.2kF}{\pi Z[\sigma]}} \tag{4-26}$$

式中 $F$——液压缸负载；

$Z$——固定螺栓个数；

$k$——螺纹拧紧系数，$k=1.12\sim1.5$；

$[\sigma]$——螺栓材料的许用应用，$[\sigma]=\sigma_s/(1.2\sim2.5)$，$\sigma_s$ 为材料的屈服极限。

**4.3.5 液压缸稳定性校核**

活塞杆受轴向压缩负载时，其直径 $d$ 一般不小于长度 $L$ 的 1/15。当 $L/d\geqslant15$ 时，需进行稳定性校核，应使活塞杆承受的力 $F$ 不超过使它保持稳定工作所允许的临界负载 $F_k$，以免发生纵向弯曲，破坏液压缸的正常工作。$F_k$ 的值与活塞杆材料性质、截面形状、直径、长度、缸的安装方式等因素有关，验算可按材料力学有关公式进行。

**4.3.6 液压缸的缓冲计算**

液压缸的缓冲计算主要是估计缓冲时缸中出现的最大冲击压力，以便用来校核缸筒强度和制动距离是否符合要求。缓冲计算中若发现工作腔中的液压能和工作部件的动能不能全部被缓冲腔所吸收时，制动中就可能产生活塞和缸盖相碰的现象。

液压缸在缓冲时，缓冲腔内产生的液压能 $E_1$ 和工作部件产生的机械能 $E_2$ 分别为

$$E_1 = p_c A_c l_c \tag{4-27}$$

$$E_2 = p_p A_p l_c + \frac{1}{2}mv^2 - F_f l_c \tag{4-28}$$

式中 $p_c$——缓冲腔中的平均缓冲压力；

$p_p$——高压腔中的油液压力；

$A_c$、$A_p$——缓冲腔、高压腔的有效工作面积；

$l_c$——缓冲行程长度；

$m$——工作部件质量；

$v$——工作部件运动速度；

$F_f$——摩擦力。

式（4-28）中等号右边第一项为高压腔中的液压能，第二项为工作部件的动能，第三项为摩擦能。当 $E_1=E_2$ 时，工作部件的机械能全部被缓冲腔液体所吸收，由式（4-27）和式（4-28）得

$$p_c = E_2/A_c l_c \tag{4-29}$$

若缓冲装置为节流口可调式缓冲装置，在缓冲过程中的缓冲压力逐渐降低，假定缓冲压力呈线性降低，则最大缓冲压力即冲击压力为

$$p_{cmax} = p_c + mv_0^2/2A_c l_c \tag{4-30}$$

若缓冲装置为节流口变化式缓冲装置，则由于缓冲压力 $p_c$ 始终不变，最大缓冲压力的值见式（4-30）。

## 4.4　液压缸设计中应注意的问题

液压缸的设计和使用正确与否，直接影响到它的性能。在这方面，经常碰到的是液压缸安装不当、活塞杆承受偏载、液压缸或活塞下垂、活塞杆的压杆失稳等问题。所以，在设计液压缸时，必须注意以下几点：

（1）尽量使液压缸的活塞杆在受拉状态下承受最大负载，或在受压状态下具有良好的稳定性。

（2）考虑液压缸行程终止处的制动问题和液压缸的排气问题。缸内若无缓冲装置和排气装置，系统中需有相应的措施，但是并非所有的液压缸都要考虑这些问题。

（3）正确确定液压缸的安装、固定方式。例如，承受弯曲的活塞杆不能用螺纹连接，要用止口连接；液压缸不能在两端用键或销定位，只能在一端定位，目的是不致阻碍它在受热时膨胀，如冲击载荷使活塞杆压缩；定位件需设置在活塞杆端，若为拉伸则设置在缸盖端。

（4）液压缸各部分结构需根据推荐的结构形式和设计标准进行设计，尽可能做到结构简单、紧凑、加工、装配和维修方便。

（5）在保证能满足运动行程和负载力的条件下，应尽可能缩小液压缸的轮廓尺寸。

（6）要保证密封可靠，防尘良好。液压缸的可靠密封是其正常工作的重要因素。若泄漏严重，不仅会降低液压缸的工作效率，甚至会使其不能正常工作（如满足不了负载力、运动速度要求等）。良好的防尘措施，有助于提高液压缸的工作寿命。

总之，液压缸的设计内容不是一成不变的，根据具体的情况有些设计内容可不做或少做，也可增加一些新的内容。设计步骤可能要经过多次反复修改，才能得到正确、合理的设计结果。在设计液压缸时，正确选择液压缸的类型是所有设计计算的前提。在选择液压缸的类型时，要从机器设备的动作特点、行程长短、运动性能等要求出发，同时还要考虑到主机的结构特征给液压缸提供的安装空间和具体位置。

例如，机器的往复直线运动直接采用液压缸来实现是最简单最方便的。对于要求往返运动速度一致的场合，可采用双活塞杆式液压缸；若有快速返回的要求，则适宜采用单活塞杆式液压缸，并可考虑用差动连接。行程较长时，可采用柱塞缸，以降低加工难度；行程较长但负载不大时，也可考虑采用一些传动装置来扩大行程。往复摆动运动既可用摆动式液压缸，也可用直线式液压缸加连杆机构或齿轮齿条机构来实现。

## 小　结

液压缸是用于实现直线运动和摆动的元件，是液压系统运用最多的执行元件。液压缸的结构形式有活塞式液压缸、柱塞式液压缸、摆动液压缸及组合液压缸。液压缸的输出力和速度的计算是合理选用液压缸的基础，必须给予重视。对具有代表性的活塞式液压缸，在结构上主要包括缸筒的结构、柱塞的结构、缓冲装置、排气装置及各部分的密封结构。最后，对如何设计液压缸的基本步骤做了简要的阐述。

## 思考题和习题

4-1 从能量观点来看，液压泵和液压马达有什么区别和联系？从结构上来看，液压泵和液压马达又有什么区别和联系？

4-2 为什么气缸的主要件（如缸筒、缸盖等）用铝或铝合金制造，而液压缸的主要件则用钢铁制造？

4-3 在供油流量 $q$ 不变的情况下，要使单杆活塞式液压缸的活塞杆伸出速度和回程速度相等，油路应该怎样连接，而且活塞杆的直径 $d$ 与活塞直径 $D$ 之间有何关系？

4-4 叶片式和齿条式摆动缸都是获得往复回转运动的液压缸，试比较它们的特点。

4-5 现有一个单活塞杆双作用活塞式气缸和一个双活塞杆双作用活塞式油缸，两者应如何连接，以及需要用哪些液压元件组成回路，使它们组成一个正、反向运动都能独立调节的气-液阻尼缸？绘图并说明所用元件的名称及作用。

4-6 已知单杆液压缸缸筒直径 $D$=100mm，活塞杆直径 $d$=50mm，工作压力 $p_1$=2MPa，流量 $q$=10L/min，回油背压力 $p_2$=0.5MPa，试求活塞往复运动时的推力和运动速度。

4-7 已知单杆液压缸缸筒直径 $D$=50mm，活塞杆直径 $d$=35mm，泵供油流量 $q$=10L/min。试求：(1) 液压缸差动连接时的运动速度；(2) 若缸在差动阶段所能克服的外负载 $F$=1000N，缸内油液压力有多大（不计管内压力损失）？

4-8 一柱塞缸柱塞固定，缸筒运动，压力油从空心柱塞中通入，压力为 $p$，流量为 $q$，缸筒直径为 $D$，柱塞外径为 $d$，内孔直径为 $d_0$，试求柱塞缸所产生的推力和运动速度。

4-9 在如图 4-16 所示的液压系统中，液压泵的铭牌参数为 $q$=18L/min，$p$=6.3MPa，设活塞直径 $D$=90mm，活塞杆直径 $d$=60mm，在不计压力损失且 $F$=28 000N 时，试求在各图示情况下压力表的指示压力。

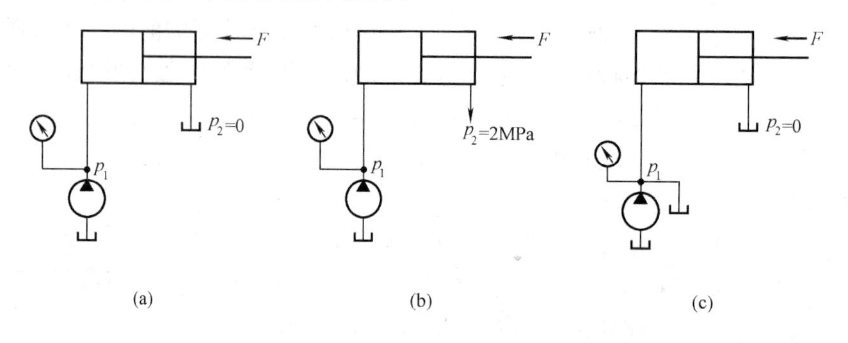


图 4-16 题 4-9 图

4-10 如图 4-17 所示的串联油缸，$A_1$ 和 $A_2$ 为有效工作面积，$F_1$ 和 $F_2$ 是两活塞杆的外负载，在不计损失的情况下，试求 $p_1$、$p_2$ 和 $v_1$、$v_2$。

4-11 如图 4-18 所示的并联油缸中，$A_1=A_2$、$F_1>F_2$，当油缸 2 的活塞运动时，试求 $v_1$、$v_2$ 和液压泵的出口压力 $p$。

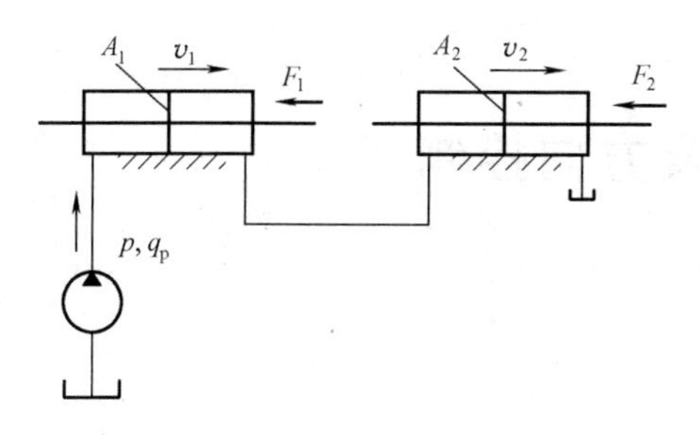


图4-17 题4-10图

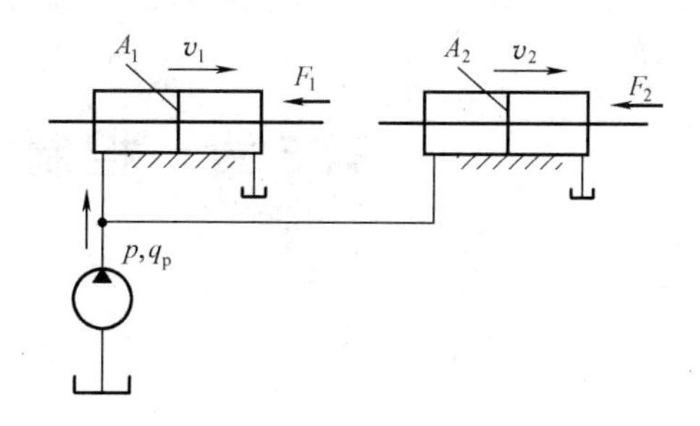


图4-18 题4-11图

4-12 设计一单杆活塞液压缸，要求快进时为差动连接，快进和快退（有杆腔进油）时的速度均为6m/min。工进时（无杆腔进油，非差动连接）可驱动的负载$F$=25 000N，回油背压力为0.25MPa，采用额定压力为6.3MPa、额定流量为25L/min的液压泵。试确定：(1) 缸筒内径和活塞杆直径；(2) 缸筒壁厚。(缸筒材料选用无缝钢管)

4-13 一个双叶片式摆动液压缸的内径$D$=200mm，叶片宽度$B$=100mm，叶片轴的直径$d$=40mm，系统供油压力$p$=16MPa，流量$q$=63L/min，工作时的排油背压不计，求该缸的输出转矩$T$和回转角速度$\omega$。

4-14 一个气缸的内径$D$=50mm，活塞杆直径$d$=32mm，工作行程$s$=500mm，工作行程外伸需时$t_1$=2s，回程需时$t_2$=0.55s，气源压力$p$=0.7MPa，大气压力$p_a$=0.103 3 MPa，求该缸的耗气量（管路容积耗气量忽略不计）。

4-15 一个单作用薄膜式气缸，其缸径$D$=60mm，膜盘直径$d$=40mm。不考虑复位弹簧的作用力，当向该缸通入压力$p$=0.7MPa的压缩空气时，试求其活塞杆的输出力。

# 第5章　控制元件及方向控制阀

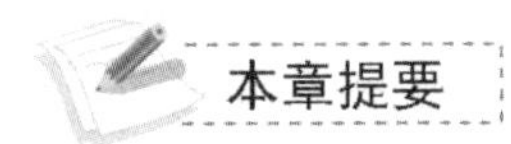


液压控制阀按其作用可分为方向控制阀、压力控制阀和流量控制阀三大类。方向控制阀是用来改变液压系统中各油路之间液流通断关系的阀类，如单向阀、换向阀、压力表开关等。本章主要介绍方向控制阀，重点掌握单向阀、换向阀、换向回路、锁紧回路等方向控制回路。

## 5.1 概　　述

### 5.1.1　液压阀的作用

液压阀是用来控制液压系统中油液的流动方向或调节其压力和流量的，可分为方向阀、压力阀和流量阀三大类。一个形状相同的阀，可以因为作用机制的不同而具有不同的功能。压力阀和流量阀利用通流截面的节流作用控制着系统的压力和流量，而方向阀则利用通流通道的更换控制着油液的流动方向。这就是说，尽管液压阀存在着各种各样不同的类型，它们之间还是保持着一些基本共同点的。例如，在结构上，所有的阀都由阀体、阀芯（转阀或滑阀）和驱使阀芯动作的元、部件（如弹簧、电磁铁）组成；在工作原理上，所有阀的开口大小，阀进、出口间压差以及流过阀的流量之间的关系都符合孔口流量公式，只是各种阀控制的参数各不相同而已。

### 5.1.2　液压阀的分类

液压阀可按不同的特征进行分类，见表5-1。

表5-1　　液压阀的分类

| 分类方法 | 种　类 | 详　细　分　类 |
|---|---|---|
| 按机能分类 | 压力控制阀 | 溢流阀、顺序阀、卸荷阀、平衡阀、减压阀、比例压力控制阀、缓冲阀、仪表截止阀、限压切断阀、压力继电器 |
| | 流量控制阀 | 节流阀、单向节流阀、调速阀、分流阀、集流阀、比例流量控制阀 |
| | 方向控制阀 | 单向阀、液控单向阀、换向阀、行程减速阀、充液阀、梭阀、比例方向阀 |
| 按结构分类 | 滑阀 | 圆柱滑阀、旋转阀、平板滑阀 |
| | 座阀 | 锥阀、球阀、喷嘴挡板阀 |
| | 射流管阀 | 射流阀 |
| 按操作方法分类 | 手动阀 | 手把及手轮、踏板、杠杆 |
| | 机动阀 | 挡块及碰块、弹簧、液压阀、气动阀 |
| | 电动阀 | 电磁铁控制、伺服电动机和步进电动机控制 |

续表

| 分类方法 | 种　类 | 详　细　分　类 |
|---|---|---|
| 按连接方式分类 | 管式连接 | 螺纹式连接、法兰式连接 |
| | 板式及叠加式连接 | 单层连接板式、双层连接板式、整体连接板式、叠加阀 |
| | 插装式连接 | 螺纹式插装（二、三、四通插装阀），法兰式插装（二通插装阀） |
| 按其他方式分类 | 开关或定值控制阀 | 压力控制阀、流量控制阀、方向控制阀 |
| 按控制方式分类 | 电液比例阀 | 电液比例压力阀、电源比例流量阀、电液比例换向阀、电流比例复合阀、电流比例多路阀、三级电液流量伺服阀 |
| | 伺服阀 | 单级、两级（喷嘴挡板式、动圈式）电液流量伺服阀，三级电液流量伺服阀 |
| | 数字控制阀 | 数字控制压力控制流量阀与方向阀 |

### 5.1.3　对液压阀的基本要求

（1）动作灵敏，使用可靠，工作时冲击和振动小。

（2）油液流过的压力损失小。

（3）密封性能好。

（4）结构紧凑，安装、调整、使用、维护方便，通用性大。

## 5.2　方 向 控 制 阀

### 5.2.1　单向阀

液压系统中常见的单向阀有普通单向阀和液控单向阀两种。

1. 普通单向阀

普通单向阀的作用是使油液只能沿一个方向流动，不允许它反向倒流。图 5 - 1（a）所示为一种管式普通单向阀的结构。压力油从阀体左端的通口 $P_1$ 流入时，克服弹簧 3 作用在阀芯 2 上的力，使阀芯向右移动，打开阀口，并通过阀芯 2 上的径向孔 a、轴向孔 b 从阀体右端的通口流出。但是压力油从阀体右端的通口 $P_2$ 流入时，它和弹簧力一起使阀芯锥面压紧在阀座上，使阀口关闭，油液无法通过。图 5 - 1（b）所示为单向阀的职能符号图。

2. 液控单向阀

图 5 - 2（a）所示为液控单向阀的结构。当控制口 K 处无压力油通入时，它的工作机制和普通单向阀一样；压力油只能从通口 $P_1$ 流向通口 $P_2$，不能反向倒流。当控制口 K 有控制压力油时，因控制活塞 1 右侧 a 腔通泄油口，活塞 1 右移，推动顶杆 2 顶开阀芯 3，使通口 $P_1$ 和 $P_2$ 接通，油液就可在两个方向自由通流。图 5 - 2

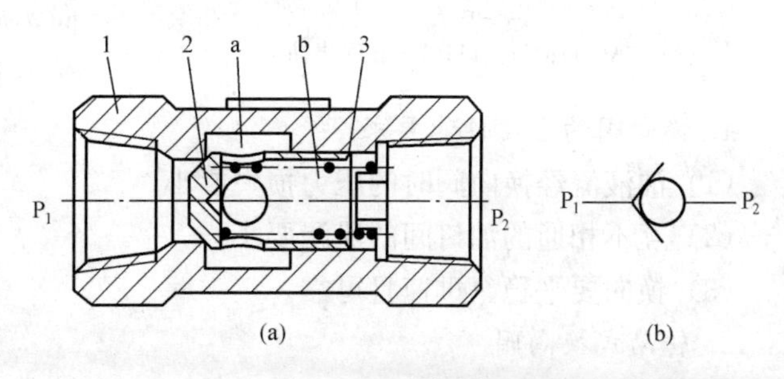


图 5 - 1　单向阀

（a）结构图；（b）职能符号

1—阀体；2—阀芯；3—弹簧

（b）所示为液控单向阀的职能符号。

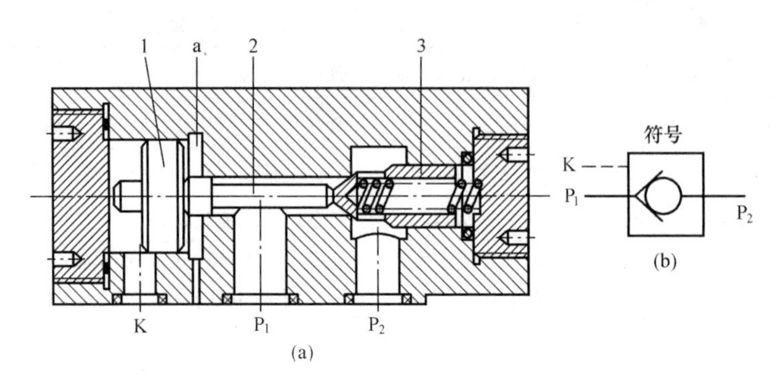


图 5-2　液控单向阀

（a）结构图；（b）职能符号

1—活塞；2—顶杆；3—阀芯

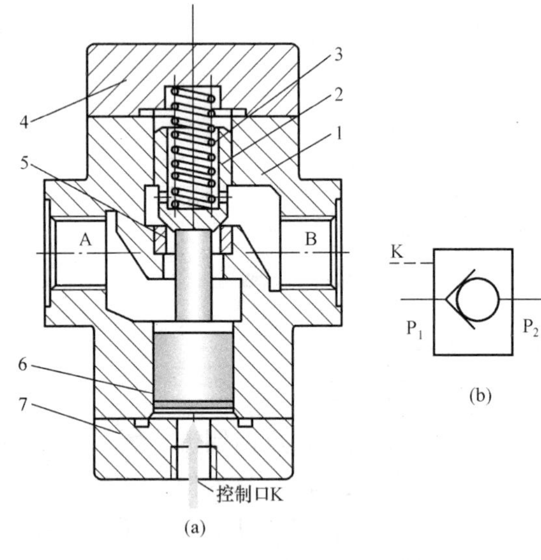


图 5-3　简式内泄型液控单向阀

（a）结构图；（b）职能符号

1—阀体；2—阀芯；3—弹簧；4—阀盖；5—阀座；

6—控制活塞；7—下盖

A—正向进油口；B—正向出油口

（1）简式内泄型液控单向阀。此类阀不带卸荷阀芯，无专门的泄油口，如图 5-3 所示。

（2）简式外泄型液控单向阀。此类阀不带卸荷阀芯，有专门的泄油口，外泄油口通油箱，故可用于较高压力系统，如图 5-4 所示。

（3）带卸荷阀的液控单向阀。若在控制口 K 加控制压力，先顶开卸荷阀芯 3，B 腔压力降低，活塞 5 继续上升并顶开主阀芯 2，大量液流自 B 腔流向 A 腔，完成反向导通。此阀适用于反向压力很高的场合，如图 5-5 所示。

### 5.2.2　换向阀

换向阀利用阀芯相对于阀体的相对运动，使油路接通、关断，或变换油流的方向，从而使液压执行元件启动、停止或变换运动方向。

1. 换向阀的主要性能要求

（1）油液流经换向阀时的压力损失要小。

（2）互不相通的油口间的泄漏要小。

（3）换向要平稳、迅速且可靠。

2. 转动式换向阀

图 5-6（a）所示为转动式换向阀（简称转阀）的工作原理。

该阀由阀体 1、阀芯 2 和使阀芯转动的操作手柄 3 组成，在图 5-6 所示位置，通口 P 和 A 相通、B 和 T 相通；当操作手柄转换到“止”位置时，通口 P、A、B 和 T 均不相通，当

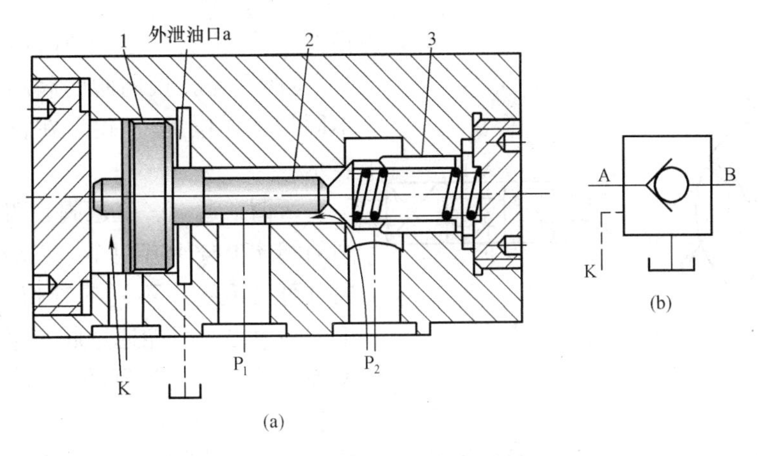


图 5-4　筒式外泄型液控单向阀

（a）结构图；（b）职能符号

1—控制活塞；2—顶杆；3—阀芯

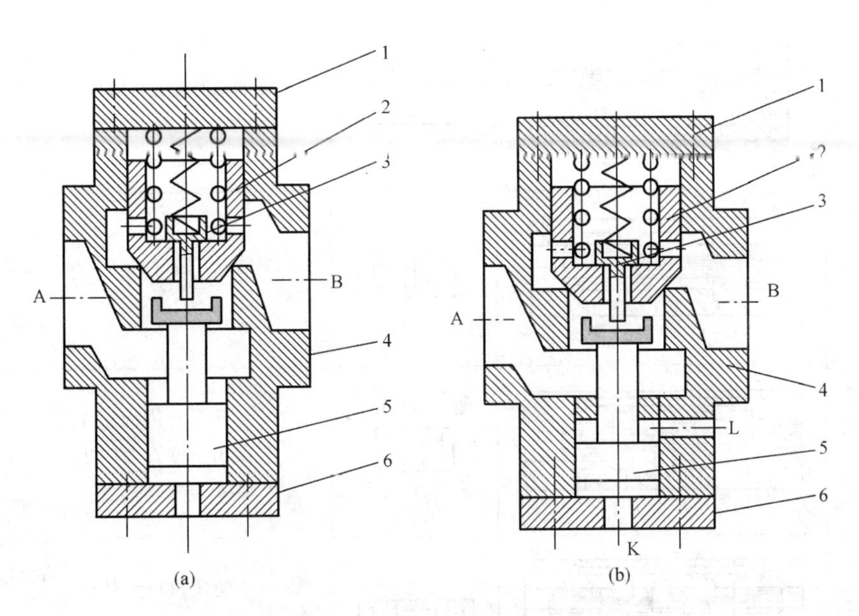


图 5-5　带卸荷阀的液控单向阀

（a）内泄式；（b）外泄式

1—阀盖；2—主阀芯；3—卸荷阀芯；4—上阀体；5—控制活塞；6—下盖

A—正向进油口；B—正向出油口；K—控制口

操作手柄转换到另一位置时，则通口 P 和 B 相通，A 和 T 相通。图 5-6（b）所示为它的职能符号。

3. 滑阀式换向阀

换向阀在按阀芯形状分类时，有滑阀式和转阀式两种，滑阀式换向阀在液压系统中远比转阀式用得广泛。

（1）结构主体。阀体和滑动阀芯是滑阀式换向阀的结构主体。换向阀的“通”和“位”是换向阀的重要概念。不同的“通”和“位”构成了不同类型的换向阀。“位”（Position）

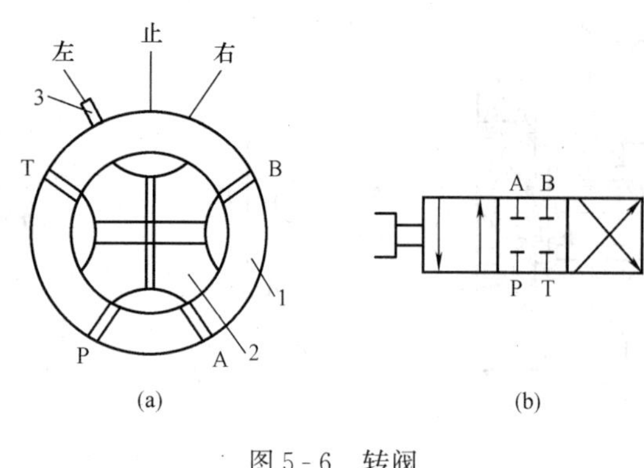


图 5-6 转阀

(a) 工作原理；(b) 职能符号

1—阀体；2—阀芯；3—操作手柄

指阀芯的位置，通常所说的“二位阀”、“三位阀”是指换向阀的阀芯有两个或三个不同的工作位置，“位”在符号图中用方框表示。

所谓二通阀、三通阀、四通阀是指换向阀的阀体上分别有两个、三个、四个各不相通且可与系统中不同油管相连的油道接口，不同油道之间只能通过阀芯移位时阀口的开关来沟通。其最常见的结构形式见表 5-2。由表 5-2 可见，阀体上开有多个通口，阀芯移动后可以停留在不同的工作位置上。

**表 5-2 滑阀式换向阀主体结构形式**

| 名称 | 结构原理图 | 职能符号 | 使用场合 | | |
| --- | --- | --- | --- | --- | --- |
| 二位二通阀 | 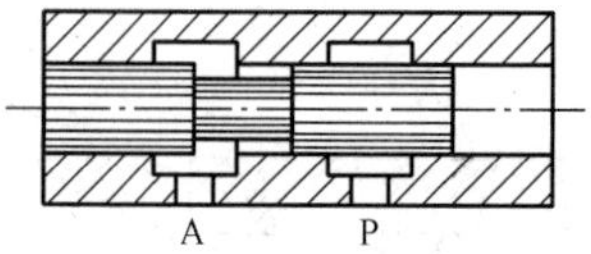 | 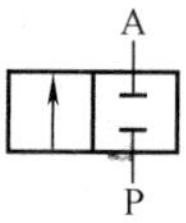 | 控制油路的接通与切断（相当于一个开关） | | |
| 二位三通阀 | 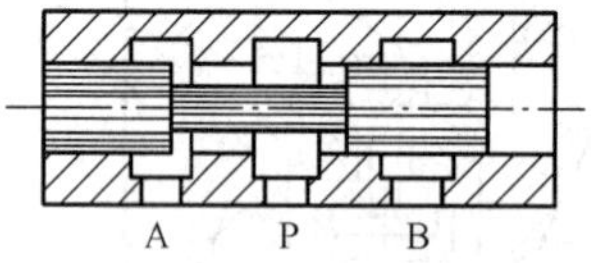 | 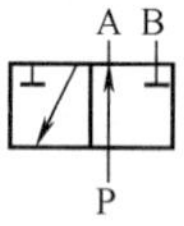 | 控制液流方向（从一个方向变换成另一个方向） | | |
| 二位四通阀 | 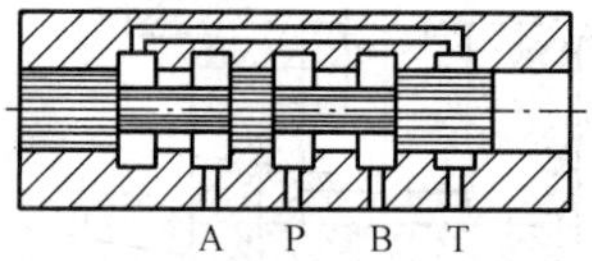 | 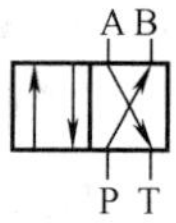 | 控制执行元件换向 | 不能使执行元件在任一位置上停止运动 | 执行元件正反向运动时回油方式相同 |
| 三位四通阀 | | | | 能使执行元件在任一位置上停止运动 | |
| 二位五通阀 | | | | 不能使执行元件在任一位置上停止运动 | 执行元件正反向运动时可以得到不同的回油方式 |
| 三位五通阀 | | | | 能使执行元件在任一位置上停止运动 | |

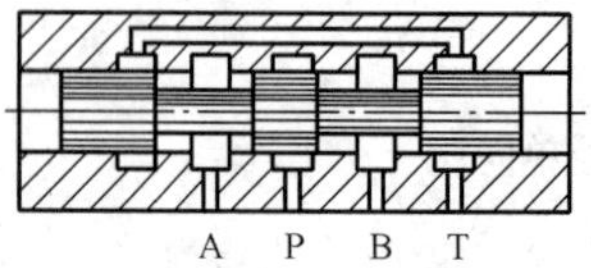

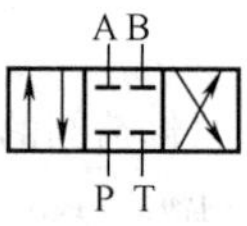

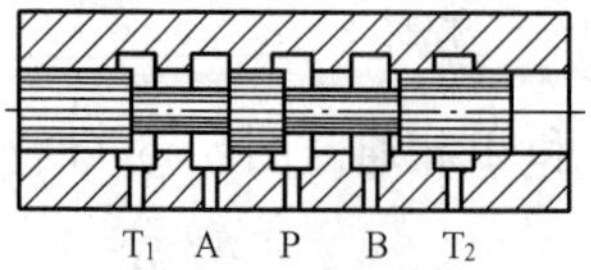

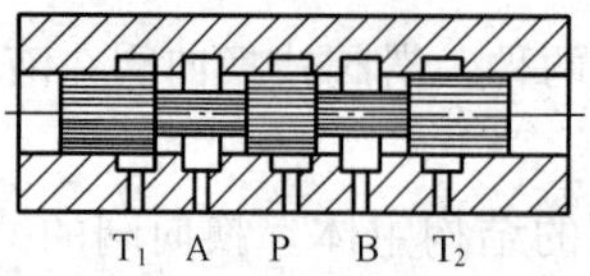

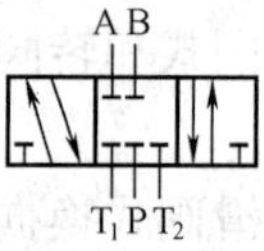

例如三位五通阀，当阀芯处在图示中间位置时，五个通口都关闭；当阀芯移向左端时，通口 $T_2$ 关闭，通口 P 和 B 相通，通口 A 和 $T_1$ 相通；当阀芯移向右端时，通口 $T_1$ 关闭，通口 P 和 A 相通，通口 B 和 $T_2$ 相通。这种结构形式由于具有使五个通口都关闭的工作状态，故可使受它控制的执行元件在任意位置上停止运动。

表 5-2 中图形符号的含义如下：

1）用方框表示阀的工作位置，有几个方框就表示有几“位”。

2）方框内的箭头表示油路处于接通状态，但箭头方向不一定表示液流的实际方向。

3）方框内符号┷或┯表示该通路不通。

4）方框外部连接的接口数有几个，就表示几“通”。

5）一般，阀与系统供油路连接的进油口用字母 P 表示；阀与系统回油路连通的回油口用 T（有时用 O）表示；而阀与执行元件连接的油口用 A、B 等表示。有时在图形符号上用 L 表示泄漏油口。

6）换向阀都有两个或两个以上的工作位置，其中一个为常态位，即阀芯未受到操纵力时所处的位置，图形符号中的中位是三位阀的常态位。利用弹簧复位的二位阀则以靠近弹簧的方框内的通路状态为其常态位。绘制系统图时，油路一般应连接在换向阀的常态位上。

（2）滑阀的操纵方式。常见的滑阀操纵方式如图 5-7 所示。

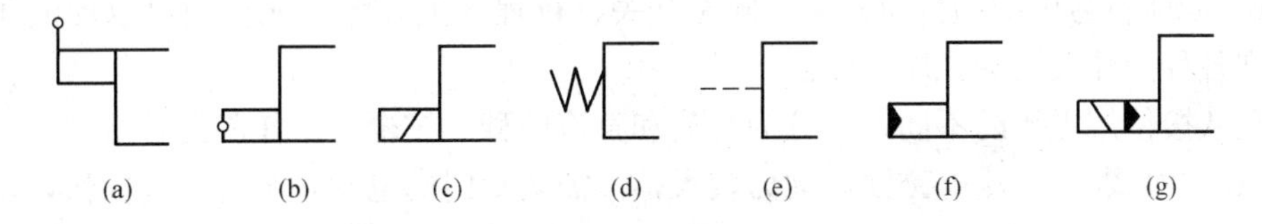


图 5-7　滑阀操纵方式

（a）手动式；（b）机动式；（c）电磁动；（d）弹簧控制；
（e）液动；（f）液压先导控制；（g）电液控制

（3）换向阀的结构。在液压传动系统中广泛采用的是滑阀式换向阀，在这里主要介绍滑阀式换向阀的几种典型结构。

1）手动换向阀。图 5-8（b）所示为自动复位式手动换向阀，放开手柄 1、阀芯 2，在弹簧 3 的作用下自动回复中位，该阀适用于动作频繁、工作持续时间短的场合，操作比较完全，常用于工程机械的液压传动系统中。

如果将该阀阀芯右端弹簧 3 的部位改为可自动定位的结构形式，即成为可在三个位置定位的手动换向阀。图 5-8（a）所示为职能符号。

2）机动换向阀。机动换向阀又称行程阀，主要用来控制机械运动部件的行程，它是借助于安装在工作台上的挡铁或凸轮来迫使阀芯移动，从而控制油液的流动方向，机动换向阀通常是二位的，有二通、三通、四通和五通几种，其中，二位二通机动阀又分常闭和常开两种。图 5-9（a）所示为滚轮式二位三通常闭式机动换向阀，在图示位置阀芯 2 被弹簧 1 压向上端，油腔 P 和 A 通，B 口关闭。当挡铁或凸轮压住滚轮 4，使阀芯 2 移动到下端时，就使油腔 P 和 A 断开，P 和 B 接通，A 口关闭。图 5-9（b）所示为其职能符号。

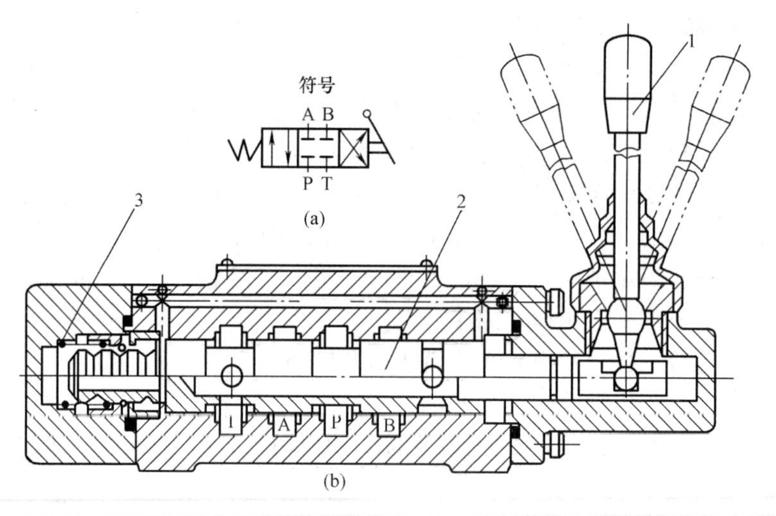


图 5-8 手动换向阀

(a) 职能符号；(b) 结构图

1—手柄；2—阀芯；3—弹簧

3) 电磁换向阀。电磁换向阀是利用电磁铁的通电吸合与断电释放而直接推动阀芯来控制液流方向的。它是电气系统与液压系统之间的信号转换元件，它的电气信号由液压设备结构图 (b) 职能符号图中的按钮开关、限位开关、行程开关等电气元件而可以使液压系统方便地实现各种操作及自动顺序动作。

电磁铁按使用电源的不同，可分为交流和直流两种。按衔铁工作腔是否有油液又可分为“干式”和“湿式”。交流电磁铁启动力较大，不需要专门的电源，吸合、释放快，动作时间为 0.01～0.03s。其缺点是若电源电压下降 15%以上，则电磁铁吸力明显减小，若衔铁不动作，干式电磁铁会在 10～15min 后烧坏线圈（湿式电磁铁为1～1.5h），且冲击及噪声较大，寿命低，因而在实际使用中交流电磁铁允许的切换频率一般为 10 次/min，不得超过 30 次/min。直流电磁铁工作较可靠，吸合、释放动作时间为 0.05～0.08s，允许使用的切换频率较高，一般可达 120 次/min，最高可达 300 次/min，且冲击小、体积小、寿命长，但需有专门的直流电源，成本较高。此外，还有一种整体电磁铁，其电磁铁是直流的，但电磁铁本身带有整流器，通入的交流电经整流后再供给直流电磁铁。国外新发展了一种油浸式电磁铁，不但衔铁，而且激磁线圈也都浸在油液中工作，它具有寿命更长、工作更平稳可靠等特点，但由于造价较高，应用较少。

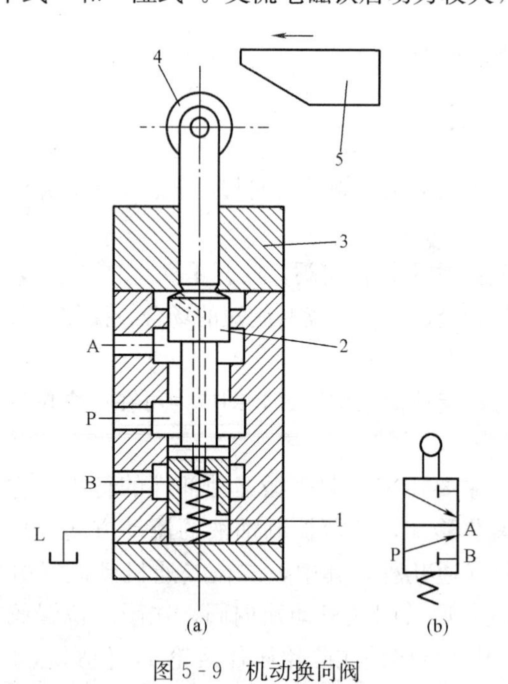


图 5-9 机动换向阀

(a) 结构图；(b) 职能符号

1—弹簧；2—阀芯；3—阀盖；4—滚轮；5—行程挡块

图5-10（a）所示为二位三通交流电磁换向阀结构，在图示位置，油口P和A相通，油口B断开；当电磁铁通电吸合时，推杆1将阀芯2推向右端，这时油口P和A断开，而与B相通。而当磁铁断电释放时，弹簧3推动阀芯复位。图5-10（b）所示为其职能符号。如前所述，电磁换向阀就其工作位置而言，有二位、三位等。二位电磁阀有一个电磁铁，靠弹簧复位；三位电磁阀有两个电磁铁。图5-11所示为一种三位五通电磁换向阀的结构和职能符号。

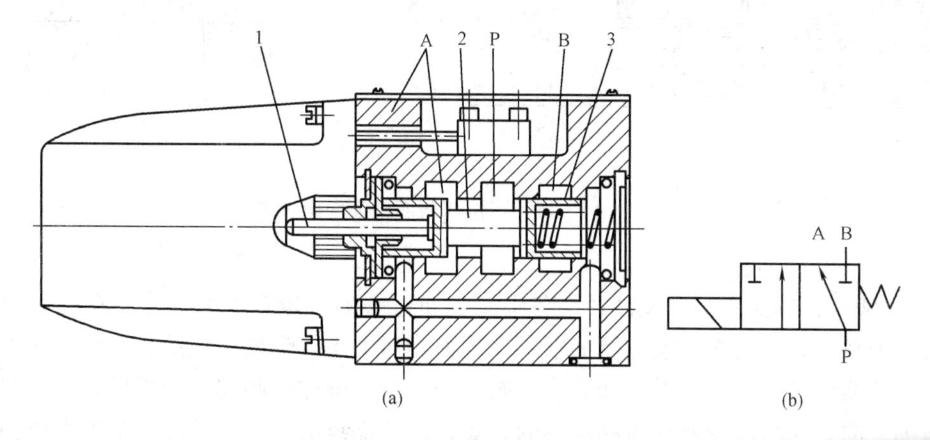


图5-10　二位三通电磁换向阀

（a）结构图；（b）职能符号

1—推杆；2—阀芯；3—弹簧

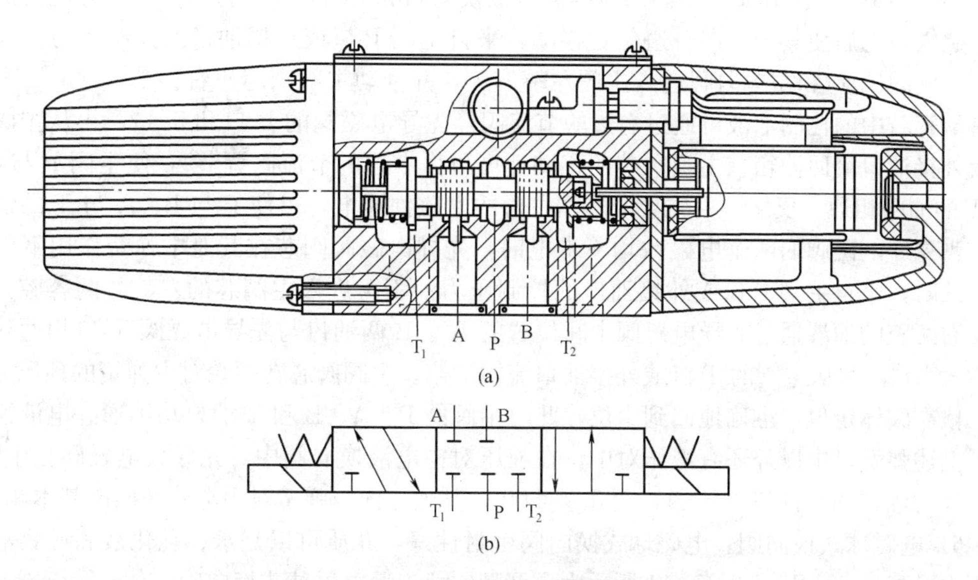


图5-11　三位五通电磁换向阀

（a）结构图；（b）职能符号

4）液动换向阀。液动换向阀是利用控制油路的压力油来改变阀芯位置的换向阀，图5-12所示为三位四通液动换向阀的结构和职能符号。阀芯是由其两端密封腔中油液的压差来移动的，当控制油路的压力油从阀右边的控制油口$K_2$进入滑阀右腔时，$K_1$接通回油，阀芯向左移动，使压力油口 P 与 B 相通，A 与 T 相通；当 $K_1$ 接通压力油、$K_2$ 接通回油时，阀芯向右移动，使得 P 与 A 相通，B 与 T 相通；当 $K_1$、$K_2$ 都通回油时，阀芯在两端弹簧和定位套作用下回到中间位置。

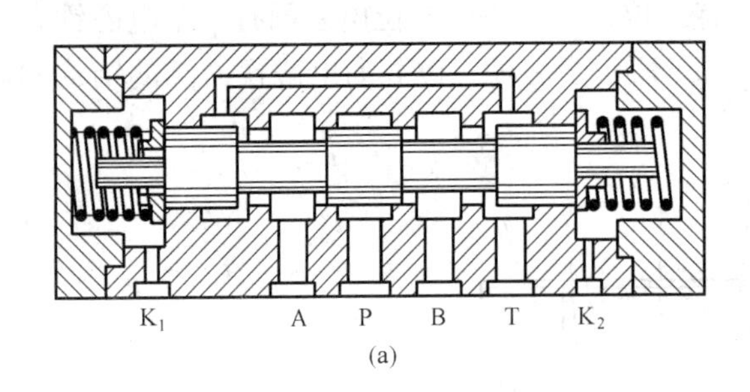

(a)

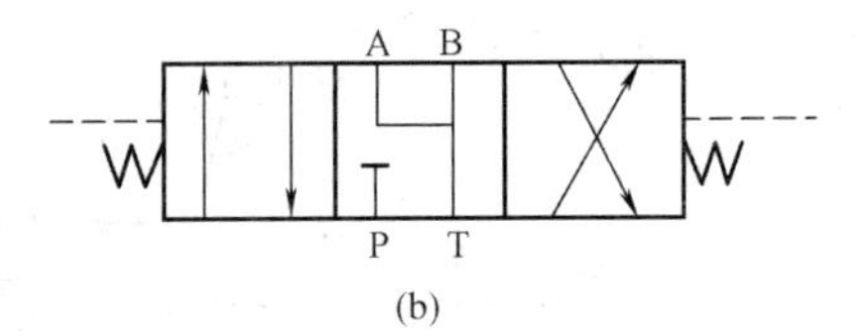

(b)

图 5-12　三位四通液动换向阀

(a) 结构图；(b) 职能符号

5）电液换向阀。在大中型液压设备中，当通过阀的流量较大时，作用在滑阀上的摩擦力和液动力较大，此时电磁换向阀的电磁铁推力相对太小，需要用电液换向阀来代替电磁换向阀。电液换向阀是由电磁滑阀和液动滑阀组合而成。电磁滑阀起先导作用，它可以改变控制液流的方向，从而改变液动滑阀阀芯的位置。由于操纵液动滑阀的液压推力可以很大，所以主阀芯的尺寸可以做得很大，允许有较大的油液流量通过。这样用较小的电磁铁就能控制较大的液流。

图 5-13 所示为弹簧对中型三位四通电液换向阀的结构和职能符号。当先导电磁阀左边的电磁铁通电后使其阀芯向右边位置移动，来自主阀 P 口或外接油口的控制压力油可经先导电磁阀的 A′口和左单向阀进入主阀左端容腔，并推动主阀阀芯向右移动。这时，主阀阀芯右端容腔中的控制油液可通过右边的节流阀经先导电磁阀的 B′口和 T′口，再从主阀的 T 口或外接油口流回油箱（主阀阀芯的移动速度可由右边的节流阀调节），使主阀 P 与 A、B 和 T 的油路相通。反之，由先导电磁阀右边的电磁铁通电，可使 P 与 B、A 与 T 的油路相通。当先导电磁阀的两个电磁铁均不带电时，先导电磁阀阀芯在其对中弹簧作用下回到中位。此时，来自主阀 P 口或外接油口的控制压力油不再进入主阀芯的左、右两容腔，主阀芯左右两腔的油液通过先导电磁阀中间位置的 A′、B′两油口与先导电磁阀 T′口相通［见图 5-13 (b)］，再从主阀的 T 口或外接油口流回油箱。主阀阀芯在两端对中弹簧的预压力推动下，依靠阀体定位，准确地回到中位，此时主阀的 P、A、B 和 T 油口均不通。电液换向阀除了上述弹簧对中以外还有液压对中，在液压对中电液换向阀中，先导式电磁阀在中位时，A′、B′两油口均与油口 P 连通，而 T′则封闭，其他方面与弹簧对中电液换向阀基本相似。

6）电磁球式换向阀。电磁球式换向阀密封性好，介质可以是水、乳化液和矿物油；工作压力可高达 63MPa。图 5-14 所示为常开型二位三通电磁球式换向阀。

7）比例式电磁换向阀。比例式电磁换向阀以在阀芯外装置的电磁线圈所产生的电磁力来控制阀芯的移动，依靠控制线圈电流来控制方向阀内阀芯的位移量，故可同时控制油流动的方向和流量。

图 5-15 所示为比例式电磁换向阀的职能符号，通过控制器可以得任何想要的流量和方向，同时也有压力及温度补偿的功能；比例式电磁换向阀有进油和回油流量控制两种类型。

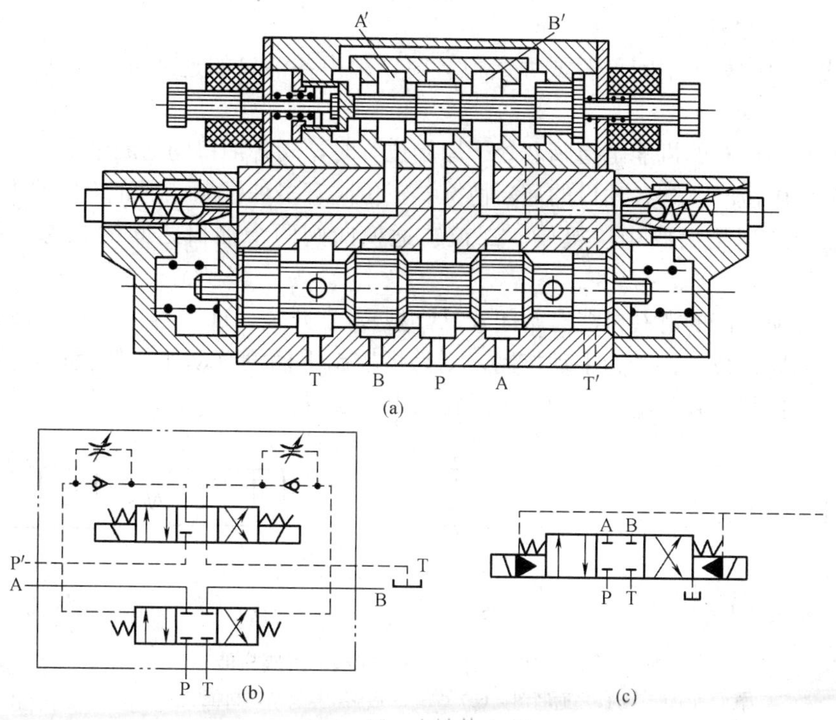


图 5-13　电液换向阀
（a）结构示意；（b）图形符号详图；（c）图形符号简化图

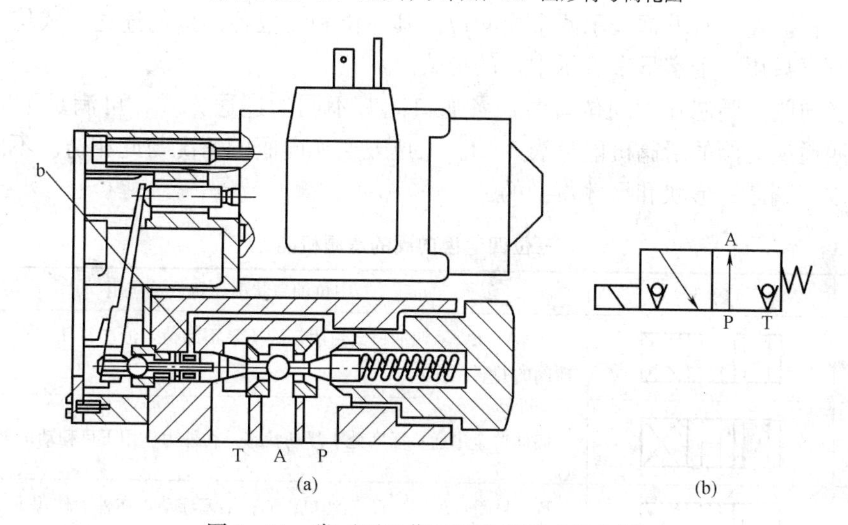


图 5-14　常开型二位三通电磁球式换向阀
（a）结构图；（b）职能符号

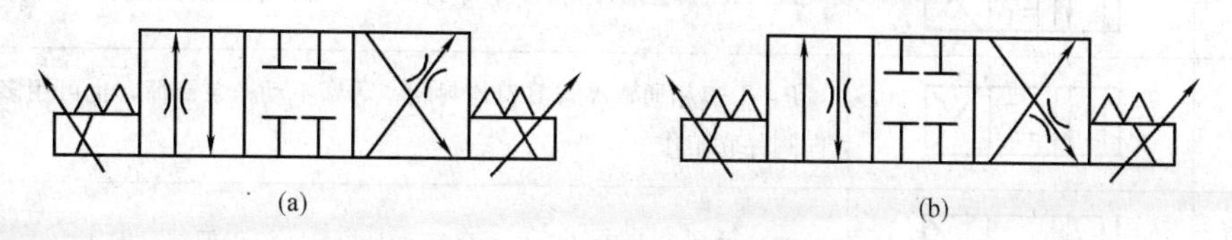


图 5-15　比例式电磁换向阀
（a）进口节流；（b）出口节流

4. 换向阀的中位机能

滑阀式换向阀处于中间位置或原始位置时，阀中各油口的连通方式称为换向阀的滑阀机能。

两位阀和多位阀的机能是指阀芯处于原始位置时，阀各油口的通断情况。三位阀的机能是指阀芯处于中位时，阀各油口的通断情况。三位阀有多种机能，现介绍最常用的几种。

（1）二位二通换向阀中位机能。二位二通换向阀两个油口之间的状态只有两种：通或断。

二位二通换向阀的滑阀机能有常闭式（O 型）、常开式（H 型），如图 5-16 所示。

二位阀的原始位置：若为手动控制，则是指控制手柄没有动作的位置；若为液压控制，则是指失压的位置；若为电磁控制，则是指失电的位置。

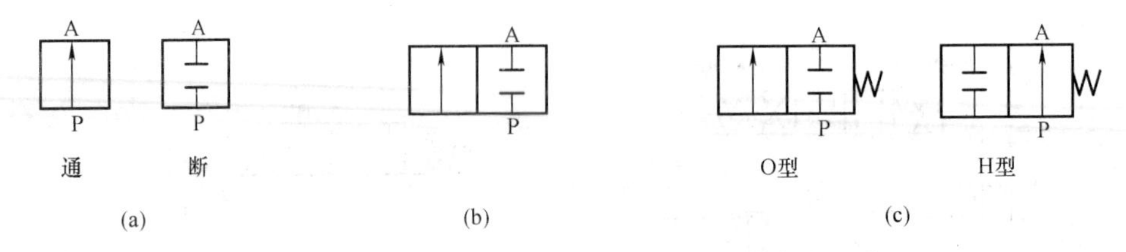


图 5-16　二位二通换向阀的滑阀机能

（a）通断图；（b）二位二通阀；（c）滑阀机能

（2）三位四通换向阀中位机能。三位四通换向阀的滑阀机能有很多种，中间一个方框表示其原始位置，左、右方框表示两个换向位。其左位和右位各油口的连通方式均为直通或交叉相通，所以只用一个字母来表示中位的形式。

三位换向阀的阀芯在中间位置时，各通口间有不同的连通方式，可满足不同的使用要求。三位四通换向阀的滑阀机能见表 5-3。三位五通换向阀的情况与此相仿。不同的中位机能是通过改变阀芯的形状和尺寸得到的。

**表 5-3　　三位四通换向阀的滑阀机能**

| 滑阀机能 | 符　号 | 中位油口状况、特点及应用 |
|---|---|---|
| O 型 | | P、A、B、T 四油口全封闭；液压泵不卸荷，液压缸闭锁；可用于多个换向阀的并联工作 |
| H 型 | | 四油口全串通；活塞处于浮动状态，在外力作用下可移动；泵卸荷 |
| Y 型 | | P 口封闭，A、B、T 三油口相通；活塞浮动，在外力作用下可移动；泵不卸荷 |
| K 型 | | P、A、T 三油口相遇，B 口封闭；活塞处于闭锁状态；泵卸荷 |
| M 型 | | P、T 口相通，A 与 B 口均封闭；活塞不动；泵卸荷，也可用多个 M 型换向阀并联工作 |
| X 型 | | 四油口处于半开启状态；泵基本上卸荷，但仍保持一定压力 |

续表

| 滑阀机能 | 符　号 | 中位油口状况、特点及应用 |
|---|---|---|
| P 型 | | P、A、B 三油口相通，T 口封闭；泵与缸两腔相通，可组成差动回路 |
| J 型 | | P 与 A 口封闭，B 与 T 口相通；活塞停止，外力作用下可向一边移动；泵不卸荷 |
| C 型 | | P 与 A 口相遇，B 与 T 口皆封闭；活塞处于停止位置 |
| N 型 | | P 和 B 口皆封闭，A 与 T 口相遇，与 J 型换向阀机能相似，只是 A 与 B 口互换了，功能也类似 |
| U 型 | | P 和 T 口都封闭，A 与 B 口相通；活塞浮动，在外力作用下可移动；泵不卸荷 |

在分析和选择阀的中位机能时，通常考虑以下几点：

1）系统保压。当 P 口被堵塞，系统保压，液压泵能用于多缸系统。当 P 口不太通畅地与 T 口接通时（如 X 型），系统能保持一定的压力供控制油路使用。

2）系统卸荷。P 口通畅地与 T 口接通时，系统卸荷。

3）启动平稳性。阀在中位时，液压缸某腔若通油箱，则启动时该腔内因无油液起缓冲作用，启动不太平稳。

4）液压缸"浮动"和在任意位置上的停止，阀在中位，当 A、B 两口互通时，卧式液压缸呈"浮动"状态，可利用其他机构移动工作台，调整其位置。当 A、B 两口堵塞或与 P 口连接（在非差动情况下），则可使液压缸在任意位置处停下来。三位五通换向阀的机能与上述相仿。

（3）主要性能。换向阀的主要性能以电磁阀的项目为最多，主要包括下面几项：

1）工作可靠性。工作可靠性指电磁铁通电后能否可靠地换向，断电后能否可靠地复位。工作可靠性主要取决于设计和制造，且与使用情况也有关系。液动力和液压卡紧力的大小对工作可靠性影响很大，而这两个力与通过阀的流量和压力有关。所以电磁阀也只有在一定的流量和压力范围内才能正常工作。这个工作范围的极限称为换向界限，如图 5-17 所示。

2）压力损失。由于电磁阀的开口很小，故液流流过阀口时产生较大的压力损失。图 5-18 所示为某电磁阀的压力损失曲线。一般阀体铸造流道中的压力损失比机械加工流道中的损失小。

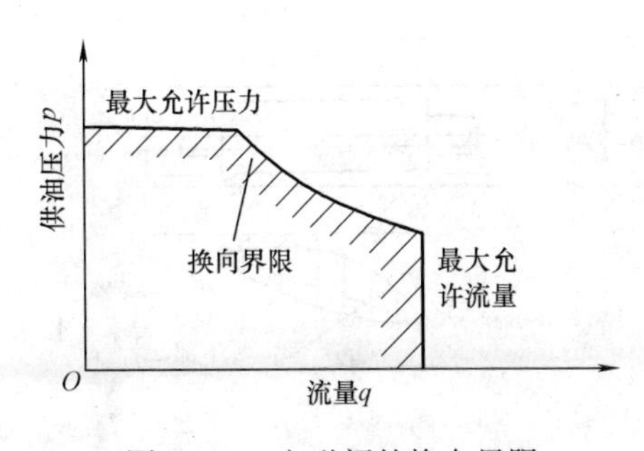


图 5-17　电磁阀的换向界限

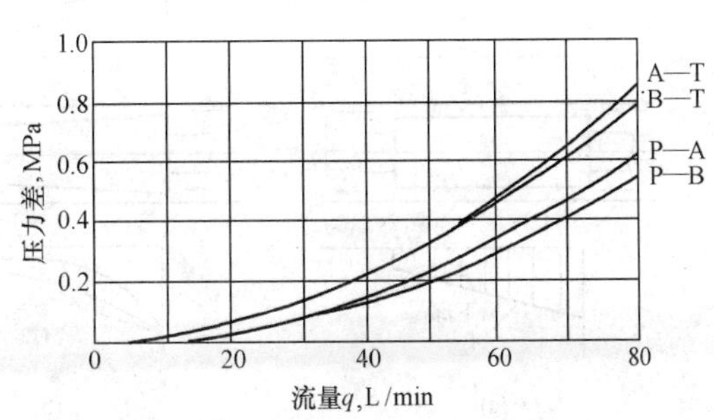


图 5-18　电磁阀的压力损失曲线

3）内泄漏量。各个不同的工作位置，在规定的工作压力下，从高压腔到低压腔的泄漏量为内泄漏量。过大的内泄漏量不仅会降低系统的效率，引起过热，而且还会影响执行机构的正常工作。

4）换向和复位时间。换向时间指从电磁铁通电到阀芯换向终止的时间，复位时间指从电磁铁断电到阀芯回复到初始位置的时间。减小换向和复位时间可提高机构的工作效率，但会引起液压冲击。交流电磁阀的换向时间一般为 0.03～0.05s，换向冲击较大；而直流电磁阀的换向时间为 0.1～0.3s，换向冲击较小。通常复位时间比换向时间稍长。

5）换向频率。换向频率是指单位时间内阀所允许的换向次数。目前，单电磁铁电磁阀的换向频率一般为 60 次/min。

6）使用寿命。使用寿命指使用到电磁阀某一零件损坏，不能进行正常的换向或复位动作，或使用到电磁阀的主要性能指标超过规定指标时所经历的换向次数。电磁阀的使用寿命主要取决于电磁铁。湿式电磁铁的寿命比干式电磁铁长，直流电磁铁的寿命比交流电磁铁长。

7）滑阀的液压卡紧现象。一般滑阀的阀孔和阀芯之间有很小的间隙，当缝隙均匀且缝隙中有油液时，移动阀芯所需的力只需克服黏性摩擦力，数值是相当小的。但在实际使用中，特别是在高中压系统中，当阀芯停止运动一段时间后（一般约 5min 以后），这个阻力可以大到几百牛顿，使阀芯很难重新移动。这就是所谓的液压卡紧现象。

液压卡紧，有的是由于脏物进入缝隙而使阀芯移动困难，有的是由于缝隙过小在油温升高时阀芯膨胀而卡死，但是主要原因是来自滑阀副几何形状误差和同心度变化所引起的径向不平衡液压力。如图 5 - 19（a）所示，当阀芯和阀体孔之间无几何形状误差，且轴心线平行但不重合时，阀芯周围间隙内的压力分布是线性的（图中 $A_1$ 和 $A_2$ 线所示），且各向相等，阀芯上不会出现不平衡的径向力。当阀芯因加工误差而带有倒锥（锥部大端朝向高压腔）且轴心线平行而不重合时，阀芯周围间隙内的压力分布如图 5 - 19（b）中曲线 $A_1$ 和 $A_2$ 所示，这时阀芯将受到径向不平衡力（图中阴影部分）的作用而使偏心距越来越大，直到两者表面接触为止，这时径向不平衡力达到最大值。但是，如果阀芯带有顺锥（锥部大端朝向低压腔）时，产生的径向不平衡力将使阀芯和阀孔间的偏心距减小。图 5 - 19（c）所示为阀芯表面有局部凸起（相当于阀芯碰伤、残留毛刺或缝隙中楔入脏物）时，阀芯受到的径向不平衡力将使阀芯的凸起部分推向孔壁。

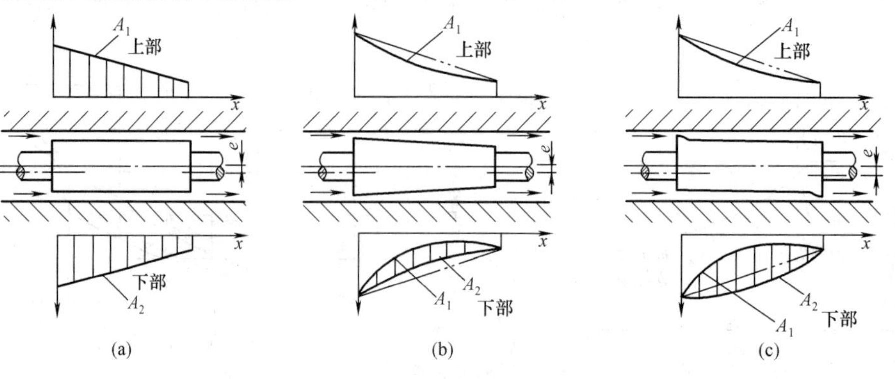


图 5 - 19　滑阀上的径向力

当阀芯受到径向不平衡力作用而和阀孔相接触后，缝隙中存留的液体被挤出，阀芯和阀孔间的摩擦变成半干摩擦甚至干摩擦，使阀芯重新移动时所需的力增大了很多。

滑阀的液压卡紧现象不仅在换向阀中有，在其他的液压阀中也普遍存在，在高压系统中更为突出。特别是滑阀停留时间越长，液压卡紧力越大，以致造成移动滑阀的推力（如电磁铁推力）不能克服卡紧阻力，使滑阀不能复位。为了减小径向不平衡力，应严格控制阀芯和阀孔的制造精度，在装配时，尽可能使其成为顺锥形式。另外，在阀芯上开环形均压槽，也可以大大减小径向不平衡力。

### 5.2.3　方向阀在回路中的应用

1. 普通单向阀和液控单向阀的应用

（1）用单向阀将系统和泵隔断。如图5-20所示，用单向阀将系统和泵隔断，泵开机时排出的油可经单向阀进入系统；泵停机时，单向阀可阻止系统中的油倒流。

（2）用单向阀将两个泵隔断。如图5-21所示，1是低压大流量泵，2是高压小流量泵。低压时两个泵排出的油合流，共同向系统供油。高压时，单向阀的反向压力为高压，单向阀关闭，泵2排出的高压油经过虚线表示的控制油路将阀3打开，使泵1排出的油经阀3回油箱，由高压泵2单独向系统供油，其压力决定于阀4。这样，单向阀将两个压力不同的泵隔断，不互相影响。

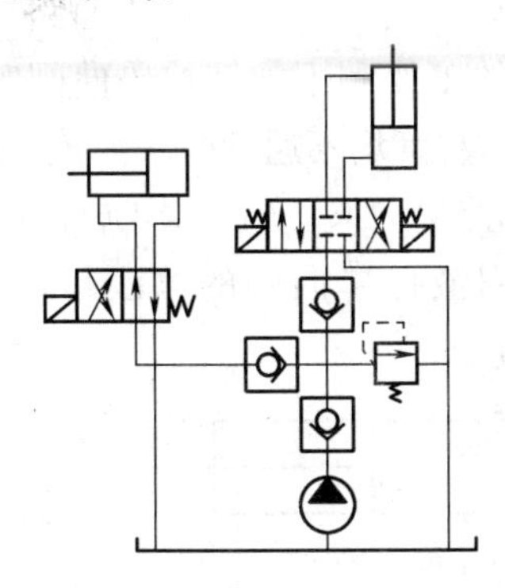

图5-20　单向阀将系统和泵隔断回路

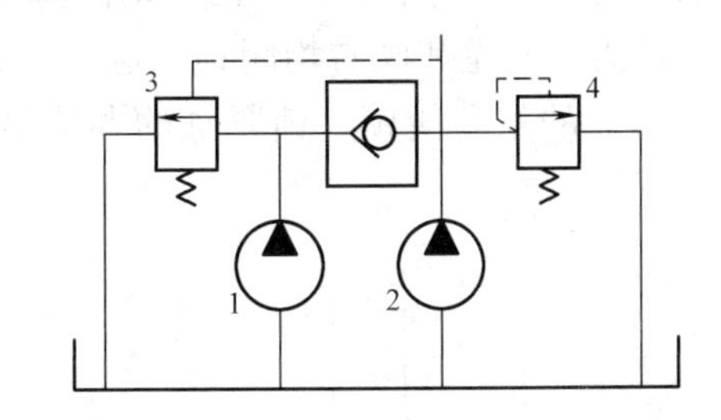


图5-21　单向阀将两个泵隔断回路

（3）用单向阀产生背压。如图5-22所示，高压油进入缸的无杆腔，活塞右行，有杆腔中的低压油经单向阀后回油箱。单向阀有一定压力降，故在单向阀上游总保持一定压力，此压力也就是有杆腔中的压力，称为背压。其数值不高，一般约为0.5MPa。在缸的回油路上保持一定背压，可防止活塞的冲击，使活塞运动平稳。此种用途的单向阀也称为背压阀。

（4）用单向阀和其他阀组成复合阀。由单向阀和节流阀组成复合阀，称为单向节流阀，如图5-23所示。用单向阀组成的复合阀还有单向顺序阀、单向减压阀等。在单向节流阀中，单向阀和节流阀共用一阀体。当液流沿箭头所示方向流动时，因单向阀关闭，液流只能经过节流阀从阀体流出；若液流沿箭头所示相反的方向流动时，因单向阀的阻力远比节流阀小，所以液流经过单向阀流出阀体。此法常用来快速回油，从而可以改变缸的运动速度。

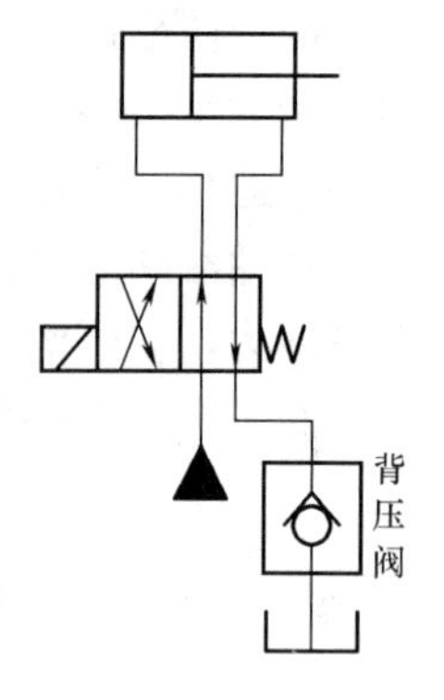


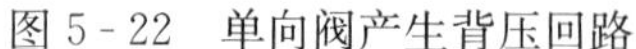

图 5-22 单向阀产生背压回路

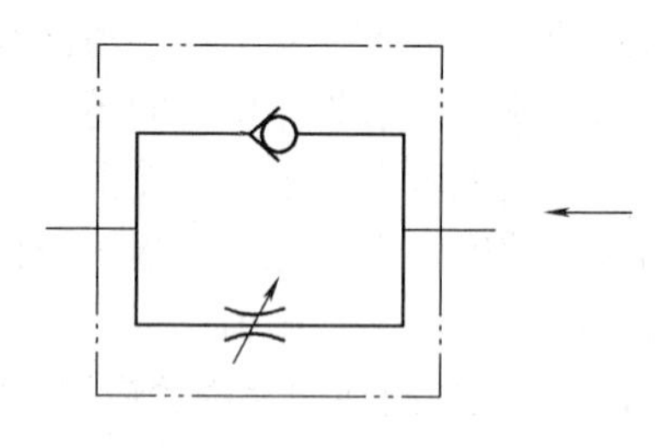

图 5-23 单向阀组成复合阀

(5) 用液控单向阀使立式缸活塞悬浮。如图 5-24 所示，通过液控单向阀向立式缸的下腔供油，活塞上行。停止供油时，因有液控单向阀，活塞靠自重不能下行，于是可在任一位置悬浮。将液控单向阀的控制口加压后，活塞即可靠自重下行。若此立式缸下行为工作行程，可同时向缸的上腔和液控单向阀的控制口加压，则活塞下行，完成工作行程。

(6) 用两个液控单向阀使液压缸双向闭锁。如图 5-25 所示，将高压管（左管）中的压力作为控制压力加在液控单向阀（右）的控制口上，液控单向阀（右）也构成通路。此时，高压油自左管进入缸，活塞右行，低压油自右管排出，缸的工作和不加液控单向阀时相同。同理，若右管为高压，左管为低压时，则活塞左行。若左、右管均不通油时，液控单向阀的控制口均无压力，阀左和阀右均闭锁。这样，利用两个液控单向阀，既不影响缸的正常动作，又可完成缸的双向闭锁。锁紧缸的办法虽有多种，用液控单向阀的方法是最可靠的一种。

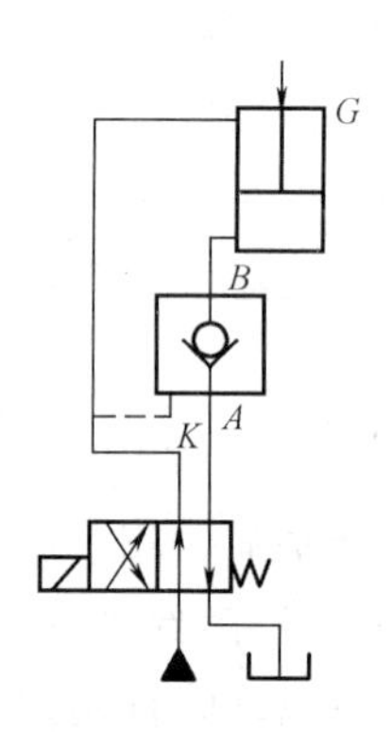


图 5-24 液控单向阀使立式缸活塞悬浮

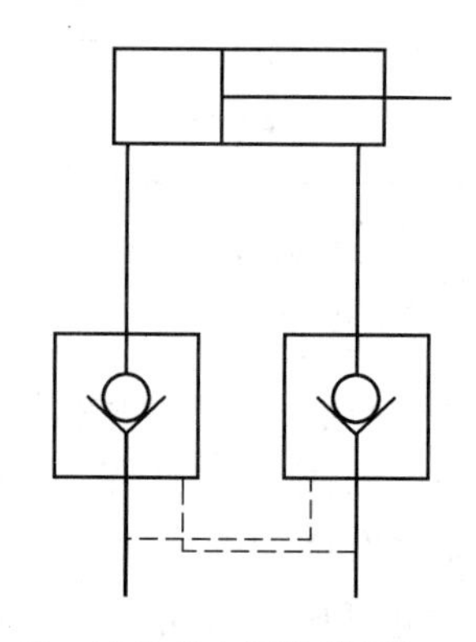

图 5-25 液控单向阀使液压缸双向闭锁

2. 换向阀在回路中的应用

(1) 简单换向回路。简单换向回路，只需在泵与执行元件之间采用标准的普通换向阀即可。

(2) 复杂换向回路。对于换向要求高的主机（如各类磨床），若用手动换向阀就不能实现自动往复运动。采用机动换向阀，利用工作台上的行程块推动（连接在换向阀杆上的）拨杆来实现自动换向。但工作台慢速运动时，当换向阀移至中间位置，工作台会因失去动力而停止运动（称换向死点），不能实现自动换向；当工作台高速运动时，又会因换向阀芯移动过快而引起换向冲击。若采用电磁换向阀由行程挡块推动行程开关发出换向信号，使电磁阀动作推动换向，可避免死点，但电磁阀动作一般较快，存在换向冲击，而且电磁阀还有换向频率不高、寿命低、易出故障等缺陷。

为解决上述两个矛盾，采用特殊设计的机液换向阀，以行程挡块推动机动先导阀，由它控制一个可调式液动换向阀来实现工作台的换向，既可避免换向死点，又可消除换向冲击。这种换向回路，按换向要求不同可分为时间控制制动式和行程控制制动式两种。

1）时间控制制动式换向回路。如图 5 - 26 所示，这种回路中的主油路只受换向阀 3 控制。在换向过程中，当先导阀 2 在左端位置时，控制油路中的压力油经单向阀通向换向阀 3 右端，换向阀左端的油经节流阀 $J_1$ 流回油箱，换向阀芯向左移动，阀芯上的制动锥面逐渐关小回油通道，活塞速度逐渐减慢，并在换向阀的阀芯移动 $l$ 距离后将通道封死，使活塞停止运动。换向阀阀芯上的制动锥半锥角一般为 1.5°～3.5°，在换向要求不高的场合还可以取大一些。制动锥长度可根据试验确定，一般取 $l=3\sim12$mm。当节流阀 $J_1$ 和 $J_2$ 的开口大小调定之后，换向阀和阀芯移动距离 $l$ 所需的时间（即活塞制动所经历的时间）就确定不变（不考虑油液黏度变化的影响）。因此，这种制动方式称为时间控制制动式。这种换向回路的主要优点是：其制动时间可根据主机部件运动速度的快慢、惯性的大小通过节流阀 $J_1$ 和 $J_2$ 的开口量得到调节，以便控制换向冲击，提高工作效率；此外，换向阀中位机能采用 H 型，对减小冲击量和提高换向平稳性都有利。其主要缺点是：换向过程中的冲出量受运动部件的速度和其他一些因素的影响，换向精度不高。这种换向回路主要用于工作部件运动速度较高，要求换向平稳，无冲击，但换向精度要求不高的场合，如用于平面磨床和插、拉、刨床液压系统中。

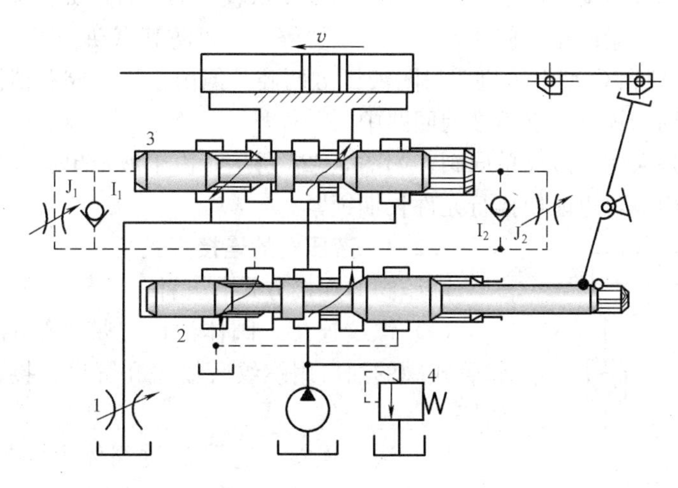


图 5 - 26　时间控制制动式换向回路

2）行程控制制动式换向回路。如图 5 - 27 所示，这种回路中的主油路除受换向阀 3 控制外，还受先导阀 2 控制。当先导阀 2 在换向过程中向左移动时，先导阀阀芯的右制动锥将液压缸右腔的回油通道逐渐关小，使活塞速度逐渐减慢，对活塞进行预制动。当回油通道被关得很小（轴向开口量尚留 0.2～0.5mm）、活塞速度变得很慢时，换向阀 3 的控制油路才开始切换，换向阀芯向左移动。切断主油路通道，使活塞停止运动，并随即使它在相反的方向启动。这里，不论运动部件原来的速度快慢如何，先导阀总是要先移动一段固定的行程

$l$，将工作部件先进行预制动后，再由换向阀来使其换向，所以这种制动方式被称为行程控制制动式。先导阀制动锥一般取长度 $l$=5～12mm，合理选择制动锥度能使制动平稳（换向阀上没有必要采用较长的制动锥，一般制动锥长度只有 2mm，半锥角也较大）。

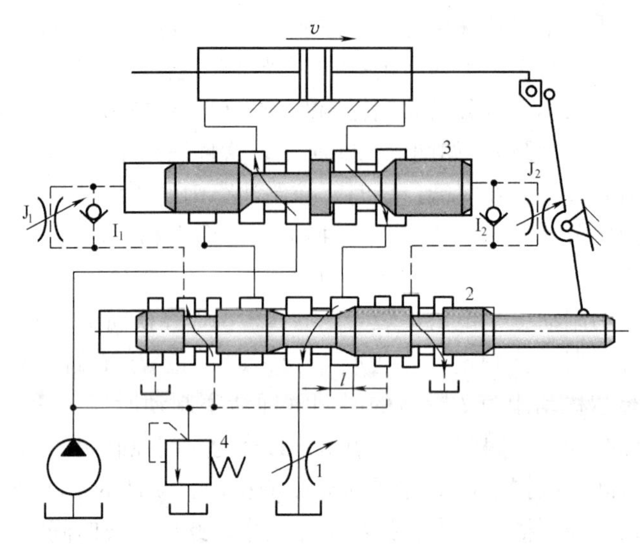

图 5-27　行程控制制动式换向回路

行程控制制动式换向回路的换向精度较高，冲出量较小，但由于先导阀的制动行程恒定不变，制动时间的长短和换向冲击的大小就将受运动部件速度快慢的影响。所以这种换向回路适用于主机工作部件运动速度不大，但换向精度要求较高的场合（如磨床液压系统）中。

（3）锁紧回路。锁紧回路可使活塞在任一位置停止，可防其窜动。锁紧的简单方法是利用三位换向阀的 M 型和 O 型中位机能封闭液压缸两腔。但由于换向阀有泄漏，这种锁紧方法不够可靠，只适用于锁紧要求不高的回路中。

最常用的方法是采用双液控单向阀，如图 5-28 所示，由于液控单向阀有良好的密封性能，即使在外力作用下，也能使执行元件长期锁紧。

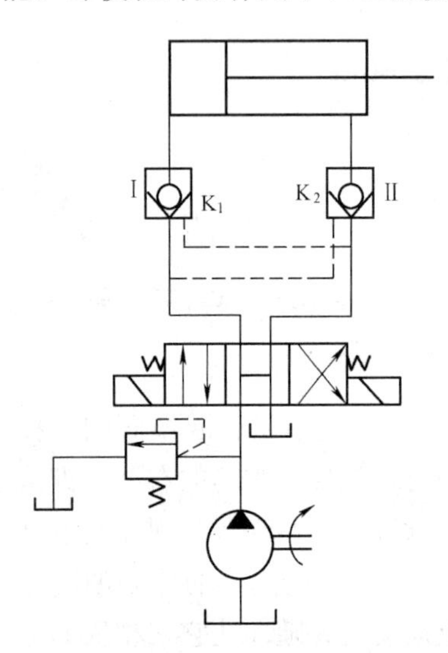

图 5-28　锁紧回路

### 5.2.4　液压阀的连接方式

液压阀的连接方式有五种。

（1）螺纹连接。阀体油口上带螺纹的阀称为管式阀。将管式阀的油口用螺纹管接头和管道连接，并由此固定在管路上。

（2）法兰连接。它是通过阀体上的螺钉孔（每油口多为 4 个螺钉孔）与管件端部的法兰，用螺钉连接在一起。

（3）板式连接。阀的各油口均布置在同一安装平面上，并留有连接螺钉孔，这种阀称为板式阀，如电磁换向阀多为板式阀。将板式阀用螺钉固定在与阀有对应油口的平板式或阀块式连接体上。

（4）叠加式连接。叠加阀式液压装置如图 5-29 所示。

（5）插装式连接。插装式液压装置如图 5-30 所示。

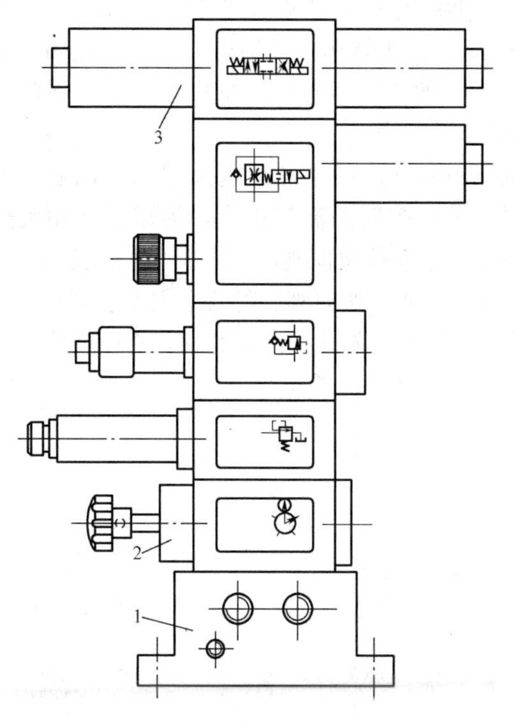


图 5 - 29　叠加阀式液压装置

1—底板；2—压力表开关；3—换向阀

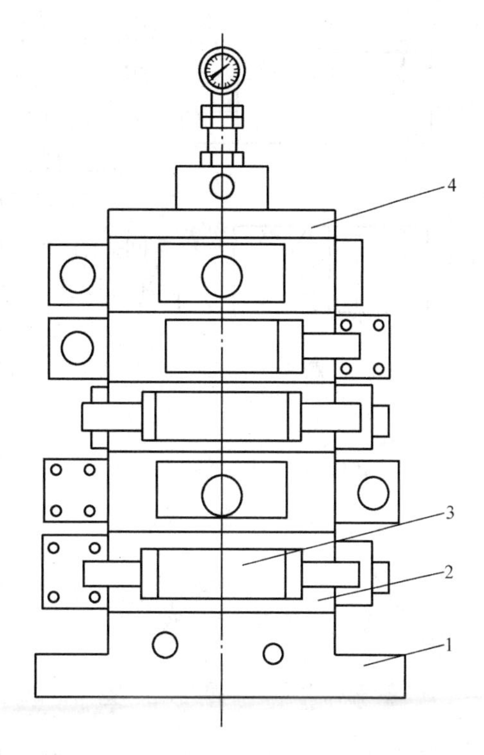


图 5 - 30　插装式液压装置

1—底板；2—集成块；3—阀；4—盖板

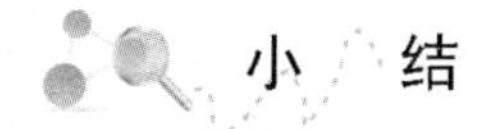

## 小　结

单向阀和换向阀是液压系统中控制液流方向的元件。

单向阀分成两类：普通单向阀（简称单向阀）和液控单向阀。普通单向阀只允许液流向一个方向通过；液控单向阀具有普通单向阀的功能，并且只要在控制口通入一定压力的控制油液，油流反向也能通过。单向阀和液控单向阀用于回路需要单向导通的场合，也用于各种锁紧回路。

换向阀既可用来使执行元件换向，也可用来切换油路。换向阀的各种结构形式中，滑阀式用得较多。而各种操纵形式的换向阀中，则以电磁和电液换向阀用得较多，因为它易于实现自动化。换向阀的图形符号明确地表示了阀的作用原理、工作位置数、通路数、通断状态、操纵方式等，应予以足够的重视，并能熟练掌握。

## 思考题和习题

5 - 1　画出下列方向阀的图形符号：二位四通电磁换向阀，三位四通 Y 型机能电液换向阀，双向液压锁，二位五通电控气阀，三位五通电控气阀。

5 - 2　分别说明 O 型、M 型、P 型和 H 型三位四通换向阀在中间位置时的性能特点。

5 - 3　现有一个二位三通阀和一个二位四通阀，如图 5 - 31所示，请通过堵塞阀口的办

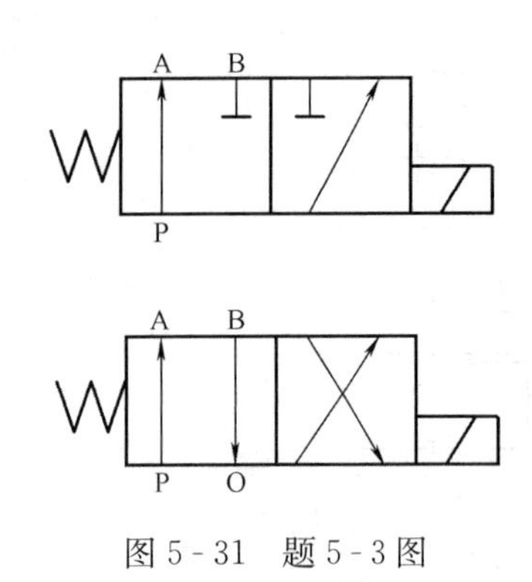

图 5-31　题 5-3 图

法将它们改为二位二通阀。（1）改为常开型的；（2）改为常闭型的。画符号表示。（由于结构上的原因，一般二位四通阀的回油口 O 不可堵塞，改作二通阀后，原 O 口应作为泄油口单独接管引回油箱）

5-4　两腔面积相差很大的单杆活塞缸用二位四通阀换向。有杆腔进油时，无杆腔回油流量很大，为避免使用大通径二位四通阀，可用一个液控单向阀分流，画出其回路图。

5-5　气压换向阀与液压换向阀有哪几个主要区别？

5-6　球阀式换向阀与滑阀式换向阀相比，有哪些优点？

# 第6章 压力控制阀

本章提要

本章主要内容：①溢流阀、减压阀、顺序阀和压力继电器四种压力控制阀的原理、结构、主要性能和应用；②调压与减压回路。本章的重点是溢流阀的工作原理和性能、减压阀的工作原理及调压回路。其中，先导式溢流阀的工作原理尤为重要。

## 6.1 溢 流 阀

在液压传动系统中，控制油液压力高低的液压阀称为压力控制阀，简称压力阀。这类阀的共同点是利用作用在阀芯上的液压力和弹簧力相平衡的原理工作。

在具体的液压系统中，根据工作需要的不同，对压力控制的要求也各不相同：有的需要限制液压系统的最高压力，如安全阀；有的需要稳定液压系统中某处的压力值（或者压力差、压力比等），如溢流阀、减压阀等定压阀；还有的是利用液压力作为信号控制其动作，如顺序阀、压力继电器等。

### 6.1.1 溢流阀的基本结构及其工作原理

溢流阀的主要作用是对液压系统定压或进行安全保护。几乎在所有的液压系统中都需要用到溢流阀，其性能好坏对整个液压系统的正常工作有很大影响。

1. 溢流阀的作用和性能要求

（1）溢流阀的作用。在液压系统中维持定压是溢流阀的主要用途。它常用于节流调速系统中，与流量控制阀配合使用，调节进入系统的流量，并保持系统的压力基本恒定。如图6-1（a)所示，溢流阀2并联于系统中，进入液压缸4的流量由节流阀3调节。由于定量泵1的流量大于液压缸4所需的流量，油压升高，将溢流阀2打开，多余的油液经溢流阀2流回油箱。因此，在这里溢流阀的功用就是在不断的溢流过程中保持系统压力基本不变。

用于过载保护的溢流阀一般称为安全阀。如图6-1（b）所示的变量泵调速系统，在正常工作时，安全阀2关闭，不溢流，只有在系统发生故障，压力升至安全阀的调整值时，阀口才打开，使变量泵5排出的油液经溢流阀2流回油箱，以保证液压系统的安全。

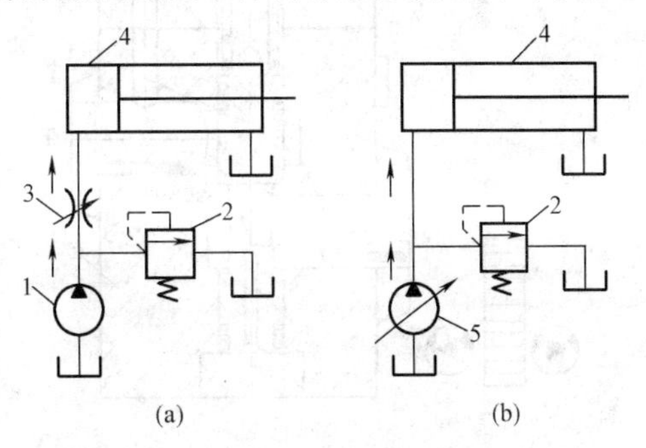

图6-1 溢流阀的作用

（a）溢流保压功能；（b）安全、过载保护功能

1—定量泵；2—溢流阀；3—节流阀；4—液压缸；5—变量泵

（2）液压系统对溢流阀的性能要求。

1）定压精度高。当流过溢流阀的流量发生变化时，系统中的压力变化要小，即静态压力超调要小。

2）灵敏度要高。如图6-1（a）所示，当液压缸 4 突然停止运动时，溢流阀 2 要迅速开大。否则，定量泵 1 输出的油液将因不能及时排出而使系统压力突然升高，并超过溢流阀的调整压力，称动态压力超调，使系统中各元件及辅助元件受力增加，影响其寿命。溢流阀的灵敏度越高，则动态压力超调越小。

3）工作要平稳，且无振动和噪声。

4）当阀关闭时，密封要好，泄漏要小。

对于经常开启的溢流阀，主要要求前三项性能；对于安全阀，则主要要求第二项和第四项性能。其实，溢流阀和安全阀都是同一结构的阀，只不过是在不同要求时有不同的作用而已。

2. 溢流阀的结构和工作原理

常用的溢流阀按其结构形式和基本动作方式可分为直动式和先导式两种。

（1）直动式溢流阀。直动式溢流阀是依靠系统中的压力油直接作用在阀芯上与弹簧力相平衡，以控制阀芯的启闭动作。图 6-2（a）所示为一种低压直动式溢流阀，P 是进油口，T 是回油口，进口压力油经阀芯 4 中间的阻尼孔作用在阀芯的底部端面上，当进油压力较小时，阀芯在弹簧 2 的作用下处于下端位置，将 P 和 T 两油口隔开。当油压力升高，在阀芯下端所产生的作用力超过弹簧的压紧力。此时，阀芯上升，阀口被打开，将多余的油液排回油箱，阀芯上的阻尼孔用来对阀芯的动作产生阻尼，以提高阀的工作平衡性，调整螺帽 1 可以改变弹簧的压紧力，这样也就调整了溢流阀进口处的油液压力 $p$。

溢流阀是利用被控压力作为信号来改变弹簧的压缩量，从而改变阀口的通流面积和系统的溢流量来达到定压目的的。当系统压力升高时，阀芯上升，阀口通流面积增加，溢流量增大，进而使系统压力下降。溢流阀内部通过阀芯的平衡和运动构成的这种负反馈作用是其定压作用的基本原理，也是所有定压阀的基本工作原理。由图 6-2（a）可知，弹簧力的大小与控制压力成正比，因此如果提高被控压力，一方面可用减小阀芯的面积来达到，另一方面则需增大弹簧力，因受结构限制，需采用大刚度的弹簧。这样，在阀芯相同位移的情况下，弹簧力变化较大，因而该阀的定压精度较低。所以，这种低压直动式溢流阀一般用于压力小于 2.5MPa 的小流量场合。图 6-2（b）所示为直动式溢流阀的图形符号。由图 6-2（a）还可看出，在常位状态下，溢流阀进、出油口之间是不相通的，而且作用在阀芯上的液压力由进口油液压力产生，经溢流阀芯的泄漏油液经内泄漏通道进入回油口 T。

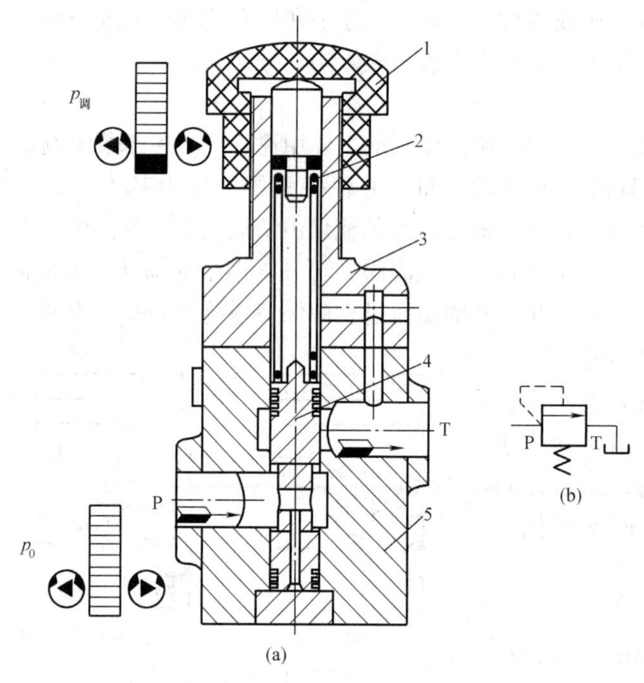


图 6-2 低压直动式溢流阀

（a）结构图；（b）职能符号

1—螺帽；2—调压弹簧；3—上盖；4—阀芯；5—阀体

直动式溢流阀采取适当的措施也可用于高压大流量。例如，德国Rexroth公司开发的通径为6～20mm、压力为40～63MPa的直动式溢流阀，通径为25～30mm、压力为31.5MPa的直动式溢流阀，最大流量可达到330L/min。图6-3所示为锥阀式结构的局部放大图，在锥阀的下部有一阻尼活塞3，活塞的侧面铣扁，以便将压力油引到活塞底部，该活塞除了能增加运动阻尼以提高阀的工作稳定性外，还可以使锥阀导向而在开启后不会倾斜。此外，锥阀上部有一个偏流盘1，盘上的环形槽用来改变液流方向，一方面补偿锥阀2的液动力，另一方面由于液流方向的改变，产生一个与弹簧力相反方向的射流力，当通过溢流阀的流量增加时，虽然因锥阀阀口增大引起弹簧力增加，但由于与弹簧力方向相反的射流力同时增加，结果抵消了弹簧力的增量，有利于提高阀的通流流量和工作压力。

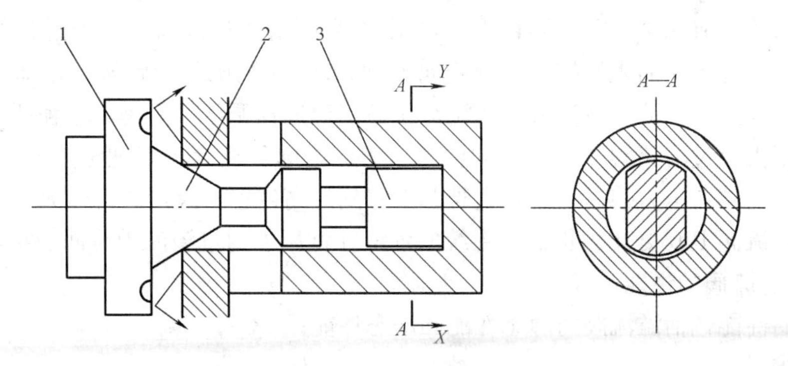


图6-3 直动式锥型溢流阀

1—偏流盘；2—锥阀；3—活塞

（2）先导式溢流阀。图6-4所示为先导式溢流阀。在图6-4中，压力油从P口进入，通过阻尼孔3后作用在导阀4上。当进油口压力较低、导阀上的液压作用力不足以克服导阀右侧弹簧5的作用力时，导阀关闭，没有油液流过阻尼孔，所以主阀芯2两端压力相等，在较软的主阀弹簧1作用下，主阀芯2处于最下端位置，溢流阀阀口P和T隔断，没有溢流。当进油口压力升高到作用在导阀上的液压力大于导阀弹簧作用力时，导阀打开，压力油就可通过阻尼孔，经导阀流回油箱。由于阻尼孔的作用，使主阀芯上端的液压力 $p_2$ 小于下端压

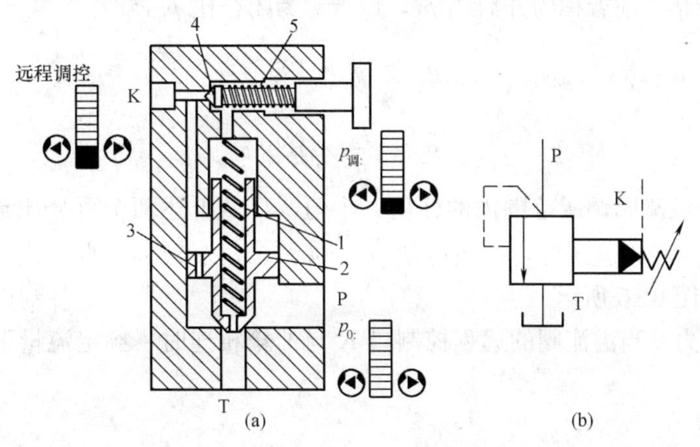


图6-4 先导式溢流阀

（a）结构图；（b）职能符号

1—主阀弹簧；2—主阀芯；3—阻尼孔；4—导阀阀芯；5—导阀弹簧

力 $p_1$，当这个压力差作用在面积为 $A_B$ 的主阀芯上的力等于或超过主阀弹簧力 $F_s$、轴向稳态液动力 $F_{bs}$、摩擦力 $F_f$ 和主阀芯自重 $G$ 时，主阀芯开启，油液从 P 口流入，经主阀阀口由 T 流回油箱，实现溢流，即

$$\Delta p = p_1 - p_2 \geqslant (F_s + F_{bs} + G \pm F_f)/A_B \tag{6-1}$$

由式（6-1）可知，由于油液通过阻尼孔而产生的 $p_1$ 与 $p_2$ 之间的压差值不太大，所以主阀芯只需一个小刚度的软弹簧即可；而作用在导阀 4 上的液压力 $p_2$ 与其导阀阀芯面积的乘积即为导阀弹簧 5 的调压弹簧力，由于导阀阀芯一般为锥阀，受压面积较小，所以用一个刚度不太大的弹簧即可调整较高的开启压力 $p_2$，用螺钉调节导阀弹簧的预紧力，就可调节溢流阀的溢流压力。

先导式溢流阀有一个远程控制口 K，如果将 K 口用油管接到另一个远程调压阀（远程调压阀的结构与溢流阀的先导控制部分相同），调节远程调压阀的弹簧力，即可调节溢流阀主阀芯上端的液压力，从而对溢流阀的溢流压力实现远程调压。但是，远程调压阀所能调节的最高压力不得超过溢流阀本身导阀的调整压力。当远程控制口 K 通过二位二通阀接通油箱时，主阀芯上端的压力接近于零，主阀芯上移到最高位置，阀口开得很大。由于主阀弹簧较软，这时溢流阀 P 口处压力很低，系统的油液在低压下通过溢流阀流回油箱，实现卸荷。

### 6.1.2 溢流阀的性能

溢流阀的性能包括溢流阀的静态性能和动态性能。

1. 静态性能

（1）压力调节范围。压力调节范围是指调压弹簧在规定的范围内调节时，系统压力能平稳地上升或下降，且压力无突跳及迟滞现象时的最大和最小调整压力。溢流阀的最大允许流量为其额定流量，在额定流量下工作时，溢流阀应无噪声。溢流阀的最小稳定流量取决于它的压力平稳性要求，一般规定为额定流量的 15%。

（2）启闭特性。启闭特性是指溢流阀在稳态情况下从开启到闭合的过程中，被控压力与通过溢流阀的溢流量之间的关系。它是衡量溢流阀定压精度的一个重要指标，一般用溢流阀处于额定流量、调整压力 $p_s$ 时，开始溢流的开启压力 $p_k$ 及停止溢流的闭合压力 $p_b$ 分别与 $p_s$ 的百分比来衡量，前者称为开启比 $\bar{p}_k$，后者称为闭合比 $\bar{p}_b$，即

$$\bar{p}_k = \frac{p_k}{p_s} \times 100\% \tag{6-2}$$

$$\bar{p}_b = \frac{p_b}{p_s} \times 100\% \tag{6-3}$$

其中，$p_s$ 可以是溢流阀调压范围内的任何一个值，显然上述两个百分比越大，则两者越接近，溢流阀的启闭特性就越好，一般应使 $\bar{p}_k \geqslant 90\%$、$\bar{p}_b \geqslant 85\%$，直动式和先导式溢流阀的启闭特性曲线如图 6-5 所示。

（3）卸荷压力。当溢流阀的远程控制口 K 与油箱相连时，额定流量下的压力损失称为卸荷压力。

2. 动态性能

当溢流阀在溢流量发生由零至额定流量的阶跃变化时，其进口压力，也就是它所控制的系统压力，将如图 6-6 所示迅速升高并超过额定压力的调定值，然后逐步衰减到最终稳定压力，从而完成其动态过渡过程。

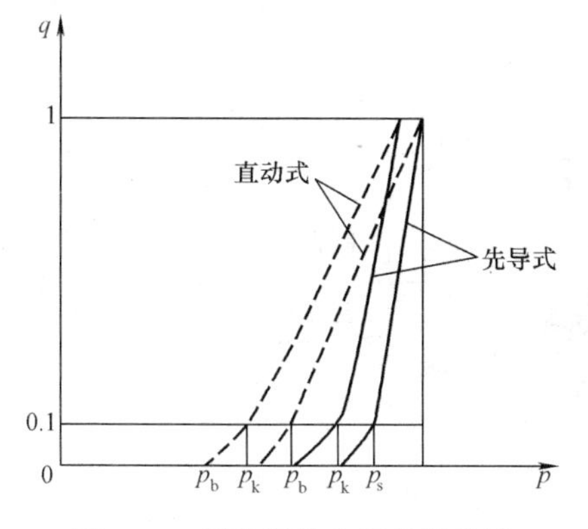


图 6-5　溢流阀的启闭特性曲线

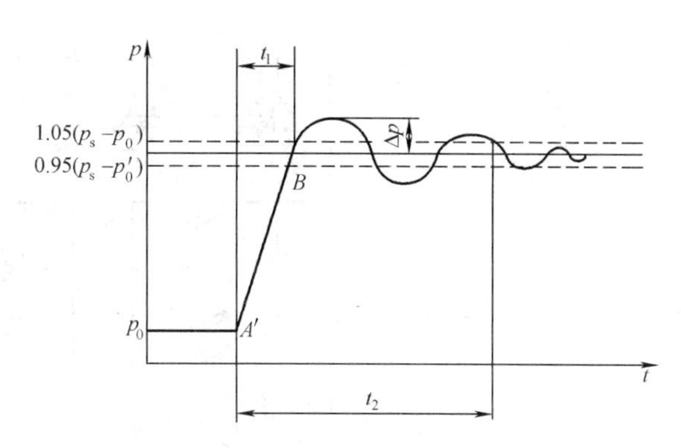


图 6-6　流量阶跃变化时溢流阀的进口压力响应特性曲线

定义最高瞬时压力峰值与额定压力调定值 $p_s$ 的差值为压力超调量 $\Delta p$，则压力超调率 $\overline{\Delta p}$为

$$\overline{\Delta p}=\frac{\Delta p}{p_s}\times 100\% \tag{6-4}$$

$\overline{\Delta p}$是衡量溢流阀动态定压误差的一个性能指标。一个性能良好的溢流阀，其$\overline{\Delta p}\leqslant$ 10%～30%。图 6-6 所示 $t_1$ 称为响应时间，$t_2$ 称为过渡过程时间。显然，$t_1$ 越小，溢流阀的响应越快；$t_2$ 越小，溢流阀的动态过渡过程时间越短。

## 6.2　减　压　阀

减压阀是使出口压力（二次压力）低于进口压力（一次压力）的一种压力控制阀。其作用是用低液压系统中某一回路的油液压力，使用一个油源能同时提供两个或几个不同压力的输出。减压阀在各种液压设备的夹紧系统、润滑系统和控制系统中应用较多。此外，当油液压力不稳定时，在回路中串入一减压阀可得到一个稳定的较低的压力。根据减压阀所控制的压力不同，它可分为定值输出减压阀、定差减压阀和定比减压阀。

### 6.2.1　定值输出减压阀

1. 工作原理

图 6-7（a）所示为直动式减压阀的结构示意。$P_1$ 口是进油口，$P_2$ 口是出油口，阀不工作时，阀芯在弹簧作用下处于最下端位置，阀的进、出油口是相通的，即阀是常开的。若出口压力增大，使作用在阀芯下端的压力大于弹簧力时，阀芯上移，关小阀口，这时阀处于工作状态。若忽略其他阻力，仅考虑作用在阀芯上的液压力和弹簧力相平衡的条件，则可以认为出口压力基本上维持在某一定值——调定值上。这时若出口压力减小，阀芯就下移，开大阀口，阀口处阻力减小，压降减小，使出口压力回升到调定值；反之，若出口压力增大，则阀芯上移，关小阀口，阀口处阻力加大，压降增大，使出口压力下降到调定值。

图 6-7（c）所示为先导式减压阀的图形符号，可仿前述先导式溢流阀来推演，此处不再赘述。

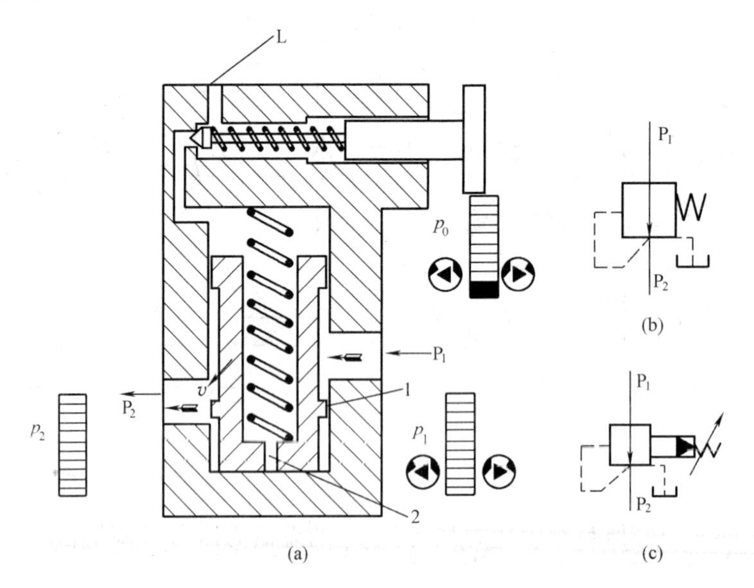


图 6-7 减压阀

(a) 直动式减压阀结构示意；(b) 直动式减压阀图形符号；(c) 先导式减压阀图形符号

1—主阀芯；2—阻尼孔

$v$—阀口流速；L—外泄漏油口

将先导式减压阀和先导式溢流阀进行比较，它们之间有如下几点不同之处：

(1) 减压阀保持出口压力基本不变，而溢流阀保持进口处压力基本不变。

(2) 在不工作时，减压阀进、出油口互通，而溢流阀进、出油口不通。

(3) 为保证减压阀出口压力调定值恒定，其导阀弹簧腔需通过泄油口单独外接油箱；而溢流阀的出油口是通油箱的，所以其导阀弹簧腔和泄油口通过阀体上的通道和出油口相通，不必单独外接油箱。

2. 工作特性

理想的减压阀在进口压力、流量发生变化或出口负载增加时，其出口压力 $p_2$ 总是恒定不变的。但实际上，$p_2$ 是随 $p_1$、$q$ 的变化或负载的增大而有所变化。由图 6-7 (a) 可知，当忽略阀芯的自重和摩擦力，稳态液动力为 $F_{bs}$时，阀芯上的力平衡方程为

$$p_2 A_R + F_{bs} = k_s(x_c + x_R) \tag{6-5}$$

式中 $k_s$——弹簧刚度；

$x_c$——当阀芯开口 $x_R=0$ 时弹簧的预压缩量。

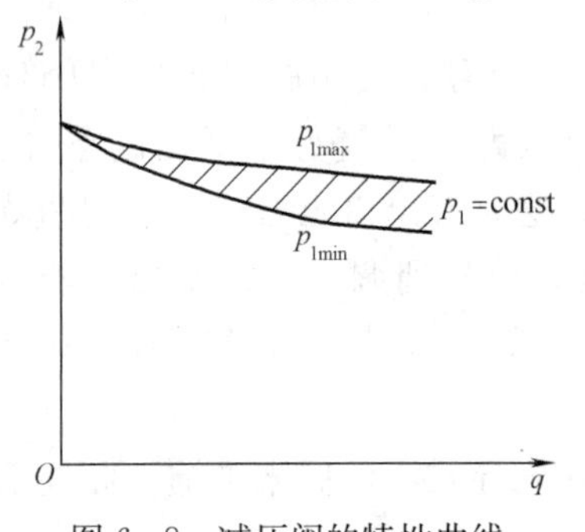


图 6-8 减压阀的特性曲线

其余符号见图，即

$$p_2 = k_s(x_c + x_R) - F_{bs}/A_R \tag{6-6}$$

若忽略液动力 $F_{bs}$，且 $x_R \leqslant x_c$ 时，则有

$$p_2 \approx k_s x_c / A_R = \text{const} \tag{6-7}$$

这就是减压阀出口压力可基本上保持定值的原因。

减压阀的 $p_2$-$q$ 特性曲线如图 6-8 所示，当减压阀进油口压力 $p_1$ 基本恒定时，若通过的流量 $q$ 增加，则阀口缝隙 $x_R$ 加大，出口压力 $p_2$ 略微下降。在先导式减压阀

中，出油口压力的压力调整值越低，它受流量变化的影响就越大。当减压阀的出油口不输出油液时，其出口压力基本能保持恒定。此时，有少量的油液通过减压阀阀口经先导阀和泄油口流回油箱，保持该阀处于工作状态。

### 6.2.2 定差减压阀

定差减压阀是使进、出油口之间的压力差等于或近似于不变的减压阀，其工作原理如图6-9所示。高压油 $p_1$ 经节流口 $x_R$ 减压后以低压 $p_2$ 流出，同时，低压油经阀芯中心孔将压力传至阀芯上腔，则其进、出油液压力在阀芯有效作用面积上的压力差与弹簧力相平衡，即

$$\Delta p = p_1 - p_2 = \frac{4k_s(x_c + x_R)}{\pi(D^2 - d^2)} \tag{6-8}$$

由式（6-8）可知，只要尽量减小弹簧刚度 $k_s$ 和阀口开度 $x_R$，就可使压力差 $\Delta p$ 近似地保持为定值。

### 6.2.3 定比减压阀

定比减压阀能使进、出油口压力的比值维持恒定。图6-10所示为其工作原理，阀芯在稳态时忽略稳态液动力、阀芯的自重和摩擦力时可得到力平衡方程为

$$p_1 A_1 + k_s(x_c + x_R) = p_2 A_2 \tag{6-9}$$

若忽略弹簧力（刚度较小），则有（减压比）

$$p_2/p_1 = A_1/A_2 \tag{6-10}$$

由式（6-10）可见，选择阀芯的作用面积 $A_1$ 和 $A_2$，便可得到所要求的压力比，且比值近似恒定。

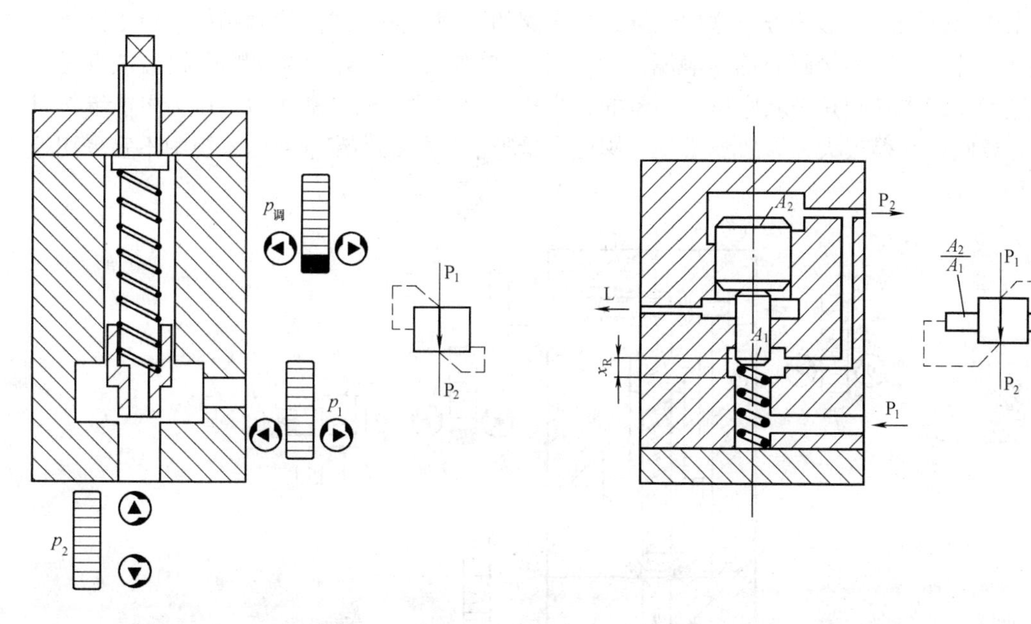


图6-9 定差减压阀

图6-10 定比减压阀

## 6.3 顺序阀

顺序阀是用来控制液压系统中各执行元件动作先后顺序的。依控制压力的不同，顺序阀

又可分为内控式和外控式两种。前者用阀的进口压力控制阀芯的启闭，后者用外来的控制压力油控制阀芯的启闭（即液控顺序阀）。顺序阀也有直动式和先导式两种，前者一般用于低压系统，后者用于高中压系统。

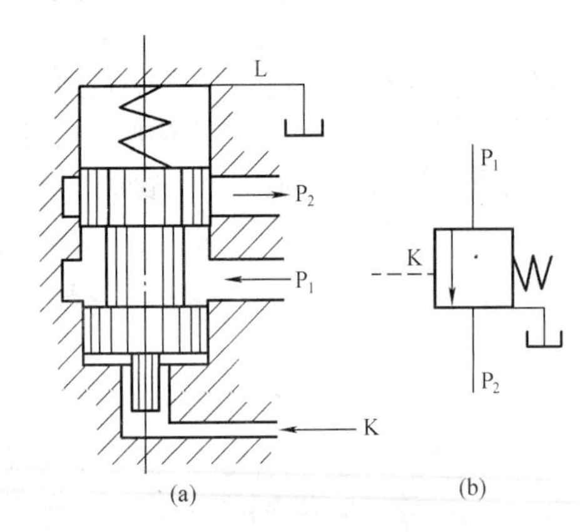


图 6-11 直动式外控顺序阀

(a) 工作原理；(b) 职能符号

图 6-11 所示为直动式顺序阀的工作原理和职能符号。当进油口压力 $p_1$ 较低时，阀芯在弹簧作用下处于下端位置，进油口和出油口不相通。当作用在阀芯下端的油液压力大于弹簧的预紧力时，阀芯向上移动，阀口打开，油液便经阀口从出油口流出，从而操纵另一执行元件或其他元件动作。由图 6-11 可见，顺序阀和溢流阀的结构基本相似，不同的是顺序阀的出油口通向系统的另一压力油路，而溢流阀的出油口通油箱。此外，由于顺序阀的进、出油口均为压力油，所以其泄油口 L 必须单独外接油箱。

直动式外控顺序阀的工作原理图和图形符号如图 6-11 所示，和上述顺序阀的差别仅在于其下部有一控制油口 K，阀芯的启闭是利用通入控制油口 K 的外部控制油来控制。

如果在直动式顺序阀的基础上，将主阀芯上腔的调压弹簧用半桥式先导调压回路代替，且将先导阀调压弹簧腔引至外泄口 L，就可以构成先导式顺序阀。图 6-12 所示为先导式顺序阀的工作原理图和图形符号，这种先导式顺序阀的原理与先导式溢流阀相似，所不同的是二次油路（即出口）不接回油箱，泄漏油口 L 必须单独接回油箱。这种顺序阀的缺点是外泄漏量过大。因先导阀是按顺序压力调整的，当执行元件达到顺序动作后，压力可能继续升高，将先导阀口开得很大，导致流量从导阀处大量外泄。故在小流量液压系统中不宜采用这种结构。

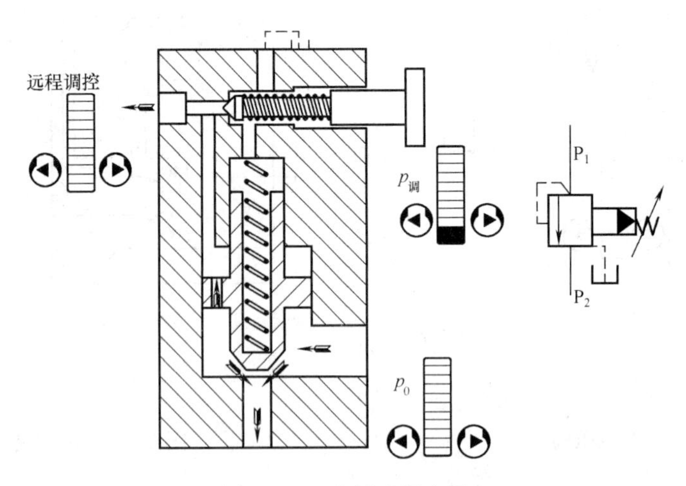


图 6-12 先导式顺序阀

为减小导阀处的外泄量，可将导阀设计成滑阀式，令导阀的测压面与导阀阀口的节流边分离。先导级设计如下：

（1）导阀的测压面与主油路进口一次压力 $p_1$ 相通，由先导阀的调压弹簧直接与 $p_1$ 相比较。

（2）导阀阀口回油接出口二次压力，这样不致产生大量外泄流量。

（3）导阀弹簧腔接外泄口（外泄量极小），使导阀芯弹簧侧不形成背压。

（4）先导级仍采用带进油固定节流口的半桥回路，固定节流口的进油压力为 $p_1$，先导阀阀口仍然作为先导级的回油阀口，但回油压力为 $p_2$。

图 6-13 所示 DZ 型顺序阀就是基于上述原理的先导式顺序阀。主阀形似单向阀，先导阀为滑阀式。主阀芯在原始位置将进、出油口切断，进油口的压力油通过两条油路：一路经阻尼孔进入主阀上腔并到达先导阀中部环形腔，另一路直接作用在先导滑阀左端。当进口压力低于先导阀弹簧调整压力时，先导滑阀在弹簧力的作用下处于图示位置。当进口压力 $p_1$ 大于先导阀弹簧调整压力时，先导滑阀在左端液压力作用下右移，将先导阀中部环形腔与通顺序阀出口的油路沟通，于是顺序阀进口压力 $p_1$ 经阻尼孔、主阀上腔、先导阀流向出口。由于阻尼孔的存在，主阀上腔压力低于下端（即进口）压力 $p_1$，主阀芯开启，顺序阀进、出油口沟通（此时 $p_1 \approx p_2$）。由于主阀芯上阻尼孔的泄漏不流向泄油口 L，而是流向出油口 $P_2$；又因主阀上腔油压与先导滑阀所调压力无关，仅通过刚度很弱的主阀弹簧与主阀芯下端液压力保持主阀芯的受力平衡，故出口压力 $p_2$ 近似等于进口压力 $p_1$，其压力损失小。与图 6-12所示的顺序阀相比，DZ 型顺序阀的泄漏量和功率损失大为减小。

将外控式顺序阀的出油口接通油箱，且将外泄改为内泄，即可构成卸荷阀。

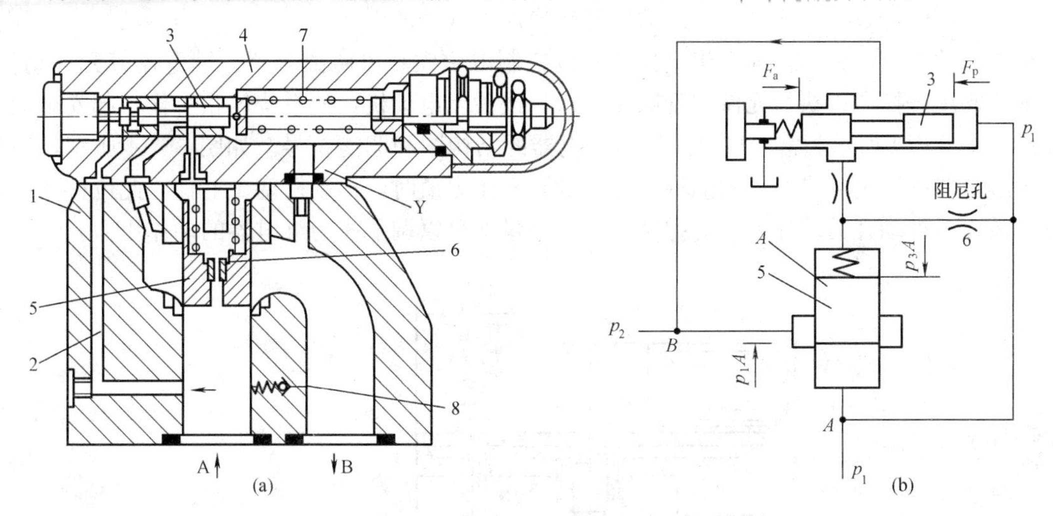


图 6-13 DZ 型先导式顺序阀

（a）结构图；（b）原理图

1—主阀体；2—先导级测压孔；3—导阀芯；4—导阀体；5—主阀芯；6—阻尼孔；7—调压弹簧；8—单向阀

将先导式顺序阀和先导式溢流阀进行比较，它们之间有以下不同之处：

（1）溢流阀的进口压力在通流状态下基本不变，而顺序阀在通流状态下进口压力由出口压力而定。如果出口压力 $p_2$ 比进口压力 $p_1$ 低得多时，$p_1$ 基本不变，而当 $p_2$ 增大到一定程度，$p_1$ 也随之增加，则 $p_1 = p_2 + \Delta p$，$\Delta p$ 为顺序阀上的损失压力。

（2）溢流阀为内泄漏，而顺序阀需单独引出泄漏通道，为外泄漏。

（3）溢流阀的出口必须接回油箱，顺序阀出口可接负载。

顺序阀内装并联的单向阀，可构成单向顺序阀。单向顺序阀也有内外控之分。若将出油口接通油箱，且将外泄改为内泄，即可作平衡阀用，使垂直放置的液压缸不因自重而下落。

各种顺序阀的职能符号见表 6 - 1。

**表 6 - 1　　顺序阀的职能符号**

| 控制与泄油方式 | 内控外泄 | 外控外泄 | 内控内泄 | 外控内泄 | 内控外泄加单向阀 | 外控外泄加单向阀 | 内控内泄加单向阀 | 外控内泄加单向阀 |
|---|---|---|---|---|---|---|---|---|
| 名称 | 顺序阀 | 外控顺序阀 | 背压阀 | 卸荷阀 | 内控单向顺序阀 | 外控单向顺序阀 | 内控平衡阀 | 外控平衡阀 |
| 职能符号 | | | | | | | | |

## 6.4　压力继电器

压力继电器是一种将油液的压力信号转换成电信号的电液控制元件，当油液压力达到压力继电器的调整压力时，即发出电信号，以控制电磁铁、电磁离合器、继电器等元件动作，使油路卸压、换向、执行元件实现顺序动作，或关闭电动机，使系统停止工作，起安全保护作用。图 6 - 14 所示为常用柱塞式压力继电器的结构图和职能符号。如图 6 - 14 所示，当从压力继电器下端进油口通入的油液压力达到调整压力值时，推动柱塞 1 上移，此位移通过杠杆 2 放大后推动开关动作。改变弹簧 3 的压缩量即可以调节压力继电器的动作压力。

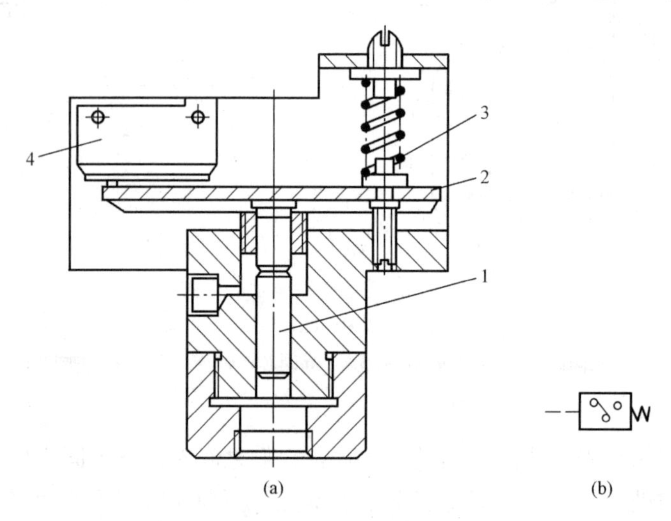


图 6 - 14　压力继电器

(a) 结构图；(b) 职能符号

1—柱塞；2—杠杆；3—弹簧；4—微动开关

## 6.5　压力阀在调压与减压回路中的应用

### 6.5.1　调压回路

在定量泵系统中，液压泵的供油压力可以通过溢流阀来调节。在变量泵系统中，用溢流阀作安全阀以限定系统的最高压力，防止系统过载。当系统中需要两种以上压力时，则可采用多级调压回路。

1. 单级调压回路

在图 6 - 15 所示的定量泵系统中，节流阀可以调节进入液压缸的流量，定量泵输出的流量大于进入液压缸的流量，而多余油液便从溢流阀流回油箱。调节溢流阀便可调节泵的供油压力，溢流阀的调整压力必须大于液压缸最大工作压力和油路上各种压力损失的总和。为了便于调压和观察，溢流阀旁一般要就近安装压力表。

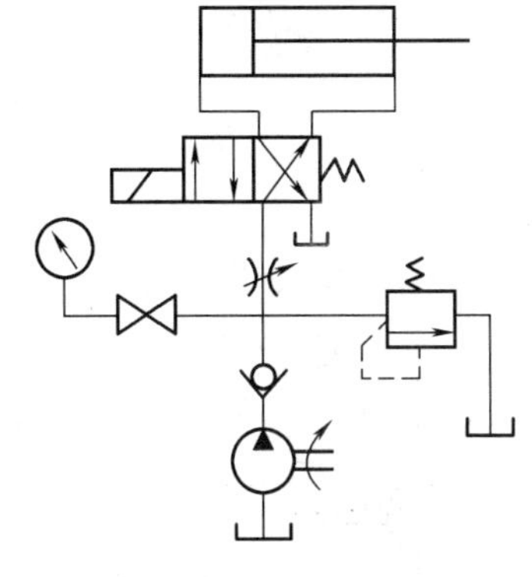

图 6 - 15　单级调压回路

2. 双向调压回路

当执行元件正、反向运动需要不同的供油压力时，可采用双向调压回路，如图 6 - 16 所示。在图 6 - 16（a）中，当换向阀在左位工作时，活塞为工作行程，泵出口压力较高，由溢流阀 1 调定。当换向阀在右位工作时，活塞做空行程返回，泵出口压力较低，由溢流阀 2 调定。如图 6 - 16（b）所示，回路在图示位置时，阀 2 的出口被高压油封闭，即阀 1 的遥控口被堵塞，故泵压由阀 1 调定为较高压力。当换向阀在右位工作时，液压缸左腔通油箱，压力为零，阀 2 相当于阀 1 的远程调压阀，泵的压力由阀 2 调定。

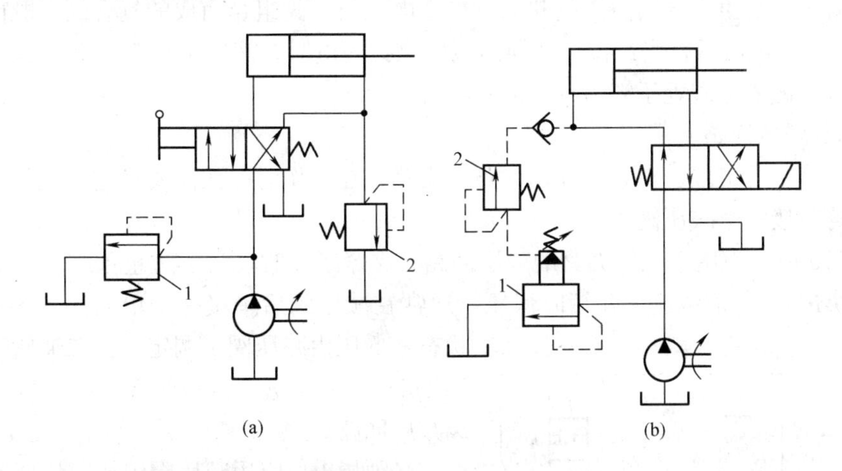


图 6 - 16　双向调压回路

3. 多级调压回路

在不同的工作阶段，液压系统需要不同的工作压力，多级调压回路可实现这种要求。图 6 - 17（a）所示为二级调压回路。图示状态下，泵出口压力由溢流阀 3 调定为较高压力，阀 2 换位后，泵出口压力由远程调压阀 1 调为较低压力。图 6 - 17（b）所示为三级调压回路。溢流阀 1 的远程控制口通过三位四通换向阀 4 分别接远程调压换向阀 2 和 3，使系统有三种压力调定值：换向阀在左位时，系统压力由阀 2 调定；换向阀在右位时，系统压力由阀 3 调定；换向阀在中位时，系统压力由主阀 1 调定。在此回路中，远程调压阀的调整压力必须低于主溢流阀的调整压力，只有这样远程调压阀才能起作用。图 6 - 17（c）所示为采用比例溢流阀的调压回路。

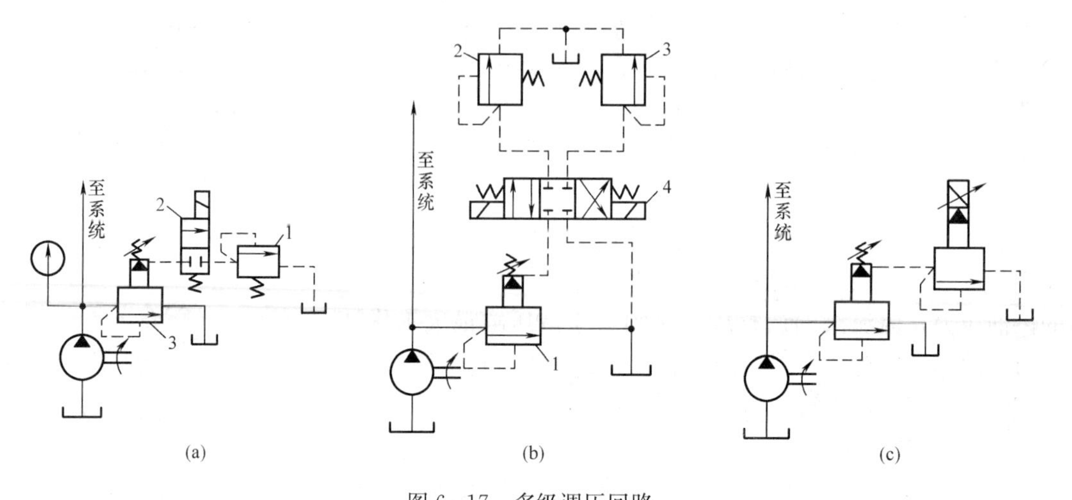


图 6 - 17　多级调压回路

（a）二级；（b）三级；（c）比例溢流阀调压回路

4. 电磁溢流阀调压卸荷回路

液压系统工作时，执行元件短时间停止工作，不宜采用开停液压泵的方法，而应使泵卸荷（如压力为零）。利用电磁溢流阀可构成调压—卸荷回路。

电磁溢流阀是由先导式溢流阀和二位二通电磁换向阀组合而成的复合阀，既能调压又能卸荷。如图 6 - 18 所示，当二位二通换向阀电磁铁通电时，液压泵可实现调压状态；当电磁铁断电时，电磁溢流阀处于卸荷（卸压）状态。

### 6.5.2　减压回路

液压系统中的定位、夹紧、控制油路等支路，在工作时往往需要稳定的低压，为此，在该支路上需串接一个减压阀。

图 6 - 19 所示为用于工件夹紧的减压回路。夹紧工件时，为了防止系统压力降低（如送给缸空载快进）、油液倒流，并短时保压，通常在减压阀后串接一个单向阀。图 6 - 19 所示状态，低压由减压阀 1 调定；当二通阀通电后，阀 1 出口压力则由远程调压阀 2 调定，故此回路为二级减压回路。

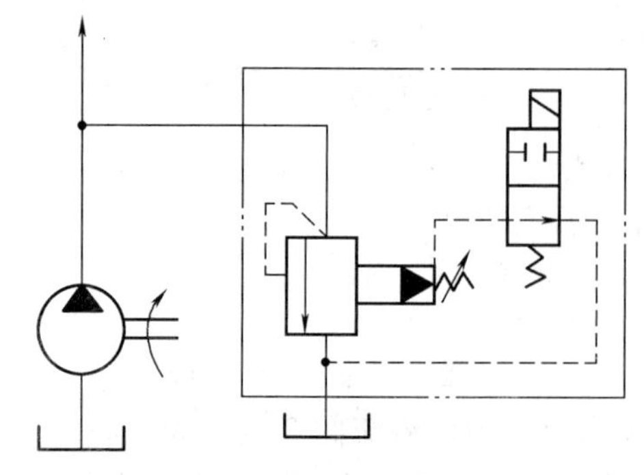

图 6 - 18　电磁溢流阀卸荷回路

必须指出，应用减压阀组成减压回路虽然可以方便地使某一分支油路压力减低，但油液流经减压阀将产生压力损失，这增加了功率损失并使油液发热。当分支油路的压力较主油路压力低得多，而需要的流量又很大时，为减少功率损耗，常采用高、低压液压泵分别供油，以提高系统的效率。

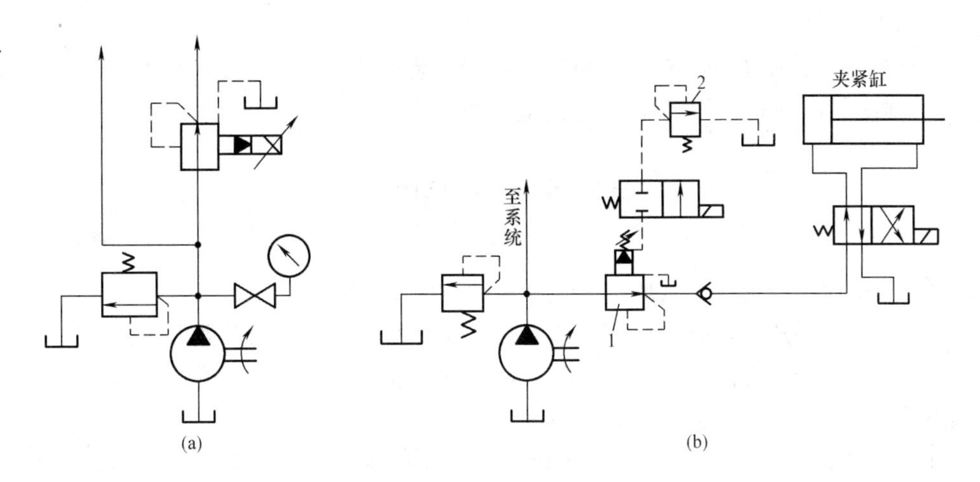


图 6-19 减压回路

(a) 一级减压回路；(b) 二级减压回路

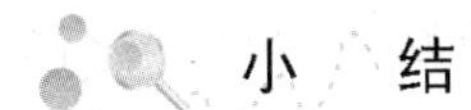

## 小 结

溢流阀的结构形式主要有两种：直动式溢流阀和先导式溢流阀。前者一般用于低压或小流量（如用小流量锥阀式溢流阀作远程调压阀），后者用于高压、大流量。

溢流阀的主要作用：①在某些定量泵系统（如在节流调速系统中）中起定压溢流作用；②在变量泵系统或某些重要部位起安全限压作用。

溢流阀是利用作用于阀芯的进油口压力与弹簧力平衡的原理来工作的。当进油口压力低于弹簧力时，阀口关闭；当进油口压力超过弹簧力时，阀口开启。弹簧力可以调整，故压力也可调整。当有一定流量通过溢流阀时，阀必须有一开口，此开口形成一个液阻，油液流过液阻时产生压降，这就形成了进油口压力（即溢流压力）。实际工作时，溢流阀开口大小是根据通过的流量自动调整，阀的进口压力（或系统压力）将随溢流量的增加而加大。溢流量改变引起的压力变化的大小，主要取决于主阀芯上弹簧的刚度（包括液动力弹簧刚度）。弹簧刚度越小，压力变化也越小。压力变化大小反映了溢流阀稳压性能的好坏。从这点出发，先导式溢流阀较直动式溢流阀稳压性能好。

先导式溢流阀有一个遥控口，通过它可以实现远程调压、多级压力控制、使液压泵卸荷等功能。减压阀是利用液流通过阀口缝隙所形成的液阻使出口压力低于进口压力，并使出口压力基本不变的压力控制阀，常用于某局部油路的压力需要低于系统主油路压力的场合。与溢流阀相比，主要差别如下：①出口测压；②反馈力指向主阀口关闭方向；③先导级有外泄口。

顺序阀和压力继电器不适用于控制压力。反过来，它们利用压力作为信号去驱动液压开关或电器开关。顺序阀是液控液压开关，压力继电器是液控电开关。信号压力达到调整压力值时开关动作（对顺序阀，阀口全开）。

顺序阀在油路中相当于一个以油液压力作为信号来控制油路通断的液压开关。它与溢流阀的工作原理基本相同，主要差别如下：①出口接负载；②动作时阀口不是微开而是全开；

③有外泄口。

压力继电器是将压力信号转换为电信号的转换装置。当作用于压力继电器上的控制油压升高到（或降低到）调整压力时，压力继电器便发出电信号。

## 思考题和习题

6-1 分析比较溢流阀、减压阀和顺序阀的作用及差别。

6-2 绘出先导式溢流阀的启闭特性曲线，并对各段曲线及拐点做出解释。

6-3 现有两个压力阀，由于铭牌脱落，分不清哪个是溢流阀，哪个是减压阀，又不希望将阀拆开，如何根据其特点做出正确判断？

6-4 若减压阀调压弹簧预调为5MPa，而减压阀前的一次压力为4MPa。试问经减压后的二次压力是多少？为什么？

6-5 顺序阀是稳压阀还是液控开关？顺序阀工作时阀口是全开还是微开？溢流阀和减压阀呢？

6-6 分别绘出直动式和先导式溢流阀、顺序阀、减压阀的原理图，指出测压面和主阀口的部位，并说明它们的反馈力是指向主阀口的开启方向还是关闭方向。

6-7 用先导式溢流阀调节液压泵的压力，但不论如何调节手轮，压力表显示的泵压都很低。将阀拆下检查，看到各零件都完好无损，试分析液压泵压力低的原因。如果压力表显示的泵压都很高，试分析液压泵压力高的原因。

6-8 图6-20中溢流阀的调整压力为5MPa，减压阀的调整压力为2.5MPa，设液压缸的无杆腔面积$A=50\text{cm}^2$，液流通过单向阀和非工作状态下的减压阀时，其压力损失分别为0.2MPa和0.3MPa。试问：当负载分别为0、7.5、30kN时，液压缸能否移动，$A$、$B$和$C$三点压力数值各为多少？

6-9 如图6-21所示的液压系统中，各溢流阀的调整压力分别为$p_A=4\text{MPa}$、$p_B=3\text{MPa}$和$p_C=2\text{MPa}$。试求在系统的负载趋于无限大时，液压泵的工作压力。

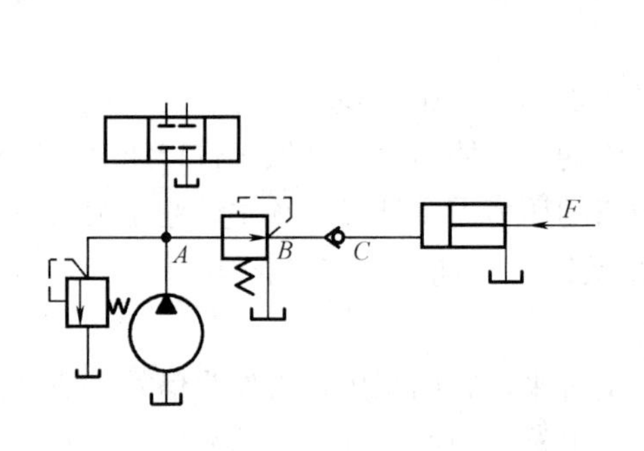


图6-20 题6-8图

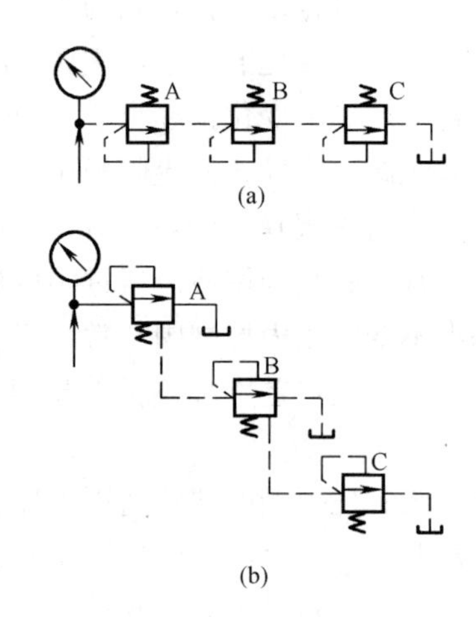


图6-21 题6-9图

6-10 在图6-22所示的系统中，溢流阀的调整压力为4MPa，如果阀芯阻尼小孔造成的损失不计，试判断下列情况下压力表的读数：(1) YA断电，负载为无穷大；(2) YA断电，负载压力为2MPa；(3) YA通电；负载压力为2MPa。

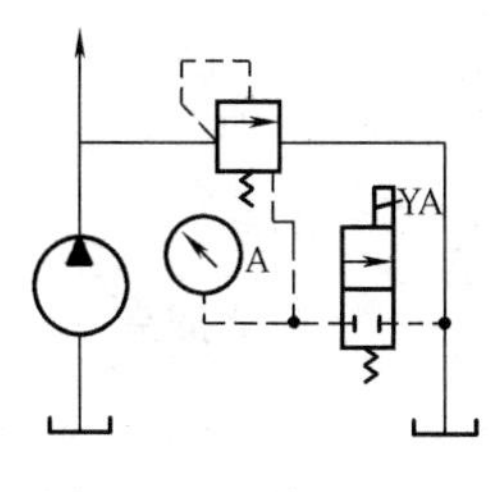

图6-22　题6-10图

6-11　如图6-23所示，顺序阀的调整压力$p_x$=3MPa，溢流阀的调整压力$p_y$=5MPa，试求在下列情况下$A$、$B$点的压力：(1) 液压缸运动时，负载压力$p_L$=4MPa；(2) 负载压力$p_L$=1MPa；(3) 活塞运动到右端时。

6-12　如图6-24所示两阀组中，设两减压阀调整压力一大一小（$p_A>p_B$），并且所在支路有足够的负载。说明支路的出口压力取决于哪个减压阀？为什么？

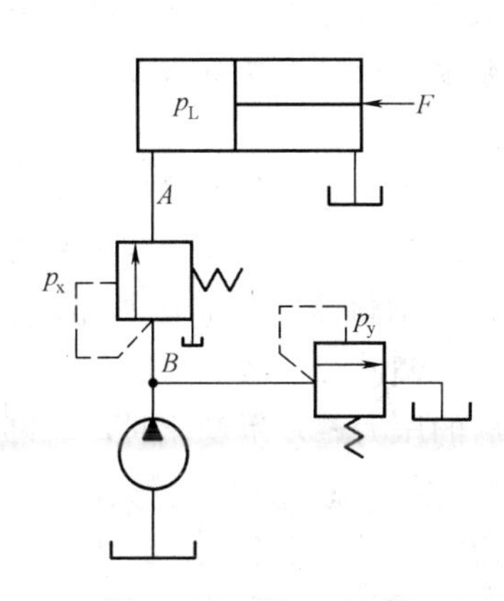

图6-23　题6-11图

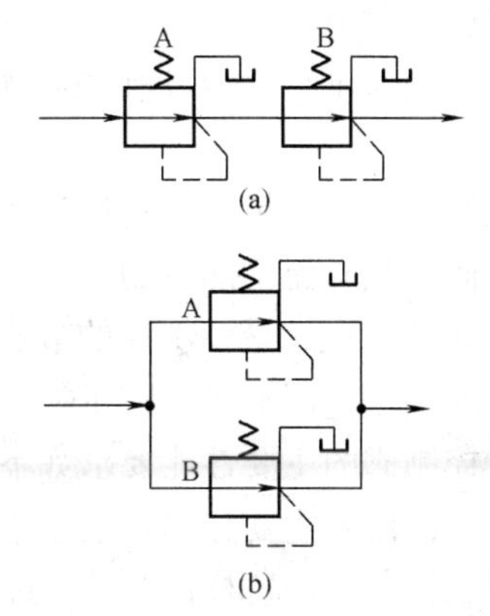

图6-24　题6-12图

# 第7章 流量控制阀

本章主要内容包括：①节流口的流量特性；②流量负反馈；③节流阀、调速阀、分流阀三种流量控制阀的原理、结构、主要性能和应用；④其他液压阀，如插装阀、电液比例阀、电液伺服阀的工作原理及应用。本章重点是流量负反馈、调速阀的工作原理和性能，其中，阀的工作原理尤为重要。学习时应从流量负反馈等基本概念着手理解这些阀的工作原理。

流量控制阀简称流量阀，它通过改变节流口通流面积或通流通道的长短来改变局部阻力的大小，从而实现对流量的控制，改变执行机构的运动速度。流量控制阀是节流调速系统中的基本调节元件。在定量泵供油的节流调速系统中，必须将流量控制阀与溢流阀配合使用，以便将多余的流量排回油箱。流量控制阀包括节流阀、调速阀、溢流节流阀、分流阀等。

对流量控制阀的主要性能要求如下：①当阀前后的压力差发生变化时，通过阀的流量变化要小；②当油温发生变化时，通过节流阀的流量变化要小；③要有较大的流量调节范围，在小流量时不易堵塞，这样使节流阀能得到很小的稳定流量，不会在连续工作一段时间后因节流口堵塞而使流量减小，甚至断流；④当阀全开时，阀的泄漏量要小。对于高压阀而言，还希望其调节力矩要小。液流通过节流阀的压力损失要小。

本章除讨论普通的流量阀之外，还简要介绍了插装阀、电液比例阀和电液伺服阀。

## 7.1 流量控制原理及节流口形式

节流阀节流口通常有薄壁小孔、细长小孔和厚壁小孔三种基本形式，但无论节流口采用何种形式，通过节流口的流量 $q$ 与其前后压力差 $\Delta p$ 的关系均可用式 $q=KA\Delta p^m$ 来表示。三种节流口的流量特性曲线如图 7-1 所示，由图 7-1 可知各参数对流量的影响。

（1）压差对流量的影响。节流阀两端压差 $\Delta p$ 变化时，通过它的流量要发生变化，三种结构形式的节流口中，通过薄壁小孔的流量受到压差改变的影响最小。

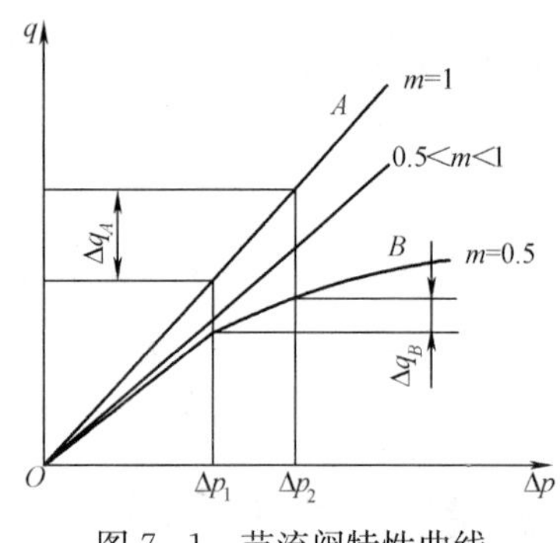

图 7-1 节流阀特性曲线

（2）温度对流量的影响。油温影响到油液黏度，对于细长小孔，油温变化时，流量也会随之改变；对于薄壁小孔黏度对流量几乎没有影响，故油温变化时，流量基本不变。

（3）节流口的堵塞。节流阀的节流口可能因油液中的杂质或由于油液氧化后析出的胶质、沥青等而局部堵塞，这就改变了原来节流口通流面积的大小，使流量发生变化，尤其是当开口较小时，这一影响更为突出，严重时会因完全堵塞而出现断流现象。因此，节流口的抗堵塞性能也是影响流量稳定性的重要因素，尤其会影响流量阀的最小稳定流量。节流口通流面积越大，节流通道越短，水力直径越大，越不容易堵塞，当然油液的清洁度也会对堵塞产生影响。一般而言，流量控制阀的最小稳定流量为0.05L/min。

综上所述，为保证流量稳定，节流口的形式以薄壁小孔较为理想。图7-2所示为典型节流口的结构形式。图7-2（a）所示为针阀式节流口，它通道长，湿周大，易堵塞，流量受油温影响较大，一般用于对性能要求不高的场合。图7-2（b）所示为偏心槽式节流口，其性能与针阀式节流口相同，但容易制造，其缺点是阀芯上的径向力不平衡，旋转阀芯时较费力，一般用于压力较低、流量较大和流量稳定性要求不高的场合。图7-2（c）所示为轴向三角槽式节流口，其结构简单，水力直径中等，可得到较小的稳定流量，且调节范围较大，但节流通道有一定的长度，油温变化对流量有一定的影响，目前应用广泛。图7-2（d）所示为周向缝隙式节流口，沿阀芯周向开有一条宽度不等的狭槽，转动阀芯就可改变开口大小。阀口做成薄刃形，通道短，水力直径大，不易堵塞，油温变化对流量影响小，因此其性能接近于薄壁小孔，适用于低压小流量场合。图7-2（e）所示为轴向缝隙式节流口，在阀孔的衬套上加工出图示薄壁阀口，阀芯做轴向移动即可改变开口大小，其性能与图7-2（d）所示的节流口相似。为保证流量稳定，节流口的形式以薄壁小孔较为理想。

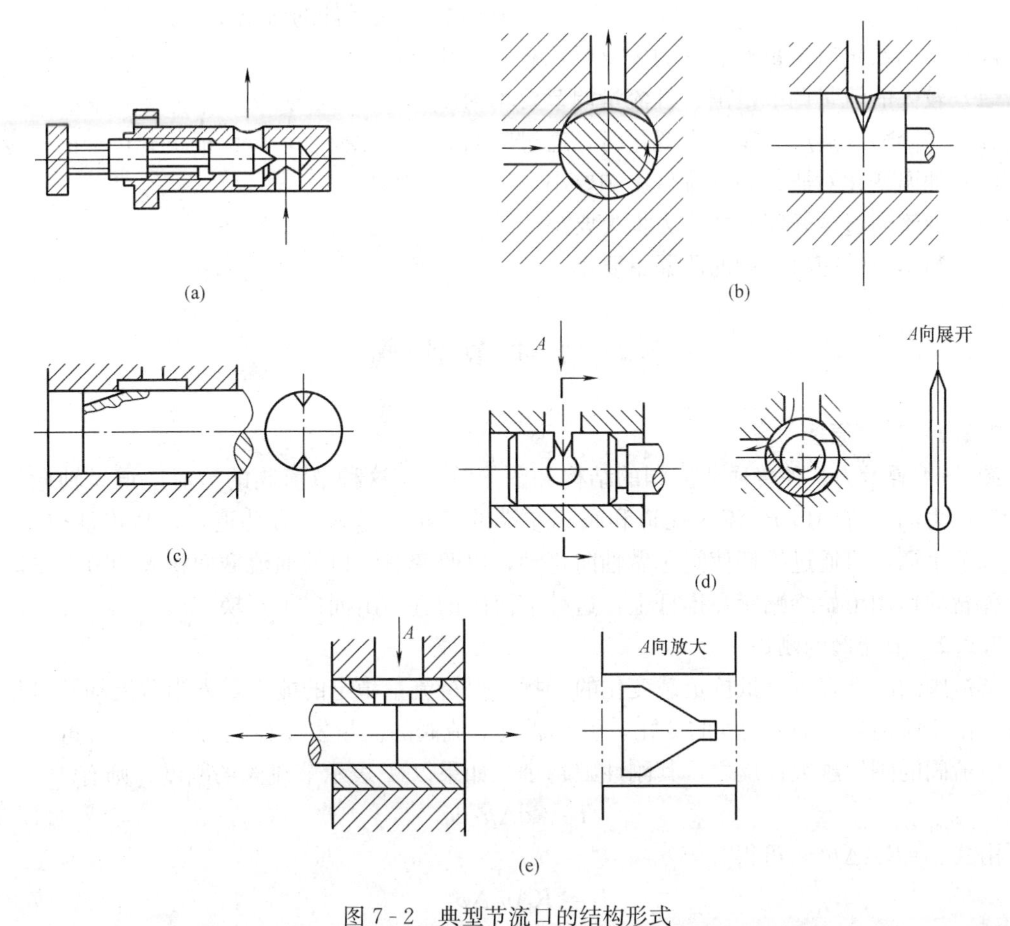


图7-2　典型节流口的结构形式

（a）针阀式；（b）偏心槽式；（c）轴向三角槽式；（d）周向缝隙式；（e）轴向缝隙式

在液压传动系统中节流元件与溢流阀并联于液压泵的出口，构成恒压油源，使泵出口的压力恒定。如图 7-3（a）所示，此时节流阀和溢流阀相当于两个并联的液阻，液压泵输出流量 $q_p$ 不变，流经节流阀进入液压缸的流量 $q_1$ 和流经溢流阀的流量 $\Delta q$ 的大小由节流阀和溢流阀液阻的相对大小来决定。若节流阀的液阻大于溢流阀的液阻，则 $q_1 < \Delta q$；反之，则 $q_1 > \Delta q$。节流阀是一种可以在较大范围内以改变液阻来调节流量的元件。因此，可以通过调节节流阀的液阻，来改变进入液压缸的流量，从而调节液压缸的运动速度；但若在回路中仅有节流阀而没有与之并联的溢流阀，如图 7-3（b）所示，则节流阀就起不到调节流量的作用。液压泵输出的液压油全部经节流阀进入液压缸。改变节流阀节流口的大小，只是改变液流流经节流阀的压力降。节流口小，流速快；节流口大，流速慢，而总的流量是不变的，因此液压缸的运动速度不变。所以，节流元件用来调节流量是有条件的，即要求有一个接受节流元件压力信号的环节（与之并联的溢流阀或恒压变量泵）。通过这一环节来补偿节流元件的流量变化。

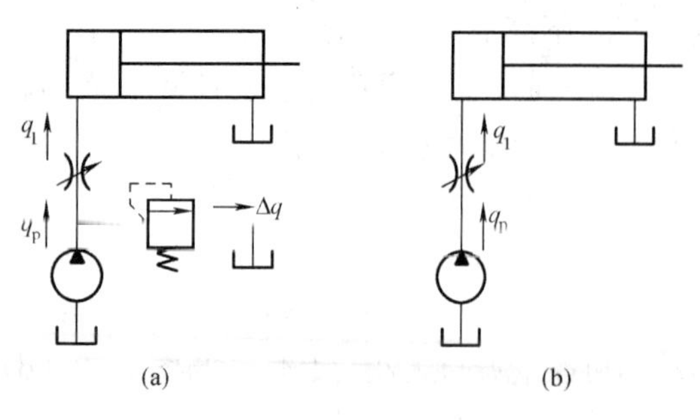


图 7-3　节流元件的作用

液压传动系统对流量控制阀的主要要求有以下几点：

（1）较大的流量调节范围，且流量调节要均匀。

（2）当阀前、后压力差发生变化时，通过阀的流量变化要小，以保证负载运动的稳定。

（3）油温变化对通过阀的流量影响要小。

（4）液流通过全开阀时的压力损失要小。

（5）当阀口关闭时，阀的泄漏量要小。

## 7.2　普通节流阀

### 7.2.1　工作原理

图 7-4 所示为一种普通节流阀的结构和图形符号。这种节流阀的节流通道呈轴向三角槽式。压力油从进油口 $P_1$ 流入孔道和阀芯左端的三角槽进入下方孔道，再从出油口 $P_2$ 流出。调节手柄，可通过推杆使阀芯做轴向移动，以改变节流口的通流截面积来调节流量。阀芯在弹簧的作用下始终贴紧在推杆上，这种节流阀的进、出油口可互换。

### 7.2.2　节流阀的刚性

节流阀的刚性表示其抵抗负载变化的干扰，保持流量稳定的能力，即当节流阀开口量不变时，由于阀前后压力差 $\Delta p$ 的变化，引起通过节流阀的流量发生变化的情况。流量变化越小，节流阀的刚性越大；反之，其刚性则越小。如果以 $T$ 表示节流阀的刚度，则有

$$T = \mathrm{d}\Delta p/\mathrm{d}q \tag{7-1}$$

由式 $q = KA\Delta p^m$，可得

$$T = KAm\Delta p^{m-1} \tag{7-2}$$

从图 7-5 所示的节流阀特性曲线可以发现，节流阀的刚度 $T$ 相当于流量曲线上某点的切线和横坐标夹角 $\beta$ 的余切，即

$$T = \cot\beta \tag{7-3}$$

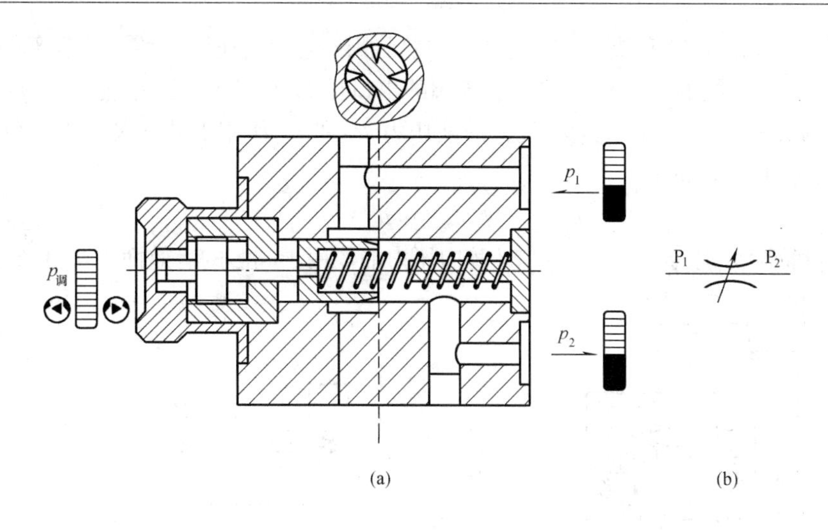


图 7-4 普通节流阀
(a) 结构图；(b) 图形符号

由图 7-5 和式（7-2）可以得出以下结论：

（1）同一节流阀，阀前后压力差 $\Delta p$ 相同，节流开口小时，刚度大。

（2）同一节流阀，在节流开口一定时，阀前后压力差 $\Delta p$ 越小，刚度越低。为了保证节流阀具有足够的刚度，节流阀只能在某一最低压力差 $\Delta p$ 的条件下，才能正常工作，但提高 $\Delta p$ 将引起压力损失的增加。

（3）取小的指数 $m$ 可以提高节流阀的刚度，因此在实际使用中多希望采用薄壁小孔式节流口，即 $m=0.5$ 的节流口。

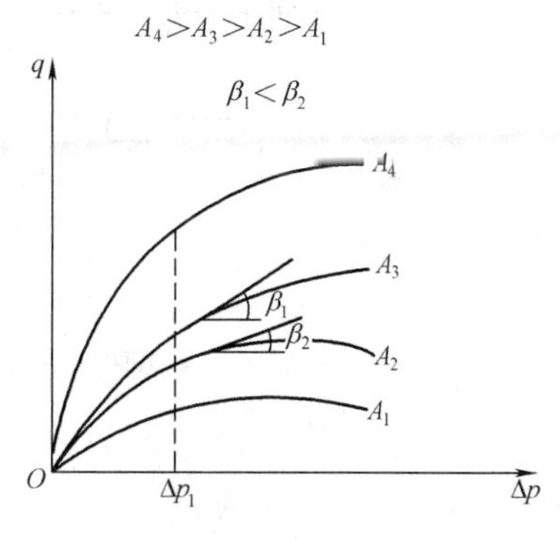


图 7-5 不同开口时节流阀的流量特性曲线

## 7.3 调速阀和温度补偿调速阀

普通节流阀由于刚性差，在节流开口一定的条件下通过它的工作流量受工作负载（即出口压力）变化的影响，不能保持执行元件运动速度的稳定，因此只适用于工作负载变化不大、速度稳定性要求不高的场合。由于工作负载的变化很难避免，为了改善调速系统的性能，通常是对节流阀进行补偿，即采取措施使节流阀前后压力差在负载变化时始终保持不变。由 $q=KA\Delta p^m$ 可知，当 $\Delta p$ 不变时，通过节流阀的流量只由其开口量大小来决定，使 $\Delta p$ 保持不变的方式有两种：一种是将定压差式减压阀与节流阀串联起来构成调速阀；另一种是将稳压溢流阀与节流阀并联起来构成溢流节流阀。这两种阀是利用流量变化所引起的油路压力变化，通过阀芯的负反馈动作来自动调节节流部分的压力差，使其保持不变。

### 7.3.1 调速阀

调速阀是在节流阀 2 前面串接一个定差减压阀 1 组合而成的。图 7-6（a）所示为其工作原理。液压泵的出口（即调速阀的进口）压力 $p_1$ 由溢流阀调整基本不变，而调速阀的出

口压力 $p_3$ 则由液压缸负载 $F$ 决定。油液先经减压阀产生一次压降，将压力降到 $p_2$，$p_2$ 经通道 e、f 作用到减压阀的 d 腔和 c 腔；节流阀的出口压力 $p_3$ 又经反馈通道 a 作用到减压阀的上腔 b，当减压阀的阀芯在弹簧力 $F_s$、油液压力 $p_2$ 和 $p_3$ 作用下处于某一平衡位置时（忽略摩擦力、液动力等），则有

$$p_2A_1 + p_2A_2 = p_3A + F_s \tag{7-4}$$

其中，$A$、$A_1$ 和 $A_2$ 分别为 b 腔、c 腔和 d 腔内压力油作用于阀芯的有效面积，且 $A=A_1+A_2$。

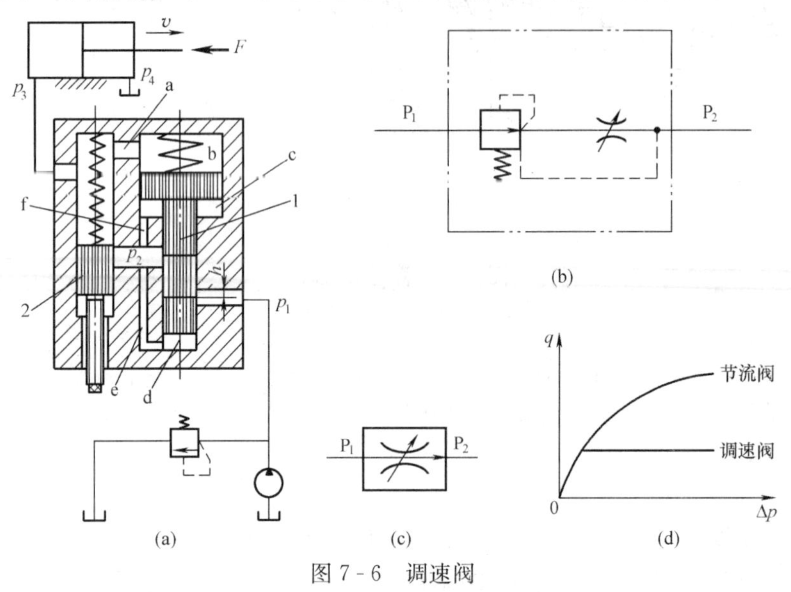


图 7-6　调速阀

（a）工作原理；（b）职能符号；（c）简化职能符号；（d）特性曲线

1—定差减压阀；2—节流阀

故

$$p_2 - p_3 = \Delta p = F_s/A \tag{7-5}$$

因为弹簧刚度较低，且工作过程中减压阀阀芯位移很小，可以认为 $F_s$ 基本保持不变。故节流阀两端压力差 $p_2-p_3$ 也基本保持不变，这就保证了通过节流阀的流量稳定。

### 7.3.2　温度补偿调速阀

普通调速阀的流量虽然已能基本上不受外部负载变化的影响，但是当流量较小时，节流口的通流面积较小。这时，节流口的长度与通流截面水力直径的比值相对地增大，油液的黏度变化对流量的影响也增大，所以当油温升高油的黏度变小时，流量仍会增大。为了减小温度对流量的影响，可以采用温度补偿调速阀。

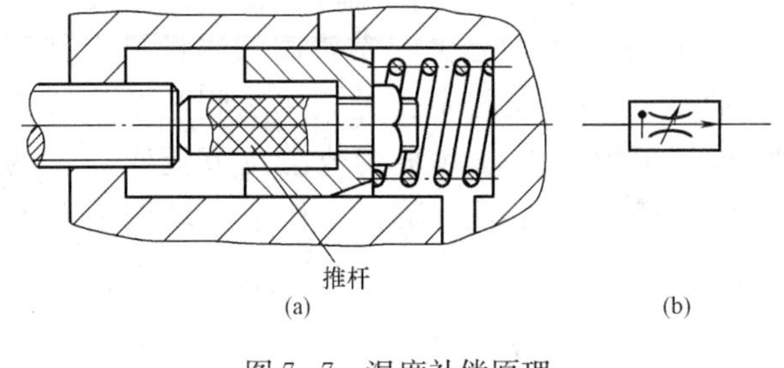


图 7-7　温度补偿原理

（a）结构图；（b）图形符号

温度补偿调速阀的压力补偿原理部分与普通调速阀相同，据 $q=KA\Delta p^m$ 可知，当 $\Delta p$ 不变时，由于黏度下降，$K$ 值（$m\neq0.5$ 的孔口）上升，此时只有适当减小节流阀的开口面积，才能保证 $q$ 不变。图 7-7所示为温度补偿原理，在节流阀阀芯和调节螺钉之间放置一个温度膨胀系数较大的聚氯乙烯推杆，当油

温升高时，流量增加，这时温度补偿杆伸长使节流口变小，从而补偿了油温对流量的影响。在20～60℃的温度范围内，流量的变化率超过10%，最小稳定流量可达20mL/min($3.3\times10^{-7}$ $m^3/s$)。

## 7.4 溢流节流阀

溢流节流阀也是一种压力补偿型节流阀，图7-8所示为其工作原理及职能符号。

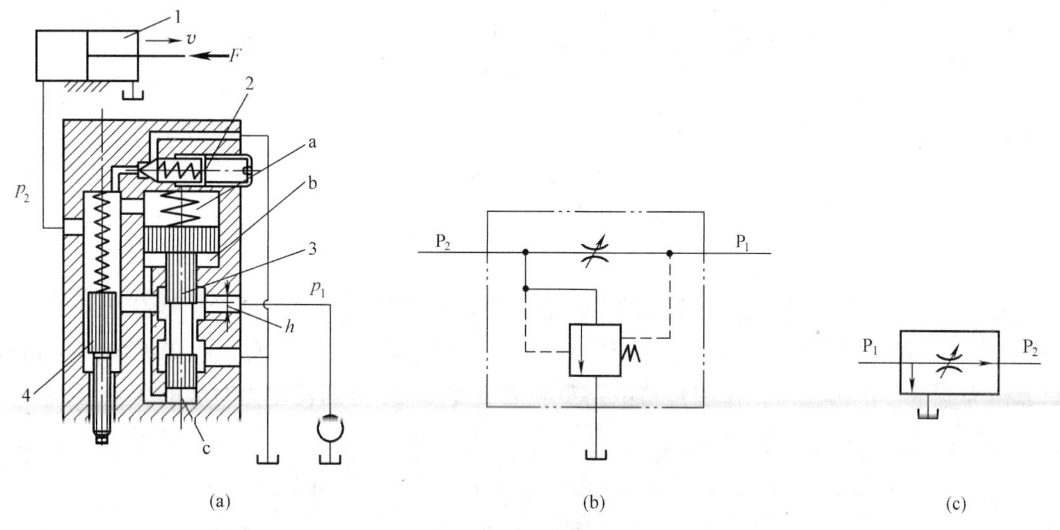


图7-8 溢流节流阀

(a) 原理图；(b) 职能符号；(c) 简化职能符号

1—液压缸；2—安全阀；3—溢流阀阀芯；4—节流阀

从液压泵输出的油液，一部分从节流阀4进入液压缸、左腔推动活塞向右运动，另一部分经溢流阀的溢流口流回油箱，溢流阀阀芯3的上端a腔同节流阀4上腔相通，其压力为$p_2$；b腔和下端c腔同溢流阀阀芯3前的油液相通，其压力即为泵的压力$p_1$，当液压缸活塞上的负载力$F$增大时，压力$p_2$升高，a腔的压力也升高，使阀芯3下移，关小溢流口，这样就使液压泵的供油压力$p_1$增加，从而使节流阀4的前、后压力差$p_1-p_2$基本保持不变。这种溢流阀一般附带一个安全阀2，以避免系统过载。

溢流节流阀是通过$p_1$随$p_2$的变化来使流量基本上保持恒定的，它与调速阀虽然都具有压力补偿的作用，但其组成调速系统时是有区别的。调速阀无论在执行元件的进油路上或回油路上，执行元件上负载变化时，泵出口处压力都由溢流阀保持不变，而溢流节流阀是通过$p_1$随$p_2$（负载的压力）的变化来使流量基本上保持恒定的。因而，溢流节流阀具有功率损耗低，发热量小的优点。但是，溢流节流阀中流过的流量比调速阀大（一般是系统的全部流量），阀芯运动时阻力较大，弹簧较硬，其结果使节流阀前后压差$\Delta p$加大（达0.3～0.5MPa），因此它的稳定性稍差。

## 7.5 分流阀

分流阀又称同步阀，它是分流阀、集流阀和分流集流阀的总称。

分流阀的作用是使液压系统中由同一个油源向两个以上执行元件供应相同的流量（等量分流），或按一定比例向两个执行元件供应流量（比例分流），以保证两个执行元件的速度保持同步或定比关系。集流阀的作用，则是从两个执行元件收集等流量或按比例的回油量，以保证其间的速度同步或定比关系。分流集流阀则兼有分流阀和集流阀的功能。它们的图形符号如图 7-9 所示。

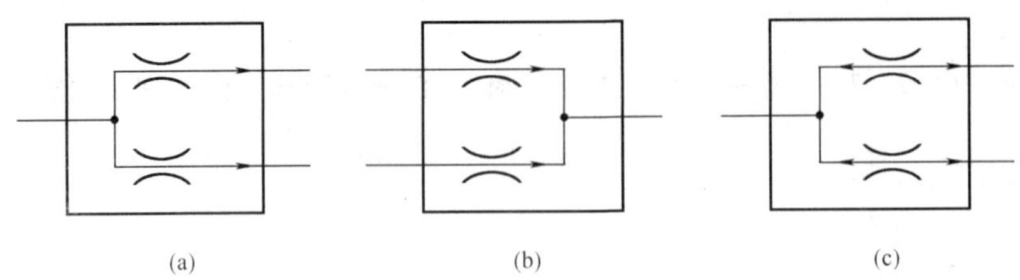


图 7-9　分流集流阀符号

（a）分流阀；（b）集流阀；（c）分流集流阀

### 7.5.1　分流阀

图 7-10（a）所示为等量分流阀的结构原理图，它可以看做是由两个串联减压式流量控制阀结合为一体构成的。该阀采用"流量压差力"负反馈，用两个面积相等的固定节流孔 1、2 作为流量一次传感器，作用是将两路负载流量 $Q_1$、$Q_2$ 分别转化为对应的压差值 $\Delta p_1$ 和 $\Delta p_2$。代表两路负载流量 $Q_1$ 和 $Q_2$ 大小的压差值 $\Delta p_1$ 和 $\Delta p_2$ 同时反馈到公共的减压阀芯 6 上，相互比较后驱动减压阀芯来调节 $Q_1$ 和 $Q_2$ 大小，使之趋于相等。

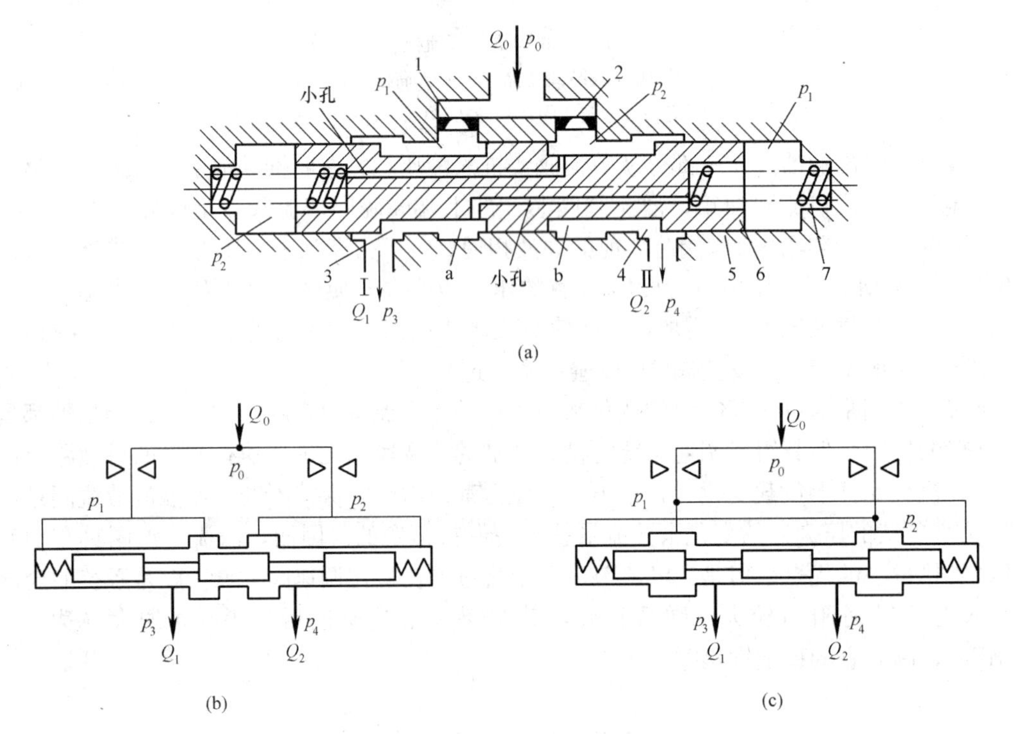


图 7-10　等量分流阀的工作原理

（a）分流阀的结构原理；（b）节流边设计在内侧的分流阀；（c）节流边设计在外侧的分流阀

1、2—固定节流口；3、4—可变节流口；5—阀体；6—减压阀芯；7—弹簧

工作时，设阀的进口油液压力为 $p_0$，流量为 $Q_0$，进入阀后分两路分别通过两个面积相等的固定节流孔 1、2，进入减压阀芯环形槽 a 和 b，然后由两减压阀口（可变节流口）3、4 经出油口Ⅰ和Ⅱ通往两个执行元件，两执行元件的负载流量分别为 $Q_1$、$Q_2$，负载压力分别为 $p_3$、$p_4$。如果两执行元件的负载相等，则分流阀的出口压力 $p_3=p_4$，因为阀中两支流道的尺寸完全对称，所以输出流量也对称，即 $Q_1=Q_2=Q_0/2$，且 $p_1=p_2$。当由于负载不对称而出现 $p_3 \neq p_4$ 且设 $p_3>p_4$ 时，$Q_1$ 必定小于 $Q_2$，导致固定节流孔 1、2 的压差 $\Delta p_1<\Delta p_2$、$p_1>p_2$，此压差反馈至减压阀芯 6 的两端后使阀芯在不对称液压力的作用下左移，使可变节流口 3 增大，节流口 4 减小，从而使 $Q_1$ 增大，$Q_2$ 减小，直到 $Q_1 \approx Q_2$ 时，阀芯才在一个新的平衡位置上稳定下来，即输往两个执行元件的流量相等，当两执行元件尺寸完全相同时，运动速度将同步。

根据节流边及反馈测压面的不同布置，分流阀有图 7-10（b）、（c）所示两种不同的结构。

**7.5.2 集流阀**

图 7-11 所示为等量集流阀的工作原理，它与分流阀的反馈方式基本相同，不同之处有以下几点：

（1）集流阀装在两执行元件的回油路上，将两路负载的回油流量汇集在一起回油。

（2）分流阀的两流量传感器共进口压力 $p_0$，流量传感器的通过流量 $Q_1$（或 $Q_2$）越大，其出口压力 $p_1$（或 $p_2$）越低；集流阀的两流量传感器共出口 T，流量传感器的通过流量 $Q_1$（或 $Q_2$）越大，其进口压力 $p_1$（或 $p_2$）越高。因此，集流阀的压力反馈方向正好与分流阀相反。

（3）集流阀只能保证执行元件回油时同步。

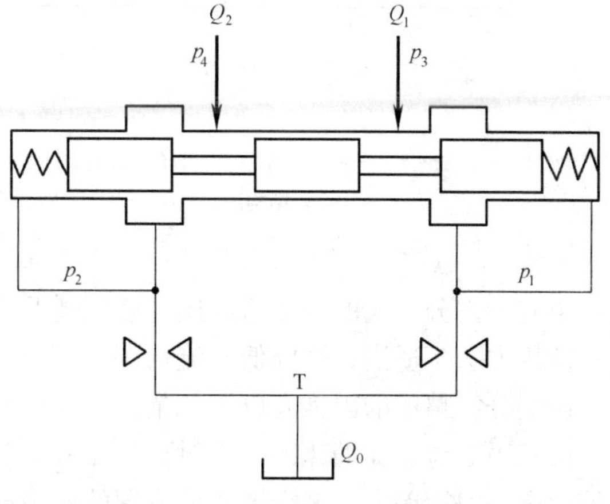


图 7-11 等量集流阀的工作原理

**7.5.3 分流集流阀**

分流集流阀又称同步阀，它同时具有分流阀和集流阀两者的功能，保证执行元件进油、回油时均能同步。

图 7-12 所示为挂钩式分流集流阀。分流时，因 $p_0>p_1$（或 $p_0>p_2$），此压力差将两挂钩阀芯 1、2 推开，处于分流工况，此时的分流可变节流口是由挂钩阀芯 1、2 的内棱边和阀套 5、6 的外棱边组成；集流时，因 $p_0<p_1$（或 $p_0<p_2$），此压力差将挂钩阀芯 1、2 合拢，处于集流工况，此时的集流可变节流口是由挂钩阀芯 1、2 的外棱边和阀套 5、6 的内棱边组成。

**7.5.4 分流阀精度及影响分流阀精度的因素**

分流阀的分流精度高低可用分流误差 $\xi$ 的大小来表示

$$\xi=\frac{Q_1-Q_2}{Q_0/2}\times 100\%$$

一般分流阀的分流精度为 2%～5%，其值的大小与进口流量的大小和两出口油液压差

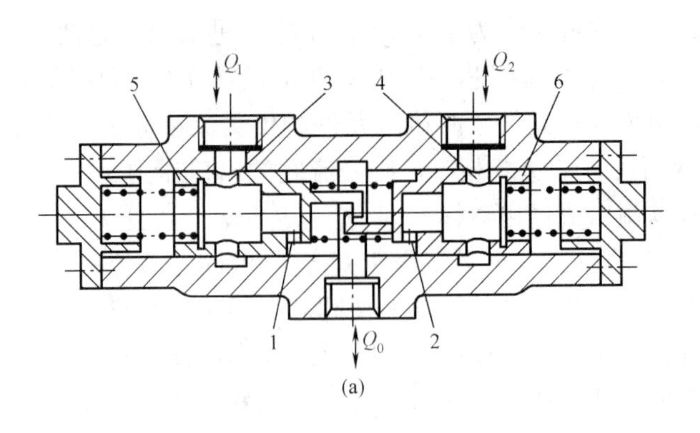

(a)

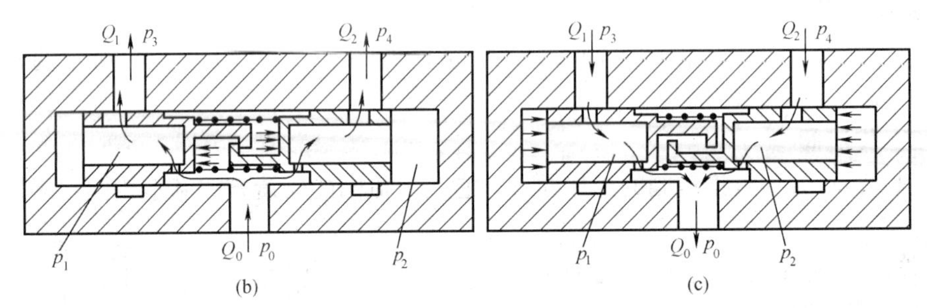

(b)　　(c)

图 7-12　挂钩式分流集流阀

（a）结构图；（b）分流时的工作原理；（c）集流时的工作原理

1、2—固定节流孔；3、4—可变节流口；5、6—阀套

的大小有关。分流阀的分流精度还与使用情况有关，如果使用方法适当，可以提高其分流精度；使用方法不适当，会降低分流精度。

影响分流精度的因素有以下几个：

（1）固定节流孔的压差太小时，分流效果差，分流精度低；压差大时，分流效果好，也比较稳定，但压差太大又会造成分流阀的压力损失大。希望在保证一定的分流精度下，压力损失尽量小一些。推荐固定节流孔的压差不低于 0.5～1MPa。

（2）两个可变节流孔处的液动力和阀芯与阀套间的摩擦力不完全相等而产生的分流误差。

（3）阀芯两端弹簧力不相等引起的分流误差。

（4）两个固定节流孔几何尺寸误差带来的分流误差。

必须指出，在采用分流（集流）阀构成的同步系统中，液压缸的加工误差及其泄漏、分流阀之后设置的其他阀的外部泄漏、油路中的泄漏等，虽然对分流阀本身的分流精度没有影响，但对系统中执行元件的同步精度却有直接影响。

## 7.6　插装阀、比例阀、伺服阀

前面所介绍的方向阀、压力阀、流量阀是普通液压阀，除此之外还有一些特殊的液压阀，如插装阀、比例阀、伺服阀等。本节对这些特殊用途的液压阀予以简要介绍。

### 7.6.1 插装阀

插装阀（逻辑阀）是一种较新型的液压元件，它的特点是通流能力大，密封性能好，动作灵敏，结构简单，因而主要用于流量较大或对密封性能要求较高的系统。

1. 插装阀的工作原理

插装阀逻辑单元如图 7-13 所示。它由控制盖板、插装单元（由阀套、弹簧、阀芯及密封件组成）、插装块体和先导控制阀（设先导阀为二位三通电磁换向阀，见图 7-14）组成。由于这种阀的插装单元在回路中主要起通、断作用，故又称二通插装阀。二通插装阀的工作原理相当于一个液控单向阀。图 7-13 中，A 和 B 为主油路仅有的两个工作油口，K 为控制油口（与先导阀相接）。当 K 口无液压力作用时，阀芯受到的向上的液压力大于弹簧力，阀芯开启，A 与 B 相通，至于液流的方向，视 A、B 口的压力大小而定；反之，当 K 口有液压力作用时，且 K 口的油液压力大于 A 和 B 口的油液压力，才能保证 A 与 B 之间关闭。

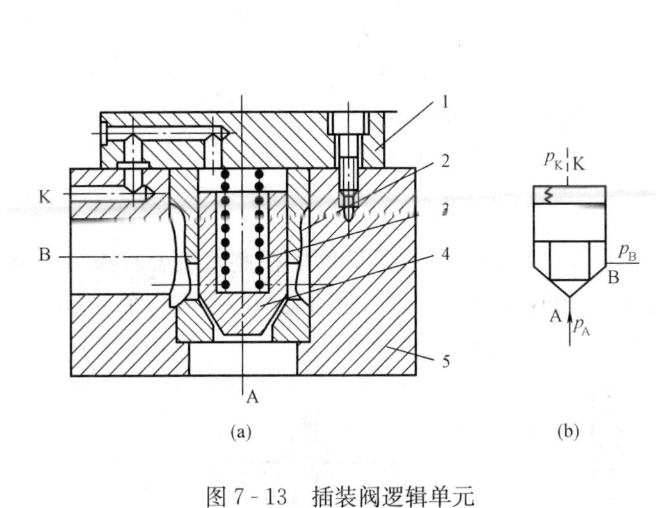


图 7-13 插装阀逻辑单元

(a) 结构图；(b) 职能符号

1—控制盖板；2—阀套；3—弹簧；4—阀芯；5—插装块体

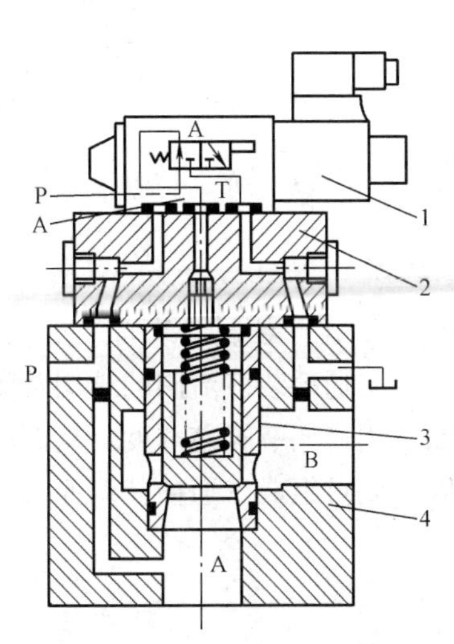


图 7-14 插装阀的组成

1—先导控制阀；2—控制盖板；3—逻辑单元（主阀）；4—阀块体

插装阀与各种先导阀组合，便可组成方向控制阀、压力控制阀和流量控制阀。

2. 方向控制插装阀

插装阀组成各种方向控制阀如图 7-15 所示。图 7-15（a）所示为单向阀，当 $p_A > p_B$ 时，阀芯关闭，A 与 B 不通；当 $p_B > p_A$ 时，阀芯开启，油液从 B 流向 A。图 7-15（b）所示为二位二通阀，当电磁阀断电时，阀芯开启，A 与 B 接通；当电磁阀通电时，阀芯关闭，A 与 B 不通。图 7-15（c）所示为二位三通阀，当电磁阀断电时，A 与 T 接通；当电磁阀通电时，A 与 P 接通。图 7-15（d）所示为二位四通阀，当电磁阀断电时，P 与 B 接通、A 与 T 接通；当电磁阀通电时，P 与 A 接通、B 与 T 接通。

3. 压力控制插装阀

插装阀组成压力控制阀如图 7-16 所示。在图 7-16（a）中，若 B 接油箱，则插装阀用作溢流阀，其原理与先导式溢流阀相同；若 B 接负载时，插装阀起顺序阀作用。图 7-16（b）所示为电磁溢流阀，当二位二通电磁阀通电时起卸荷作用。

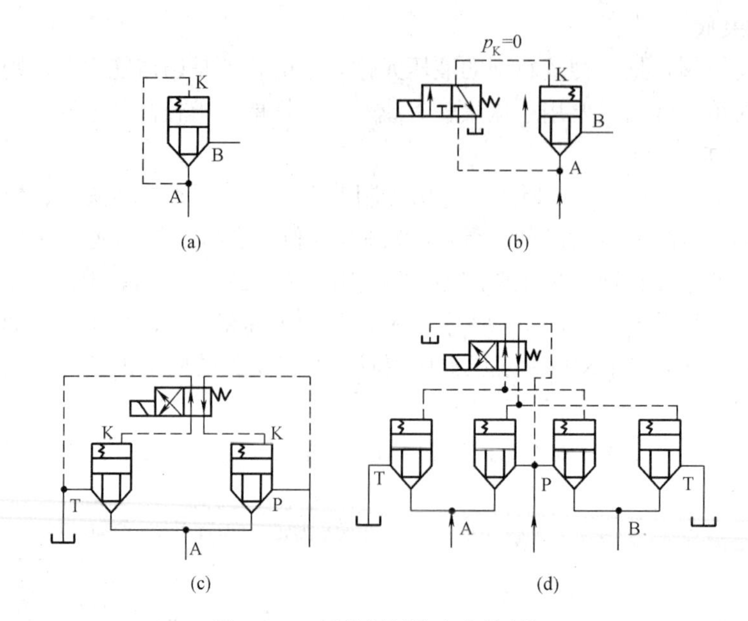


图 7-15 插装阀用作方向控制阀

(a) 单向阀；(b) 二位二通阀；(c) 二位三通阀；(d) 二位四通阀

4. 流量控制插装阀

二通插装节流阀的结构及图形符号如图 7-17 所示。在插装阀的控制盖板上有阀芯限位器，用来调节阀芯开度，从而起到流量控制阀的作用。若在二通插装阀前串联一个定差减压阀，则可组成二通插装调速阀。

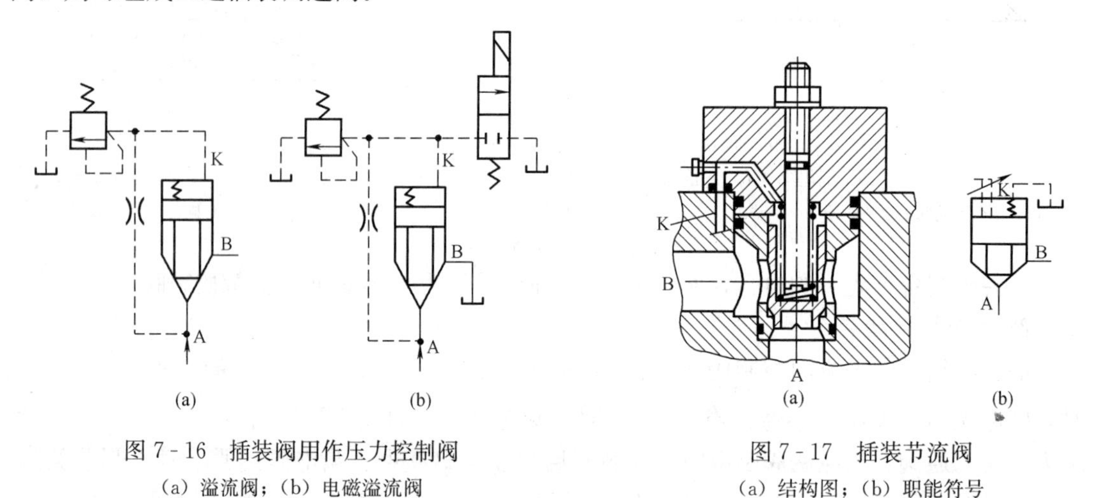


图 7-16 插装阀用作压力控制阀

(a) 溢流阀；(b) 电磁溢流阀

图 7-17 插装节流阀

(a) 结构图；(b) 职能符号

### 7.6.2 电液比例阀

电液比例阀是一种按输入的电气信号，连续地、按比例地对油液的压力、流量或方向进行远距离控制的阀。

电液比例控制阀的构成，从原理上讲相当于在普通液压阀上装一个比例电磁铁，以代替原有的控制（驱动）部分。根据用途和工作特点的不同，电液比例控制阀可以分为电液比例压力阀、电液比例流量阀和电液比例方向阀三大类。

1. 比例电磁铁

比例电磁铁是一种直流电磁铁，与普通换向阀用电磁铁的不同主要在于：比例电磁铁的输出推力与线圈的输入电流基本成比例。这一特性使比例电磁铁可作为液压阀中的信号给定元件。普通电磁换向阀所用的电磁铁只要求有吸合和断开两个位置，并且为了增加吸力，在吸合时磁路中几乎没有气隙。而比例电磁铁则要求吸力（或位移）和输入电流成比例，并在衔铁的全部工作位置上，磁路中保持一定的气隙。图 7-18 所示为比例电磁铁的结构图。

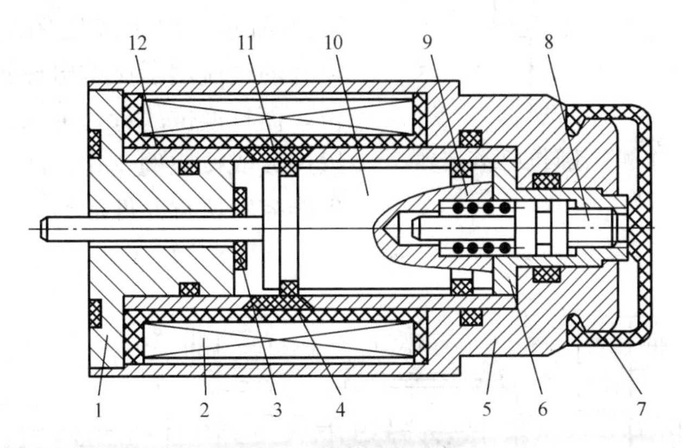


图 7-18 比例电磁铁

1—轭铁；2—线圈；3—限位环；4—隔磁环；5—壳体；6—内盖；7—盖；8—调节螺钉；9—弹簧；10—衔铁；11—（隔磁）支承环；12—导向套

2. 电液比例溢流阀

用比例电磁铁取代先导式溢流阀导阀的手调装置（调压手柄），便成为先导式比例溢流阀，如图 7-19 所示。该阀下部与普通溢流阀的主阀相同，上部则为比例先导压力阀。该阀还附有一个手动调整的安全阀（先导阀）9，用以限制比例溢流阀的最高压力，以避免因电子仪器发生故障使控制电流过大，压力超过系统允许最大压力的可能性。比例电磁铁的推杆向先导阀芯施加推力，该推力作为先导级压力负反馈的指令信号。随着输入电信号强度的变化，比例电磁铁的电磁力将随之变化，从而改变指令力 $F_{指}$ 的大小，使锥阀的开启压力随输入信号的变化而变化。若输入信号连续、按比例地或按一定的程序进行变化，则比例溢流阀所调节的系统压力也连续、按比例地或按一定的程序进行变化。因此，比例溢流阀多用于系统的多级调压或实现连续的压

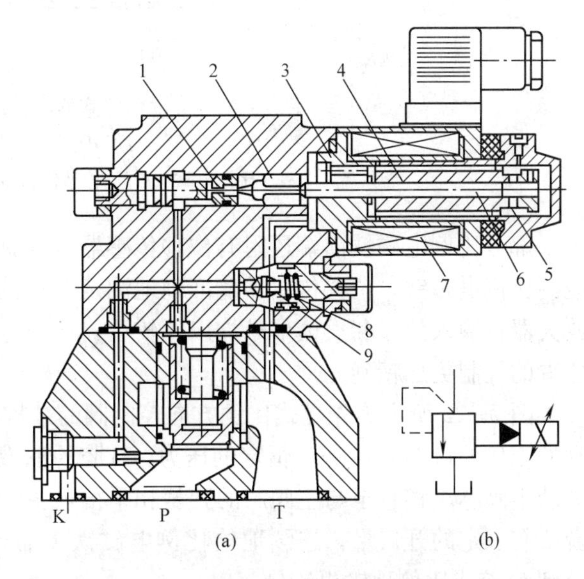


图 7-19 比例溢流阀

(a) 结构图；(b) 图形符号

1—阀座；2—先导锥阀；3—轭铁；4—衔铁；5—弹簧；6—推杆；7—线圈；8—弹簧；9—安全阀

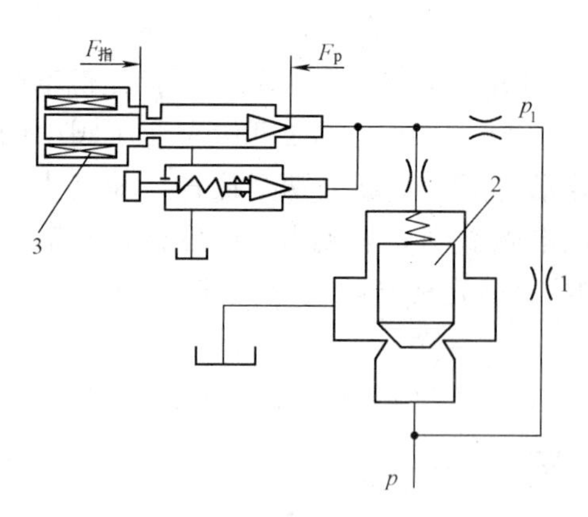


图 7-20　先导式比例溢流阀的工作原理
1—阻尼孔；2—主阀；3—比例电磁铁

力控制。直动式比例溢流阀作先导阀与其他普通压力阀的主阀相配，便可组成先导式比例溢流阀、比例顺序阀和比例减压阀。图 7-20 所示为先导式比例溢流阀的工作原理。

3. 比例方向节流阀

用比例电磁铁取代电磁换向阀中的普通电磁铁，便构成直动式比例方向节流阀，如图 7-21所示。由于按比例地变化，因而连通油口间的通流用了比例电磁铁，阀芯不仅可以换位，而且换位的行程可以连续变化，面积也可以连续或按比例变化，所以比例方向节流阀不仅能控制执行元件的运动方向，而且能控制其速度。

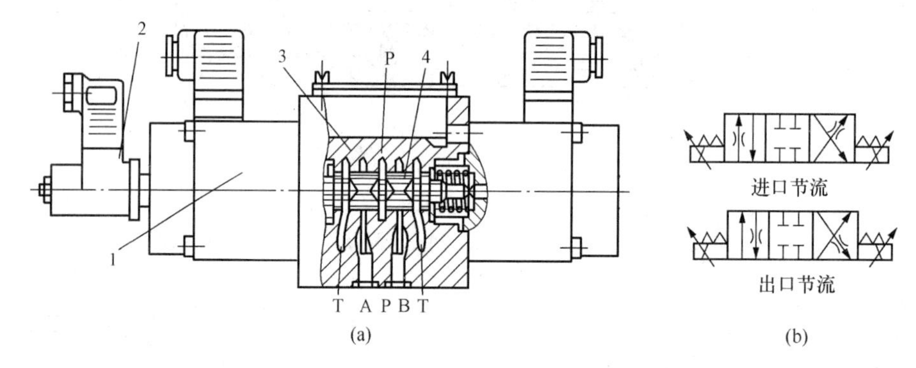


图 7-21　带位移传感器的直动式比例方向节流阀
(a) 结构图；(b) 职能符号
1—比例电磁铁；2—位移传感器；3—阀体；4—阀芯

部分比例电磁铁前端还附有位移传感器（或称差动变压器），这种比例电磁铁称为行程控制比例电磁铁。位移传感器能准确地测定电磁铁的行程，并向放大器发出电反馈信号。电放大器将输入信号和反馈信号加以比较后，再向电磁铁发出纠正信号以补偿误差，因此阀芯位置的控制更加精确。

图 7-22 所示为先导式比例方向控制阀的结构图。当比例电磁铁 1 收到信号时，在先导阀的工作油口 B 产生一个恒定的压力，B 腔的油液压力通过控制油道作用在主阀芯的右端，推动主阀芯左移直至与主阀芯的弹簧相平衡，主阀芯上所开的节流槽相对于主阀体上的控制台阶有一定的开口量，连续地给比例电磁铁 1 输入电信号，就会使主阀的 P 腔到 A 腔、B 腔到 O 腔成比例地输出流量。

若给比例电磁铁 2 输入电信号，就会使主阀的 P 腔到 B 腔、A 腔到 O 腔成比例地输出流量。比例阀是介于普通阀与伺服阀之间的控制阀。与普通阀比，比例阀能提高系统参数的控制水平，虽不如伺服阀的性能好，但成本低，对系统的污染要求比伺服系统低。为此，比例阀广泛应用于要求对液压参数进行连续远距控制或程序控制，但对控制精度和动态特性要求不太高的系统。

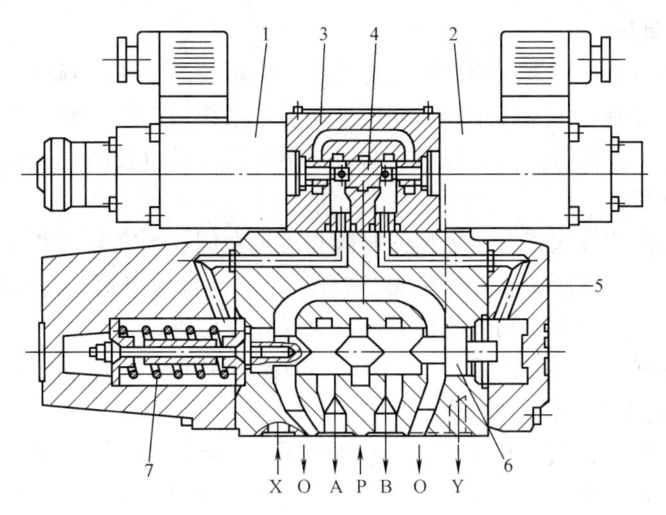


图7-22　先导式比例方向控制阀

1、2—比例电磁铁；3—先导阀体；4—先导阀芯；5—主阀体；
6—主阀芯；7—主阀弹簧

若系统液压参数的设定值超过三个，使用比例阀对其进行控制是最恰当的。此外，利用斜波信号作用在比例方向阀上，可以对机构的加速和减速实现有效的控制；利用比例方向阀和压力补偿器实现负载补偿，便可精确地控制机构的运动速度而不受负载影响。

4. 电液比例调速阀

用比例电磁铁取代节流阀或调速阀的手调装置，以输入电信号控制节流口开度，便可连续地或按比例地远程控制其输出流量，实现执行部件的速度调节。图7-23所示为电液比例调速阀的结构原理及图形符号。图中的节流阀芯由比例电磁铁的推杆操纵，输入的电信号不同，则电磁力不同，推杆受力不同，与阀芯左端弹簧力平衡后，便有不同的节流口开度。由于定差减压阀已保证了节流口前、后压差为定值，所以一定的输入电流就对应一定的输出流量，不同的输入信号变化就对应着不同的输出流量变化。

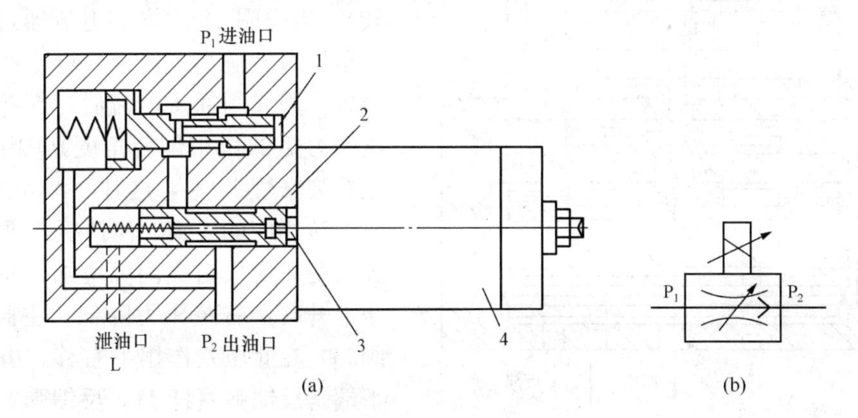


图7-23　电液比例调速阀

(a) 结构图；(b) 职能符号

1—定差减压阀；2—节流阀阀芯；3—推杆；4—比例电磁铁

### 7.6.3　电液伺服阀

电液伺服阀是一种比电液比例阀精度更高、响应更快的液压控制阀。其输出流量或压力受输入的电气信号控制，主要用于高速闭环液压控制系统，而比例阀多用于响应速度相对较低的开环控制系统中。伺服阀价格较高，对过滤精度的要求也较高。这里仅对电液伺服阀的工作原理做简要介绍。

电液伺服阀多为两级阀，有压力型伺服阀和流量型伺服阀之分，绝大部分伺服阀为流量型伺服阀。在流量型伺服阀中，要求主阀芯的位移 $x_p$ 与输入电流信号成比例。为了保证主阀芯的定位控制，主阀和先导阀之间设有位置负反馈，位置反馈的形式主要有直接位置反馈和位置—力反馈两种。下面以位置 - 力反馈为例简要介绍电液伺服阀的工作原理。

1. 喷嘴挡板式力反馈电液伺服阀

喷嘴挡板式电液伺服阀由电磁和液压两部分组成，电磁部分是一个动铁式力矩马达，液压部分分为两级。第一级是双喷嘴挡板阀，称前置级（先导级）；第二级是四边滑阀，称功率放大级（主阀）。

由双喷嘴挡板阀构成的前置级如图 7 - 24 所示，它由两个固定节流孔、两个喷嘴和一个挡板组成。两个对称配置的喷嘴共用一个挡板，挡板和喷嘴之间形成可变节流口，挡板一般由扭轴或弹簧支承，且可绕支点偏转，挡板由力矩马达驱动。当挡板上没有作用输入信号时，挡板处于中间位置——零位，与两喷嘴之距离均为 $x_0$，此时两喷嘴控制腔的压力 $p_a$ 与 $p_b$ 相等。当挡板转动时，两个控制腔的压力一边升高，另一边降低，就有负载压力 $p_L$（$p_L = p_a - p_b$）输出。双喷嘴挡板阀有四个通道（一个供油口、一个回油口和两个负载口），有四个节流口（两个固定节流孔和两个可变节流孔），是一种全桥结构。

力反馈型喷嘴挡板式电液伺服阀的工作原理如图 7 - 24 所示。主阀芯两端容腔可看成是驱动主滑阀的对称油缸，由先导级的双喷嘴挡板阀控制。挡板 5 的下部延伸一个反馈弹簧杆 11，并通过一钢球与主阀芯 9 相连。主阀位移通过反馈弹簧杆转化为弹性变形力作用在挡板上与电磁力矩相平衡（即力矩比较）。当线圈 13 中没有电流通过时，力矩马达无力矩输出，挡板 5 处于两喷嘴中间位置。当线圈通入电流后，衔铁 3 因受到电磁力矩的作用偏转角度 $\theta$，由于衔铁固定在弹簧管 12 上，这时，弹簧管上的挡板也偏转相应的 $\theta$ 角，使挡板与两喷嘴的间隙改变，如果右面间隙增加，左喷嘴腔内压力升高，右腔压力降低，主阀芯 9（滑阀芯）在此压差作用下右移。由于挡板的下端是反馈弹簧杆 11，反馈弹簧杆下端是球头，球头嵌放在滑阀的凹槽内，在阀芯移动的同时，球头通过反馈弹簧杆带动上部的挡板一起向右移动，使右喷嘴与挡板的间隙逐渐减小。当作用在衔铁挡板组件

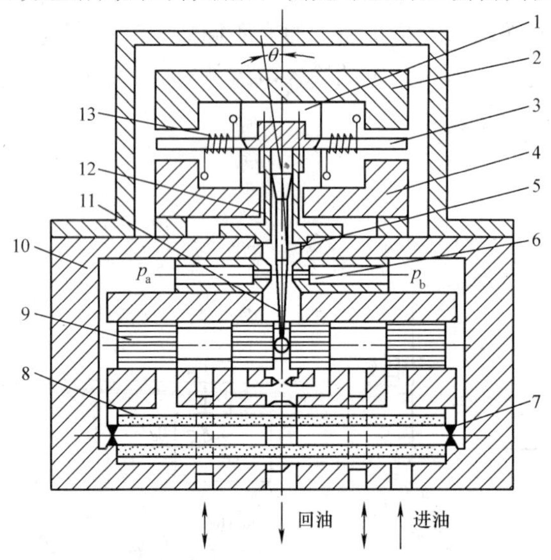


图 7 - 24　喷嘴挡板式电液伺服阀

1—永久磁铁；2、4—导磁体；3—衔铁；5—挡板；6—喷嘴；7—固定节流孔；8—滤油器；9—滑阀芯；10—阀体；11—反馈弹簧杆；12—弹簧管；13—线圈

上的电磁力矩与作用在挡板下端因球头移动而产生的反馈弹簧杆变形力矩（反馈力）达到平衡时，滑阀便不再移动，并使其阀口一直保持在这一开度上，该阀通过反馈弹簧杆的变形将主阀芯位移反馈到衔铁－挡板组件上与电磁力矩进行比较而构成反馈，故称为力反馈式电液伺服阀。

通过线圈的控制电流越大，衔铁偏转的转矩、挡板的挠曲变形、滑阀两端的压差及滑阀的位移量越大，伺服阀输出的流量也就越大。

2. 电液伺服阀的应用

电液伺服阀目前广泛应用于要求高精度控制的自动控制设备中，用以实现位置控制、速度控制、力的控制等。

图 7－25 所示为用电液伺服阀准确控制工作台位置的控制原理。要求工作台的位置随控制电位器触点位置的变化而变化。触点的位置由控制电位器转换成电压。工作台的位置由反馈电位器检测，并转换成电压。当工作台的位置与控制触点的相应位置有偏差时，通过桥式电路即可获得该偏差值的偏差电压。若工作台位置落后于控制触点的位置时，偏差电压为正值，送入放大器，放大器便输出一正向电流给电液伺服阀。伺服阀给液压缸一正向流量，推动工作台正向移动，减小偏差，直至工作台与控制触点相应位置相吻合，伺服阀输入电流为零，工作台停止移动。当偏差电压为负值时，工作台反向移动，直至消除偏差时为止。如果控制触点连续变化，则工作台的位置也随之连续变化。

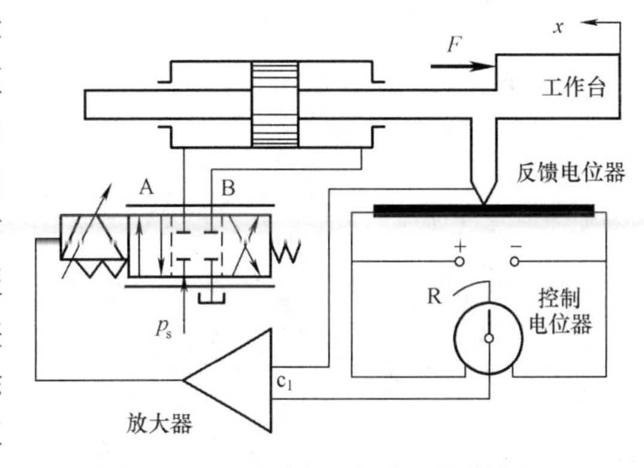


图 7－25　电液伺服阀位置控制原理

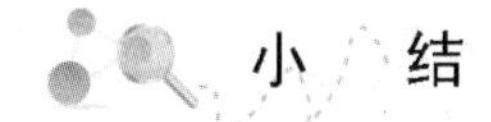

## 小结

流量阀中，调速阀和分流阀是根据流量负反馈原理工作的，用于调节和稳定流量。流量阀的流量测量方法主要有压差法和位移法两种。节流阀没有流量负反馈，因此无法自动稳定流量，但用于节流调速系统时功率损失比调速阀小。轴向三角槽式节流口的水力半径较大，加工简单，应用较广。

电液比例阀能按输入的电气信号连续地、按比例地控制压力或流量，与电液伺服阀相比，响应速度和精度低一些，多用于开环比例控制。电液伺服阀精度高、响应快，多用于闭环控制。

插装阀可组成方向阀、压力阀、流量阀，它相当于电液动阀，流量大，密封好，常用于大流量系统中。

## 思考题和习题

7－1　在系统有足够负载的情况下，先导式溢流阀、减压阀及调速阀的进、出油口可否对调工作？若对调会出现什么现象？

7－2　溢流阀和节流阀都能作背压阀使用，其差别何在？

7-3 若将先导式溢流阀的远程控制口当成泄漏口接回油箱，这时系统会产生什么现象？为什么？

7-4 将调速阀中的定差减压阀改为定值减压阀，是否仍能保证执行元件速度的稳定？为什么？

7-5 在节流调速系统中，如果调速阀的进、出口接反了，将会出现怎样的情况？试根据调速阀的工作原理进行分析。

7-6 分别绘出插装溢流阀和插装节流阀的原理图。

7-7 比例阀与普通开关阀比较，有何特点？

7-8 按用途分比例阀有哪几类？各有何功能？

7-9 插装阀由哪几部分组成？与普通阀相比有何优缺点？

# 第 8 章 辅 助 装 置

本章提要

液压辅助装置有滤油器、蓄能器、管件、密封件、油箱、热交换器等，除油箱通常需要自行设计外，其余皆为标准件。液压辅助装置和液压元件一样，都是液压系统中不可缺少的组成部分，它们对系统的性能、效率、温升、噪声和寿命的影响不亚于液压元件本身。通过学习，要求掌握液压辅件的结构原理，熟知其使用方法及适用场合。

液压系统中的辅助装置，如蓄能器、滤油器、油箱、热交换器、管件等，对系统的动态性能、工作稳定性、工作寿命、噪声、温升等都有直接影响，必须予以重视。其中，油箱需根据系统要求自行设计，其他辅助装置则做成标准件，供设计时选用。

## 8.1 蓄 能 器

### 8.1.1 蓄能器的功能

蓄能器主要是来储存油液多余的压力能，并在需要时释放出来。在液压系统中蓄能器常用于以下功能：

（1）在短时间内供应大量压力油液。实现周期性动作的液压系统（见图 8-1），在系统不需要大量油液时，可以将液压泵输出的多余压力油液储存在蓄能器内，到需要时再由蓄能器快速释放给系统。这样就可使系统选用流量等于循环周期内平均流量 $q_m$ 的液压泵，以减小电动机功率消耗，降低系统温升。

（2）维持系统压力。在液压泵停止向系统提供油液的情况下，蓄能器能将储存的压力油液供给系统，补偿系统泄漏或充当应急能源，使系统在一段时间内维持系统压力，避免停电或系统发生故障时油源突然中断所造成的机件损坏。

（3）减小液压冲击或压力脉动。蓄能器能吸收压力突变时的冲击，如液压泵突然启动或停止、液压阀突然开启或关闭、液压缸突然运动或停止，也能吸收液压泵工作时的流量脉动所引起的压力脉动，大大减小其幅值。

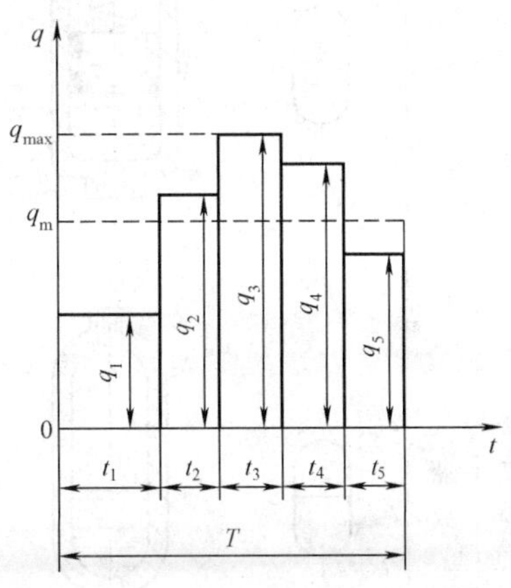

图 8-1 液压系统中的流量供应情况

*T*——一个循环周期

### 8.1.2 蓄能器的类型

蓄能器主要有重力式、弹簧式、充气式等几种。其中，充气式又包括气瓶式、活塞式和皮囊式三种。它们的结构简图和特点见图 8-2 和表 8-1。重力式蓄能器因体积庞大，结构笨重，反应迟钝，现在工业上已很少应用。

（1）弹簧式蓄能器。弹簧式蓄能器［见图 8-2（b）］

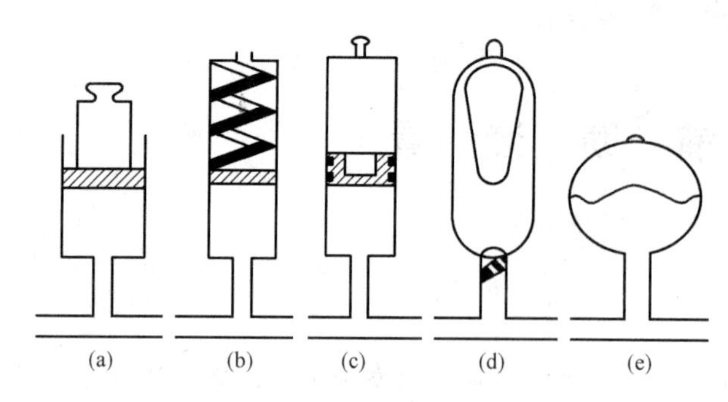

图 8-2 蓄能器的结构形式

(a) 重力式；(b) 弹簧式；(c) 活塞式；(d) 皮囊式；(e) 薄膜式

利用弹簧的压缩和伸长来储存、释放压力能，其结构简单、反应灵敏，但容量小，可用于小容量、低压回路起缓冲作用，不适用于高压或高频的工作场合。

(2) 活塞式蓄能器。活塞式蓄能器如图 8-2 (c) 所示，气体和油液由活塞隔开，活塞的上部为压缩空气，气体由充气阀充入，其下部经油口通向液压系统，活塞随下部压力油的储存和释放而在缸筒内来回滑动。为防止活塞上、下两腔相通而使气液混合，在活塞上装有O形密封圈。这种蓄能器结构简单、寿命长，主要用于大体积和大流量的情况。但因活塞有一定的惯性，且O形密封圈存在较大的摩擦力，所以反应不够灵敏，因此适用于储存能量，或在高中压系统中吸收压力脉动。另外，密封件磨损后，会使液、气混合，影响系统的工作稳定性。

(3) 皮囊式蓄能器。皮囊式蓄能器如图 8-2 (d) 所示，气体和油液用皮囊隔开。皮囊用耐油橡胶制成，固定在耐高压壳体的上部，皮囊内充入惰性气体。壳体下端的提升阀是一个用弹簧复位的菌形阀，压力油由此通入，并能在油液全部排出时，防止皮囊膨胀挤出油口。这种结构使气、液密封可靠，并且因皮囊惯性小而克服了活塞式蓄能器响应慢的弱点，因此，它的应用范围非常广泛，其缺点是工艺性较差。

(4) 薄膜式蓄能器。薄膜式蓄能器如图 8-2 (e) 所示，用薄膜的弹性来储存、释放压力能，主要用于体积和流量较小的情况，如用作减振器、缓冲器等。

**表 8-1　　蓄能器的种类和特点**

| 名称 | | 结构简图 | 特点和说明 |
| --- | --- | --- | --- |
| 弹簧式 | | | 1. 利用弹簧的压缩和伸长来储存、释放压力能<br>2. 结构简单，反应灵敏，但容量小<br>3. 供小容量、低压（$p \leqslant 1 \sim 1.2$MPa）回路缓冲之用，不适用于高压或高频的工作场合 |
| 充气式 | 气瓶式 | | 1. 利用气体的压缩和膨胀来储存、释放压力能（气体和油液在蓄能器中直接接触）<br>2. 容量大，惯性小，反应灵敏，轮廓尺寸小，但气体容易混入油内，影响系统工作平稳性<br>3. 只适用于大流量的中低压回路 |

续表

| 名称 | | 结构简图 | 特点和说明 |
| --- | --- | --- | --- |
| 充气式 | 活塞式 | | 1. 利用气体的压缩和膨胀来储存、释放压力能（气体和油液在蓄能器中由活塞隔开）<br>2. 结构简单，工作可靠，安装容易，维护方便，但活塞惯性大，活塞和缸壁之间有摩擦，反应不够灵敏，密封要求较高<br>3. 用来储存能量，或供高中压系统吸收压力脉动之用 |
| | 皮囊式 | | 1. 利用气体的压缩和膨胀来储存、释放压力能（气体和油液在蓄能器中由皮囊隔开）<br>2. 带弹簧的菌状进油阀使油液能进入蓄能器但防止皮囊自油口被挤出，充气阀只在蓄能器工作前皮囊充气时打开，蓄能器工作时则关闭<br>3. 结构尺寸小，重量轻，安装方便，维护容易，皮囊惯性小，反应灵敏，但皮囊和壳体制造都较难<br>4. 折合型皮囊容量较大，可用来储存能量；波纹型皮囊适用于吸收冲击 |

### 8.1.3 蓄能器的容量计算

蓄能器容量的大小和它的用途有关。下面以皮囊式蓄能器为例进行说明。

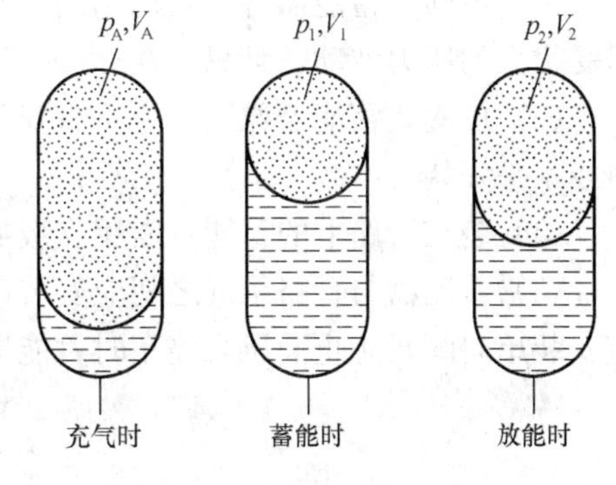


图 8-3 皮囊式蓄能器储存和释放能量的工作过程

蓄能器用于储存和释放压力能时（见图 8-3），蓄能器的容积 $V_A$ 是由其充气压力 $p_A$、工作中要求输出的油液体积 $V_W$、系统最高工作压力 $p_1$ 和最低工作压力 $p_2$ 决定的。由气体定律有

$$p_A V_A^n = p_1 V_1^n = p_2 V_2^n = \text{const} \tag{8-1}$$

式中 $V_1$、$V_2$——气体在最高和最低压力下的体积；

$n$——指数。

$n$ 值由气体工作条件决定。当蓄能器用来补偿泄漏、保持压力时，它释放能量的速度是缓慢的，可以认为气体在等温条件下工作，$n=1$；当蓄能器用来大量提供油液时，它释放能量的速度是很快的，可以认为气体在绝热条件下工作，$n=1.4$。

由于 $V_W=V_1-V_2$，因此由式（8-1）得

$$V_A = \frac{V_W\left(\frac{1}{p_A}\right)^{\frac{1}{n}}}{\left(\frac{1}{p_2}\right)^{\frac{1}{n}} - \left(\frac{1}{p_1}\right)^{\frac{1}{n}}} \tag{8-2}$$

$p_A$ 值理论上可与 $p_2$ 相等，但为了保证系统压力为 $p_2$ 时蓄能器还有能力补偿泄漏，宜使 $p_A<p_2$。一般，对折合型皮囊取 $p_A=(0.8\sim0.85)p_2$，波纹型皮囊取 $p_A=(0.6\sim0.65)p_2$。此

外，若能使皮囊工作时的容腔在其充气容腔 1/3～2/3 的区段内变化，就可使其更为经久耐用。

蓄能器用于吸收液压冲击时，蓄能器的容积 $V_A$ 可以近似由其充气压力 $p_A$、系统中允许的最高工作压力 $p_1$ 和瞬时吸收的液体动能来确定。例如，当用蓄能器吸收管道突然关闭时的液体动能为 $\rho Alv^2/2$ 时，由于气体在绝热过程中压缩所吸收的能量为

$$\int_{V_A}^{V_1} p\mathrm{d}V = \int_{V_A}^{V_1} p_A(V_A/V)^{1.4}\mathrm{d}V = -\frac{p_A V_A}{0.4}[(p_1/p_A)^{0.268}-1]$$

得

$$V_A = \frac{\rho Alv^2}{2}\frac{0.4}{p_A}\frac{1}{\left(\frac{p_1}{p_A}\right)^{0.286}-1} \tag{8-3}$$

式（8-3）未考虑油液压缩性和管道弹性，式中 $p_A$ 的值常取系统工作压力的 90%。蓄能器用于吸收液压泵压力脉动时，它的容积与蓄能器动态性能及相应管路的动态性能有关。

### 8.1.4 蓄能器的使用和安装

蓄能器在液压回路中的安放位置随其功用的不同而有所差异。吸收液压冲击或压力脉动时，宜放在冲击源或脉动源近旁；补油保压时，宜放在尽可能接近有关的执行元件处。

使用蓄能器需注意以下几点：

(1) 充气式蓄能器中应使用惰性气体（一般为氮气），允许工作压力视蓄能器结构形式而定。例如，皮囊式为 3.5～32MPa。

(2) 不同的蓄能器各有其适用的工作范围。例如，皮囊式蓄能器的皮囊强度不高，不能承受很大的压力波动，且只能在－20～70℃的温度范围内工作。

(3) 皮囊式蓄能器原则上应垂直安装（油口向下），只有在空间位置受限制时才允许倾斜或水平安装。

(4) 装在管路上的蓄能器需用支板或支架固定。

(5) 蓄能器与管路系统之间应安装截止阀，供充气、检修时使用。蓄能器与液压泵之间应安装单向阀，防止液压泵停车时蓄能器内储存的压力油液倒流。

## 8.2 滤油器

### 8.2.1 滤油器的功用和类型

滤油器的功用是过滤混在液压油中的杂质，降低进入系统中油液的污染度，保证系统正常工作。

按滤芯的材料和结构形式，滤油器可分为网式、线隙式、纸质、烧结式、磁性滤油器等。按滤油器安装的位置不同，还可以分为吸滤器、压滤器和回油过滤器。考虑到泵的自吸性能，吸油滤油器多为粗滤器。

(1) 网式滤芯。网式滤芯是在周围开有很多孔的金属筒形骨架上，包着一层或两层铜丝网，过滤精度由网孔大小和层数决定。网式滤芯结构简单，清洗方便，通油能力大，过滤精度低，常作吸滤器。

(2) 线隙式滤芯。线隙式滤芯用铜线或铝线密绕在筒形骨架的外部来组成滤芯，油液经线间间隙和筒形骨架槽孔汇入滤芯内，再从上部孔道流出。这种滤油器结构简单，通油能力

大，过滤效果好，多为回油过滤器。

（3）纸质滤芯。纸质滤芯，结构类同于线隙式，只是滤芯为纸质，纸质滤芯过滤精度可达5～30μm，可在32MPa的高压下工作。它结构紧凑，通油能力大，在配备壳体后用作压力油的过滤。其缺点是无法清洗，需经常更换滤芯。纸质滤油器的滤芯由三层组成：外层为粗眼钢板网，中层为折叠成星状的滤纸，里层由金属丝网与滤纸折叠组成。为了保证滤油器能正常工作，不致因杂质逐渐聚积在滤芯上引起压差增大而损坏纸芯，滤油器顶部装有堵塞状态发信装置。当滤芯逐渐堵塞时，压差增大，感应活塞推动电气开关并接通电路，发出堵塞报警信号，提醒操作人员更换滤芯。

（4）烧结式滤芯。金属烧结式滤芯可按需要制成不同的形状，选择不同粒度的粉末烧结成不同厚度的滤芯，可以获得不同的过滤精度，其范围为10～100μm。烧结式滤油器的过滤精度较高，滤芯的强度高，抗冲击性能好，能在较高温度下工作，有良好的抗腐蚀性，且制造简单，可安装在不同的位置。

（5）磁性滤油器。磁性滤油器的工作原理就是利用磁铁吸附油液中的铁质微粒。但一般的磁性滤油器对其他非铁质污染物不起作用，通常用作回油过滤或被用作其他形式滤油器的一部分。

另外，滤油器按其滤芯材料的过滤机制来分，有表面型滤油器、深度型滤油器和吸附型滤油器三种。

（1）表面型滤油器。整个过滤作用是由一个几何面来实现的。滤下的污染杂质被截留在滤芯元件靠油液上游的一面。在这里，滤芯材料具有均匀的标定小孔，可以滤除比小孔尺寸大的杂质。由于污染杂质积聚在滤芯表面上，因此它很容易被阻塞住。网式滤芯、线隙式滤芯属于这种类型。

（2）深度型滤油器。这种滤芯材料为多孔可透性材料，内部具有曲折迂回的通道。大于表面孔径的杂质直接被截留在外表面，较小的污染杂质进入滤材内部，撞到通道壁上，由于吸附作用而得到滤除。滤材内部曲折的通道也有利于污染杂质的沉积。纸芯、毛毡、烧结金属、陶瓷、各种纤维制品等属于这种类型。

（3）吸附型滤油器。这种滤芯材料将油液中的有关杂质吸附在其表面上。磁芯即属于此类。

常见的滤油器及其特点见表8-2。

**表8-2 常见的滤油器及其特点**

| 类型 | 名称及结构简图 | 特点说明 |
| --- | --- | --- |
| 表面型 |  | 1. 过滤精度与铜丝网层数及网孔大小有关。在压力管路上常用100、150、200目（每英寸长度上孔数）的铜丝网，在液压泵吸油管路上常采用20～40目铜丝网<br>2. 压力损失不超过0.004MPa<br>3. 结构简单，通流能力大，清洗方便，但过滤精度低 |

续表

| 类型 | 名称及结构简图 | 特 点 说 明 |
| --- | --- | --- |
| 表面型 | 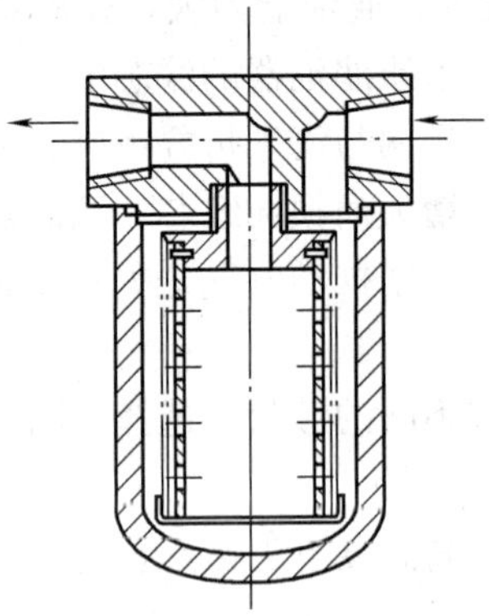 | 1. 滤芯由绕在芯架上的一层金属线组成，依靠线间微小间隙来挡住油液中杂质的通过<br>2. 压力损失为0.03～0.06MPa<br>3. 结构简单，通流能力大，过滤精度高，但滤芯材料强度低，不易清洗<br>4. 用于低压管道中，当用在液压泵吸油管上时，它的流量规格宜选得比泵大 |
| 深度型 | 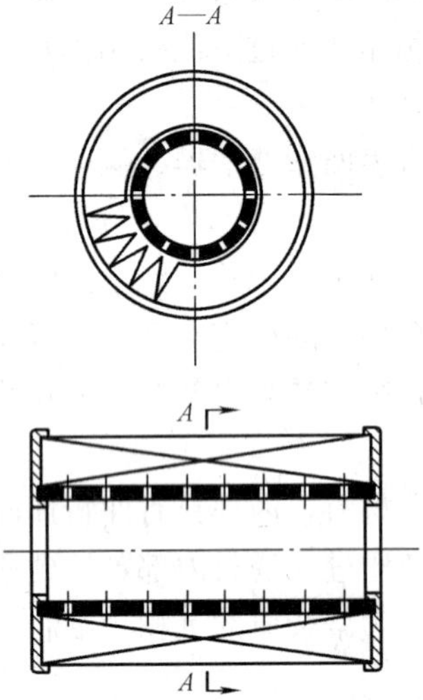 | 1. 结构与线隙式相同，但滤芯为平纹或波纹的酚醛树脂或木浆微孔滤纸制成的纸芯。为了增大过滤面积，纸芯常制成折叠形<br>2. 压力损失为0.01～0.04MPa<br>3. 过滤精度高，但堵塞后无法清洗，必须更换纸芯<br>4. 通常用于精过滤 |
| | 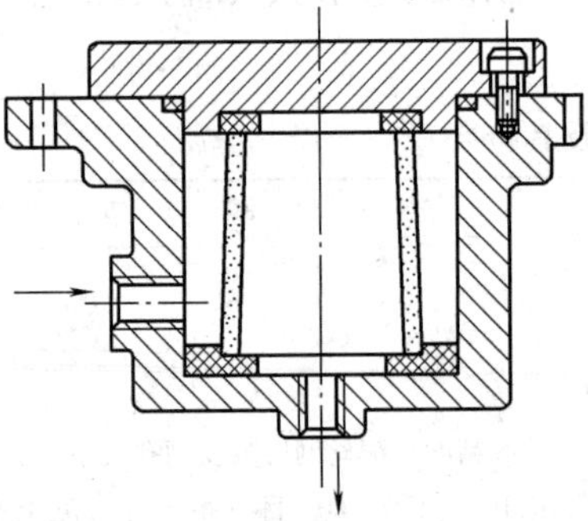 | 1. 滤芯由金属粉末烧结而成，利用金属颗粒间的微孔来挡住油中杂质通过。改变金属粉末的颗粒大小，就可以制出不同过滤精度的滤芯<br>2. 压力损失为0.03～0.2MPa<br>3. 过滤精度高，滤芯能承受高压，但金属颗粒易脱落，堵塞后不易清洗<br>4. 适用于精过滤 |
| 吸附型 | 磁性滤油器 | 1. 滤芯由永久磁铁制成，能吸住油液中的铁屑、铁粉、带磁性的磨料<br>2. 常与其他形式滤芯合起来制成复合式滤油器<br>3. 对加工钢铁件的机床液压系统特别适用 |

### 8.2.2 滤油器的主要性能指标

1. 过滤精度

过滤精度表示滤油器对各种不同尺寸的污染颗粒的滤除能力，用绝对过滤精度、过滤比、过滤效率等指标来评定。

绝对过滤精度是指通过滤芯的最大坚硬球状颗粒的尺寸，它反映了过滤材料中最大通孔尺寸，以 $\mu_m$ 表示，可以用试验的方法进行测定。

过滤比（$\beta_x$ 值）是指滤油器上游油液单位容积中大于某给定尺寸的颗粒数与下游油液单位容积中大于同一尺寸的颗粒数之比，即对于某一尺寸 $x$ 的颗粒而言，其过滤比 $\beta_x$ 的表达式为

$$\beta_x = N_u / N_d \tag{8-4}$$

式中 $N_u$——上游油液中大于某一尺寸 $x$ 的颗粒浓度；

$N_d$——下游油液中大于同一尺寸 $x$ 的颗粒浓度。

从式（8-4）可看出，$\beta_x$ 越大，过滤精度越高。当过滤比的数值达到 75 时，$\beta_x$ 即认为是滤油器的绝对过滤精度。过滤比能确切地反映滤油器对不同尺寸颗粒污染物的过滤能力，已被国际标准化组织采纳作为评定滤油器过滤精度的性能指标。一般要求系统的过滤精度要小于运动副间隙的一半。此外，压力越高，对过滤精度要求越高。其推荐值见表 8-3。

过滤效率 $E_c$ 可以通过式（8-5）由过滤比 $\beta_x$ 值直接换算出来

$$E_c = (N_u - N_d)/N_u = 1 - 1/\beta_x \tag{8-5}$$

**表 8-3　过滤精度推荐值**

| 系统类别 | 润滑系统 | 传 动 系 统 | | | 伺服系统 |
|---|---|---|---|---|---|
| 工作压力（MPa） | 0～2.5 | ≤14 | 14<p<21 | ≥21 | 21 |
| 过滤精度（μm） | 100 | 25～50 | 25 | 10 | 5 |

2. 压降特性

液压回路中的滤油器对油液流动而言是一种阻力，因而油液通过滤芯时必然要出现压力降。一般而言，在滤芯尺寸和流量一定的情况下，滤芯的过滤精度越高，压力降越大；在流量一定的情况下，滤芯的有效过滤面积越大，压力降越小；油液的黏度越大，流经滤芯的压力降也越大。

滤芯所允许的最大压力降，应以不致使滤芯元件发生结构性破坏为原则。在高压系统中，滤芯在稳定状态下工作时承受到的仅仅是它那里的压力降，这就是纸质滤芯也能在高压系统中使用的原因。油液流经滤芯时的压力降，大部分是通过试验或经验公式来确定的。

3. 纳垢容量

纳垢容量是指滤油器在压力降达到其规定限值之前可以滤除并容纳的污染物数量，这项性能指标可以通过多次试验来确定。滤油器的纳垢容量越大，使用寿命越长，所以它是反映滤油器寿命的重要指标。一般而言，滤芯尺寸越大，即过滤面积越大，纳垢容量就越大。增大过滤面积，可以使纳垢容量至少成比例地增加。

滤油器过滤面积 $A$ 的表达式为

$$A = q\mu / a\Delta p \tag{8-6}$$

式中 $q$——滤油器的额定流量，L/min；

$\mu$——油液的黏度，Pa·s；

$a$——滤油器单位面积通过能力，由试验确定，L/cm$^2$；

$\Delta p$——压力降，Pa。

在20℃时，对特种滤网，$a$=0.003～0.006；纸质滤芯，$a$=0.035；线隙式滤芯，$a$=10；一般网式滤芯，$a$=2。

式（8-6）清楚地说明了过滤面积与油液的流量、黏度、压降和滤芯形式的关系。

### 8.2.3 选用和安装

1. 选用滤油器

按其过滤精度（滤去杂质的颗粒大小）的不同，有粗过滤器、普通过滤器、精密过滤器和特精过滤器四种，它们分别能滤去大于100、10～100、5～10、1～5μm大小的杂质。

选用滤油器时，要考虑以下几点：

（1）过滤精度应满足预定要求。

（2）能在较长时间内保持足够的通流能力。

（3）滤芯具有足够的强度，不因液压的作用而损坏。

（4）滤芯抗腐蚀性能好，能在规定的温度下持久地工作。

（5）滤芯清洗或更换简便。

因此，滤油器应根据液压系统的技术要求，按过滤精度、通流能力、工作压力、油液黏度、工作温度等条件选定其型号。

2. 安装滤油器

滤油器在液压系统中的安装位置通常有以下几种：

（1）要装在泵的吸油口处。泵的吸油路上一般都安装有表面型滤油器，目的是滤去较大的杂质微粒以保护液压泵，此外滤油器的过滤能力应为泵流量的两倍以上，压力损失小于0.02MPa。

（2）安装在泵的出口油路上。此处安装滤油器的目的是用来滤除可能侵入阀类等元件的污染物。其过滤精度应为10～15μm，且能承受油路上的工作压力和冲击压力，压力降应小于0.35MPa。同时应安装安全阀以防滤油器堵塞。

（3）安装在系统的回油路上。这种安装起间接过滤作用。一般与过滤器并联安装一背压阀，当过滤器堵塞达到一定压力值时，背压阀打开。

（4）安装在系统分支油路上。

（5）单独过滤系统。大型液压系统可专设一液压泵和滤油器组成独立过滤回路。

液压系统中除了整个系统所需的滤油器外，还常在一些重要元件（如伺服阀、精密节流阀等）的前面单独安装一个专用的精滤油器来确保其正常工作。

## 8.3 油　　箱

### 8.3.1 功用和结构

1. 功用

油箱主要是用于储存油液，此外还起着散发油液中热量（在周围环境温度较低的情况下则是保持油液中热量）、释出混在油液中的气体、沉淀油液中污物等作用。

2. 结构

液压系统中的油箱有整体式和分离式两种。整体式油箱利用主机的内腔作为油箱，这种油箱结构紧凑，各处漏油易于回收，但增加了设计和制造的复杂性，维修不便，散热条件不好，且会使主机产生热变形。分离式油箱单独设置，与主机分开，减小了油箱发热和液压源振动对主机工作精度的影响，因此得到了普遍的应用，特别在精密机械上。

油箱典型结构如图 8-4 所示。由图 8-4 可见，油箱内部用隔板 7、9 将吸油管 1 与回油管 4 隔开。顶部、侧部和底部分别装有滤油网 2、液位计 6 和排放污油的放油阀 8。安装液压泵及其驱动电机的上盖 5 则固定在油箱顶面上。

此外，近年来又出现了充气式闭式油箱，它与图 8-4 所示开式油箱不同之处在于油箱是整个封闭的，顶部有一充气管，可送入 0.05～0.07MPa 过滤纯净的压缩空气。空气或者直接与油液接触，或者被输入到蓄能器式的皮囊内不与油液接触。这种油箱的优点是改善了液压泵的吸油条件，但它要求系统中的回油管、泄油管承受背压，油箱本身还需配置安全阀、电接点压力表等元件以稳定充气压力，因此只在特殊场合下使用。

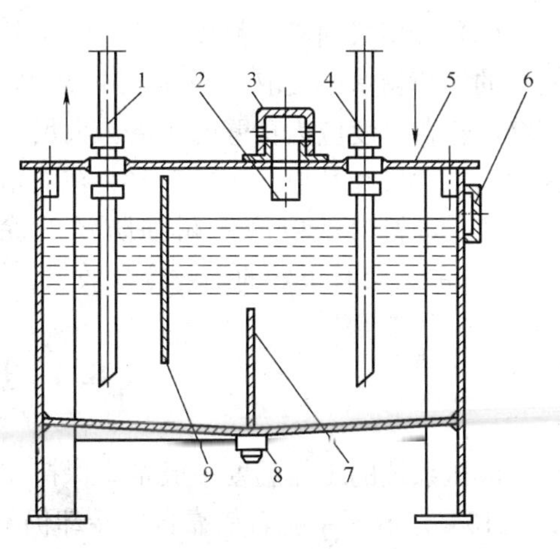


图 8-4　油箱

1—吸油管；2—滤油网；3—盖；4—回油管；5—上盖；6—液位计；7、9—隔板；8—放油阀

### 8.3.2　油箱设计时的注意事项

（1）油箱的有效容积（油面高度为油箱高度 80%时的容积）应根据液压系统发热、散热平衡的原则来计算，这项计算在系统负载较大、长期连续工作时是必不可少的。但对于一般情况而言，油箱的有效容积可以按液压泵的额定流量 $q_p$(L/min) 估计出来。例如，适用于机床或其他一些固定式机械的估算式为

$$V = \xi q_p \tag{8-7}$$

式中　$V$——油箱的有效容积，L；

$\xi$——与系统压力有关的经验数字，低压系统 $\xi=2\sim4$，中压系统 $\xi=5\sim7$，高压系统 $\xi=10\sim12$。

（2）吸油管和回油管应尽量相距远一些，两管之间要用隔板隔开，以增加油液循环距离，使油液有足够的时间分离气泡，沉淀杂质，消散热量。隔板高度最好为箱内油面高度的 3/4。吸油管入口处要装粗滤油器。精滤油器与回油管管端在油面最低时仍应没在油中，防止吸油时卷吸空气或回油冲入油箱时搅动油面而混入气泡。回油管管端宜斜切 45°，以增大出油口截面积，减慢出口处的油流速度。此外，应使回油管斜切口面对箱壁，以利于油液散热。当回油管排回的油量很大时，宜使出口处高出油面，向一个带孔或不带孔的斜槽（倾角为 5°～15°）排油，使油流散开，一方面减慢流速，另一方面排走油液中空气。减慢回油流速、减少其冲击搅拌作用，也可以采取让它通过扩散室的办法来达到。泄油管管端也可斜切并面壁，但不可没入油中。

管端与箱底、箱壁间距离均不宜小于管径的 3 倍。粗滤油器距箱底不应小于 20mm。

（3）为了防止油液污染，油箱上各盖板、管口处都要妥善密封。注油器上要加滤油网。

防止油箱出现负压而设置的通气孔上需装空气滤清器。空气滤清器的容量至少应为液压泵额定流量的两倍。油箱内回油集中部分及清污口附近宜装设一些磁性块，以去除油液中的铁屑和带磁性颗粒。

(4) 为了易于散热和便于对油箱进行搬移及维护保养，按 GB/T 3766—2001 规定，箱底离地至少应在 150mm 以上。箱底应适当倾斜，在最低部位处设置堵塞或放油阀，以便排放污油。按照 GB/T 3766—2001 规定，箱体上注油口的近旁必须设置液位计。滤油器的安装位置应便于装拆。箱内各处应便于清洗。

(5) 油箱中若要安装热交换器，必须考虑好其安装位置，以及测温、控制等措施。

(6) 分离式油箱一般用 2.5～4mm 钢板焊成。箱壁越薄，散热越快，有资料建议 100L 容量的油箱箱壁厚度取 1.5mm，400L 以下的取 3mm，400L 以上的取 6mm，箱底厚度大于箱壁，箱盖厚度应为箱壁的 4 倍。大尺寸油箱要加焊角板、筋条，以增加刚性。当液压泵及其驱动电动机和其他液压件都要装在油箱上时，油箱顶盖要相应地加厚。

(7) 油箱内壁应涂上耐油防锈的涂料。外壁若涂上一层极薄的黑漆（厚度不超过 0.025mm)，会有很好的辐射冷却效果。铸造的油箱内壁一般只进行喷砂处理，不涂漆。

## 8.4 热 交 换 器

液压系统的工作温度一般希望保持在 30～50℃的范围之内，最高不超过 65℃，最低不低于 15℃。液压系统若依靠自然冷却仍不能使油温控制在上述范围内时，就需安装冷却器；若环境温度太低无法使液压泵启动或正常运转时，就需安装加热器。

### 8.4.1 冷却器

液压系统中的冷却器，最简单的是蛇形管冷却器（见图 8-5)，它直接装在油箱内，冷却水从蛇形管内部通过，带走油液中热量。这种冷却器结构简单，但冷却效率低，耗水量大。

液压系统中应用较多的冷却器是强制对流式多管冷却器（见图 8-6)。油液从进油口 5 流入，从出油口 3 流出；冷却水从进水口 7 流入，通过图中所示的多根水管后由出水口 1 流出。油液在水管外部流动时，它的行进路线因冷却器内设置了隔板而加长，因而增加了热交换效果。近来出现了一种翅片管式冷却器，水管外面增加了许多横向或纵向的散热翅片，大大扩大了散热面积和热交换效果。图 8-7 所示为翅片管式冷却器的一种形式，它是在圆管或椭圆管外嵌套上许多径向翅片，其散热面积可达光滑管的 8～10 倍。椭圆管的散热效果一般比圆管更好。

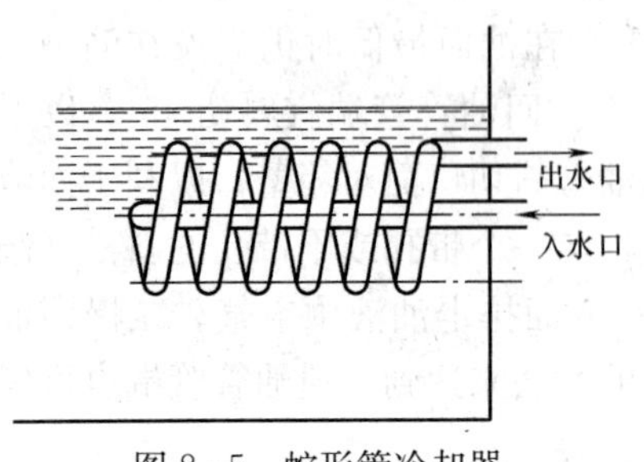


图 8-5 蛇形管冷却器

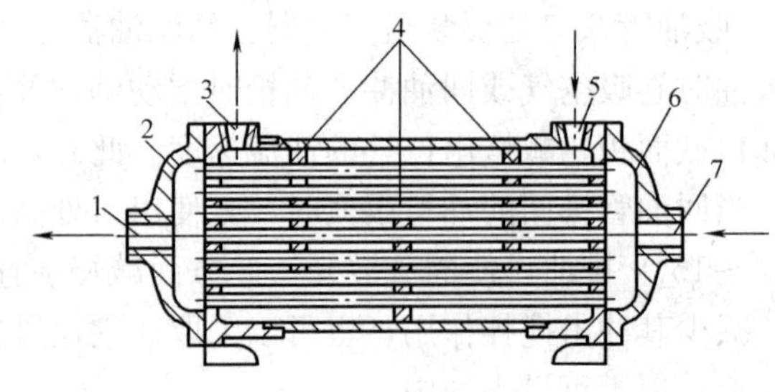


图 8-6 多管式冷却器

1—出水口；2—端盖；3—出油口；4—隔板；5—进油口；6—端盖；7—进水口

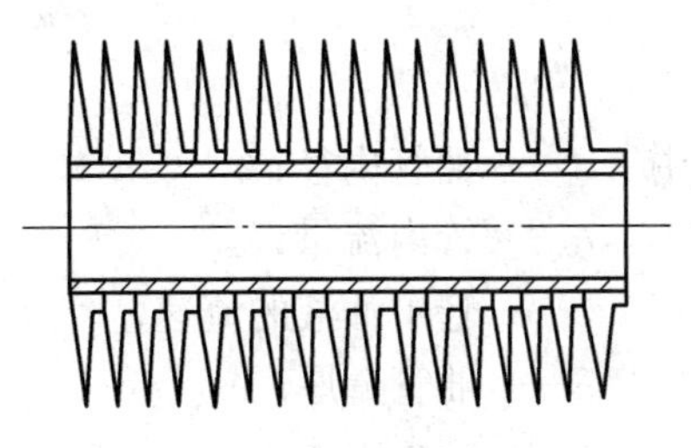
图 8-7 翅片管式冷却器

液压系统也可以用汽车上的风冷式散热器来进行冷却。这种用风扇鼓风带走流入散热器内油液热量的装置无需另设通水管路，结构简单，价格低廉，但冷却效果较水冷式差。

冷却器一般应安放在回油管或低压管路上，如溢流阀的出口，系统的主回流路上或单独的冷却系统。冷却器所造成的压力损失一般为 0.01～0.1MPa。

### 8.4.2 加热器

液压系统的加热，一般常采用结构简单且能够按需要自动调节最高和最低温度的电加热器。这种加热器的安装方式是用法兰盘横装在箱壁上，发热部分全部浸在油液内。加热器应安装在箱内油液流动处，以有利于热量的交换。由于油液是热的不良导体，单个加热器的功率容量不能太大，以免其周围油液过度受热后发生变质现象。

## 8.5 管 件

管件包括管道、管接头、法兰等，其作用是保证油路的连通，并便于拆卸、安装；根据工作压力、安装位置确定管件的连接结构；与泵、阀等连接的管件应由其接口尺寸确定管径。

### 8.5.1 油管

液压系统中使用的油管种类很多，有钢管、铜管、尼龙管、塑料管、橡胶管等，需按照安装位置、工作环境和工作压力来正确选用。液压系统中使用的油管见表 8-4。

表 8-4 液压系统中使用的油管

| 种类 | | 特点和适用范围 |
|---|---|---|
| 硬管 | 钢管 | 能承受高压，价格低廉，耐油，抗腐蚀，刚性好，但装配时不能任意弯曲；常在装拆方便处用作压力管道，高中压用无缝管，低压用焊接管 |
| | 紫铜管 | 易弯曲成各种形状，但承压能力一般不超过 6.5～10MPa，抗振能力较弱，又易使油液氧化；通常用在液压装置内配接不便之处 |
| 软管 | 尼龙管 | 乳白色半透明，加热后可以随意弯曲成形或扩口，冷却后又能定形不变，承压能力因材质而异，为 2.5～8MPa |
| | 塑料管 | 质轻耐油，价格便宜，装配方便，但承压能力低，长期使用会变质老化，只宜用作压力低于 0.5MPa 的回油管、泄油管等 |
| | 橡胶管 | 高压管由耐油橡胶夹几层钢丝编织网制成，钢丝网层数越多，耐压越高，价格昂贵，用作高中压系统中两个相对运动件之间的压力管道<br>低压管由耐油橡胶夹帆布制成，可用作回油管道 |

油管的规格尺寸（管道内径和壁厚）可由式（8-8）和式（8-9）算出 $d$、$\delta$ 后，查阅有关的标准选定。

$$d = 2\sqrt{\frac{q}{\pi v}} \tag{8-8}$$

$$\delta = \frac{pdn}{2\sigma_b} \tag{8-9}$$

式中 $d$——油管内径；

$q$——管内流量；

$v$——管中油液的流速；

$\delta$——油管壁厚；

$p$——管内工作压力；

$n$——安全系数，对钢管而言，$p<7$MPa 时取 $n=8$，7MPa$<p<$17.5MPa 时取 $n=$6，$p>$17.5MPa 时取 $n=4$；

$\sigma_b$——管道材料的抗拉强度。

管中油液的流速 $v$，吸油管取 0.5～1.5m/s，高压管取 2.5～5m/s（压力高的取大值，低的取小值，例如，压力在 6MPa 以上的取 5m/s，在 3～6MPa 之间的取 4m/s，在 3MPa 以下的取 2.5～3m/s；管道较长的取小值，较短的取大值；油液黏度大时取小值），回油管取 1.5～2.5m/s，短管及局部收缩处取 5～7m/s。

油管的管径不宜选得过大，以免使液压装置的结构庞大；但也不能选得过小，以免使管内液体流速加大，系统压力损失增加或产生振动和噪声，影响正常工作。

在保证强度的情况下，管壁可尽量选得薄些。薄壁易于弯曲，规格较多，装接较易，采用它可减少管系接头数目，有助于解决系统泄漏问题。

### 8.5.2 管接头

管接头是油管与油管、油管与液压件之间的可拆式连接件，它必须具有装拆方便、连接牢固、密封可靠、外形尺寸小、通流能力大、压降小、工艺性好等各项条件。

管接头的种类很多，其规格品种可查阅有关手册。液压系统中常用的管接头见表 8-5。管路旋入端用的连接螺纹采用国家标准米制锥螺纹（ZM）和普通细牙螺纹（M）。

**表 8-5 液压系统中常用的管接头**

| 名称 | 结构简图 | 特点和说明 |
| --- | --- | --- |
| 焊接式管接头 | 球形头 | 1. 连接牢固，利用球面进行密封，简单可靠<br>2. 焊接工艺必须保证质量，必须采用厚壁钢管，装拆不便 |
| 卡套式管接头 | 油管 卡套 | 1. 用卡套卡住油管进行密封，轴向尺寸要求不严，装拆简便<br>2. 对油管径向尺寸精度要求较高，为此要采用冷拔无缝钢管 |
| 扩口式管接头 | 油管 管套 | 1. 用油管管端的扩口在管套的压紧下进行密封，结构简单<br>2. 适用于钢管、薄壁钢管、尼龙管、塑料管等低压管道的连接 |

续表

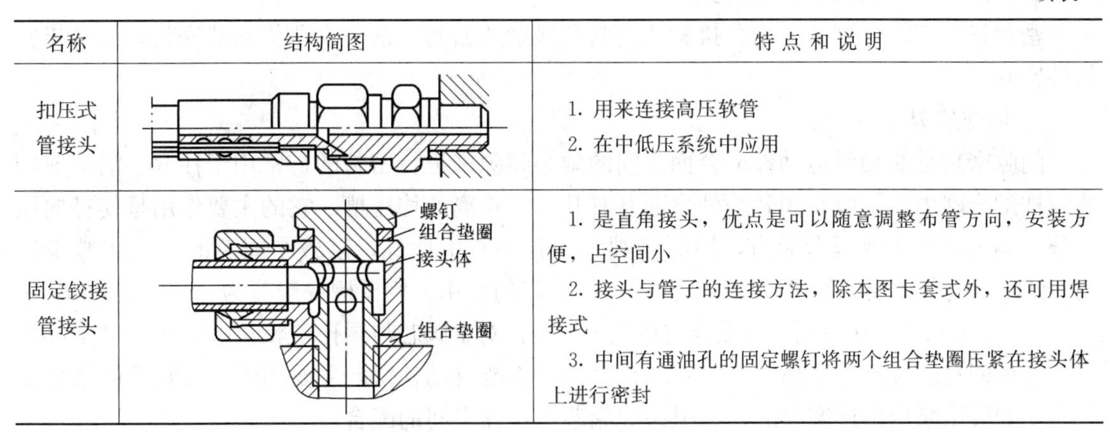


| 名称 | 结构简图 | 特 点 和 说 明 |
| --- | --- | --- |
| 扣压式管接头 | | 1. 用来连接高压软管<br>2. 在中低压系统中应用 |
| 固定铰接管接头 | | 1. 是直角接头，优点是可以随意调整布管方向，安装方便，占空间小<br>2. 接头与管子的连接方法，除本图卡套式外，还可用焊接式<br>3. 中间有通油孔的固定螺钉将两个组合垫圈压紧在接头体上进行密封 |

锥螺纹依靠自身的锥体旋紧采用聚四氟乙烯等进行密封，广泛用于中低压液压系统；细牙螺纹密封性好，常用于高压系统，但要采用组合垫圈或O形圈进行端面密封，有时也可用紫铜垫圈。

液压系统中的泄漏问题大部分都出现在管系中的接头上，为此对管材的选用，接头形式的确定（包括接头设计、垫圈、密封、箍套、防漏涂料的选用等），管系的设计（包括弯管设计、管道支承点、支承形式的选取等），以及管道的安装（包括正确的运输、储存、清洗、组装等）都要谨慎从事，以免影响整个液压系统的使用质量。

对管道材质、接头形式和连接方法上的研究工作从未间断。最近出现一种用特殊的镍钛合金制造的管接头，它能使低温下受力后发生的变形在升温时消除，即将管接头放入液氮中用芯棒扩大其内径，然后取出来迅速套装在管端上，便可使它在常温下得到牢固、紧密的结合。这种“热缩”式的连接已在航空和其他一些加工行业中得到了应用，它能保证在40～55MPa的工作压力下不出现泄漏。

## 8.6 密 封 装 置

密封是解决液压系统泄漏问题最重要、最有效的手段。液压系统如果密封不良，可能出现不允许的外泄漏，外漏的油液将会污染环境；还可能使空气进入吸油腔，影响液压泵的工作性能和液压执行元件运动的平稳性（爬行）；泄漏严重时，系统容积效率过低，甚至会导致工作压力达不到要求值。若密封过度，虽可防止泄漏，但会造成密封部分的剧烈磨损，缩短密封件的使用寿命，增大液压元件内的运动摩擦阻力，降低系统的机械效率。因此，合理地选用和设计密封装置在液压系统的设计中十分重要。

### 8.6.1 对密封装置的要求

（1）在工作压力和一定的温度范围内，应具有良好的密封性能，并能随着压力的增加自动提高密封性能。

（2）密封装置和运动件之间的摩擦力要小，摩擦系数要稳定。

（3）抗腐蚀能力强，不易老化，工作寿命长，耐磨性好，磨损后在一定程度上能自动补偿。

（4）结构简单，使用、维护方便，价格低廉。

### 8.6.2 密封装置的类型和特点

密封按其工作原理可分为非接触式密封和接触式密封。前者主要指间隙密封，后者指密封件密封。

1. 间隙密封

间隙密封是靠相对运动件配合面之间的微小间隙来进行密封的，常用于柱塞、活塞或阀的圆柱配合副中，一般在阀芯的外表面开有几条等距离的均压槽。它的主要作用是使径向压力分布均匀，减小液压卡紧力，同时使阀芯在孔中对中性好，以减小间隙的方法来减少泄漏。同时，槽所形成的阻力，对减少泄漏也有一定的作用。均压槽一般宽为 0.3～0.5mm，深为 0.5～1.0mm。圆柱面配合间隙与直径大小有关，对于阀芯与阀孔一般取 0.005～0.017mm。

这种密封的优点是摩擦力小，缺点是磨损后不能自动补偿，主要用于直径较小的圆柱面之间，如液压泵内的柱塞与缸体、滑阀的阀芯与阀孔之间的配合。

2. O 形密封圈

O 形密封圈一般用耐油橡胶制成，其横截面呈圆形，它具有良好的密封性能，内外侧和端面都能起密封作用，结构紧凑，运动件的摩擦阻力小，制造容易，装拆方便，成本低，且高低压均可以用，所以在液压系统中得到广泛的应用。

图 8-8 所示为 O 形密封圈的结构和工作情况。图 8-8（a）所示为其外形图；图 8-8（b）所示为装入密封沟槽的情况，$\delta_1$、$\delta_2$ 为 O 形圈装配后的预压缩量，通常用压缩率 $W$ 表示，即 $W=[(d_0-h)/d_0]\times 100\%$，对于固定密封、往复运动密封和回转运动密封，应分别达到 15%～20%、10%～20% 和 5%～10%，才能取得满意的密封效果。当油液工作压力超过 10MPa 时，O 形圈在往复运动中容易被油液压力挤入间隙而提早损坏，如图 8-8（c）所示，为此要在其侧面安放 1.2～1.5mm 厚的聚四氟乙烯挡圈，单向受力时在受力侧的对面安放一个挡圈，如图 8-8（d）所示；双向受力时则在两侧各放一个挡圈，如图 8-8（e）所示。

O 形密封圈的安装沟槽，除矩形外，也有 V 形、燕尾形、半圆形、三角形等，实际应用中可查阅有关手册及国家标准。

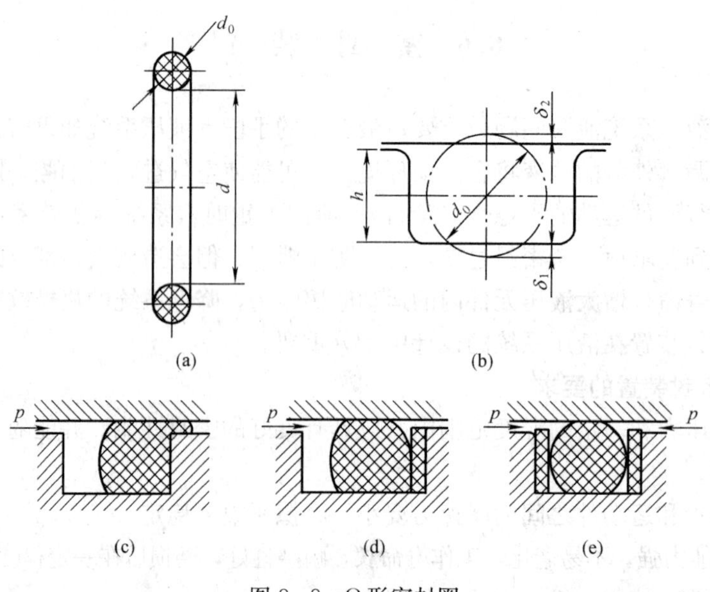


图 8-8 O 形密封圈

3. 唇形密封圈

唇形密封圈根据截面的形状可分为Y形、V形、U形、L形等。其工作原理如图8-9所示。液压力将密封圈的两唇边 $h_1$ 压向形成间隙的两个零件的表面。这种密封作用的特点是能随着工作压力的变化自动调整密封性能，压力越高，唇边被压得越紧，密封性也越好；当压力降低时唇边压紧程度也随之降低，从而减小了摩擦阻力和功率消耗。除此之外，还能自动补偿唇边的磨损，保持密封性能不降低。

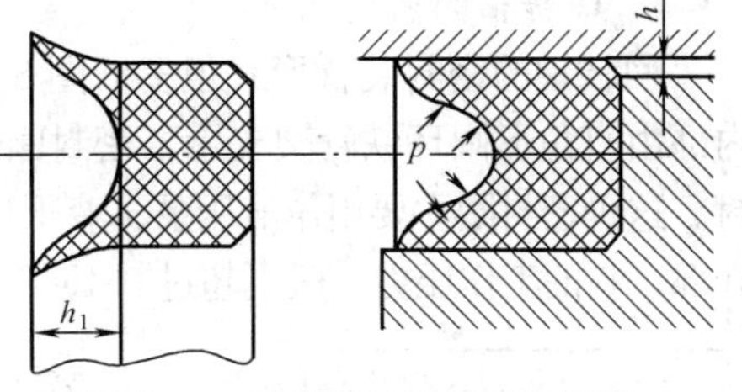

图8-9 唇形密封圈的工作原理

目前，液压缸中普遍使用如图8-10所示的所谓小Y形密封圈作为活塞和活塞杆的密封。其中，图8-10（a）所示为轴用密封圈，图8-10（b）所示为孔用密封圈。这种小Y形密封圈的特点是断面宽度和高度的比值大，增加了底部支承宽度，可以避免摩擦力造成的密封圈翻转和扭曲。

在高压和超高压情况下（压力大于25MPa），V形密封圈也有应用，其形状如图8-11所示，它由多层涂胶织物压制而成，通常由压环、密封环和支承环三个圈叠在一起使用，此时已能保证良好的密封性。当压力更高时，可以增加中间密封环的数量，这种密封圈在安装时要预压紧，所以摩擦阻力较大。

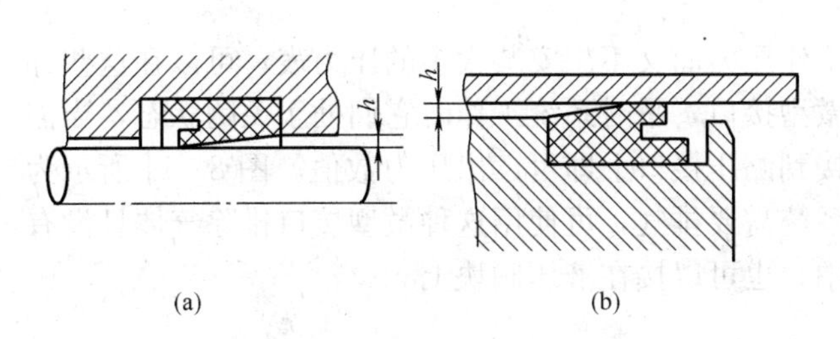

图8-10 小Y形密封圈

（a）轴用密封圈；（b）孔用密封圈

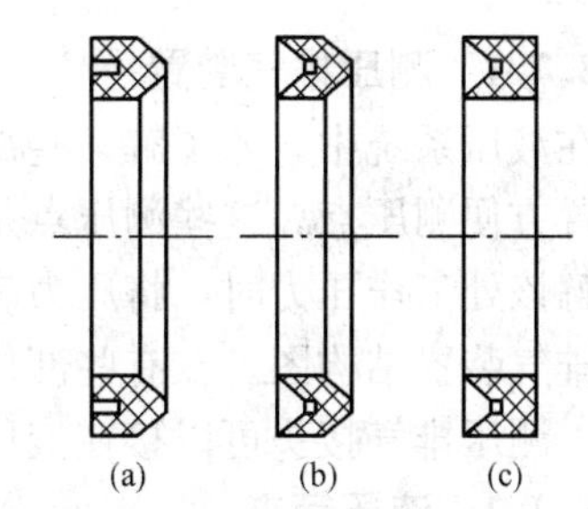

图8-11 V形密封圈

（a）支承环；（b）密封环；（c）压环

唇形密封圈安装时应使其唇边开口面对压力油，使两唇张开，分别贴紧在机件的表面上。

4. 组合式密封装置

随着液压技术的应用日益广泛，系统对密封的要求越来越高，普通的密封圈单独使用已不能很好地满足密封要求，特别是使用寿命和可靠性方面的要求。因此，研究和开发了由包括密封圈在内的两个以上元件组成的组合式密封装置。

图8-12（a）所示为O形密封圈与截面为矩形的聚四氟乙烯塑料滑环组成的组合密封装置。其中，滑环2紧贴密封面，O形圈1为滑环提供弹性预压力，在介质压力等于零时构成密封，由于密封间隙靠滑环，而不是O形圈，因此摩擦阻力小而且稳定，可以用于40MPa的高压。往复运动密封时，速度可达15m/s；往复摆动与螺旋运动密封时，速度可达5m/s。矩形滑环组合密封的缺点是抗侧倾能力稍差，在高低压交变的场合下工作容易漏油。图8-12（b）所示为由支承环3和O形圈1组成的轴用组合密封，由于支承环与被密封件之间为线密封，其工作原理类似唇边密封。支承环采用一种经特别处理的化合物，具有极佳的耐磨性、低摩擦和保形性，不存在橡胶密封低速时易产生的“爬行”现象。工作压力可达80MPa。

组合式密封装置由于充分发挥了橡胶密封圈和滑环（支承环）的长处，因此不仅工作可靠，摩擦力低且稳定，使用寿命比普通橡胶密封提高近百倍，在工程上的应用日益广泛。

5. 回转轴的密封装置

回转轴的密封装置形式很多，图 8-13 所示为一种耐油橡胶制成的回转轴用密封圈，它的内部由直角形圆环铁骨架支承，密封圈的内边围着一条螺旋弹簧，将内边收紧在轴上来进行密封。这种密封圈主要用作液压泵、液压马达和回转式液压缸伸出轴的密封，以防止油液漏到壳体外部，它的工作压力一般不超过 0.1MPa，最大允许线速度为 4～8m/s，需在有润滑情况下工作。

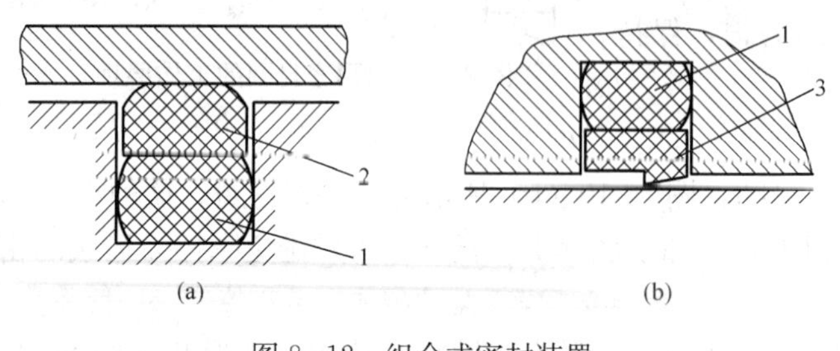


图 8-12 组合式密封装置

1—O 形圈；2—滑环；3—支承环

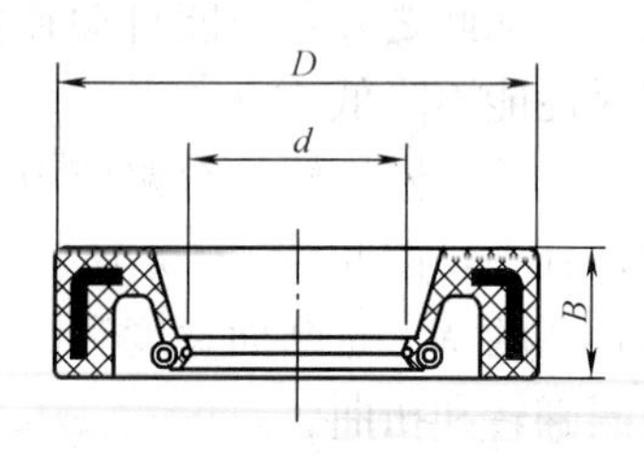


图 8-13 回转轴用密封圈

## 8.7 其他辅助元件

### 8.7.1 测压排气装置

在液压系统中，要了解某些部位的工作压力而又不想安装太多的压力表，可以在这些部位设置方便测压点。这些测压点是一些微型接口，平时系统工作时它们处于关闭状态，当需要了解该处工作压力时，将压力表插头接到测压接口上即可读出压力数值。图 8-14 所示为测压排气装置结构图。在有些部位液压系统需要排气，可使用这种微型接口排除气体且没有油耗。测压排气接头可以接在液压管路中，也可以接在液压阀块上。

### 8.7.2 液压管夹

液压系统应使用管夹来固定管道，这样既可以使管道布置得美观又可以减小管道的振动，其结构如图 8-15 所示。具体结构尺寸可查阅有关液压及气压传动设计手册。

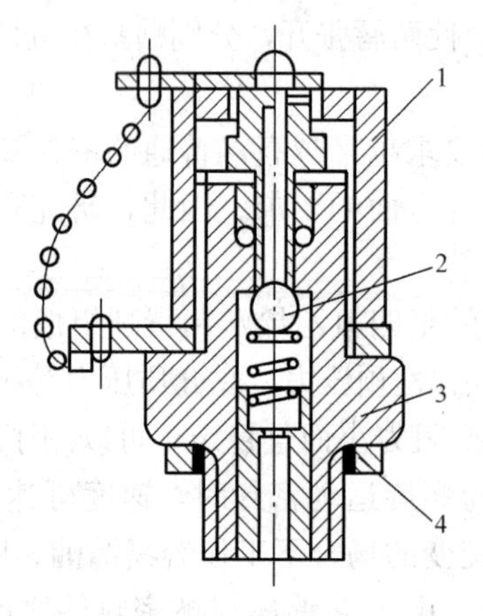


图 8-14 测压排气装置

1—保护罩；2—钢球；3—接头体；4—组合垫圈

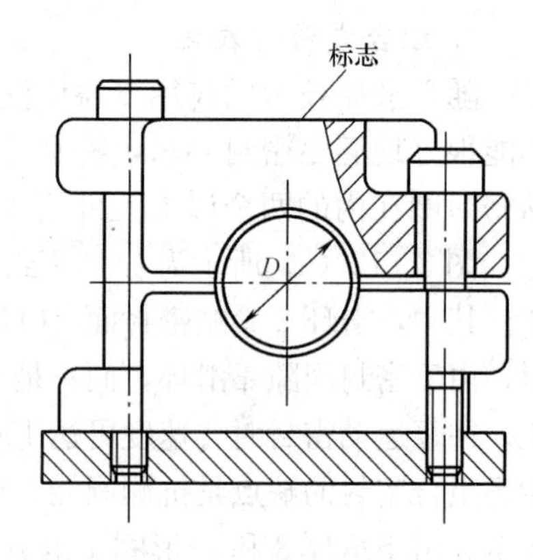


图 8-15 液压管夹

## 小　结

滤油器是液压传动系统最重要的保护元件，通过过滤油液中的杂质来确保液压元件及系统不受污染物的侵蚀。根据使用场合的不同可分为高压滤油器和低压滤油器；根据过滤精度又可分为粗滤器和精滤器。滤油器的滤芯材料和结构形式也多种多样，本章介绍了纸质、网式、线隙式及烧结式滤油器的结构。蓄能器在大型及高精度液压系统中占有重要的地位，通常用于吸收脉动、冲击及作为液压系统的辅助油源，在结构上有皮囊式、膜片式、重力式、弹簧式及活塞式。蓄能器在工作时基本上是处于动态工况，往往关心的也是其动态特性。管件是液压系统各元件间传递流体动力的纽带，根据输送流体的压力、流量及使用场合选用不同的管件。热交换器包括加热器和冷却器，它们的功能是使液压传动介质处在设定的温度范围内，以提高传动质量。油箱作为一非标准辅件，根据不同情况进行设计，主要用于传动介质的储存、供应、回收、沉淀、散热等。

## 思考题和习题

8-1　蓄能器有哪些功用？

8-2　气囊式蓄能器容量为2.5L，气体的充气压力为2.5MPa，当工作压力从 $p_1=$ 7MPa变化至 $p_2=$4MPa时，试求蓄能器所能输出的油液体积。

8-3　某气囊式蓄能器用作动力源，容量为3L。充气压力 $p_0=$3.2MPa。系统最高和最低工作压力分别为7MPa和4MPa。试求蓄能器能够输出的油液体积。

8-4　液压系统最高和最低工作压力各是7MPa和5.6MPa，其执行元件每隔30s需要供油一次，每次输油1L，时间为0.5s。问：(1) 若用液压泵供油，该泵应有多大流量？(2) 若改用气囊式蓄能器（充气压力为5MPa）完成此工作，则蓄能器应有多大容量？(3) 向蓄能器充液的泵应有多大流量？

8-5　试举出过滤器三种可能的安装位置。怎样考虑各安装位置上过滤器的精度？

8-6　油箱有哪些作用？

8-7　一单杆液压缸，活塞直径 $D=$10cm，活塞杆直径 $d=$5.6cm，行程 $L=$50cm。现从有杆腔进油，无杆腔回油。问由于活塞的移动使有效底面积为2000cm$^2$ 的油箱液面高度发生多大变化？

8-8　根据液压系统的实际工作压力，如何选择压力表量程？

8-9　油管与接头有几种形式，它们的使用范围有何不同？

8-10　有一液压泵向系统供油，工作压力为6.3MPa，流量为40L/min，试选定供油管尺寸。

8-11　比较各种密封装置的密封原理和结构特点，它们各用在什么场合较为合理？

# 第 9 章　液压与气压基本回路

本章提要

本章主要介绍换向回路、锁紧回路、调压回路、减压回路等液压基本回路，这些回路还包括：快速运动回路（差动液压缸连接的快速运动回路、双泵供油的快速运动回路）；调速回路，包括节流调速回路（进油路节流调速、回油路节流调速、旁路节流调速）和容积调速回路（变量泵定量马达、定量泵变量马达、变量泵变量马达）；同步回路（机械连接的同步回路、调速阀的同步回路、串联液压缸、串联液压马达的同步回路）；顺序回路（行程控制的顺序回路、压力控制的顺序回路）；平衡回路、卸荷回路等。

任何一个液压或气压系统，无论它所要完成的动作有多么复杂，总是由一些基本回路组成的。所谓基本回路，就是由一些液压或气压元件组成，用来完成特定功能的油路结构。例如，第 5 章讲到的换向回路是用来控制液压执行元件运动方向的，锁紧回路是实现执行元件锁住不动的；第 6 章讲到的调压回路是对整个液压系统或局部的压力实现控制和调节；减压回路是为了使系统的某一个支路得到比主油路低的稳定压力等。这些都是液压系统常见的基本回路。本章所涉及的基本回路包括速度控制回路、调压回路、同步回路、顺序回路、平衡回路、卸荷回路、部分气压回路等。熟悉和掌握这些基本回路的组成、工作原理及应用，是分析、设计和使用液压系统的基础。

## 9.1　速度控制回路

速度控制回路的作用是研究液压系统的速度调节和变换问题，常用的速度控制回路有调速回路、快速回路、速度换接回路等，本节中分别对上述三种回路进行介绍。

### 9.1.1　调速回路

调速回路的基本原理从液压马达的工作原理可知，液压马达的转速 $n_m$ 由输入流量和液压马达的排量 $V_m$ 决定，即 $n_m=q/V_m$，液压缸的运动速度 $v$ 由输入流量和液压缸的有效作用面积 $A$ 决定，即 $v=q/A$。

通过上述关系可以知道，要想调节液压马达的转速 $n_m$ 或液压缸的运动速度 $v$，可通过改变输入流量 $q$、液压马达的排量 $V_m$、液压缸的有效作用面积 $A$ 等方法来实现。由于液压缸的有效面积 $A$ 是定值，只有改变流量 $q$ 的大小来调速，而改变输入流量 $q$，可以通过采用流量阀或变量泵来实现；改变液压马达的排量 $V_m$，可通过采用变量液压马达来实现。因此，调速回路主要有以下三种方式：

（1）节流调速回路。由定量泵供油，用流量阀调节进入或流出执行机构的流量来实现调速。

（2）容积调速回路。用调节变量泵或变量马达的排量来调速。

（3）容积节流调速回路。用限压变量泵供油，由流量阀调节进入执行机构的流量，并使变量泵的流量与调节阀的调节流量相适应来实现调速。此外，还可采用几个定量泵并联，按不同速度需要，启动一个泵或几个泵供油实现分级调速。

1. 节流调速回路

节流调速回路通过调节流量阀的通流截面积大小来改变进入执行机构的流量，从而实现执行元件运动速度的调节。

如图 9-1 所示，如果调节回路中只有节流阀，则液压泵输出的油液全部经节流阀流进液压缸。改变节流阀节流口的大小，只能改变油液流经节流阀速度的大小，而总的流量不会改变，在这种情况下节流阀不能起调节流量的作用，液压缸的速度不会改变。

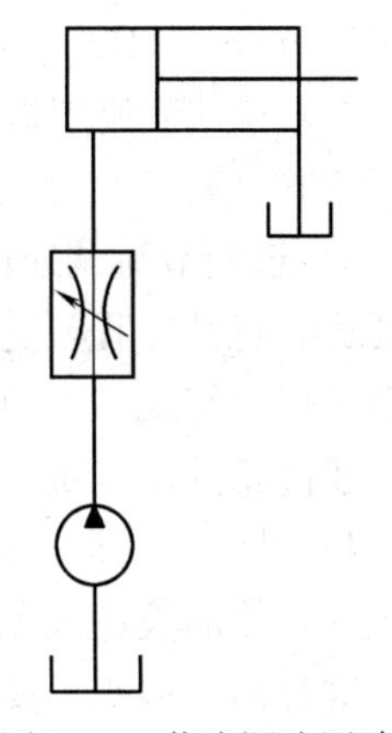

图 9-1　节流调速回路

（1）进油节流调速回路。进油调速回路是将节流阀装在执行机构的进油路上，其调速原理如图 9-2（a）所示。

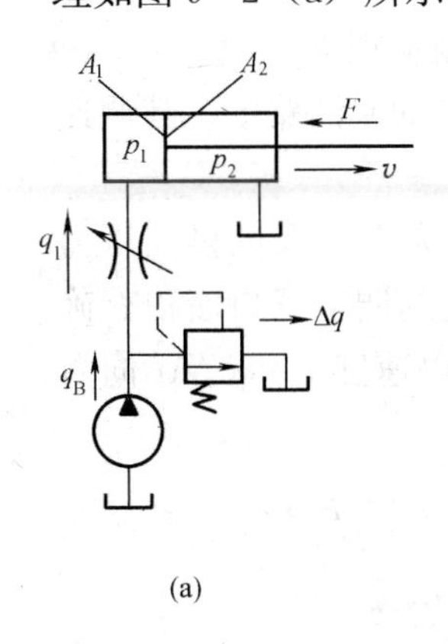


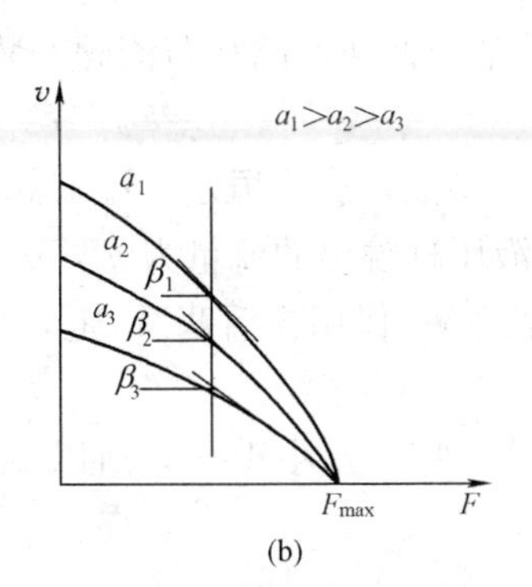


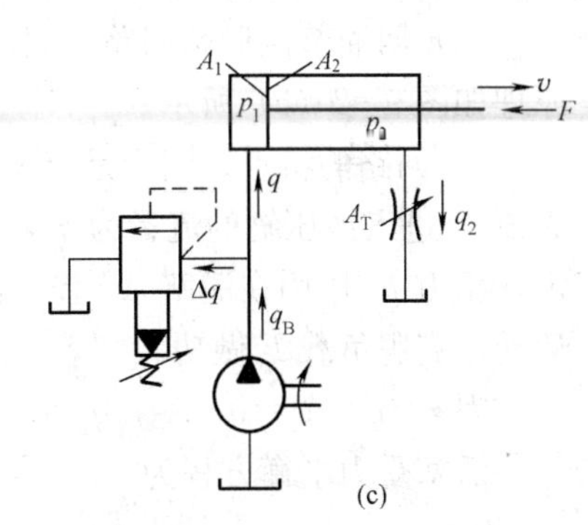


图 9-2　节流调速回路

（a）进油节流调速回路；（b）速度负载特性曲线；（c）回油节流调速回路

1）回路的特点。因为是定量泵供油，流量恒定，溢流阀调整压力为 $p_t$，泵的供油压力 $p_B$，进入液压缸的流量 $q_1$ 由节流阀的调节开口面积 $a$ 确定，压力作用在活塞 $A_1$ 上，克服负载 $F$，推动活塞以速度 $v=q_1/A_1$ 向右运动。因为定量泵供油，$q_1$ 小于定量泵的输出流量 $q_B$，所以 $p_B=p_t=\text{const}$。活塞受力平衡方程为

$$p_1A_1=F+p_2A_2$$

进入油缸的流量

$$q_1=Ka\Delta p^m$$

$$\Delta p=p_B-F/A_1$$

$$q_1=Ka(p_B-F/A_1)^m$$

2）进油节流调速回路的速度 - 负载特性方程为

$$v=\frac{q_1}{A_1}=\frac{Ka}{A_1}\left(p_B-\frac{F}{A_1}\right)^m \tag{9-1}$$

式中　$K$——与节流口形式、液流状态、油液性质等有关的节流阀的系数；

$a$——节流口的通流面积；

$m$——节流阀口指数（薄壁小孔，$m=0.5$）。

由式（9-1）可知，当 $F$ 增大、$a$ 一定时，速度 $v$ 减小。

3）进油节流调速回路的速度-负载特性曲线。式（9-1）即为进油路节流调速回路的速度负载特性方程，它描述了执行元件的速度 $v$ 与负载 $F$ 之间的关系。若以 $v$ 为纵坐标，$F$ 为横坐标，将式（9-1）按不同节流阀通流面积 $A_T$ 作图，可得一组抛物线，称为进油路节流调速回路的速度负载特性曲线，如图 9-2（b）所示。

4）进油节流调速回路的优点。液压缸回油腔和回油管中压力较低，当采用单杆活塞杆液压缸，使油液进入无杆腔中，其有效工作面积较大，可以得到较大的推力和较低的运动速度，这种回路多用于要求冲击小、负载变动小的液压系统中。

5）回路效率

$$\eta=\frac{FV}{q_B p_B}$$

$$q_B p_B = p_B q_1 + p_B q_Y = p_1 q_1 + \Delta p q_1 + p_B q_Y$$

其中，$p$、$q$ 为有用功率，$p_1 q_1 = FV$；$\Delta p q_1$ 为节流损失；$p_B q_Y$ 为溢流损失。

（2）回油节流调速回路。回油节流调速回路将节流阀安装在液压缸的回油路上，其调速原理如图 9-2（c）所示。

1）回路的特点。因为是定量泵供油，流量恒定，溢流阀调整压力为 $p_t$，泵的供油压力为 $p_B$，进入液压缸的流量为 $q_1$，液压缸输出的流量为 $q_2$，$q_2$ 由节流阀的调节开口面积 $a$ 确定，压力 $p_1$ 作用在活塞 $A_1$ 上，压力 $p_2$ 作用在活塞 $A_2$ 上，推动活塞以速度 $v=q_1/A_1$ 向右运动，克服负载 $F$ 做功。

因 $v=q_1/A_1=q_2/A_2$，$q_1=q_2A_1/A_2$，$q_1$ 小于 $q_B$，所以 $p_B=p_t=\text{const}=p_1$。

活塞受力平衡方程为

$$p_1 A_1 = F + p_2 A_2$$

$$p_2 = (p_1 A_1 - F)/A_2$$

当 $F=0$ 时，$p_2=p_1A_1/A_2>p_1$

$$q_2 = Ka\Delta p^m$$

$$\Delta p = p_2 = (p_1 A_1 - F)/A_2$$

则

$$q_2 = Ka[(p_1 A_1 - F)/A_2]^m$$

2）回油节流调速回路的速度-负载特性方程为

$$v=\frac{q_2}{A_2}=\frac{Ka}{A_2}\left(\frac{p_1 A_1 - F}{A_2}\right)^m \qquad (9-2)$$

式中 $K$、$a$、$m$ 意义与式（9-1）同。

由式（9-2）可知，当 $F$ 增大，$a$ 一定时，速度 $v$ 减小。

3）回油节流调速回路的速度-负载特性曲线如图 9-2（b）所示。

4）回油节流调速回路的优点。节流阀在回油路上可以产生背压，相对进油调速而言，运动比较平稳，常用于负载变化较大、要求运动平稳的液压系统中。而且在 $a$ 一定时，速度 $v$ 随负载 $F$ 增加而减小。

5）回路效率

$$\eta=\frac{FV}{q_{B}p_{B}}$$

$$\begin{aligned}q_{B}p_{b}&=p_{B}q_{1}+p_{B}q_{Y}\\&=q_{1}(F+A_{2}p_{2})/A_{1}+\Delta pq_{1}+p_{B}q_{Y}\\&=VF+q_{2}p_{2}+p_{B}q_{Y}\end{aligned}$$

其中，$p$，$q$ 为有用功率，$p_1q_1=FV$；$q_2p_2$ 为节流损失；$q_2p_2=\Delta pq_2$；$p_Bq_Y$ 为溢流损失。

如图 9-2（a）、（b）所示，将节流阀串联在回路中，节流阀和溢流阀相当于并联的两个液阻，定量泵输出的流量 $q_B$ 不变，经节流阀流入液压缸的流量 $q_1$ 和经溢流阀流回油箱的流量 $\Delta q$ 的大小，由节流阀和溢流阀液阻的相对大小决定。节流阀通过改变节流口的通流截面，可以在较大范围内改变其液阻，从而改变进入液压缸的流量，调节液压缸的速度。

虽然进油路和回油路节流调速的速度负载特性公式形式相似，功率特性相同，但它们在以下几个方面的性能有明显差别，在选用时应加以注意。

1）承受负值负载的能力。所谓负值负载就是作用力的方向与执行元件的运动方向相同的负载。回油节流调速的节流阀在液压缸的回油腔能形成一定的背压，可承受一定的负值负载；对于进油节流调速回路，要使其能承受负值负载就必须在执行元件的回油路上加上背压阀。这必然会增加功率消耗，增大油液发热量。

2）运动平稳性。回油节流调速回路由于回油路上存在背压，可以有效地防止空气从回油路吸入，因而低速运动时不易爬行；高速运动时不易颤振，即运动平稳性好。进油节流调速回路在不加背压阀时不具备这种特点。

3）油液发热对回路的影响。进油节流调速回路中，通过节流阀产生的节流功率损失转变为热量，一部分由元件散发出去，另一部分使油液温度升高，直接进入液压缸，会使缸内外的泄漏增加，速度稳定性不好；而回油节流调速回路油液经节流阀温升后，直接回油箱，经冷却后再进入系统，对系统泄漏影响较小。

4）启动性能。回油节流调速回路中若停车时间较长，液压缸回油箱的油液会泄漏，回到油箱，重新启动时背压不能立即建立，会引起瞬间工作机构的前冲现象。对于进油节流调速，只要在开车时关小节流阀即可避免启动冲击。

综上所述，进油路、回油路节流调速回路结构简单，价格低廉，但效率较低，仅适宜用在负载变化不大，低速、小功率场合，如某些机床的进给系统中。

（3）旁路节流调速回路。这种回路由定量泵、安全阀、液压缸和节流阀组成，节流阀安装在与液压缸并联的旁油路上，其调速原理如图 9-3 所示。定量泵输出的流量 $q_B$，一部分（$q_1$）进入液压缸，一部分（$q_2$）通过节流阀流回油箱。溢流阀起安全作用，回路正常工作时，溢流阀不打开，当供油压力超过正常工作压力时，溢流阀才打开，以防过载。溢流阀的调节压力应大于回路正常工作压力，在这种回路中，缸的进油压力 $p_1$ 等于泵的供油压力 $p_B$，溢流阀的调节压力一般为缸克服最大负载所需的工作压力 $p_{1max}$ 的 1.1～1.3 倍，比进口节流功耗低。

（4）采用调速阀的节流调速回路。前面介绍的三种基本回路速度的稳定性均随负载的变化而变化，对于一些负载变化较大，对速度稳定性要求较高的液压系统，可采用调速阀来改

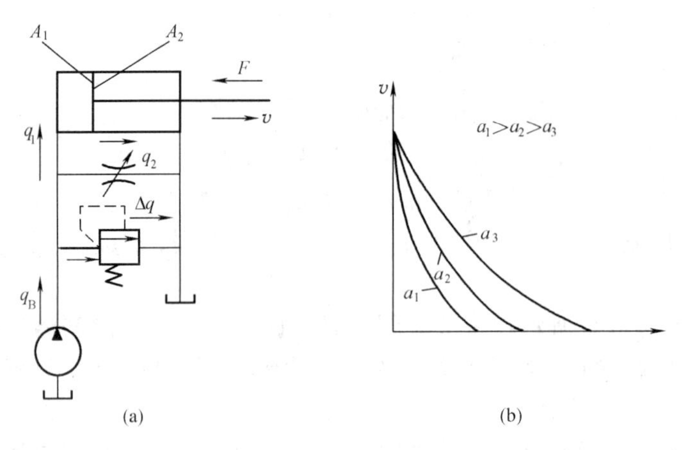


图 9-3 旁路节流调速回路

(a) 回路简图；(b) 速度负载特性

善其速度—负载特性。采用调速阀也可按其安装位置不同，分为进油节流、回油节流和旁路节流三种基本调速回路。

图 9-4 所示为调速阀进油调速回路，其工作原理与采用节流的进油节流阀调速回路相似。在这里，当负载 $F$ 变化时，由于调速阀中的定差输出减压阀的调节作用，使调速阀中的节流阀的前后压差 $\Delta p$ 保持不变，从而使流经调速阀的流量 $q_1$ 不变，所以活塞的运动速度 $v$ 也不变。由于泄漏的影响，其速度-负载特性曲线实际上随负载 $F$ 的增加，速度 $v$ 有所减小。

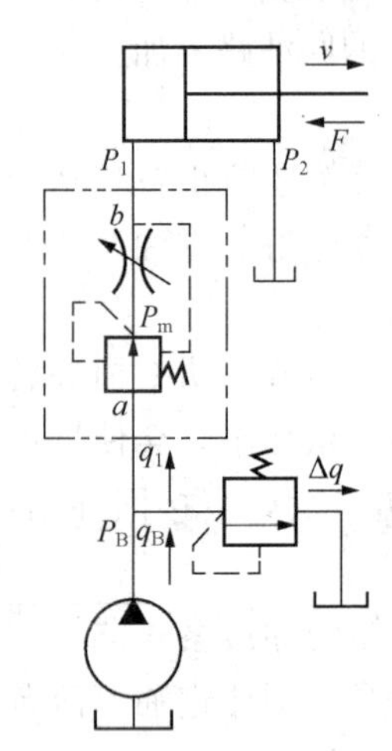


图 9-4 调速阀进油节流调速回路

在此回路中，调速阀上的压差 $\Delta p$ 包括两部分：节流口的压差和定差输出减压口上的压差。

所以调速阀的调节压差比采用节流阀时要大，一般 $\Delta p \geq 5\times10^5\,\text{Pa}$，高压调速阀则达 $10\times10^5\,\text{Pa}$。这样泵的供油压力 $p_B$ 相应地比采用节流阀时要调得高些，故其功率损失也要大些。

这种回路其他调速性能的分析方法与采用节流阀时基本相同。

综上所述，采用调速阀的节流调速回路的低速稳定性、回路刚度、调速范围等，要比采用节流阀的节流调速回路都好，所以它在机床液压系统中获得广泛的应用。

2. 容积调速回路

容积调速回路是通过改变回路中液压泵或液压马达的排量来实现调速的。其主要优点是功率损失小（没有溢流损失和节流损失）且其工作压力随负载变化，所以效率高，油液发热量少，适用于高速、大功率调速系统。

按油路循环方式不同，容积调速回路有开式回路和闭式回路两种。开式回路中泵从油箱吸油，执行机构的回油直接回到油箱，油箱容积大，油液能得到较充分的冷却，但空气和脏物易进入回路。闭式回路中，液压泵将油输出，进入执行机构的进油腔，又从执行机构的回油腔吸油。闭式回路结构紧凑，只需很小的补油箱，但冷却条件差。为了补偿工作中油液的泄漏，一般设补油泵，补油泵的流量为主泵流量的 10%～15%。压力调节为 $3\times10^5$～$10\times$

$10^5$ Pa。容积调速回路通常有三种基本形式：变量泵 - 定量马达的容积调速回路，定量泵 - 变量马达的容积调速回路，变量泵 - 变量马达的容积调速回路。

（1）变量泵 - 定量液动机的容积调速回路。这种调速回路可由变量泵与液压缸或变量泵与定量液压马达组成，其回路原理图如图 9 - 5 所示。图 9 - 5（a）所示为变量泵与液压缸所组成的开式容积调速回路；图 9 - 5（b）所示为变量泵与定量液压马达组成的闭式容积调速回路。

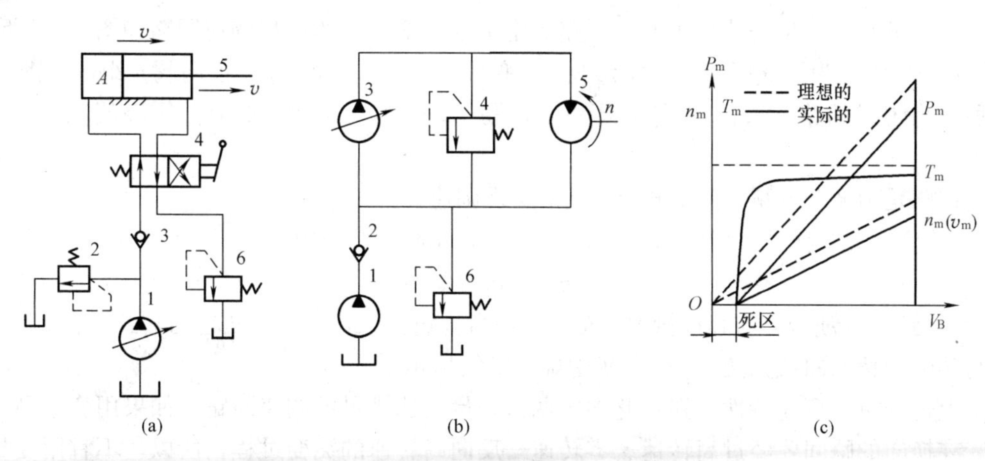


图 9 - 5　变量泵 - 定量液动机容积调速回路

（a）开式回路；（b）闭式回路；（c）闭式回路的特性曲线

其工作原理是：图 9 - 5（a）中活塞 5 的运动速度 $v$ 由变量泵 1 调节，2 为安全阀，4 为换向阀，6 为背压阀；图 9 - 5（b）中采用变量泵 3 来调节液压马达 5 的转速，安全阀 4 用以防止过载，低压辅助泵 1 用以补油，其补油压力由低压溢流阀 6 来调节。

其主要工作特性有以下几个：

1）速度特性。当不考虑回路的容积效率时，执行机构的速度 $n_m$ 或（$V_m$）与变量泵的排量 $V_B$ 的关系为

$$n_m = n_B V_B / V_m \quad 或 \quad V_m = n_B V_B / A \tag{9 - 3}$$

式（9 - 3）表明：因马达的排量 $V_m$ 和缸的有效工作面积 $A$ 是不变的，当变量泵的转速 $n_B$ 不变，则马达的转速 $n_m$（或活塞的运动速度）与变量泵的排量成正比，是一条通过坐标原点的直线，如图 9 - 5（c）中虚线所示。实际上回路的泄漏是不可避免的，在一定负载下，需要一定流量才能启动和带动负载，所以其实际的 $n_m$（或 $v_m$）与 $V_B$ 的关系如实线所示。这种回路在低速下承载能力差，速度不稳定。

2）转矩特性、功率特性。当不考虑回路的损失时，液压马达的输出转矩 $T_m$（或缸的输出推力 $F$）为 $T_m = V_m \Delta p / 2\pi$ 或 $F = A(p_B - p_0)$。它表明当泵的输出压力 $p_B$ 和吸油路（也即马达或缸的排油）压力 $p_0$ 不变，马达的输出转矩 $T_m$ 或缸的输出推力 $F$ 理论上是恒定的，与变量泵的排量 $V_B$ 无关。但实际上由于泄漏、机械摩擦等的影响，也存在一个“死区”，如图 9 - 5（c）所示。

此回路中执行机构的输出功率为

$$P_m = (p_B - p_0) q_B = (p_B - p_0) n_B V_B \text{ 或 } P_m = n_m T_m = V_B n_B T_m / v_m \tag{9 - 4}$$

式（9 - 4）表明：马达或缸的输出功率 $P_m$ 随变量泵的排量 $V_B$ 的变化而线性地变化。

其理论与实际的功率特性如图 9-5（c）所示。

3）调速范围。这种回路的调速范围，主要取决于变量泵的变量范围，其次是受回路的泄漏和负载的影响。采用变量叶片泵可达 10，变量柱塞泵可达 20。

综上所述，变量泵和定量液动机所组成的容积调速回路为恒转矩输出，可正反向实现无级调速，调速范围较大。适用于调速范围较大，要求恒转矩输出的场合，如大型机床的主运动或进给系统中。

（2）定量泵-变量马达容积调速回路。定量泵-变量马达容积调速回路如图 9-6 所示。图 9-6（a）所示为开式回路，由定量泵 1、变量马达 2、安全阀 3、换向阀 4 组成；图 9-6（b）所示为闭式回路，1、2 为定量泵和变量马达，3 为安全阀，4 为低压溢流阀，5 为补油泵。

此回路是由调节变量马达的排量 $V_m$ 来实现调速。

1）速度特性。在不考虑回路泄漏时，液压马达的转速 $n_m$ 为

$$n_m = q_B/V_m \tag{9-5}$$

可见变量马达的转速 $n_m$ 与其排量 $V_m$ 成反比，当排量 $V_m$ 最小时，马达的转速 $n_m$ 最高。其理论与实际的特性曲线如图 9-6（c）中虚、实线所示。

由上述分析和调速特性可知：此种用调节变量马达排量的调速回路，如果用变量马达来换向，在换向的瞬间要经过高转速—零转速—反向高转速的突变过程，所以，不宜用变量马达来实现平稳换向。

2）转矩与功率特性。

液压马达的输出转矩　　$T_m = V_m(p_B - p_0)/2\pi$

液压马达的输出功率　　$P_m = n_m T_m = q_B(p_B - p_0)$

上式表明：马达的输出转矩 $T_m$ 与其排量 $V_m$ 成正比；而马达的输出功率 $P_m$ 与其排量 $V_m$ 无关，若进油压力 $p_B$ 与回油压力 $p_0$ 不变时，$P_m = C$，故此种回路属恒功率调速。其转矩特性和功率特性如图 9-6（c）所示。

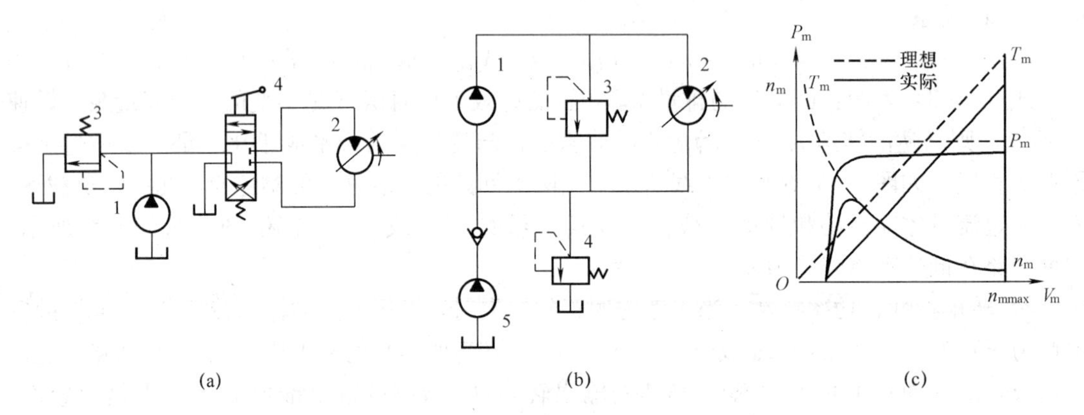


图 9-6　定量泵-变量马达容积调速回路

（a）开式回路；（b）闭式回路；（c）工作特性

综上所述，定量泵-变量马达容积调速回路，由于不能用改变马达的排量来实现平稳换向，调速范围比较小（一般为 3～4），因而较少单独应用。

（3）变量泵 - 变量马达的容积调速回路。这种调速回路是上述两种调速回路的组合，其调速特性也具有两者之特点。

图 9 - 7 所示为其工作原理与调速特性，由双向变量泵、双向变量马达等组成闭式容积调速回路。

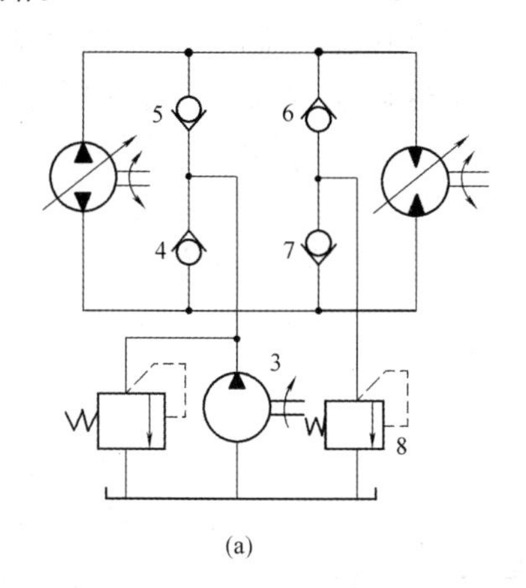


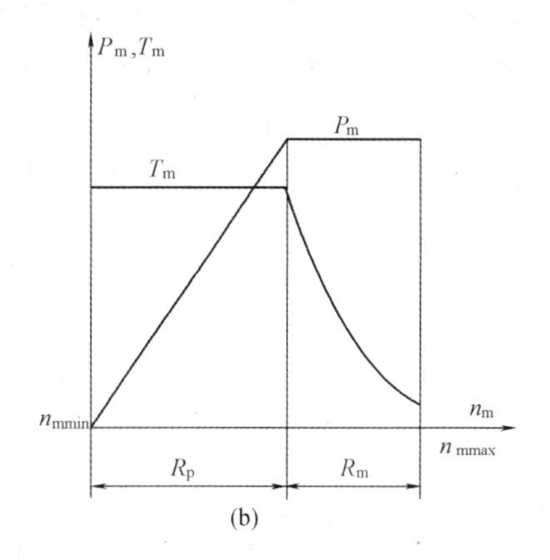


图 9 - 7　变量泵变量马达的容积调速回路

（a）变量泵 - 变量马达式容积调速回路工作原理图；（b）变量泵 - 变量马达式容积调速回路工作特性曲线

该回路的工作原理：回路图 9 - 7（a）中各元件对称布置，改变泵的供油方向，就可实现马达的正反向旋转，单向阀 4 和 5 用于辅助泵 3 双向补油，单向阀 6 和 7 使溢流阀 8 在两个方向上都能对回路起过载保护作用。一般机械要求低速时输出转矩大，高速输出功率大，该回路恰好可以满足这一要求。在低速段，先将马达排量调到最大，用变量泵调速，当泵的排量由小调到最大，马达转速随之升高，输出功率随之线性增加，此时因马达排量最大，马达能获得最大输出转矩，且处于恒转矩状态；高速段，泵为最大排量，用变量马达调速，将马达排量由大调小，马达转速继续升高，输出转矩随之降低，此时因泵处于最大输出功率状态，故马达处于恒功率状态。该回路调速范围为合理地利用变量泵和变量马达调速中各自的优点，克服其缺点。在实际应用时，一般采用分段调速的方法，分段调速的特性曲线如图 9 -7（b）所示。

第一阶段将变量马达的排量 $V_m$ 调到最大值并使之恒定，然后调节变量泵的排量 $V_B$ 从最小逐渐加大到最大值，则马达的转速 $n_m$ 便从最小逐渐升高到相应的最大值（变量马达的输出转矩 $T_m$ 不变，输出功率 $P_m$ 逐渐加大）。这一阶段相当于变量泵定量马达的容积调速回路。第二阶段将已调到最大值的变量泵排量 $V_B$ 固定不变，然后调节变量马达的排量 $V_m$，从最大逐渐调到最小，此时马达的转速 $n_m$ 便进一步逐渐升高到最高值（在此阶段中，马达的输出转矩 $T_m$ 逐渐减小，而输出功率 $P_m$ 不变）。这一阶段相当于定量泵变量马达的容积调速回路。这样，就可使马达换向平稳，且第一阶段为恒转矩调速 $R_p$，第二阶段为恒功率调速 $R_m$。这种容积调速回路的调速范围是变量泵调节范围和变量马达调节范围之乘积，所以其调速范围大（可达 100），并且有较高的效率，它适用于大功率的场合，如矿山机械、起重机械及大型机床的主运动液压系统。

3. 容积节流调速回路

容积节流调速回路的基本工作原理是，采用压力补偿式变量泵供油、调速阀（或节流阀）调节进入液压缸的流量并使泵的输出流量自动地与液压缸所需流量相适应。

常用的容积节流调速回路有：限压式变量泵与调速阀等组成的容积节流调速回路；变压式变量泵与节流阀等组成的容积调速回路。

图 9 - 8 所示为限压式变量泵与调速阀组成的调速回路工作原理和工作特性图。在图示位置，活塞 4 快速向右运动，泵 1 按快速运动要求调节其输出流量 $q_{max}$，同时调节限压式变量泵的压力调节螺钉，使泵的限定压力 $p_C$ 大于快速运动所需压力［见图 9 - 8（b）中 $AB$ 段］。当换向阀 3 通电，泵输出的压力油经调速阀 2 进入液压缸 4，其回油经背压阀 5 回油箱。调节调速阀 2 的流量 $q_1$ 就可调节活塞的运动速度 $v$，由于 $q_1 < q_B$，压力油迫使泵的出口与调速阀进口之间的油压升高，即泵的供油压力升高，泵的流量便自动减小到 $q_B \approx q_1$ 为止。

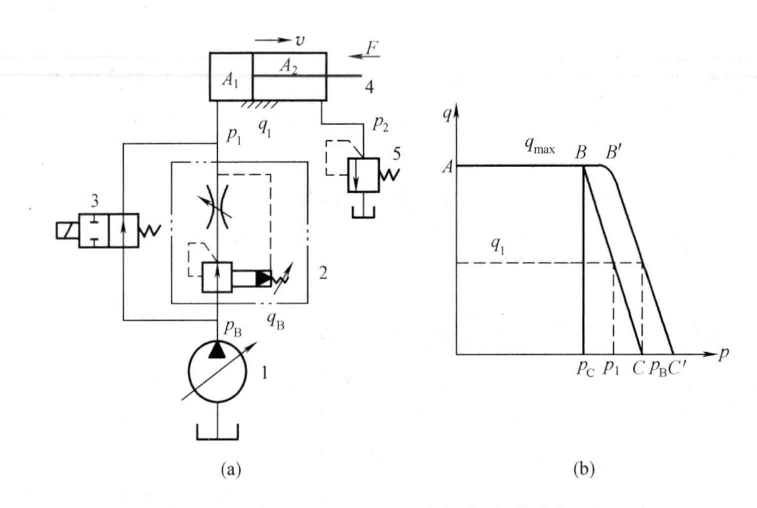


图 9 - 8 限压式变量泵 - 调速阀容积节流调速回路

（a）调速原理；（b）调速特性

这种调速回路的运动稳定性、速度负载特性、承载能力和调速范围均与采用调速阀的节流调速回路相同。图 9 - 8（b）所示为其调速特性，由图可知，此回路只有节流损失而无溢流损失。

当不考虑回路中泵和管路的泄漏损失时，回路的效率为

$$\eta_c = [p_1 - p_2(A_2/A_1)]q_1/p_B q_1 = [p_1 - p_2(A_2/A_1)]/p_B \tag{9-6}$$

式（9 - 6）表明：泵的输出油压力 $p_B$ 调得低一些，回路效率就可高一些，但为了保证调速阀的正常工作压差，泵的压力应比负载压力 $p_1$ 至少大 $5\times10^5$ Pa。当此回路用于死挡铁停留、压力继电器发信实现快退时，泵的压力还应调高些，以保证压力继电器可靠发信，故此时的实际工作特性曲线如图 9 - 8（b）中 $AB'C'$ 所示。此外，当 $p_C$ 不变时，负载越小，$p_1$ 便越小，回路效率越低。

综上所述，限压式变量泵与调速阀等组成的容积节流调速回路，具有效率较高、调速较稳定、结构较简单等优点。目前已广泛应用于负载变化不大的中小功率组合机床的液压系统中。

4. 调速回路的比较和选用

（1）调速回路的比较（见表 9 - 1）。

**表 9-1　调速回路的比较**

| 回路类型<br>主要性能 | | 节流调速回路 | | | | 容积调速回路 | 容积节流调速回路 | |
|---|---|---|---|---|---|---|---|---|
| | | 用节流阀 | | 用调速阀 | | | 限压式 | 稳流式 |
| | | 进回油 | 旁路 | 进回油 | 旁路 | | | |
| 机械特性 | 速度稳定性 | 较差 | 差 | 好 | | 较好 | 好 | |
| | 承载能力 | 较好 | 较差 | 好 | | 较好 | 好 | |
| 调速范围 | | 较大 | 小 | 较大 | | 大 | 较大 | |
| 功率特性 | 效率 | 低 | 较高 | 低 | 较高 | 最高 | 较高 | 高 |
| | 发热 | 大 | 较小 | 大 | 较小 | 最小 | 较小 | 小 |
| 适用范围 | | 小功率、轻载的中低压系统 | | | | 大功率、重载、高速的高中压系统 | 中小功率的中压系统 | |

（2）调速回路的选用。调速回路的选用主要考虑以下几个问题：

1）执行机构的负载性质、运动速度、速度稳定性等要求。负载小，且工作中负载变化也小的系统可采用节流阀节流调速；在工作中负载变化较大且要求低速稳定性好的系统，宜采用调速阀的节流调速或容积节流调速；负载大、运动速度高、油的温升要求小的系统，宜采用容积调速回路。

一般而言，功率在 3kW 以下的液压系统宜采用节流调速；3～5kW 宜采用容积节流调速；功率在 5kW 以上的宜采用容积调速回路。

2）工作环境要求。处于温度较高的环境下工作，且要求整个液压装置体积小、重量轻的情况，宜采用闭式回路的容积调速。

3）经济性要求。节流调速回路的成本低，功率损失大，效率也低；容积调速回路因变量泵、变量马达的结构较复杂，所以价格高，但其效率高，功率损失小；而容积节流调速则介于两者之间。所以需综合分析选用哪种回路。

### 9.1.2　快速运动回路

为了提高生产效率，机床工作部件常要求实现空行程（或空载）的快速运动。这时要求液压系统流量大而压力低，与工作运动时一般需要的流量较小和压力较高的情况正好相反。对快速运动回路的要求主要是在快速运动时，尽量减小需要液压泵输出的流量，或者在加大液压泵的输出流量后，但在工作运动时又不至于引起过多的能量消耗。下面介绍几种机床上常用的快速运动回路。

*1. 差动连接回路*

差动连接回路是在不增加液压泵输出流量的情况下，来提高工作部件运动速度的一种快速回路，其实质是改变了液压缸的有效作用面积。

图 9-9 所示为用于快、慢速转换的，其中快速运动采用差动连接的回路。当换向阀 3 左端的电磁铁通电时，阀 3 左位进入系统，液压泵 1 输出的压力油同缸右腔的油经 3 左位、5 下位（此时外控顺序阀 7 关闭）也进入液压缸 4 的左腔，实现了差动连接，使活塞快速向右运动。当快速运动结束，工作部件上的挡铁压下机动换向阀 5 时，泵的压力升高，阀 7 打开，液压缸 4 右腔的回油只能经调速阀 6 流回油箱，这时是工作进给。当换向阀 3 右端的电磁铁通电时，活塞向左快速退回（非差动连接）。采用差动连接的快速回路方法简单，较经

济，但快、慢速度的换接不够平稳。必须注意，差动油路的换向阀和油管通道应按差动时的流量选择，不然流动液阻过大，会使液压泵的部分油从溢流阀流回油箱，速度减慢，甚至不起差动作用。

2. 双泵供油的快速运动回路

这种回路是利用低压大流量泵和高压小流量泵并联为系统供油，如图 9-10 所示。

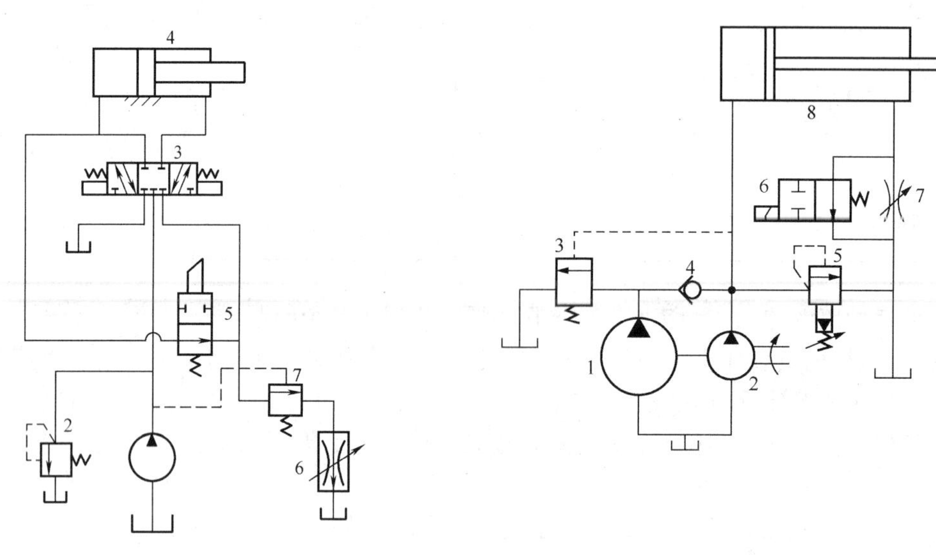


图 9-9　差动连接工作进给回路　　图 9-10　双泵供油回路

图 9-10 中，1 为高压小流量泵，用以实现工作进给运动。2 为低压大流量泵，用以实现快速运动。在快速运动时，液压泵 2 输出的油经单向阀 4 和液压泵 1 输出的油共同向系统供油。在工作进给时，系统压力升高，打开液控顺序阀（卸荷阀）3 使液压泵 2 卸荷，此时单向阀 4 关闭，由液压泵 1 单独向系统供油。溢流阀 5 控制液压泵 1 的供油压力是根据系统所需最大工作压力来调节的，而卸荷阀 3 使液压泵 2 在快速运动时供油，在工作进给时则卸荷，因此它的调整压力应比快速运动时系统所需的压力要高，但比溢流阀 5 的调整压力低。

双泵供油回路功率利用合理、效率高，并且速度换接较平稳，在快、慢速度相差较大的机床中应用很广泛，缺点是要用一个双联泵，油路系统也稍复杂。

### 9.1.3　速度换接回路

速度换接回路用来实现运动速度的变换，即在原来设计或调节好的几种运动速度中，从一种速度换成另一种速度。对这种回路的要求是速度换接要平稳，即不允许在速度变换的过程中有前冲（速度突然增加）现象。下面介绍几种回路的换接方法及特点。

1. 快速运动和工作进给运动的换接回路

图 9-11 所示为用单向行程节流阀换接快速运动（简称快进）和工作进给运动（简称工进）的速度换接回路。在图示位置液压缸 3 右腔的回油可经行程阀 4 和换向阀 2 流回油箱，使活塞快速向右运动。当快速运动到达所需位置时，活塞上挡块压下行程阀 4，将其通路关闭，这时液压缸 3 右腔的回油就必须经过节流阀 6 流回油箱，活塞的运动转换为工作进给运动（简称工进）。当操纵换向阀 2 使活塞换向后，压力油可经换向阀 2 和单向阀 5 进入液压缸 3 右腔，使活塞快速向左退回。

在这种速度换接回路中，因为行程阀的通油路是由液压缸活塞的行程控制阀芯移动而逐渐关闭的，所以换接时的位置精度高，冲出量小，运动速度的变换也比较平稳。这种回路在机床液压系统中应用较多，它的缺点是行程阀的安装位置受一定限制（要由挡铁压下），所以有时管路连接稍复杂。行程阀也可以用电磁换向阀来代替，这时电磁阀的安装位置不受限制（挡铁只需要压下行程开关），但其换接精度及速度变换的平稳性较差。

图 9 - 12 所示为利用液压缸本身的管路连接实现的速度换接回路。在图示位置时，活塞快速向右移动，液压缸右腔的回油经油路 1 和换向阀流回油箱。当活塞运动到将油路 1 封闭后，液压缸右腔的回油需经节流阀 3 流回油箱，活塞则由快速运动变换为工作进给运动。

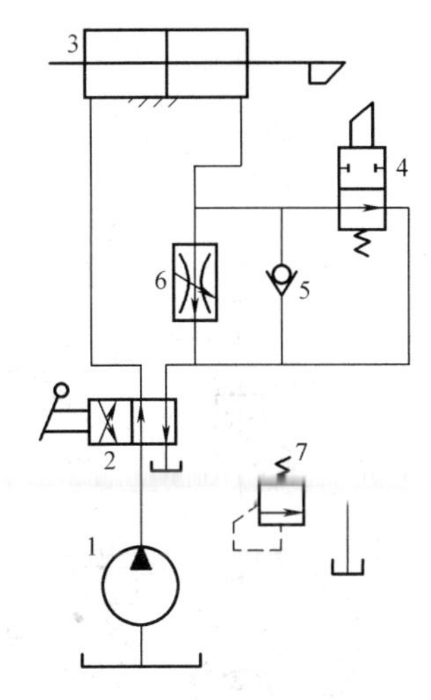

图 9 - 11　用行程节流阀的速度换接回路

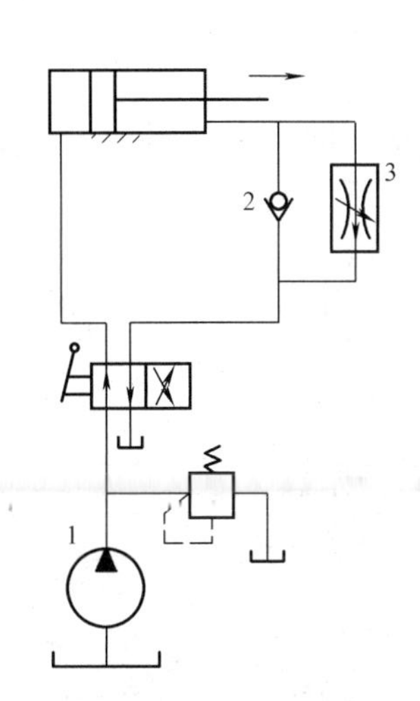

图 9 - 12　利用液压缸自身结构的速度换接回路

这种速度换接回路方法简单，换接可靠，但速度换接的位置不能调整，工作行程也不能过长以免活塞过宽，所以仅适用于工作情况固定的场合。这种回路也常用作活塞运动到达端部时的缓冲制动回路。

2. 两种工作进给速度的换接回路

对于某些自动机床、注塑机等，需要在自动工作循环中变换两种以上的工作进给速度，这时需要采用两种（或多种）工作进给速度的换接回路。图 9 - 13 所示为两个调速阀并联以实现两种工作进给速度换接的回路。在图 9 - 13（a）中，液压泵输出的压力油经调速阀 3 和电磁阀 5 进入液压缸。当需要第二种工作进给速度时，电磁阀 5 通电，其右位接入回路，液压泵输出的压力油经调速阀 4 和电磁阀 5 进入液压缸。这种回路中两个调速阀的节流口可以独立调节，互不影响，即第一种工作进给速度和第二种工作进给速度互相没有限制。但一个调速阀工作时，另一个调速阀中没有油液通过，其减压阀则处于完全打开的位置，在速度换接开始的瞬间不能起减压作用，容易出现部件突然前冲的现象。

图 9 - 13（b）所示为另一种调速阀并联的速度换接回路。在这个回路中，两个调速阀始终处于工作状态，在由一种工作进给速度转换为另一种工作进给速度时，不会出现工作部件突然前冲的现象，因而工作可靠。但是，液压系统在工作中总有一定量的油液通过不起调速作用的那个调速阀流回油箱，造成能量损失，使系统发热。

图 9 - 14 所示为两个调速阀串联的速度换接回路。图中液压泵输出的压力油经调速阀 3

和电磁阀 5 进入液压缸，这时的流量由调速阀 3 控制。当需要第二种工作进给速度时，阀 5 通电，其右位接入回路，则液压泵输出的压力油先经调速阀 3，再经调速阀 4 进入液压缸，这时的流量应由调速阀 4 控制。所以，两个调速阀串联式回路中调速阀 4 的节流口应调得比调速阀 3 小，否则调速阀 4 速度换接回路将不起作用。这种回路在工作时调速阀 3 一直工作，它限制着进入液压缸或调速阀 4 的流量，因此在速度换接时不会使液压缸产生前冲现象，换接平稳性较好。在调速阀 4 工作时，油液需经两个调速阀，故能量损失较大。系统发热也较大，但却比图 9 - 13（b）所示的回路要小。

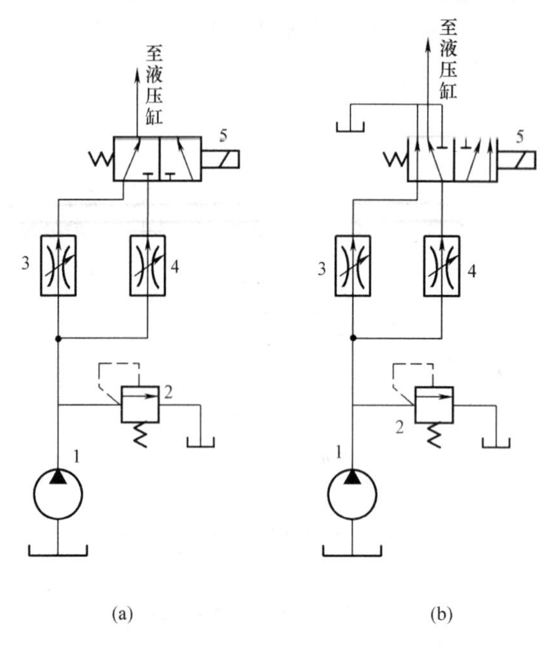


图 9 - 13　两个调速阀并联式速度换接回路

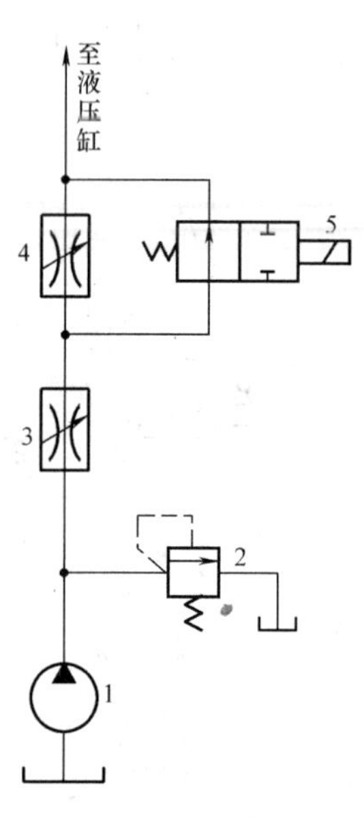


图 9 - 14　两个调速阀串联的速度换接回路

## 9.2　压力控制回路

压力控制回路是用压力阀来控制和调节液压系统主油路或某一支路的压力，以满足执行元件速度换接回路所需的力或力矩的要求。利用压力控制回路可实现对系统进行调压（稳压）、减压、增压、卸荷、保压、平衡等各种控制。

### 9.2.1　调压及限压回路

当液压系统工作时，液压泵应向系统提供所需压力的液压油，同时，又能节省能源，减少油液发热，提高执行元件运动的平稳性。所以，应设置调压或限压回路。当液压泵一直工作在系统的调整压力时，就要通过溢流阀调节并稳定液压泵的工作压力。在变量泵系统或旁路节流调速系统中用溢流阀（当安全阀用）限制系统的最高安全压力。当系统在不同的工作时间内需要有不同的工作压力时，可采用二级或多级调压回路。

1. 单级调压回路

如图 9 - 15（a）所示，通过液压泵 1 和溢流阀 2 的并联连接，即可组成单级调压回路。通过调节溢流阀的压力，可以改变泵的输出压力。当溢流阀的调整压力确定后，液压泵就在溢流阀的调整压力下工作，从而实现了对液压系统进行调压和稳压控制。如果将液压泵 1 换为变量泵，这时溢流阀将作为安全阀来使用，液压泵的工作压力低于溢流阀的调整压力，这时溢流阀不工作，当系统出现故障，液压泵的工作压力上升时，一旦压力达到溢流阀的调整压力，溢流阀将开启，并将液压泵的工作压力限制在溢流阀的调整压力下，使液压系统不致因压力过载而受到破坏，从而保护了液压系统。

2. 二级调压回路

图 9-15（b）所示为二级调压回路，该回路可实现两种不同的系统压力控制。由先导式溢流阀 2 和直动式溢流阀 4 各调一级，当二位二通电磁阀 3 处于图示位置时系统压力由阀 2 调定，当阀 3 得电后处于下位时，系统压力由阀 4 调定，但要注意，阀 4 的调整压力一定要小于阀 2 的调整压力，否则不能实现压力控制；当系统压力由阀 4 调定时，先导式溢流阀 2 的先导阀口关闭，但主阀开启，液压泵的溢流流量经主阀回油箱，这时阀 4 也处于工作状态，并有油液通过。应当指出，若将阀 3 与阀 4 对换位置，则仍可进行二级调压，并且在二级压力转换点上获得比图 9-15（b）所示回路更为稳定的压力转换。

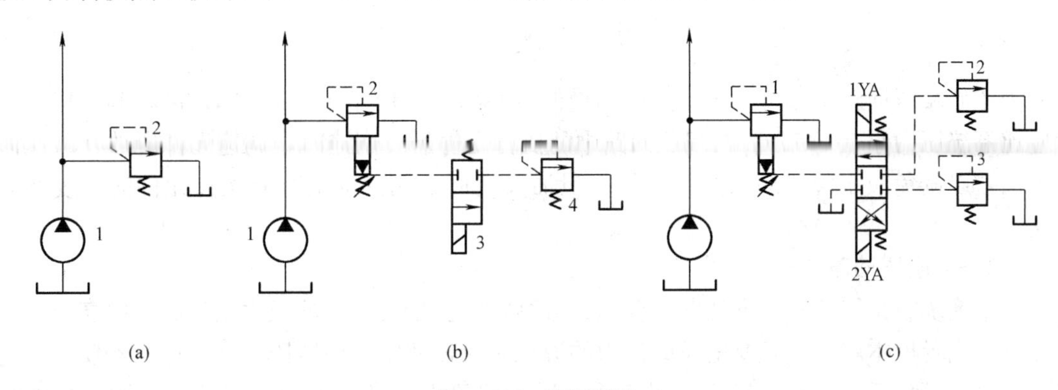


图 9-15　调压回路

（a）单级；（b）二级；（c）三级

3. 多级调压回路

图 9-15（c）所示为三级调压回路，三级压力分别由溢流阀 1、2、3 调定，当电磁铁 1YA、2YA 失电时，系统压力由主溢流阀调定；当 1YA 得电时，系统压力由阀 2 调定；当 2YA 得电时，系统压力由阀 3 调定。在这种调压回路中，阀 2 和阀 3 的调整压力要低于主溢流阀的调整压力，而阀 2 和阀 3 的调整压力之间没有一定的关系。当阀 2 或阀 3 工作时，阀 2 或阀 3 相当于阀 1 上的另一个先导阀。

### 9.2.2　减压回路

当泵的输出压力是高压而局部回路或支路要求低压时，可以采用减压回路，如机床液压系统中的定位、夹紧、回路分度、液压元件的控制油路等，它们往往要求比主油路较低的压力。减压回路较为简单，一般是在所需低压的支路上串接减压阀。采用减压回路虽能方便地获得某支路稳定的低压，但压力油经减压阀口时要产生压力损失，这是它的缺点。

最常见的减压回路为通过定值减压阀与主油路相连，如图 9-16（a）所示。回路中的单向阀为主油路压力降低（低于减压阀调整压力）时防止油液倒流，起短时保压作用，减压回路中也可以采用类似两级或多级调压的方法获得两级或多级减压。图 9-16（b）所示为利用先导式减压阀 1 的远控口接一远控溢流阀 2，则可由阀 1、阀 2 各调得一种低压。但要注意，阀 2 的调整压力值一定要低于阀 1 的调整减压值。

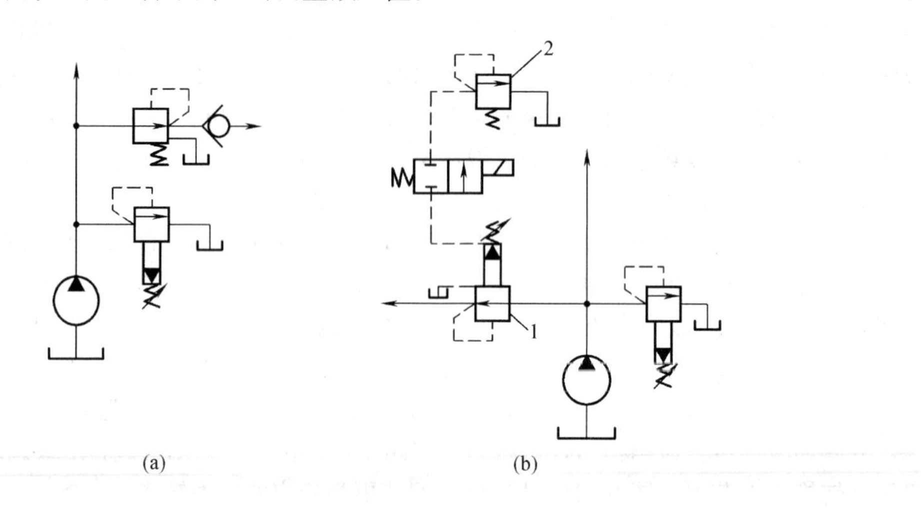


图 9-16 减压回路

为了使减压回路工作可靠，减压阀的最低调整压力不应小于 0.5MPa，最高调整压力至少应比系统压力小 0.5MPa。当减压回路中的执行元件需要调速时，调速元件应放在减压阀的后面，以避免减压阀泄漏（指由减压阀泄油口流回油箱的油液）对执行元件的速度产生影响。

### 9.2.3 增压回路

如果系统或系统的某一支油路需要压力较高，但流量又不大的压力油，而采用高压泵又不经济，或者根本就没有必要增设高压力的液压泵时，就常采用增压回路，这样不仅易于选择液压泵，而且系统工作较可靠，噪声小。增压回路中提高压力的主要元件是增压缸或增压器。

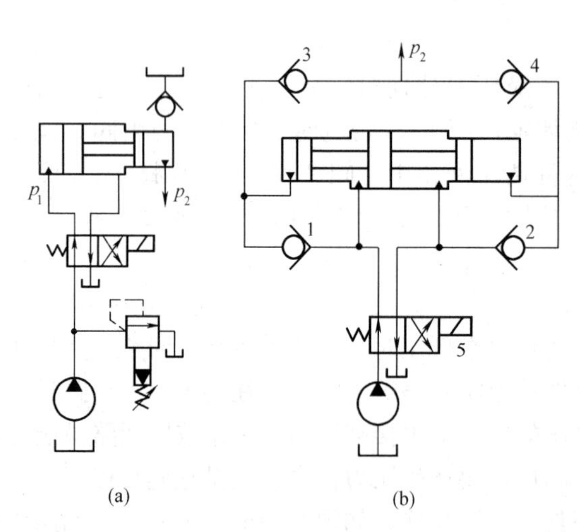


图 9-17 增压回路

（a）单作用增压缸回路；（b）双作用增压缸回路

1. 单作用增压缸的增压回路

图 9-17（a）所示为利用增压缸的单作用增压回路，当系统在图示位置工作时，系统的供油压力 $p_1$ 进入增压缸的大活塞腔，此时在小活塞腔即可得到所需的较高压力 $p_2$；当二位四通电磁换向阀右位接入系统时，增压缸返回，辅助油箱中的油液经单向阀补入小活塞。因而该回路只能间歇增压，所以称之为单作用增压回路。

2. 双作用增压缸的增压回路

图 9-17（b）所示为采用双作用增压缸的增压回路，能连续输出高压油，在图示位置，液压泵输出的压力油经换向阀 5 和单向阀 1 进入增压缸左端大、小活塞腔，右端大活塞腔的回油通油箱，右端小活塞

腔增压后的高压油经单向阀 4 输出，此时单向阀 2、3 被关闭。当增压缸活塞移到右端时，换向阀得电换向，增压缸活塞向左移动。同理，左端小活塞腔输出的高压油经单向阀 3 输出，这样，增压缸的活塞不断往复运动，两端便交替输出高压油，从而实现了连续增压。

### 9.2.4　卸荷回路

在液压系统工作中，有时执行元件短时间停止工作，不需要液压系统传递能量，或者执行元件在某段工作时间内保持一定的力，而运动速度极慢，甚至停止运动，在这种情况下，不需要液压泵输出油液，或只需要很小流量的液压油，于是液压泵输出的压力油全部或绝大部分从溢流阀流回油箱，造成能量的无谓消耗，引起油液发热，使油液加快变质，而且还影响液压系统的性能及泵的寿命。为此，需要采用卸荷回路。卸荷回路的功用是指在液压泵驱动电动机不频繁启闭的情况下，使液压泵在功率输出接近于零的情况下运转，以减少功率损耗，降低系统发热，延长泵和电动机的寿命。因为液压泵的输出功率为其流量和压力的乘积，因而，两者任一近似为零，功率损耗即近似为零。因此，液压泵的卸荷有流量卸荷和压力卸荷两种，前者主要是使用变量泵，使变量泵仅为补偿泄漏而以最小流量运转，此方法比较简单，但泵仍处在高压状态下运行，磨损比较严重；压力卸荷的方法是使泵在接近零压下运转。

常见的压力卸荷方式有以下几种：

（1）换向阀卸荷回路。M、H 和 K 型中位机能的三位换向阀处于中位时，泵即卸荷。图 9-18 所示为采用 M 型中位机能的电液换向阀的卸荷回路，这种回路切换时压力冲击小，但回路中必须设置单向阀，以使系统能保持 0.3MPa 左右的压力，供操纵控制油路之用。

（2）用先导式溢流阀的远程控制口卸荷。图 9-19 中若去掉远程调压阀，使先导式溢流阀的远程控制口直接与二位二通电磁阀相连，便构成一种用先导式溢流阀的卸荷回路，这种卸荷回路卸荷压力小，切换时冲击也小。

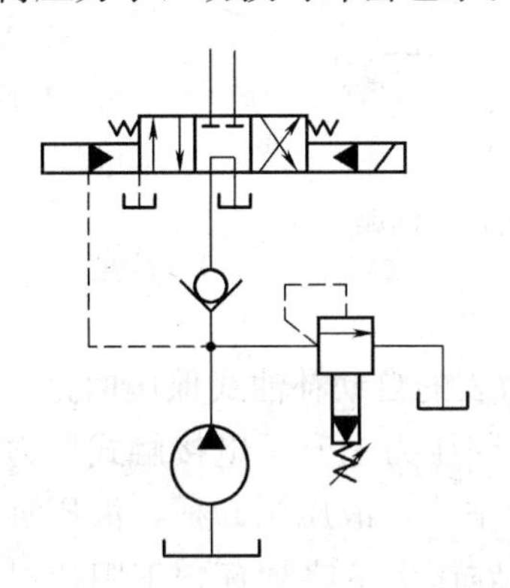

图 9-18　M 型中位机能卸荷回路

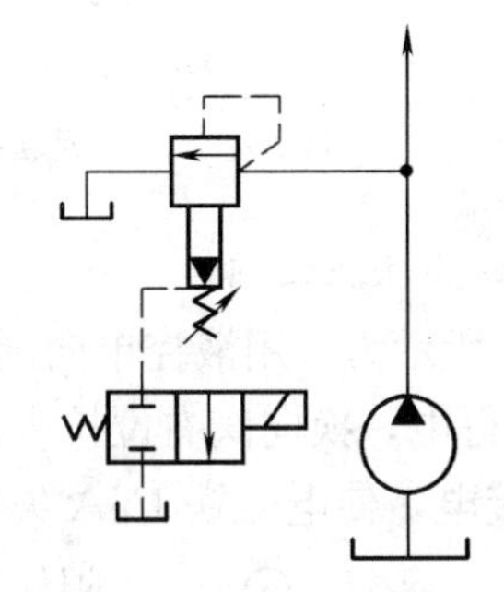

图 9-19　溢流阀远控口卸荷

### 9.2.5　保压回路

在液压系统中，常要求液压执行机构在一定的行程位置上停止运动或在有微小的位移下稳定地维持住一定的压力，这就要采用保压回路。最简单的保压回路是密封性能较好的液控单向阀的回路，但是，阀类元件处的泄漏使得这种回路的保压时间不能维持太久。常用的保压回路有以下几种。

1. 利用液压泵的保压回路

利用液压泵的保压回路也就是在保压过程中，液压泵仍以较高的压力（保压所需压力）

工作，此时，若采用定量泵则压力油几乎全部经溢流阀流回油箱，系统功率损失大，易发热，故只在小功率的系统且保压时间较短的场合下才使用；若采用变量泵，在保压时泵的压力较高，但输出流量几乎等于零，因而，液压系统的功率损失小，这种保压方法能随泄漏量的变化而自动调整输出流量，因而其效率也较高。

2. 利用蓄能器的保压回路

如图 9-20（a）所示的回路，当主换向阀在左位工作时，液压缸向前运动且压紧工件，进油路压力升高至调定值，压力继电器动作使二通阀通电，泵即卸荷，单向阀自动关闭，液压缸则由蓄能器保压。缸压不足时，压力继电器复位使泵重新工作。保压时间的长短取决于蓄能器容量，调节压力继电器的工作区间即可调节缸中压力的最大值和最小值。图 9-20（b）所示为多缸系统中的保压回路，这种回路当主油路压力降低时，单向阀 3 关闭，支路由蓄能器保压补偿泄漏，压力继电器 5 的作用是当支路压力达到预定值时发出信号，使主油路开始动作。

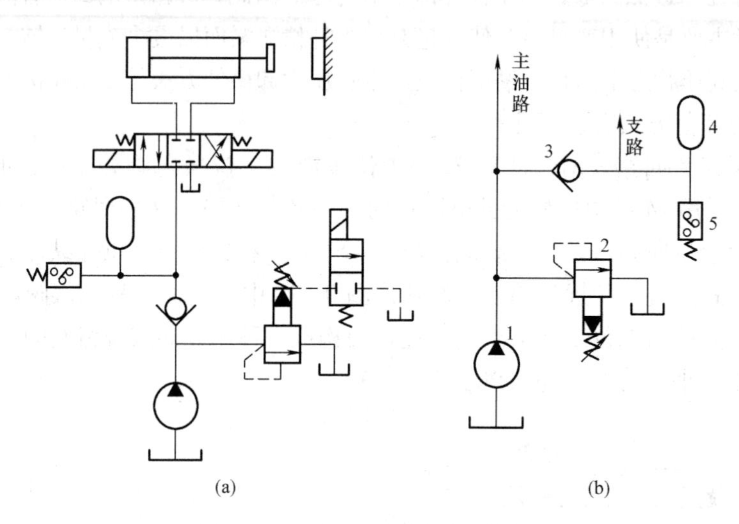


图 9-20　利用蓄能器的保压回路

3. 自动补油保压回路

图 9-21 所示为采用液控单向阀和电接触式压力表的自动补油式保压回路，其工作原理为：当 1YA 得电，换向阀右位接入回路，液压缸上腔压力上升至电接触式压力表的上限值时，上触点接电，使电磁铁 1YA 失电，换向阀处于中位，液压泵卸荷，液压缸由液控单向阀保压；当液压缸上腔压力下降到预定下限值时，电接触式压力表又发出信号，使 1YA 得电，液压泵再次向系统供油，使压力上升；当压力达到上限值时，上触点又发出信号，使 1YA 失电。因此，这一回路能自动地使液压缸补充压力油，使其压力能长期保持在一定范围内。

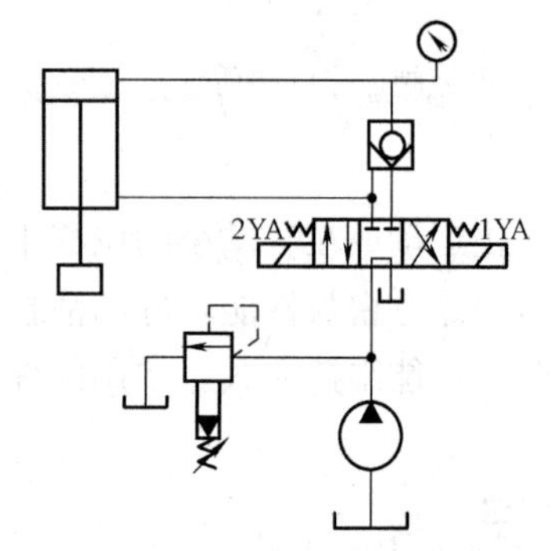


图 9-21　自动补油的保压回路

### 9.2.6　平衡回路

平衡回路的功用在于防止垂直或倾斜放置的液压缸和与之相连的工作部件因自重而自行下落。图 9-22（a）所示为采用单向顺序阀的平衡回路，当 1YA 得电后活塞下行时，回油路上就存在着一定的背压；只要将这个背压调得能支承住活塞和与之相连的工作部件自重，活塞就可以平稳地下落。当换向阀处于中位时，活塞就停止运动，不再继续下移。这种回路当活塞向下快速运动时功率损失大，锁住时活塞和与之相连的工作部件会因单向顺序阀和换向阀的泄漏而缓慢下落，因此它只适用于工作部件重量不大、活塞锁住时定位要求不高的场合。图 9-22（b）所示为采用液控顺序阀的平衡回路。当活塞下行时，控制压力油打开液控顺序阀，背压消失，因而回路效率较高；当停止工作时，液控顺序阀关闭以防止活塞和工作部件因自重而下降。这种平衡回路的优点是只有上腔进油时活塞才下行，比较安全可靠；缺点是活塞下行时平稳性较差。这是因为活塞下行时，液压缸上腔油压降低，将使液控顺序阀关闭。当顺序阀关闭时，因活塞停止下行，使液压缸上腔油压升高，又打开液控顺序阀。因此，液控顺序阀始终工作于启闭的过渡状态，因而影响工作的平稳性。这种回路适用于运动部件重量不很大、停留时间较短的液压系统中。

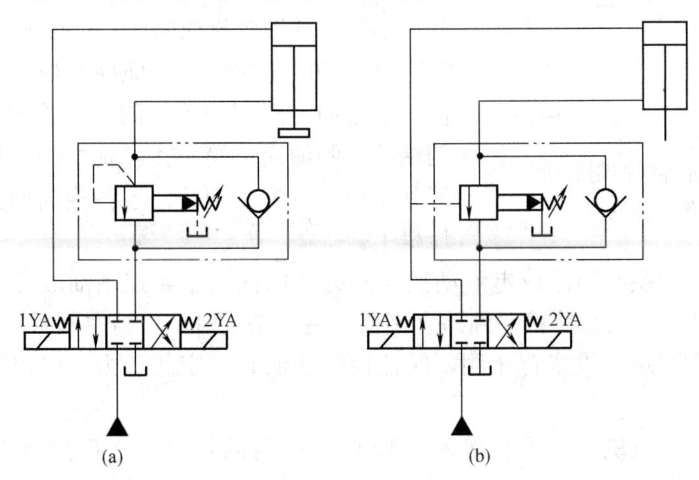


图 9-22　采用顺序阀的平衡回路

（a）单向顺序阀；（b）液控顺序阀

## 9.3 方向控制回路

在液压系统中，起控制执行元件的启动、停止及换向作用的回路，称方向控制回路。方向控制回路有换向回路和锁紧回路。关于机动-液动换向回路的控制方式、换向精度等问题，在磨床液压系统中叙述。

### 9.3.1 换向回路

运动部件的换向，一般可采用各种换向阀来实现。在容积调速的闭式回路中，也可以利用双向变量泵控制油流的方向来实现液压缸（或液压马达）的换向。

依靠重力或弹簧返回的单作用液压缸，可以采用二位三通换向阀进行换向，如图 9-23 所示。双作用液压缸的换向，一般都可采用二位四通（或五通）及三位四通（或五通）换向阀来进行换向，按不同用途还可选用各种不同的控制方式的换向回路。

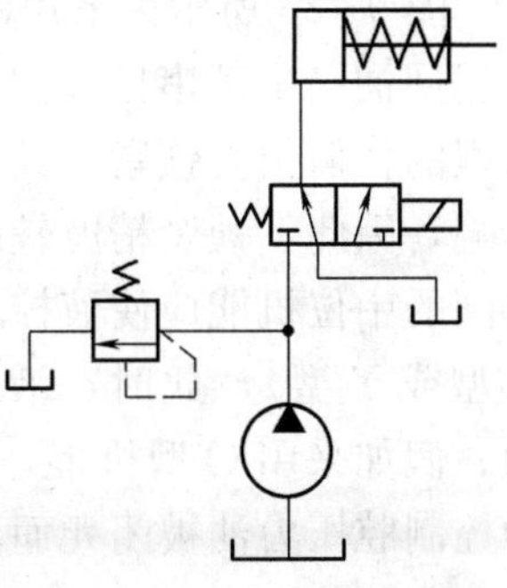

图 9-23　采用二位三通换向阀使单作用缸换向的回路

电磁换向阀的换向回路应用最为广泛，尤其在自动化程度要求较高的组合机床液压系统中被普遍采用，这种换向回路曾多次出现于上述许多回路中，这里不再赘述。对于流量较大和换向平稳性要求较高的场合，电磁换向阀的换向回路已不能满足上述要求，往往采用手动换向阀或机动换向阀作先导阀，而以液动换向阀为主阀的换向回路，或者采用电液动换向阀的换向回路。

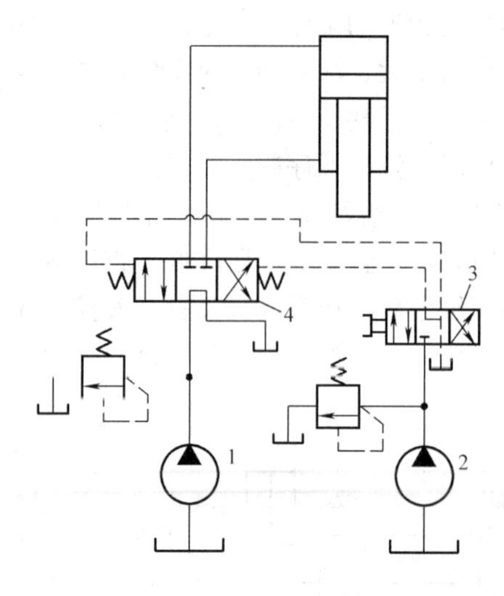


图 9-24 先导阀控制液动换向阀的换向回路

图 9-24 所示为手动转阀（先导阀）控制液动换向阀的换向回路。回路中用辅助泵 2 提供低压控制油，通过手动先导阀 3（三位四通转阀）来控制液动换向阀 4 的阀芯移动，实现主油路的换向，当转阀 3 在右位时，控制油进入液动阀 4 的左端，右端的油液经转阀回油箱，使液动换向阀 4 左位接入工件，活塞下移。当转阀 3 切换至左位时，即控制油使液动换向阀 4 换向，活塞向上退回。当转阀 3 中位时，液动换向阀 4 两端的控制油通油箱，在弹簧力的作用下，其阀芯回复到中位，主泵 1 卸荷。这种换向回路，常用于大型压机上。

在液动换向阀的换向回路或电液动换向阀的换向回路中，控制油液除了用辅助泵供给外，在一般的系统中也可以将控制油路直接接入主油路。但是，当主阀采用 M 型或 H 型中位机能时，必须在回路中设置背压阀，保证控制油液有一定的压力，以控制换向阀阀芯的移动。

在机床夹具、油压机、起重机等不需要自动换向的场合，常采用手动换向阀来进行换向。

### 9.3.2 锁紧回路

为了使工作部件能在任意位置上停留，以及在停止工作时，防止在受力的情况下发生移动，可以采用锁紧回路。

采用 O 型或 M 型机能的三位换向阀，当阀芯处于中位时，液压缸的进、出口都被封闭，可以将活塞锁紧，这种锁紧回路由于受到滑阀泄漏的影响，锁紧效果较差。

图 9-25 所示为采用液控单向阀的锁紧回路。在液压缸的进、回油路中都串接液控单向阀（又称液压锁），活塞可以在行程的任何位置锁紧。其锁紧精度只受液压缸内少量的内泄漏影响，因此，锁紧精度较高。采用液控单向阀的锁紧回路，换向阀的中位机能应使液控单向阀的控制油液卸压（换向阀采用 H 型或 Y 型），此时，液控单向阀便立即关闭，活塞停止运动。假如采用 O 型机能，在换向阀中位时，由于液控单向阀的控制腔压力油被闭死而不能使其立即关闭，直至由换向阀的内泄漏使控制腔泄压后，液控单向阀才能关闭，影响其锁紧精度。

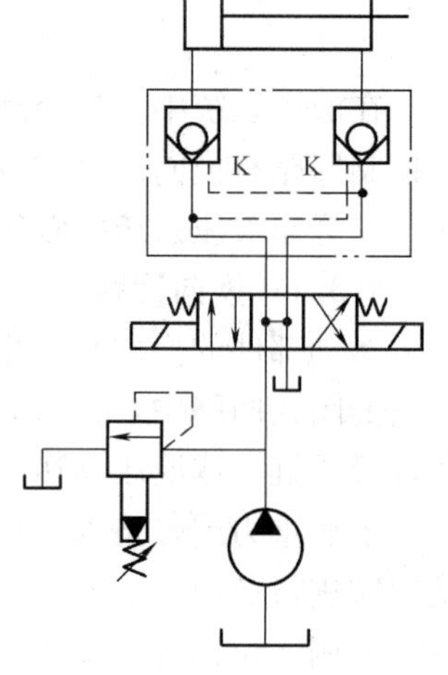


图 9-25 采用液控单向阀的锁紧回路

# 9.4　多缸动作回路

## 9.4.1　顺序动作回路

在多缸液压系统中，往往需要按照一定的要求顺序动作。例如，自动车床中刀架的纵横向运动，夹紧机构的定位、夹紧等。

顺序动作回路按其控制方式不同，分为压力控制、行程控制和时间控制三类，其中前两类用得较多。

1. 用压力控制的顺序动作回路

压力控制就是利用油路本身的压力变化来控制液压缸的先后动作顺序，它主要利用压力继电器和顺序阀来控制顺序动作。

（1）用压力继电器控制的顺序回路。图 9-26 所示为机床的夹紧、进给系统，要求的动作顺序是：先将工件夹紧，然后动力滑台进行切削加工，动作循环开始时，二位四通电磁阀处于图示位置，液压泵输出的压力油进入夹紧缸的右腔，左腔回油，活塞向左移动，将工件夹紧。夹紧后，液压缸右腔的压力升高，当油压超过压力继电器的调定值时，压力继电器发出信号，指令电磁阀的电磁铁 2YA、4YA 通电，进给液压缸动作（其动作原理详见速度换接回路）。油路中要求先夹紧后进给，工件没有夹紧则不能进给，这一严格的顺序是由压力继电器保证的。压力继电器的调整压力应比减压阀的调整压力低 $3\times10^5\sim5\times10^5$ Pa。

（2）用顺序阀控制的顺序动作回路。图 9-27 所示为采用两个单向顺序阀的压力控制顺序动作回路。其中，单向顺序阀 4 控制两液压缸前进时的先后顺序，单向顺序阀 3 控制两液压缸后退时的先后顺序。当电磁换向阀通电时，压力油进入液压缸 1 的左腔，右腔经阀 3 中的单向阀回油，此时由于压力较低，顺序阀 4 关闭，缸 1 的活塞先动。当液压缸 1 的活塞运动至终点时，油压升高，达到单向顺序阀 4 的调整压力时，顺序阀开启，压力油进入液压缸 2

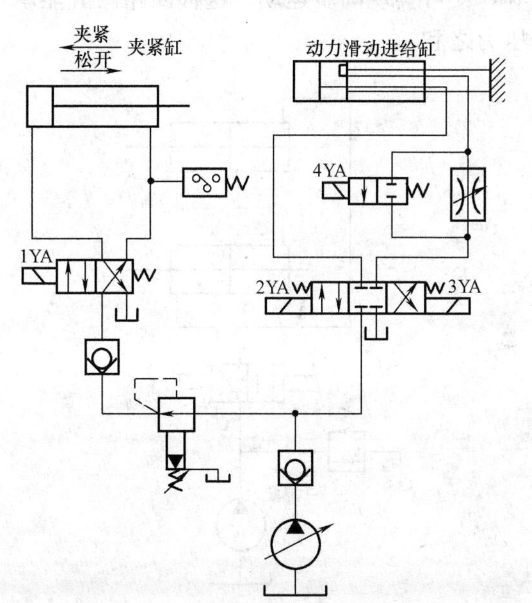


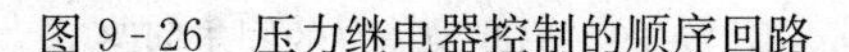
图 9-26　压力继电器控制的顺序回路

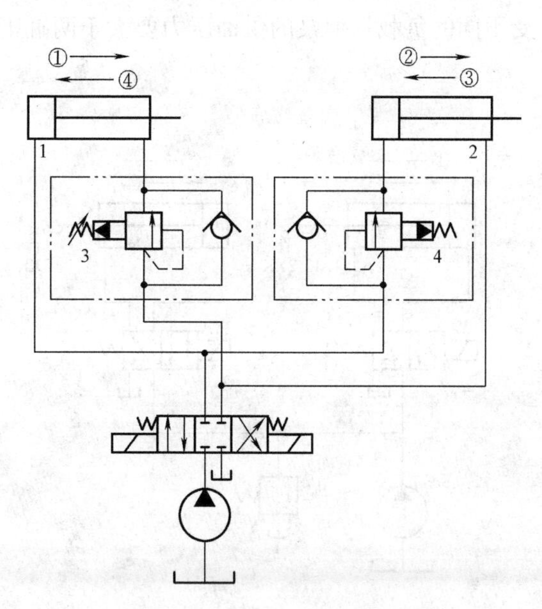


图 9-27　顺序阀控制的顺序回路

的左腔，右腔直接回油，缸 2 的活塞向右移动。当液压缸 2 的活塞右移达到终点后，电磁换向阀断电复位，此时压力油进入液压缸 2 的右腔，左腔经阀 4 中的单向阀回油，使缸 2 的活塞向左返回，到达终点时，压力油升高打开顺序阀 3 再使液压缸 1 的活塞返回。

这种顺序动作回路的可靠性，在很大程度上取决于顺序阀的性能及其压力调整值。顺序阀的调整压力应比先动作的液压缸的工作压力高 $8\times10^5\sim10\times10^5$ Pa，以免在系统压力波动时，发生误动作。

2. 用行程控制的顺序动作回路

行程控制顺序动作回路是利用工作部件到达一定位置时，发出信号来控制液压缸的先后动作顺序，它可以利用行程开关、行程阀或顺序缸来实现。

图 9-28 所示为利用电气行程开关发信来控制电磁阀先后换向的顺序动作回路。其动作顺序是：按启动按钮，电磁铁 1YA 通电，缸 1 活塞右行；当挡铁触动行程开关 2XK，使 2YA 通电，缸 2 活塞右行；缸 2 活塞右行至行程终点，触动 3XK，使 1YA 断电，缸 1 活塞左行；而后触动 1XK，使 2YA 断电，缸 2 活塞左行。至此完成了缸 1、缸 2 的全部顺序动作的自动循环。采用电气行程开关控制的顺序回路，调整行程大小和改变动作顺序均很方便，且可利用电气互锁使动作顺序可靠。

### 9.4.2 同步回路

使两个或两个以上的液压缸，在运动中保持相同位移或相同速度的回路称为同步回路。在一泵多缸的系统中，尽管液压缸的有效工作面积相等，但是由于运动中所受负载不均衡、摩擦阻力不相等、泄漏量的不同、制造上的误差等，不能使液压缸同步动作。同步回路的作用就是为了克服这些影响，补偿它们在流量上所造成的变化。

1. 串联液压缸的同步回路

图 9-29 所示为串联液压缸的同步回路。图中液压缸 1 回油腔排出的油液，被送入液压缸 2 的进油腔。如果串联油腔活塞的有效面积相等，便可实现同步运动。这种回路两缸能承受不同的负载，但泵的供油压力要大于两缸工作压力之和。

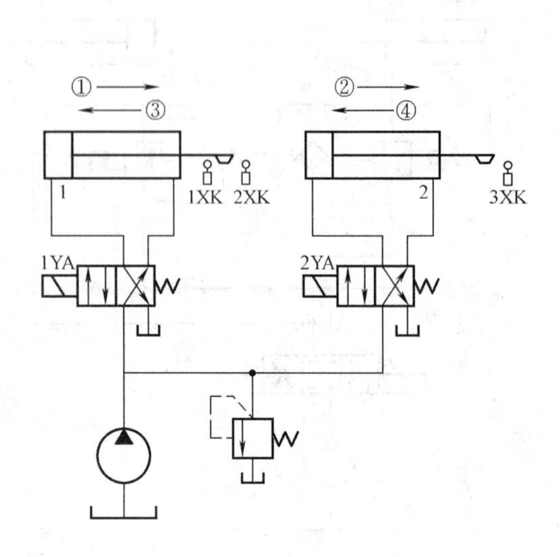


图 9-28 行程开关控制的顺序回路

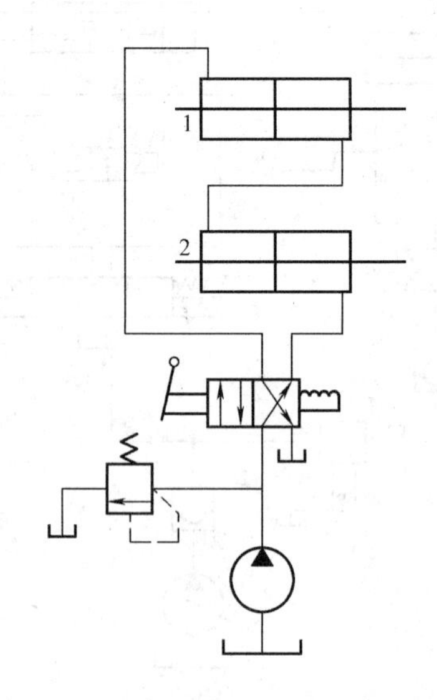


图 9-29 串联液压缸的同步回路

由于泄漏和制造误差，影响了串联液压缸的同步精度，当活塞往复多次后，会产生严重的失调现象，为此要采取补偿措施。图9-30所示为两个单作用缸串联，并带有补偿装置的同步回路。为了达到同步运动，液压缸1有杆腔A的有效面积应与液压缸2无杆腔B的有效面积相等。在活塞下行的过程中，如果液压缸1的活塞先运动到底，触动行程开关1XK发信，使电磁铁1YA通电，此时压力油便经过二位三通电磁阀3、液控单向阀5，向液压缸2的B腔补油，使液压缸2的活塞继续运动到底。如果液压缸2的活塞先运动到底，触动行程开关2XK，使电磁铁2YA通电，此时压力油便经二位三通电磁阀4进入液控单向阀的控制油口，液控单向阀5反向导通，使液压缸1能通过液控单向阀5和二位三通电磁阀3回油，使液压缸1的活塞继续运动到底，对失调现象进行补偿。

2. 流量控制式同步回路

(1) 用调速阀控制的同步回路。图9-31所示为两个并联的液压缸，分别用调速阀控制的同步回路。两个调速阀分别调节两缸活塞的运动速度，当两缸有效面积相等时，则流量也调整得相同；若两缸面积不等时，则改变调速阀的流量也能达到同步的运动。

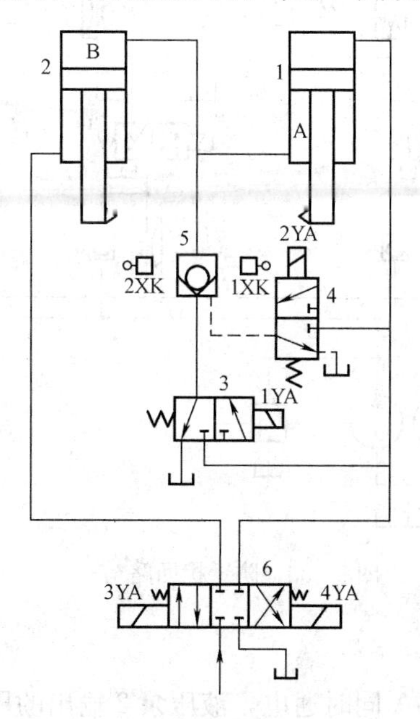


图9-30 采用补偿措施的串联液压缸同步回路

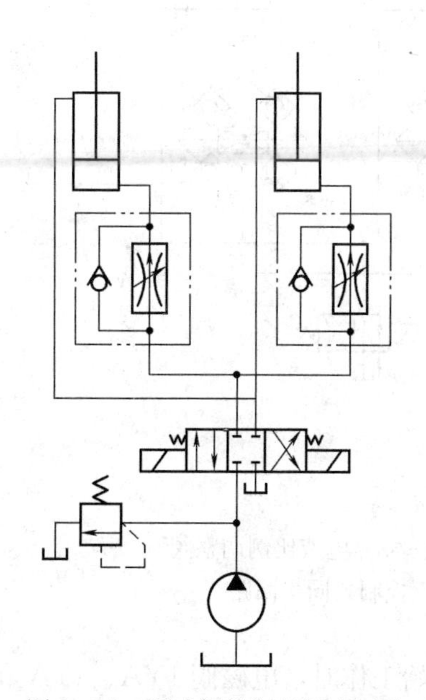

图9-31 调速阀控制的同步回路

用调速阀控制的同步回路，结构简单，并且可以调速，但是由于受到油温变化、调速阀性能差异等影响，同步精度较低，一般在5%～7%。

(2) 用电液比例调速阀控制的同步回路。图9-32所示为用电液比例调整阀实现同步运动的回路。回路中使用了一个普通调速阀1和一个比例调速阀2，它们装在由多个单向阀组成的桥式回路中，并分别控制着液压缸3和4的运动。当两个活塞出现位置误差时，检测装置就会发出信号，调节比例调速阀的开度，使液压缸4的活塞与液压缸3活塞的运动实现同步。

这种回路的同步精度较高，位置精度可达0.5mm，已能满足大多数工作部件所要求的同步精度。比例阀性能虽然比伺服阀差，但费用低，系统对环境适应性强，因此，用它来实现同步控制被认为是一个新的发展方向。

### 9.4.3 多缸快慢速互不干涉回路

在一泵多缸的液压系统中，往往由于其中一个液压缸快速运动时，会造成系统的压力下降，影响其他液压缸工作进给的稳定性。因此，在工作进给要求比较稳定的多缸液压系统中，必须采用快慢速互不干涉回路。

在图 9-33 所示的回路中，各液压缸分别要完成快进、工作进给和快速退回的自动循环。回路采用双泵的供油系统，泵 1 为高压小流量泵，供给各缸工作进给所需的压力油；泵 2 为低压大流量泵，为各缸快进或快退时输送低压油，它们的压力分别由溢流阀 3 和 4 调定。

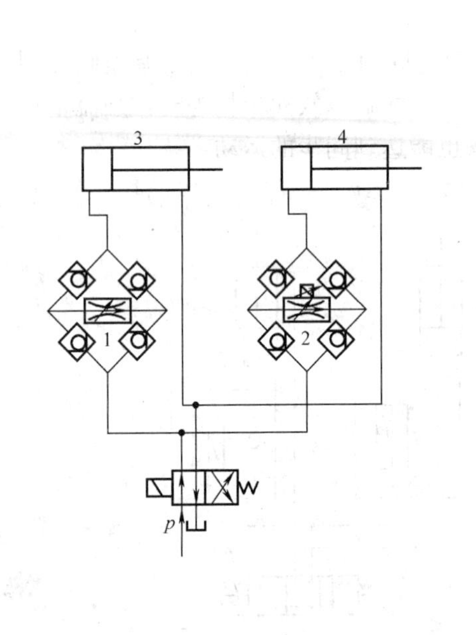

图 9-32 电液比例调整阀控制式同步回路

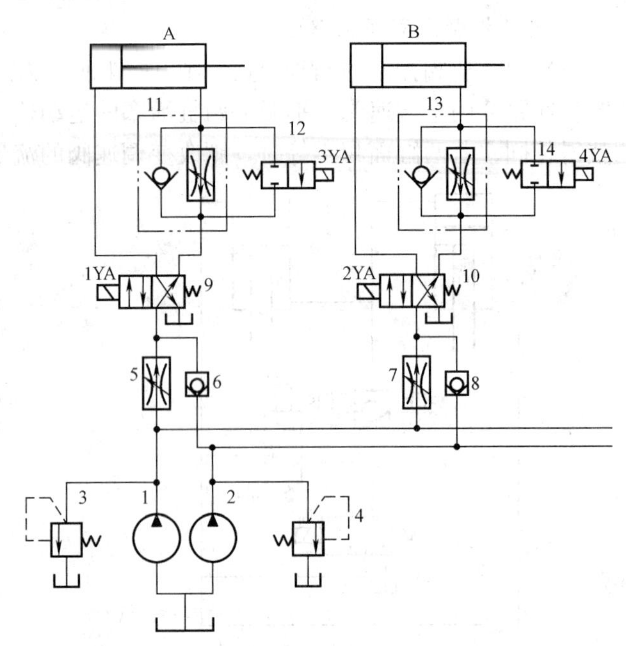

图 9-33 防干扰回路

当开始工作时，电磁阀 1YA、2YA 和 3YA、4YA 同时通电，液压泵 2 输出的压力油经单向阀 6 和 8 进入液压缸的左腔，此时两泵供油使各活塞快速前进。当电磁铁 3YA、4YA 断电后，由快进转换成工作进给，单向阀 6 和 8 关闭，工进所需压力油由液压泵 1 供给。如果其中某一液压缸（如液压缸 A）先转换成快速退回，即换向阀 9 失电换向，泵 2 输出的油液经单向阀 6、换向阀 9 和单向调速阀 11 的单向元件进入液压缸 A 的右腔，左腔经换向阀回油，使活塞快速退回。

而其他液压缸仍由泵 1 供油，继续进行工作进给。这时，调速阀 5（或 7）使泵 1 仍然保持溢流阀 3 的调整压力，不受快退的影响，防止了相互干扰。在回路中调速阀 5 和 7 的调整流量应适当大于单向调速阀 11 和 13 的调整流量，这样，工作进给的速度由单向调速阀 11 和 13 来决定，这种回路可以用在具有多个工作部件各自分别运动的机床液压系统中。换向阀 10 用来控制 B 缸换向，换向阀 12、14 分别控制 A、B 缸快速进给。

## 9.5 其他控制回路

### 9.5.1 气压延时回路

延时回路通常用在气压系统中。图 9-34 所示为延时接通回路。当有信号 K 输入时，阀 A 换向，此时气源经节流阀缓慢向气容 C 充气，经一段时间 $t$ 延时后，气容内压力升高到预定值，使主阀 B 换向，气缸开始右行；当信号 K 消失后，气容 C 中的气体可经单向阀迅速排出，主阀 B 立即复位，气缸返回。若将图 9 - 34 中的单向节流阀反接，就改为延时断开回路（见图 9 - 35），其作用正好与上述回路相反，延时时间由节流阀调节。

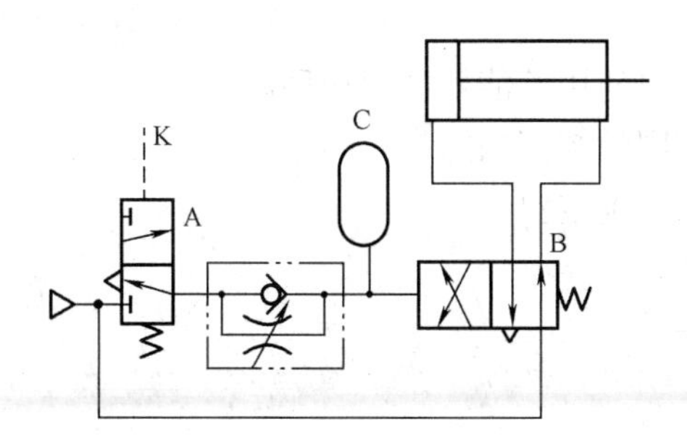

图 9 - 34　延时接通回路

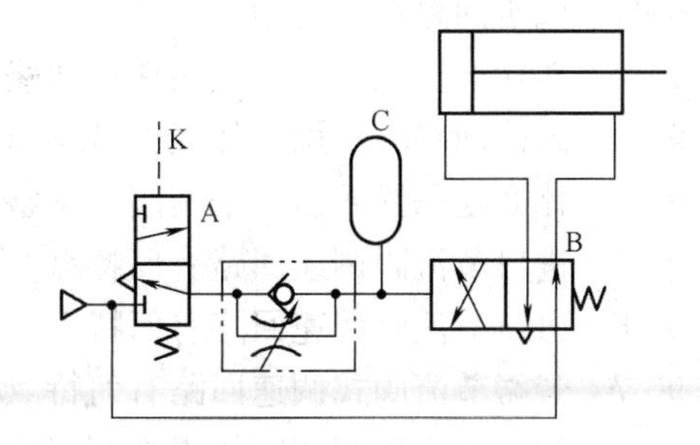

图 9 - 35　延时断开回路

### 9.5.2 气压往复运动回路

往复运动回路通常用在气压系统中。图 9 - 36 所示为行程阀控制的单往复运动回路。按下手动换向阀 1 的手柄，主阀 3 切换，气缸右行；当撞块碰到行程阀 2 时，主阀复位，气缸自动返回。

图 9 - 37 所示为行程阀控制的连续往复动作回路。按下手动换向阀 1 的手柄，主阀 4 切换，气缸右行；此时由于二位二通机动换向阀 3 复位而将控制气路断开，主阀不能复位。当活塞前行至终点，撞块碰到二位二通行程换向阀 2 时，主阀的控制气体经阀排出，主阀在弹簧作用下复位，气缸自动返回。当活塞返回到终点压下机动换向阀时，主阀切换，重复上述循环动作。只有断开手动换向阀，才可使这一连续往复动作在活塞返回到原位置时停止。

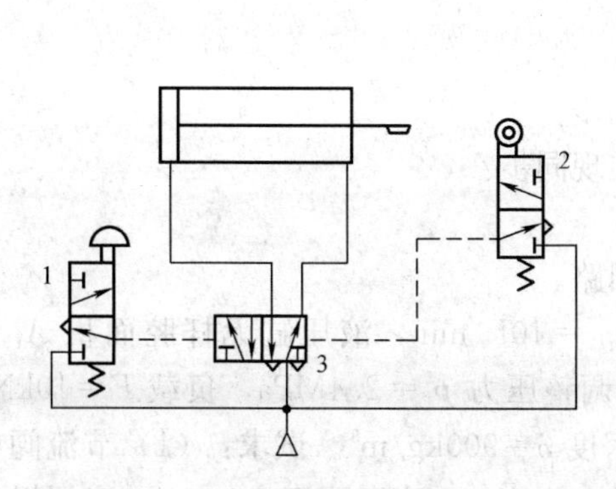

图 9 - 36　行程阀控制的单往复运动回路

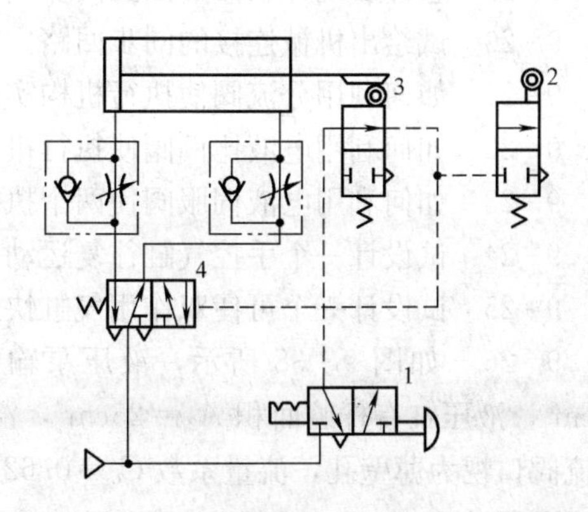

图 9 - 37　行程阀控制的连续往复动作回路

## 小 结

本章所介绍的是一些比较典型和比较常用的基本回路。对于其他一些基本回路，感兴趣的读者可以根据书后所列的参考文献查阅。学习基本回路的目的，就是要掌握其基本原理、特点，并能将它们有机的组合应用于复杂液压系统的设计当中，以满足所设计系统特定的工作要求。

## 思考题和习题

9-1 减压回路有何功用?

9-2 在什么情况下需要应用保压回路？试绘出使用蓄能器的保压回路。

9-3 卸荷回路的功用是什么？试绘出两种不同的卸荷回路。

9-4 什么是平衡回路？平衡阀的调整压力如何确定?

9-5 进口节流阀调速回路有何特点?

9-6 出口节流阀调速回路有何特点?

9-7 旁路节流阀式调速回路有何特点?

9-8 为什么采用调速阀能提高调速性能?

9-9 试分析比较三种容积式调速回路的特性。

9-10 试绘出三种不同的快速运动回路。

9-11 什么是差动回路?

9-12 如何利用行程阀实现两种不同速度的换接?

9-13 如何利用两个调速阀实现两种不同速度的换接?

9-14 如何使用行程阀实现执行机构的顺序动作?

9-15 如何使用顺序阀实现执行机构的顺序动作?

9-16 如何使用延时阀实现执行机构的时间控制顺序动作?

9-17 试绘出两种不同的容积式同步回路。

9-18 怎样实现串联液压油缸同步?

9-19 怎样实现并联液压油缸同步?

9-20 试绘出机械连接的同步回路。

9-21 如何利用分流阀使执行机构实现同步?

9-22 如何利用电液比例阀使执行机构实现同步?

9-23 如何利用电液伺服阀使两个执行机构实现同步?

9-24 试设计一个手控气缸往复运动回路。

9-25 试设计一个可使双作用气缸快速返回回路。

9-26 如图 9-38 所示，液压泵输出流量 $q_B=10L/min$，液压缸无杆腔面积 $A_1=50cm^2$，液压缸有杆腔面积 $A_2=25cm^2$，溢流阀的调整压力 $p_r=2.4MPa$，负载 $F=10kN$，节流阀口视为薄壁孔，流量系数 $C_q=0.62$，油液密度 $\rho=900kg/m^3$。试求：(1) 节流阀口通流面积 $A_T=0.05cm^2$ 和 $A_T=0.01cm^2$ 时的液压缸速度 $v$、液压泵压力 $p_p$、溢流阀损失

$\Delta p_r$ 和回路效率 $\eta_{ci}$；（2）当 $A_T=0.01\text{cm}^2$ 时，若负载 $F=0\text{N}$，求液压泵的压力 $p_p$ 和液压缸两腔压力 $p_1$ 和 $p_2$ 各为多大？（3）当 $F=10\text{kN}$ 时，若节流阀最小稳定流量为 $q_{min}=50\times 10^3\text{L/min}$，所对应的 $A_T$ 和液压缸速度 $v_{min}$ 多大？若将回路改为进口节流调速回路，则 $A_T$ 和 $v_{min}$ 多大？将两种结果相比较能说明什么问题？

9-27　如图 9-39 所示，各液压缸完全相同，负载 $F_2>F_1$。已知节流阀能调节液压缸速度并不计压力损失。试判断在图（a）和图（b）的两个液压回路中，哪个液压缸先动？哪个液压缸速度快？试说明道理。

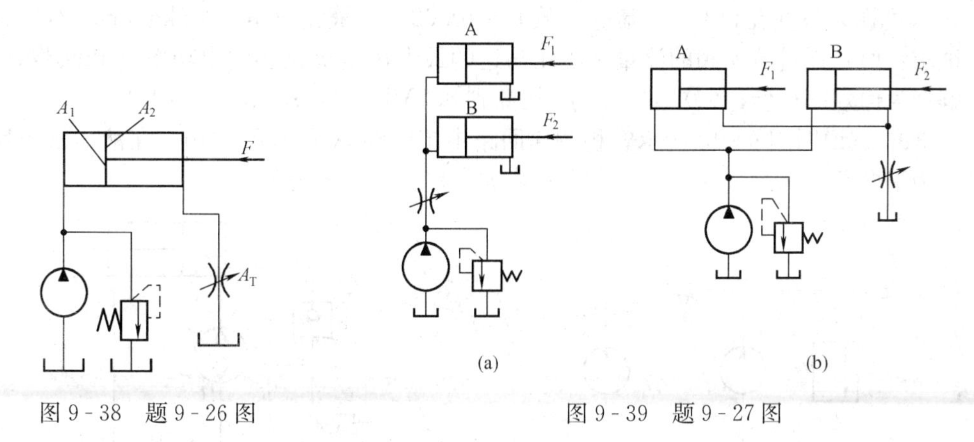


图 9-38　题 9-26 图　　图 9-39　题 9-27 图

9-28　图 9-40 所示为采用调速阀的进口节流加背压阀的调速回路。负载 $F=9000\text{N}$。液压缸两腔面积 $A_1=50\text{cm}^2$、$A_2=20\text{cm}^2$，背压阀的调整压力 $p_b=0.5\text{MPa}$，液压泵的供油流量 $q=30\text{L/min}$。不计管道和换向阀的压力损失。试问：（1）欲使液压缸速度恒定，不计调压偏差，溢流阀最小调整压力 $p_r$ 应为多大？（2）卸荷的能量损失有多大？（3）若背压阀增加了 $\Delta p_b$，溢流阀调整压力的增量 $\Delta p_r$ 应有多大？

9-29　如图 9-41 所示，双泵供油，差动快速—工进速度换接回路有关数据如下：液压泵的输出流量 $q_1=16\text{L/min}$，$q_2=4\text{L/min}$；油液密度 $\rho=900\text{kg/m}^3$，运动黏度 $\nu=20\times 10^{-6}\text{m}^2/\text{s}$，液压缸两腔面积 $A_1=100\text{cm}^2$，$A_2=60\text{cm}^2$；快进时的负载 $F=1\text{kN}$，油液流过方向阀时的压力损失 $\Delta p=0.25\text{MPa}$，连接液压缸两腔的油管 $ABCD$ 的内径为 $d=1.8\text{cm}$，其中

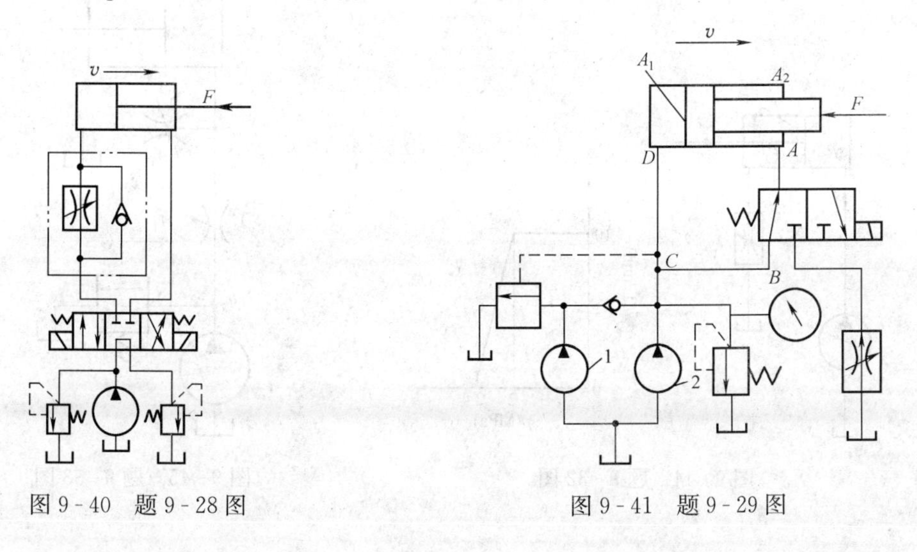


图 9-40　题 9-28 图　　图 9-41　题 9-29 图

*ABC* 段较长（$L=3\text{m}$），计算时需考虑其沿程损失，其他损失及由速度、高度变化形成的影响皆可忽略。试求：（1）快进时液压缸的速度 $v$ 和压力表读数；（2）工进时如果压力表读数为 8MPa，此时回路承受载荷能力有多大（因流量很小，可不计损失）？液控顺序阀的调整压力宜选多大？

9-30 如图 9-42 所示的调速回路，液压泵的排量 $V_p=105\text{mL/r}$，转速 $n_p=1000\text{r/min}$，容积效率 $\eta_{pV}=0.95$，溢流阀调整压力 $p_r=7\text{MPa}$，液压马达排量 $V_m=160\text{mL/r}$，容积效率 $\eta_{mV}=0.95$，机械效率 $\eta_{mm}=0.8$，负载转矩 $T=16\text{N}\cdot\text{m}$。节流阀最大开度 $A_{T\max}=0.2\text{cm}^2$（可视为薄壁孔口），其流量系数 $C_q=0.62$，油液密度 $\rho=900\text{kg/m}^3$。不计其他损失。试求：（1）通过节流阀的流量和液压马达的最大转速 $n_{m\max}$、输出功率 $P$ 和回路效率 $\eta_{ci}$，并请解释为何效率很低；（2）如果将 $p_r$ 提高到 8.5MPa 时，$\eta_{m\max}$将为多大？

9-31 试说明图 9-43 所示容积调速回路中单向阀 A 和 B 的功用。在液压缸正反向移动时，为了向系统提供过载保护，安全阀应如何接？试作图表示。

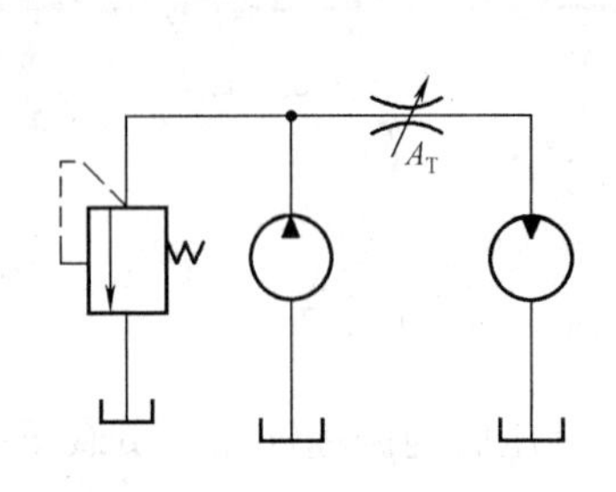


图 9-42 题 9-30 图

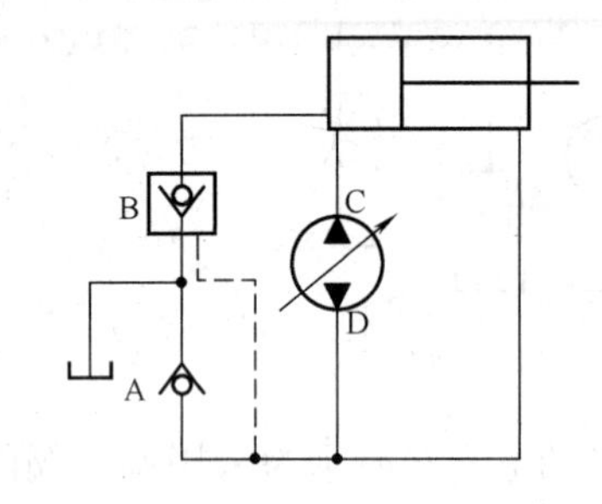


图 9-43 题 9-31 图

9-32 如图 9-44 所示的液压回路，限压式变量叶片泵调定后的流量压力特性曲线如图所示，调速阀的调定流量为 2.5L/min，液压缸两腔的有效面积 $A_1=2A_2=50\text{cm}^2$，不计管路损失。试求：（1）液压缸的大腔压力 $p_1$；（2）当负载 $F=0\text{N}$ 和 $F=9000\text{N}$ 时的小腔压力 $p_2$；（3）设液压泵的总效率为 0.75，求液压系统的总效率。

9-33 如图 9-45 所示的液压回路，如果液压泵的输出流量 $q_p=10\text{L/min}$，溢流阀的调整压力 $p_r=2\text{MPa}$，两个薄壁孔型节流阀的流量系数都是 $C_q=0.67$，开口面积 $A_{T1}=0.02\text{cm}^2$，

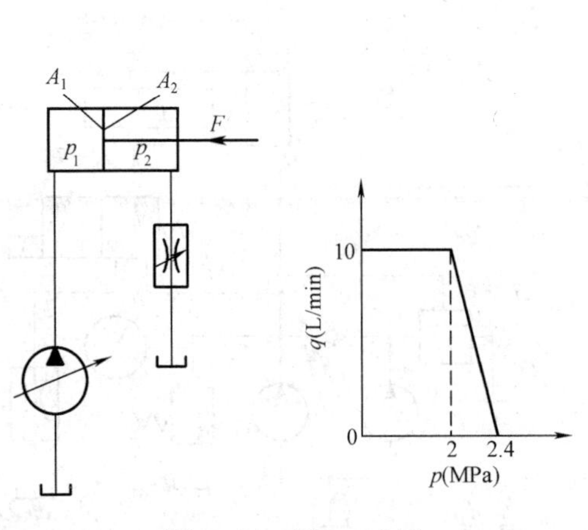


图 9-44 题 9-32 图

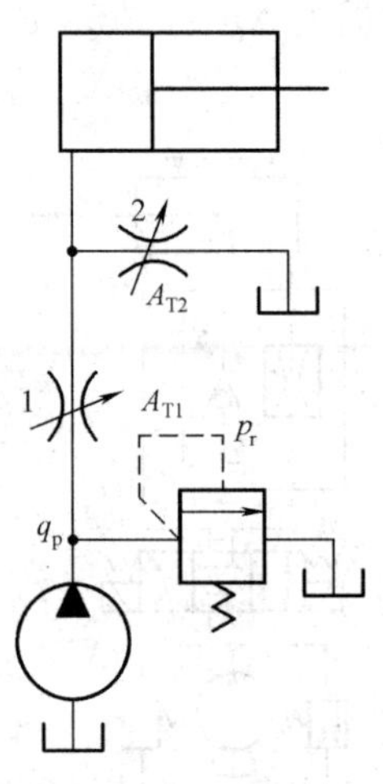


图 9-45 题 9-33 图

$A_{T2}=0.01\text{cm}^2$，油液密度 $\rho=900\text{kg/m}^3$。试求在不考虑溢流阀的调压偏差时：(1) 液压缸大腔的最高工作压力；(2) 溢流阀可能出现的最大溢流量。

9-34　请列表说明图 9-46 所示压力继电器式顺序动作回路是怎样实现①→②→③→④顺序动作的？在元件数目不增加的情况下，排列位置允许变更，如何实现①→②→④→③的顺序动作，画出变动顺序后的液压回路图。

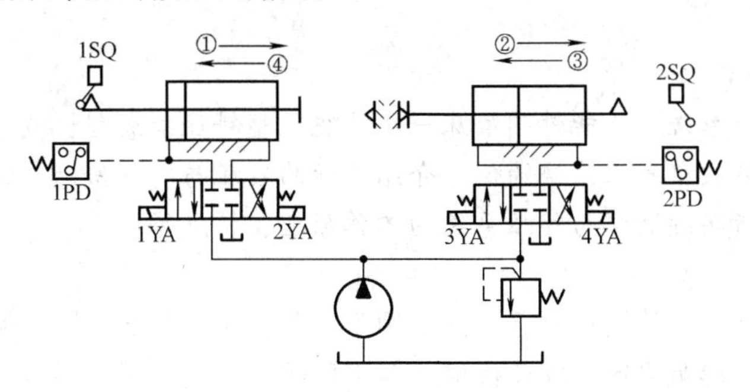


图 9-46　题 9-34 图

9-35　如图 9-47 所示的液压回路，它能否实现“夹紧缸Ⅰ先夹紧工件，然后进给缸Ⅱ再移动”的要求（夹紧缸Ⅰ的速度必须能调节）？为什么？应该怎么办？

9-36　如图 9-48 所示的液压回路可以实现快进→工进→快退动作的回路（活塞右行为“进”，左行为“退”）。如果设置压力继电器的目的是控制活塞的换向，试问：图中有哪些错误？为什么是错误的？应该如何改正？

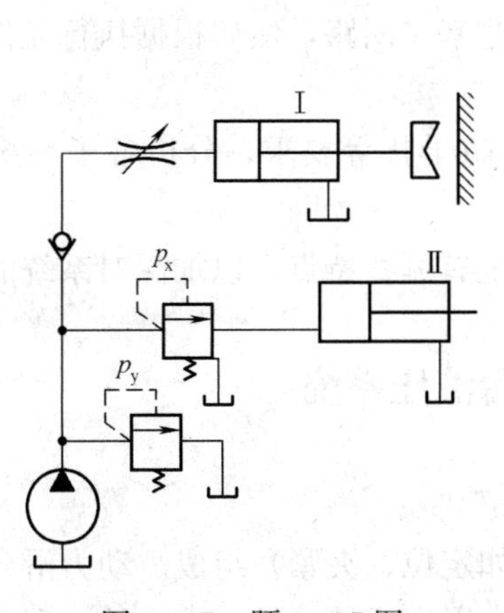


图 9-47　题 9-35 图

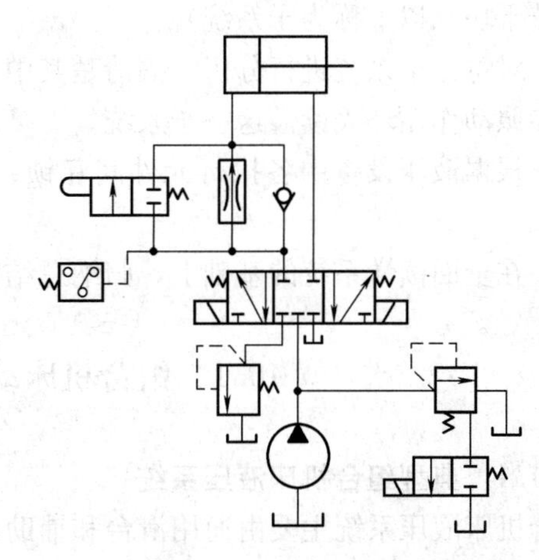

图 9-48　题 9-36 图

# 第10章　典型的液压与气压传动系统

本章以机床液压系统、万能外圆磨床液压系统、塑料注射成型机液压系统、起重运输机械液压系统及香皂装箱机气压系统为例，介绍实际的液压与气压传动系统是由哪些基本回路构成，以及如何分析实际液压与气压系统的工作原理、特点等。

近年来，液压与气压传动技术已广泛应用于工程机械、起重运输机械、机械制造业、冶金机械、矿山机械、建筑机械、农业机械、轻工机械、航空航天等领域。由于液压与气压系统所服务的主机工作循环、动作特点等各不相同，相应的各液压与气压系统的组成、作用和特点也不尽相同。本章通过对六个典型液压与气压系统的分析，进一步熟悉各液压与气压元件在系统中的作用和各种基本回路的组成，并掌握分析液压与气压系统的方法和步骤。

阅读一个较复杂的液压系统图，大致可按以下步骤进行：

（1）了解设备的工艺对系统的动作要求。

（2）初步浏览整个系统，了解系统中包含哪些元件，并以各个执行元件为中心，将系统分解为若干块（以下称为子系统）。

（3）对每一子系统进行分析，搞清楚其中含有哪些基本回路，然后根据执行元件的动作要求，参照动作循环表读懂这一子系统。

（4）根据液压设备中各执行元件间互锁、同步、防干扰等要求，分析各子系统之间的联系。

（5）在全面读懂系统的基础上，归纳总结整个系统有哪些特点，以加深对系统的理解。

## 10.1　组合机床动力滑台液压系统

### 10.1.1　典型组合机床液压系统

组合机床液压系统主要由通用滑台和辅助部分（如定位、夹紧）组成。动力滑台本身不带传动装置，可根据加工需要安装不同用途的主轴箱，以完成钻、扩、铰、镗、刮端面、铣削、攻螺纹等工序。

图10-1所示为带有液压夹紧的它驱式动力滑台的液压系统原理图，这个系统采用限压式变量泵并配有二位二通电磁阀卸荷，变量泵与进油路的调速阀组成容积节流调速回路，用电液换向阀控制液压系统的主油路换向，用行程阀实现快进和工进的速度换接。它可实现多种工作循环，下面以定位夹紧→快进→一工进→二工进→死挡铁停留→快退→原位停止松开工件的自动工作循环为例，说明液压系统的工作原理。

（1）夹紧。工件夹紧油路一般所需压力要求小于主油路，故在夹紧油路上装有减压阀6，以降低夹紧缸的压力。

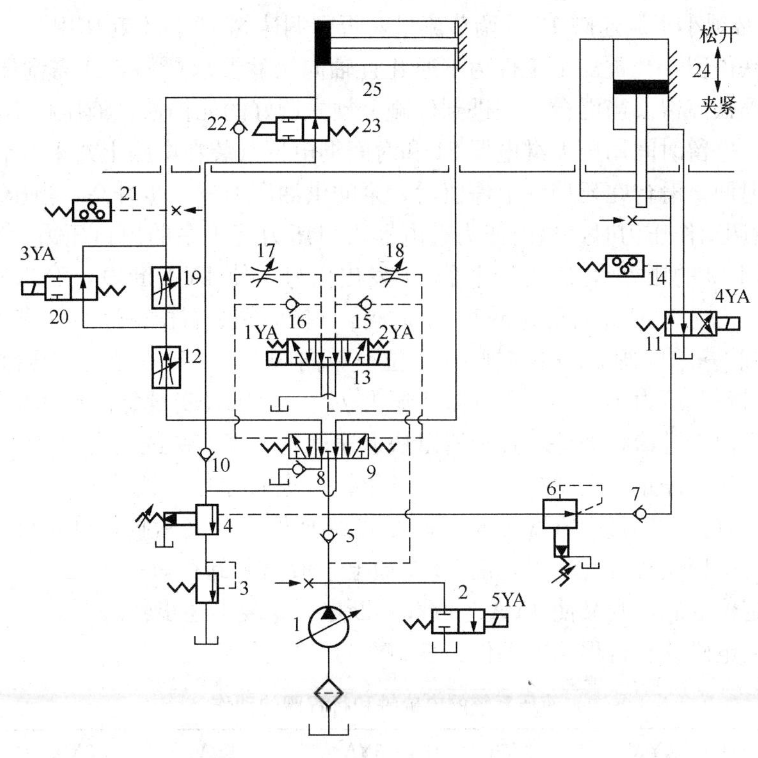


图 10-1　带有液压夹紧的它驱式动力滑台的液压系统原理图

按下启动按钮，泵启动并使电磁铁 4YA 通电，夹紧缸 24 松开以便安装并定位工件。当工件定好位以后，发出信号使电磁铁 4YA 断电，夹紧缸活塞夹紧工作。其油路：泵 1→单向阀 5→减压阀 6→单向阀 7→换向阀 11 左位→夹紧缸上腔，夹紧缸下腔的回油→换向阀 11 左位→油箱。于是夹紧缸活塞下移夹紧工件。单向阀 7 用以保压。

(2) 进给缸快速前进。当工件夹紧后，油压升高，压力继电器 14 发出信号使 1YA 通电，电磁换向阀 13 和液动换向阀 9 均处于左位。其进油路为泵 1→单向阀 5→液动阀 9 左位→行程阀 23 右腔→进给缸 25 左腔；回油路为进给缸 25 右腔→液动阀 9 左位→单向阀 10→行程阀 23 右位→进给缸 25 左腔。于是形成差动连接，液压缸 25 快速前进。因快速前进时负载小，压力低，故顺序阀 4 打不开（其调节压力应大于快进压力），变量泵以调节好的最大流量向系统供油。

(3) 一工进。当滑台快进到达预定位置（即刀具趋近工件位置），挡铁压下行程阀 23，于是调速阀 12 接入油路，压力油必须经调速阀 12 才能进入进给缸左腔，负载增大，泵的压力升高，打开液控顺序阀 4，单向阀 10 被高压油封死，此时进油路为泵 1→单向阀 5→换向阀 9 左位→调速阀 12→换向阀 20 右位→进给缸 25 左腔；回油路为进给缸 25 右腔→换向阀 9 左位→顺序阀 4→背压阀 3→油箱。一工进的速度由调速阀 12 调节。由于此压力升高到大于限压式变量泵的限定压力 $p_B$，泵的流量便自动减小到与调速阀的节流量相适应。

(4) 二工进。当第一工进到位时，滑台上的另一挡铁压下行程开关，使电磁铁 3YA 通电，于是换向阀 20 左位接入油路，由泵来的压力油需经调速阀 12 和 19 才能进入进给缸 25 的左腔。其他各阀的状态和油路与一工进相同。二工进速度由调速阀 19 来调节，但调速阀

19 的调节流量必须小于调速阀 12 的调节流量，否则调速阀 19 将不起作用。

（5）死挡铁停留。当被加工工件为不通孔且轴向尺寸要求严格，或需刮端面等情况时，则要求实现死挡铁停留。当滑台二工进到位碰上预先调好的死挡铁，液压缸不能再前进，停留在死挡铁处，停留时间用压力继电器 21 和时间继电器（装在电路上）来调节和控制。

（6）快速退回。滑台在死挡铁上停留后，泵的供油压力进一步升高，当压力升高到压力继电器 21 的预调动作压力时（这时压力继电器入口压力等于泵的出口压力，其压力增值主要取决于调速阀 19 的压差），压力继电器 21 发出信号，使 1YA 断电，2YA 通电，换向阀 13 和 9 均处于右位。这时进油路为泵 1→单向阀 5→换向阀 9 右位→进给缸 25 右腔；回油路为进给缸 25 左腔→单向阀 22→换向阀 9 右位→单向阀 8→油箱。于是液压缸 25 便快速右退。由于快速时负载压力小（小于泵的限定压力 $p_B$），限压式变量泵便自动以最大调节流量向系统供油。又由于进给缸为差动缸，所以快退速度基本等于快进速度。

（7）进给缸原位停止，夹紧缸松开。当进给缸右退到原位，挡铁碰行程开关发出信号，使 2YA、3YA 断电，同时使 4YA 通电，于是进给缸停止，夹紧缸松开工件。当工件松开后，夹紧缸活塞上挡铁碰行程开关，使 5YA 通电，液压泵卸荷，一个工作循环结束。当下一个工件安装定位好后，则又使 4YA、5YA 均断电，重复上述步骤。

液压系统的电磁铁和行程阀的动作见表 10-1。

**表 10-1　液压系统的电磁铁和行程阀的动作**

| 动作 | 1YA | 2YA | 3YA | 4YA | 5YA | 行程阀 |
|---|---|---|---|---|---|---|
| 定位夹紧 | — | — | — | — | — | — |
| 快进 | + | — | — | — | — | — |
| 工进一 | + | — | — | — | — | + |
| 工进二 | + | — | + | — | — | + |
| 碰到死挡铁 | + | — | + | — | — | + |
| 快退 | — | + | + | — | — | — |
| 原位停止 | — | — | — | — | + | — |
| 夹紧缸松开 | — | — | — | + | — | — |

### 10.1.2　组合机床动力滑台液压系统的特点

本系统采用限压式变量泵和调速阀组成容积节流调速系统，将调速阀装在进油路上，而在回油路上加背压阀。这样就获得了较好的低速稳定性、较大的调速范围和较高的效率。而且当滑台需死挡铁停留时，用压力继电器发出信号实现快退比较方便。

采用限压式变量泵并在快进时采用差动连接，不仅使快进速度和快退速度相同（差动缸），而且比不采用差动连接的流量可减小一倍，其能量得到合理利用，系统效率进一步得到提高。

采用电液换向阀使换向时间可调，改善和提高了换向性能。采用行程阀和液控顺序阀来实现快进与工进的转换，比采用电磁阀的电路简化，而且使速度转换动作可靠，转换精度也较高。此外，用两个调速阀串联来实现两次工进，使转换速度平稳而无冲击。

夹紧油路中串接减压阀，不仅可使其压力低于主油路压力，而且可根据工件夹紧力的需要来调节并稳定其压力；当主系统快速运动时，即使主油路压力低于减压阀所调压力，因为有单向阀 7 的存在，夹紧系统也能维持其压力（保压）。夹紧油路中采用二位四通阀 11，其常态位置是夹紧工件，这样即使在加工过程中临时停电，也不至于使工件松开，保证操作安全可靠。

本系统可较方便地实现多种动作循环。例如，可实现多次工进和多级工进。工作进给速度的调速范围可达 6.6～660mm/min，而快进速度可达 7m/min，所以它具有较大的通用性。

此外，本系统采用两位两通阀卸荷，比用限压式变量泵在高压小流量下卸荷方式的功率消耗要小。

## 10.2　M1432A 型万能外圆磨床液压系统

### 10.2.1　机床液压系统的功能

M1432A 型万能外圆磨床主要用于磨削 IT5～IT7 精度的圆柱形或圆锥形外圆和内孔，表面粗糙度为 *Ra*0.08～1.25。该机床的液压系统具有以下功能：

（1）能实现工作台的自动往复运动，并能在 0.05～4m/min 无级调速，工作台换向平稳，启动制动迅速，换向精度高。

（2）在装卸和测量工件时，为缩短辅助时间，砂轮架具有快速进退动作，为避免惯性冲击，控制砂轮架快速进退的液压缸设置有缓冲装置。

（3）为方便装卸工件，尾架顶尖的伸缩采用液压传动。

（4）工作台可做微量抖动。切入磨削或加工工件略大于砂轮宽度时，为了提高生产率和改善表面粗糙度，工作台可做短距离（1～3mm），频繁往复运动（100～150 次/min）。

（5）传动系统具有必要的连锁动作。

1）工作台的液动与手动连锁，以免液动时带动手轮旋转引起工伤事故。

2）砂轮架快速前进时，可保证尾架顶尖不后退，以免加工时工件脱落。

3）磨内孔时，为使砂轮不后退，传动系统中设置有与砂轮架快速后退连锁的机构，以免撞坏工件或砂轮。

4）砂轮架快进时，头架带动工件转动，冷却泵启动；砂轮架快速后退时，头架与冷却泵电动机停转。

### 10.2.2　M1432A 型外圆磨床液压系统的工作原理

图 10-2 所示为 M1432A 型外圆磨床液压系统原理图。其工作原理如下所述。

1. 工作台的往复运动

（1）工作台右行。如图 10-2 所示状态，先导阀、换向阀阀芯均处于右端，开停阀处于右位。其主油路如下所述。

进油路：液压泵 19→换向阀 2 右位（P→A）→液压缸 22 右腔；

回油路：液压缸 22 左腔→换向阀 2 右位（B→$T_2$）→先导阀 1 右位→开停阀 3 右位→节流阀 5→油箱。液压油推液压缸带动工作台向右运动，其运动速度由节流阀来调节。

（2）工作台左行。当工作台右行到预定位置，工作台上左边的挡块拨动先导阀 1 的阀芯相连接的杠杆，使先导阀芯左移，开始工作台的换向过程。先导阀阀芯左移过程中，其阀芯中段制动锥 A 的右边逐渐将回油路上通向节流阀 5 的通道（$D_2$→T）关小，使工作台逐渐减速制动，实现预制动；当先导阀阀芯继续向左移动到先导阀芯右部环形槽，使 $a_2$ 点与高压油路 $a_{2'}$ 相通，先导阀芯左部环槽使 $a_1 \to a_{1'}$ 接通油箱时，控制油路被切换。这时借助于抖动缸推动先导阀向左快速移动（快跳）。其油路如下所述。

进油路：油泵 19→精滤油器 21→先导阀 1 左位（$a_{2'} \to a_2$）→抖动缸 6 左端。

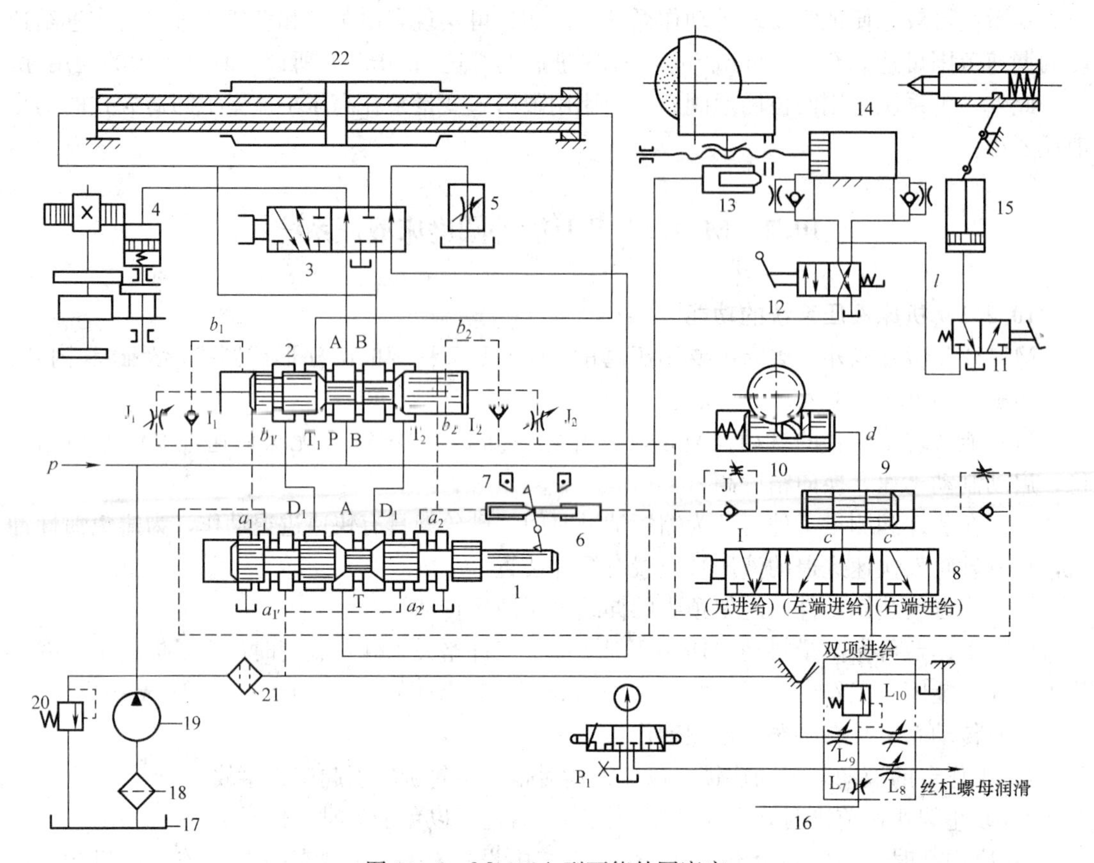


图 10-2 M1432A 型万能外圆磨床

1—先导阀；2—换向阀；3—开停阀；4—互锁缸；5—节流阀；6—抖动缸；7—挡块；8—选择阀；9—进给阀；10—进给缸；11—尾架换向阀；12—快动换向阀；13—闸缸；14—快动缸；15—尾架缸；16—润滑稳定器；17—油箱；18—粗过滤器；19—油泵；20—溢流阀；21—精过滤器；22—工作台进给缸

回油路：抖动缸 6 右端→先导阀 1 左位（$a_1$→$a_{1'}$）→油箱。

因为抖动缸的直径很小，上述流量很小的压力油足以使之快速右移，并通过杠杆使先导阀芯快跳到左端，从而使通过先导阀到达换向阀右端的控制压力油路迅速打通，同时又使换向阀左端的回油路也迅速打通（畅通）。

这时的控制油路如下所述。

进油路：油泵 19→精滤油器 21→先导阀 1 左位（$a_{2'}$→$a_2$）→单向阀 $I_2$→换向阀 2 右端。

回油路：换向阀 2 左端回油路在换向阀芯左移过程中有三种变换。

首先，换向阀 2 左端 $b_{1'}$→先导阀 1 左位（$a_1$→$a_{1'}$）→油箱。换向阀芯因回油畅通而迅速左移，实现第一次快跳。当换向阀芯 1 快跳到制动锥 C 的右侧关小主回油路（B→$T_2$）通道，工作台便迅速制动（终制动）。换向阀芯继续迅速左移到中部台阶处于阀体中间沉割槽的中心处时，液压缸两腔都通压力油，工作台便停止运动。

其次，换向阀芯在控制压力油作用下继续左移，换向阀芯左端回油路改为：换向阀 2 左端→节流阀 $J_1$→先导阀 1 左位→油箱。这时换向阀芯按节流阀（停留阀）$J_1$ 调节的速度左移，由于换向阀体中心沉割槽的宽度大于中部台阶的宽度，所以阀芯慢速左移的一定时间内，液压缸两腔继续保持互通，使工作台在端点保持短暂的停留。其停留时间在0～5s内由节流阀$J_1$、$J_2$调节。

最后，当换向阀芯慢速左移到左部环形槽与油路（$b_1$→$b_{1'}$）相通时，换向阀左端控制油的回油路又变为换向阀2左端→油路$b_1$→换向阀2左部环形槽→油路$b_{1'}$→先导阀1左位→油箱。这时由于换向阀左端回油路畅通，换向阀芯实现第二次快跳，使主油路迅速切换，工作台则迅速反向启动（左行）。这时的主油路如下所述。

进油路：油泵19→换向阀2左位（P→B）→液压缸22左腔。

回油路：液压缸22右腔→换向阀2左位（A→$T_1$）→先导阀1左位（$D_1$→T）→开停阀3右位→节流阀5→油箱。

当工作台左行到位时，工作台上的挡铁又碰杠杆推动先导阀右移，重复上述换向过程。实现工作台的自动换向。

2. *工作台液动与手动的互锁*

工作台液动与手动的互锁是由互锁缸4来完成的。当开停阀3处于图10-2所示位置时，互锁缸4的活塞在压力油的作用下压缩弹簧并推动齿轮$Z_1$和$Z_2$脱开，这样，当工作台液动（往复运动）时，手轮不会转动。

当开停阀3处于左位时，互锁缸4通油箱，活塞在弹簧力的作用下带着齿轮$Z_2$移动，$Z_2$与$Z_1$啮合，工作台就可用手摇机构摇动。

3. *砂轮架的快速进、退运动*

砂轮架的快速进退运动是由手动二位四通换向阀12（快动阀）来操纵，由快动缸来实现的。在图10-2所示位置时，快动阀右位接入系统，压力油经快动阀12右位进入快动缸14右腔，砂轮架快进到前端位置，快进终点是靠活塞与缸体端盖相接触来保证其重复定位精度；当快动缸左位接入系统时，砂轮架快速后退到最后端位置。为防止砂轮架在快速运动到达前后终点处产生冲击，在快动缸两端设缓冲装置，并设有抵住砂轮架的闸缸13，用以消除丝杠和螺母间的间隙。

手动换向阀12（快动阀）的下面装有一个自动启、闭头架电动机和冷却电动机的行程开关和一个与内圆磨具连锁的电磁铁（图上均未画出）。当手动换向阀12（快动阀）处于右位使砂轮架处于快进时，手动阀的手柄压下行程开关，使头架电动机和冷却电动机启动。当翻下内圆磨具进行内孔磨削时，内圆磨具压另一行程开关，使连锁电磁铁通电吸合，将快动阀锁住在左位（砂轮架在后退的位置），以防止误动作，保证安全。

4. *砂轮架的周期进给运动*

砂轮架的周期进给运动是由选择阀8、进给阀9、进给缸10通过棘爪、棘轮、齿轮、丝杠来完成的。选择阀8根据加工需要可以使砂轮架在工件左端或右端时进给，也可在工件两端都进给（双向进给），也可以不进给，共四个位置可供选择。

图10-2所示为双向进给，周期进给油路：压力油从$a_1$→节流阀→进给阀9右端；进给阀9左端→$I_3$→$a_2$→先导阀1→油箱；进给缸10→$d$→进给阀9→$c_1$→选择阀8→$a_2$→先导阀1→油箱，进给缸柱塞在弹簧力的作用下复位。当工作台开始换向时，先导阀换位（左移）使$a_2$点变高压、$a_1$点变为低压（回油箱）。此时周期进给油路为：压力油从$a_2$→节流阀→进给阀9左端；进给阀9右端→$I_4$→$a_1$→先导阀1→油箱，使进给阀右移；与此同时，压力油经$a_2$→选择阀8→$c_1$→进给阀9→$d$→进给缸10，推进给缸柱塞左移，柱塞上的棘爪拨棘轮转动

一个角度，通过齿轮等推砂轮架进给一次。在进给阀活塞继续右移时堵住 $c_1$ 而打通 $c_2$，这时进给缸右端→$d$→进给阀→$c_2$→选择阀→$a_1$→先导阀 $a_1'$→油箱，进给缸在弹簧力的作用下再次复位。当工作台再次换向，再周期进给一次。若将选择阀转到其他位置，如右端进给，则工作台只有在换向到右端才进给一次，其进给过程不再赘述。从上述周期进给过程可知，每进给一次是由一股压力油（压力脉冲）推进给缸柱塞上的棘爪拨棘轮转一角度。调节进给阀两端的节流阀 $J_3$、$J_4$ 就可调节压力脉冲的时间长短，从而调节进给量的大小。

5. 尾架顶尖的松开与夹紧

尾架顶尖只有在砂轮架处于后退位置时才允许松开。为操作方便，采用脚踏式二位三通阀 11（尾架阀）来操纵，由尾架缸 15 来实现。由图可知，只有当快动阀 12 处于左位、砂轮架处于后退位置、脚踏尾架阀处于右位时，才能有压力油通过尾架阀进入尾架缸，推动杠杆拔尾架顶尖松开工件。当快动阀 12 处于右位（砂轮架处于前端位置）时，油路 L 为低压（回油箱），这时误踏尾架阀 11 也无压力油进入尾架缸 14，顶尖也就不会退出。

尾架顶尖的夹紧是靠弹簧力来完成的。

6. 抖动缸的功用

抖动缸 6 的功用有两个。第一是帮助先导阀 1 实现换向过程中的快跳；第二是当工作台需要做频繁短距离换向时实现工作台的抖动。

当砂轮做切入磨削或磨削短圆槽时，为提高磨削表面质量和磨削效率，需工作台频繁短距离换向——抖动。这时将换向挡铁调得很近或夹住换向杠杆，当工作台向左或向右移动时，挡铁带动杠杆使先导阀阀芯向右或向左移动一个很小的距离，使先导阀 1 控制进油路和回油路仅有一个很小的开口。通过此很小开口的压力油不可能使换向阀阀芯快速移动，这时，因为抖动缸柱塞直径很小，所通过的压力油足以使抖动缸快速移动。抖动缸的快速移动推动杠杆带动先导阀快速移动（换向），迅速打开控制油路的进、回油口，使换向阀也迅速换向，从而使工作台作短距离频繁往复换向——抖动。

### 10.2.3 M1432A 型外圆磨床液压系统的特点

由于机床加工工艺的要求，M1432A 型万能外圆磨床液压系统是机床液压系统中要求较高、较复杂的一种。其主要特点有以下几个：

（1）系统采用节流阀回油节流调速回路，功率损失较小。

（2）工作台采用了活塞杆固定式双杆液压缸，保证左、右往复运动的速度一致，并使机床占地面积不大。

（3）本系统在结构上采用了将开停阀、先导阀、换向阀、节流阀、抖动缸等组合一体的操纵箱，使结构紧凑、管路减短、操纵方便，又便于制造和装配修理。此操纵箱属行程制动换向回路，具有较高的换向位置精度和换向平稳性。

## 10.3 SZ-250A 型塑料注射成型机液压系统

### 10.3.1 概述

塑料注射成型机简称注塑机。它将颗粒的塑料加热熔化到流动状态，以高压快速注入模腔，经过一定时间的保压，冷却凝固成为一定形状的塑料制品。由于注塑机具有成型周期短，对各种塑料的加工适应性强，可以制造外形各异、复杂、尺寸较精确或带有金属镶嵌件的制品、自动化程度高等优点，所以注塑机得到了广泛的应用。

图 10-3 所示为塑料注射成型机外形。它主要由三大部分组成。

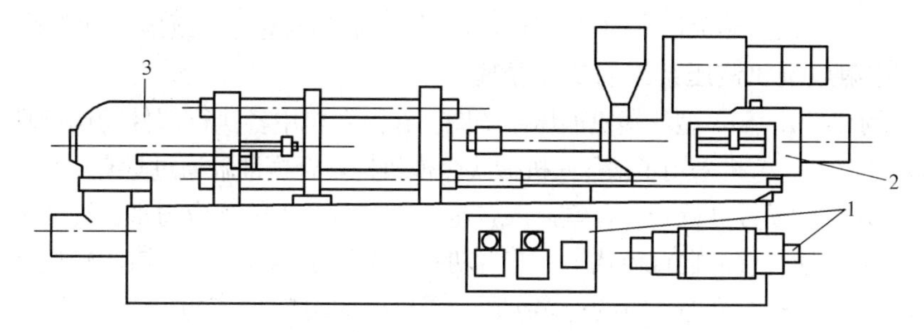


图 10-3　塑料注射成型机外形

1—液压传动系统；2—注射部件；3—合模部件

(1) 合模部件。合模部件是安装模具用的成型部件，主要由定模板、动模板、合模机构、合模缸、顶出装置等组成。

(2) 注射部件。注射部件是注塑机的塑化部件，主要由加料装置、料筒、螺杆、喷嘴、预塑装置、注射缸、注射座移动缸等组成。

(3) 液压传动及电气控制系统。液压传动及电气控制系统安装在机身内外腔上，是注塑机的动力和操纵控制部件，主要由液压泵、液压阀、电动机、电气元件、控制仪表等组成。

根据注射成型工艺，注塑机应按预定工作循环工作，如图 10-4 所示。

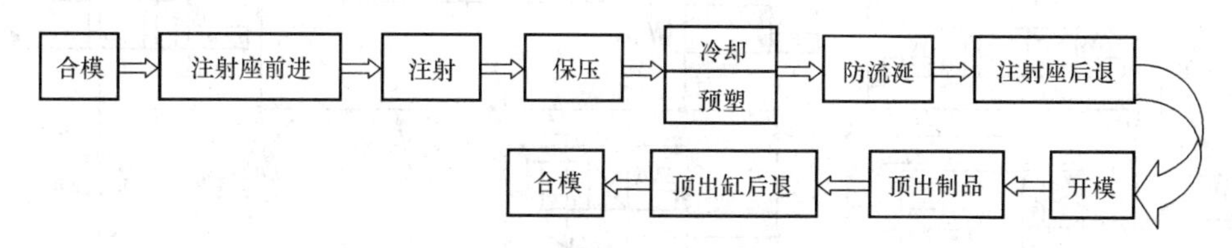


图 10-4　注塑机工作循环示意

SZ-250A 型塑料注射成型机属于中小型注塑机，每次最大注射容量为 250$cm^3$。该注塑机对液压系统的要求有以下几点：

(1) 要有足够的合模力。熔融的塑料通常以 4～15MPa 的高压注入模腔，因此合模缸必须有足够的合模力，否则在注射时导致模具离缝而产生塑料制品的溢边现象。

(2) 开、合模的速度可调节。在开、合模过程中，要求合模缸有慢—快—慢的速度变化，其目的是缩短空程时间，提高生产率和保证制品质量，并避免产生冲击。

(3) 足够的注射座移动。液压缸推力目的是保证喷嘴与模具浇口紧密接触。

(4) 注射压力和速度可以调节。这是为了适应不同塑料品种、注射成型制品几何形状和模具浇注系统的要求。

(5) 保压功能。保压的目的是使塑料注满紧贴模腔获得精确形状，另外在冷却凝固收缩过程中，熔融塑料可不断补入模腔，避免产生废品。另外，根据需要保压压力可以调节。

(6) 预塑过程可调节。在模腔熔体冷却凝固阶段，在料斗内的塑料颗粒通过筒内螺杆的回转卷入料筒，连续向喷嘴方向推移，同时加热塑化、搅拌和挤压为熔体。在注塑成型加工中，通常将料筒每小时塑化的重量（称塑化能力）作为生产力指标。当料筒的结构尺寸确定后，随塑料的熔点、流动性和制品不同，要求螺杆转速可以改变，以便使预塑过程的塑化能力可以调节。

（7）顶出制品。顶出制品除了要求有足够的顶出力外，还要求顶出速度平稳、可调。

### 10.3.2 注射成型机液压系统的工作原理

图 10-5 所示为 SZ-250A 型注塑机液压系统图。在注塑机中各执行部件动作循环的电磁铁动作顺序见表 10-2。该注塑机采用了液压-机械式合模机构，合模油缸通过具有增力和自锁作用的对称式五连杆机构推动模板进行开、合模，依靠连杆变形所产生的预应力来保证所需合模力，使模具可靠锁紧，并且使合模油缸直径减小，节省功率，也易于实现高速。该注塑机液压系统多种速度是靠双联泵和节流阀组合而获得的；多级压力是靠电磁阀与远程调压阀组合获得的。

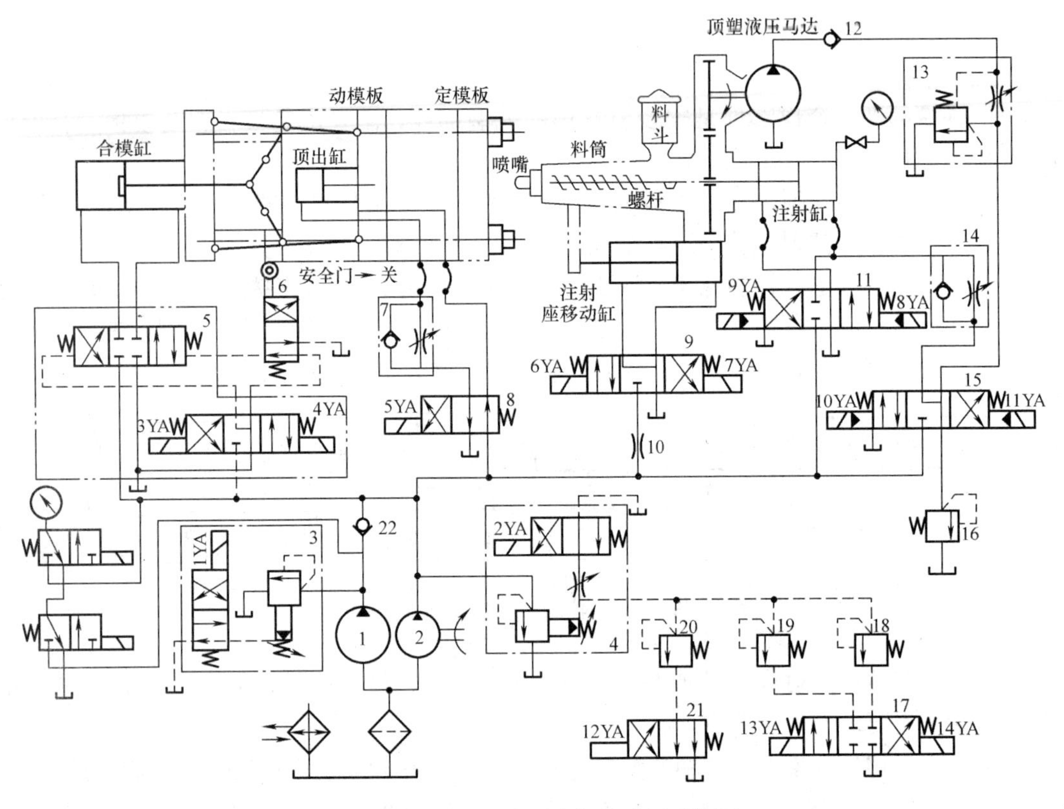


图 10-5 SZ-250A 型注塑机液压系统图

1—大流量液压泵；2—小流量液压泵；3、4—电磁溢流阀；5、11、15—电液换向阀；6—行程换向阀；7、14—单向节流阀；8、21—二位四通电磁换向阀；9、17—三位四通电磁换向阀；10—固定节流阀；12、22—单向阀；13—溢流节流阀；16—背压阀；18、19、20—远程调压阀

**表 10-2 SZ-250A 型注塑机电磁铁动作顺序**

| 动作循环 | | 电磁铁 YA | | | | | | | | | | | | | |
|---|---|---|---|---|---|---|---|---|---|---|---|---|---|---|---|
| | | 1 | 2 | 3 | 4 | 5 | 6 | 7 | 8 | 9 | 10 | 11 | 12 | 13 | 14 |
| 合模 | 慢速 | − | + | + | − | − | − | − | − | − | − | − | − | − | − |
| | 快速 | + | + | + | − | − | − | − | − | − | − | − | − | − | − |
| | 低压慢速合模 | − | + | + | − | − | − | − | − | − | − | − | − | + | − |
| | 高压合模 | − | + | + | − | − | − | − | − | − | − | − | − | − | − |

续表

| 动作循环 | | 电磁铁YA | | | | | | | | | | | | | |
|---|---|---|---|---|---|---|---|---|---|---|---|---|---|---|---|
| | | 1 | 2 | 3 | 4 | 5 | 6 | 7 | 8 | 9 | 10 | 11 | 12 | 13 | 14 |
| 注射座整体前移 | | — | + | — | — | — | — | + | — | — | — | — | — | — | — |
| 注射 | 慢速注射 | + | + | — | — | — | — | + | — | — | + | — | + | — | — |
| | 快速注射 | + | + | — | — | — | — | + | + | — | + | — | + | — | — |
| 保压 | | — | + | — | — | — | — | + | — | — | + | — | — | — | + |
| 顶塑 | | + | + | — | — | — | — | + | — | — | — | + | — | — | — |
| 防流涎 | | — | + | — | — | — | — | + | — | + | — | — | — | — | — |
| 注射座整体后退 | | — | + | — | — | — | + | — | — | — | — | — | — | — | — |
| 开模 | 慢速 | — | + | — | + | — | — | — | — | — | — | — | — | — | — |
| | 快速 | + | + | — | + | — | — | — | — | — | — | — | — | — | — |
| | 慢速 | + | — | — | + | — | — | — | — | — | — | — | — | — | — |
| 顶出 | 前进 | — | + | — | — | + | — | — | — | — | — | — | — | — | — |
| | 后退 | — | + | — | — | — | — | — | — | — | — | — | — | — | — |
| 螺杆前进 | | — | + | — | — | — | — | — | + | — | — | — | — | — | — |
| 螺杆后退 | | — | + | — | — | — | — | — | — | + | — | — | — | — | — |

注　“+”表示通电，“—”表示断电。

注塑机液压系统的工作原理如下所述。

1. 合模

为了保证操作安全，注塑机上装有安全门。只有关闭安全门，合模缸才能工作，开始整个动作循环，此时行程换向阀6恢复常位（下位），控制油液才能进入电液换向阀5右位控制腔。

合模过程是动模板慢速启动、快速前移，接近定模板时，液压系统转为低压、慢速，确认模具内没有硬质异物存在后，系统采用高压合模。具体动作如下所述。

(1) 慢速合模。电磁铁2YA、3YA得电，大流量液压泵1通过电磁溢流阀3卸荷，小流量液压泵2的压力由电磁溢流阀4调定，泵2的压力油经电液换向阀5右位进入合模缸左腔，推动活塞带动连杆机构慢速合模，合模缸右腔油液经电液换向阀5和冷却器（图中未画出）回油箱。

(2) 快速合模。慢速合模转为快速合模时，由行程开关发出指令使电磁铁1YA得电（此时电磁铁2YA和3YA得电），泵1不再卸荷，其输出压力油与泵2一起双泵供油供给合模缸，实现快速合模，其供油压力由电磁溢流阀3调定。

(3) 低压慢速合模。电磁铁2YA、3YA和13YA得电。泵1卸荷，泵2的压力由远程调压阀19控制，因远程调压阀19压力调得较低，再加上只有泵2供油，使得合模缸在低压下慢速合模，这样即使两个模板间有硬质异物，也不致损坏模具，起到了保护模具的作用。

(4) 高压合模。当动模板越过保护段，压下高压锁模行程开关时，电磁铁13YA失电（电磁铁2YA和3YA得电）。泵1卸荷，泵2供油，系统压力由高压电磁溢流阀4控制进行高压合模，并使连杆产生弹性变形，使模具牢固锁紧。

2. 注射座整体前移

电磁铁 2YA 和 7YA 得电，泵 2 的压力油经电磁换向阀 9 右位进入注射座移动缸右腔，使注射座整体向前移动，这样使喷嘴与模具贴紧，缸的左腔油经电磁换向阀 9 回油箱。

3. 注射

根据制品和注射工艺条件，注射螺杆以一定压力和速度将料筒前端的熔料经喷嘴注入模腔，其速度分慢速注射和快速注射两种。

(1) 慢速注射。电磁铁 1YA、2YA、7YA、10YA 和 12YA 得电，泵 1、2 的压力油经电液换向阀 15 左位和单向节流阀 14 进入注射缸右腔，其注射速度可由单向节流阀 14 调节。注射缸左腔油液经电液换向阀 11 中位流回油箱。

(2) 快速注射。电磁铁 1YA、2YA、7YA、8YA、10YA 和 12YA 得电，泵 1、2 的压力油经电液换向阀 11 右位而不经过单向节流阀 14 进入注射缸右腔，使注射速度加快。

快速注射和慢速注射时的压力均由远程调压阀 20 来控制。

4. 保压

电磁铁 2YA、7YA、10YA 和 14YA 得电，泵 1 卸荷，泵 2 供油，其仅用于补充保压时泄漏量，使注射缸对模腔内保压并进行补塑。保压压力由远程调压阀 18 调节，泵 2 供油的多余油液从电磁溢流阀 4 溢回油箱。

5. 预塑

电磁铁 1YA、2YA、7YA 和 11YA 得电，泵 1、2 双泵供油，压力油经电液换向阀 15 右位、溢流节流阀 13 和单向阀 12 进入驱动螺杆的预塑液压马达，将料斗中塑料颗粒卷入料筒，塑料颗粒被转动的螺杆带到料筒前端加热预塑，并建立起一定的压力，螺杆转速由溢流节流阀来调节。当螺杆头部熔料压力达到能克服注射缸活塞退回的阻力时，也就是螺杆的反推力大于注射缸活塞退回的阻力时，使与注射缸活塞连在一起的螺杆向后移，注射缸右腔的油液经背压阀 16 流回油箱，同时注射缸左腔产生局部真空，油箱的油液在大气作用下经电液换向阀 11 的中位进入其左腔。当螺杆向后移到预定位置，即螺杆头部熔料达到下次注射所需量时，螺杆便停止转动，准备下次注射。与此同时，模腔内的制品处于冷却成形阶段。

6. 防流涎

电磁铁铁 2YA、7YA 和 9YA 得电。泵 1 卸荷，泵 2 的压力油一方面经电磁换向阀 9 的右位进入注射座移动缸右腔，使喷嘴与模具保持接触，另一方面压力油经电液换向阀 11 的左位进入注射缸左腔，使螺杆强制向后移，减小料筒前端压力，防止在注射座整体后退时喷嘴端部物料流出。注射缸右腔和注射座移动缸左腔油液分别经电液换向阀 11 的左位和电磁换向阀 9 的右位流回油箱。

7. 注射座整体后退

当保压、冷却和预塑结束时，电磁铁 2YA 和 6YA 得电，泵 1 卸荷，泵 2 压力油经电磁换向阀 9 的左位使注射座整体后退。注射座油缸右腔的油液经电磁换向阀 9 左位流回油箱，固定节流阀 10 是用来限制后退速度的。

8. 开模

(1) 慢速开模。若电磁铁 2YA 和 4YA 得电，泵 1 卸荷，泵 2 压力油经电液换向阀 5 左位进入合模缸右腔，而左腔油液经电液换向阀 5 左位流回油箱，这样得到一种慢速开模；若电磁铁 1YA 和 4YA 得电，则泵 2 卸荷，泵 1 供油又可得另一种慢速开模。

（2）快速开模。电磁铁 1YA、2YA 和 4YA 得电，泵 1、2 双泵供油，经电液换向阀 5 的左位进入合模缸右腔，使开模速度提高，合模缸左腔的油经电液换向阀 5 的左位流回油箱。

9. 顶出

（1）顶出缸前进。电磁铁 2YA 和 5YA 得电，泵 1 卸荷，泵 2 压力油经电磁换向阀 8 的左位、单向节流阀 7 进入顶出缸左腔，推动顶出杆顶出制品，其运动速度由单向节流阀 7 调节，此时压力由电磁溢流阀 4 调节。顶出缸右腔的油则经电磁换向阀 8 的左位流回油箱。

（2）顶出缸后退。电磁铁 2YA 得电，泵 2 压力油经电磁换向阀 8 的右位进入顶出缸右腔，使顶出缸活塞杆后退，顶出缸左腔的油则经电磁换向阀 8 的右位流回油箱。

10. 螺杆前进和后退

在拆卸和清洗螺杆时，螺杆要退出，此时电磁铁 2YA 和 9YA 得电。泵 2 的压力油经电液换向阀 11 的左位进入注射缸左腔，使螺杆后退。当电磁铁 2YA 和 8YA 得电，螺杆前进。

### 10.3.3　注射成型机液压系统的特点

（1）为了保证有足够的合模力，防止高压注射时模具因离缝而产生塑料溢边，此注塑机采用了液压 - 机械增力合模机构，并且使模具锁紧可靠，减小合模缸缸径尺寸。

（2）注塑机液压系统动作较多，并且各动作之间有严格的顺序。本系统采用以行程控制为主实现顺序动作，通过电气行程开关与电磁阀来保证动作顺序可靠。

（3）根据塑料注射成型工艺，注塑机工作循环中的各个阶段要求流量和压力各不相同并且经常是变化的。一般多采用若干定量泵（双泵供油）和节流阀的不同组合方式来调节流量；由多个远程调压阀并联来控制压力，以便满足工艺要求。但在这种情况下，系统所用元件较多，能量利用不够合理，系统发热较大（为此有时需设置冷却系统），压力与速度变换过程中冲击和噪声较大，系统稳定性差。

随着液压技术的发展和自动化水平的提高，近年来，注塑机（特别是大型注塑机）采用数控或微机控制插装阀、电液比例液压系统，简化了传统的液压系统，液压元件大大减少，优化了注塑工艺，降低了压力及速度变换过程中的冲击和噪声。液压能源采用负载适应泵代替定量泵，进一步提高了系统效率，减少了功率损耗。

## 10.4　双动薄板冲压机液压系统

液压机是用于调直、压装、冷冲压、冷挤压、弯曲等工艺的压力加工机械，是最早应用液压传动的机械之一。液压机液压系统是用于机器的主传动，以压力控制为主，系统压力高、流量大、功率大，但应该特别注意如何提高系统效率和防止液压冲击。

液压机的典型工艺循环如图 10 - 6 所示。一般主缸的工作循环要求有快进→减速接近工件及加压→保压→延时→泄压→快速回程及保持活塞停留在行程的任意位置等基本动作。当有辅助缸时，若需顶料，顶料缸的动作循环一般是活塞上升→停止→向下退回；薄板拉伸则要求有液压垫上升→停止→压力回程等动作；有时还需要压边缸将料压紧。

图 10 - 7 所示为双动薄板冲压机液压系统，本机最大工作压力为 450kN，用于薄板的拉伸成形等冲压工艺。

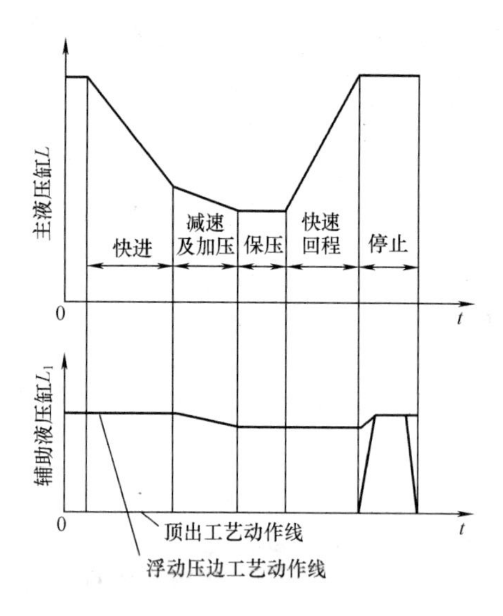


图 10-6 液压机的典型工艺循环

系统采用恒功率变量柱塞泵供油，以满足低压快速行程和高压慢速行程的要求，最高工作压力由电磁溢流阀 4 的远程调压阀 3 调定，其工作原理如下：

(1) 启动。按启动按钮，电磁铁全部处于失电状态，恒功率变量泵输出的油以很低的压力经电磁溢流阀的溢流回油箱，泵空载启动。

(2) 拉伸滑块和压边滑块快速下行。使电磁铁 1YA 和 3YA、6YA 得电，电磁溢流阀 4 的二位二通电磁铁右位工作，切断泵的卸荷通路。同时三位四通电液换向阀 11 的左位接入工作，泵向拉伸缸 35 上腔供油。因阀 10 的电磁铁 6YA 得电，其右位接入工作，所以回油经阀 11 和阀 10 回油箱，使其快速下行。同时带动压边缸 34 快速下行，压边缸从高位油箱 20 补油。这时的主油路如下：

进油路：滤油器 1→变量泵 2→管路 5→单向阀 8→三位四通电液换向阀 11 的 P 口到 A 口→单向阀 12→管路 14→管路 31→缸 35 上腔。

回油路：缸 35 下腔→管路 13→电液换向阀 11 的 B 口到 T 口→换向阀 10→油箱。

液压缸 35 快速下行时泵始终处于最大流量状态，但仍不能满足其需要，因而其上腔形成负压，高位油箱 20 中的油液经单向阀 23 向主缸上腔充液。

(3) 减速、加压。在拉伸滑块和压边滑块与板料接触之前，首先碰到一个行程开关（图中未画出），发出一个电信号，使阀 10 的电磁铁 6YA 失电，左位工作，主缸回油须经节流阀 9 回油箱，实现慢进。当压边滑块接触工件后，又一个行程开关（图中未画出）发出信号，使 5YA 得电，阀 18 右位接入工作，泵 2 输出的油经阀 18 向压边缸 34 加压。

(4) 拉伸、压紧。当拉伸滑块接触工件后，主缸 35 中的压力由于负载阻力的增加而增加，单向阀 23 关闭，泵输出的流量也自动减小。主缸继续下行，完成拉延工艺。在拉延过程中，泵 2 输出的最高压力由远程调压阀 3 调定，主缸进油路同上。回油路：缸 35 下腔→管路 13→电液换向阀 11 的 B 口到 T 口→节流阀 9→油箱。

(5) 保压。当主缸 35 上腔压力达到预定值时，压力继电器 17 发出信号，使电磁铁 1YA、3YA、5YA 均失电，阀 11 回到中位，主缸上、下腔及压力缸上腔均封闭，主缸上腔短时保压，此时泵 2 经电磁溢流阀 4 卸荷。保压时间由压力继电器 17 控制的时间继电器调整。

(6) 快速回程。使电磁铁 1YA、4YA 得电，阀 11 右位工作，泵输出的油进入主缸下腔，同时控制油路打开液控单向阀 21、22、23、24，主缸上腔的油经阀 23 回到高位油箱 20，主缸 35 回程的同时，带动压边缸快速回程。这时主缸的油路如下：

进油路：滤油器 1→泵 2→管路 5→单向阀 8→阀 11 右位的 P 口到 B 口→管路 13→主缸 35 下腔。

回油路：主缸 35 上腔→阀 23→高位油箱 20。

(7) 原位停止。当主缸滑块上升到触动行程开关 1S 时（图中未画出），电磁铁 4YA 失电，阀 11 中位工作，使主缸 35 下腔封闭，主缸停止不动。

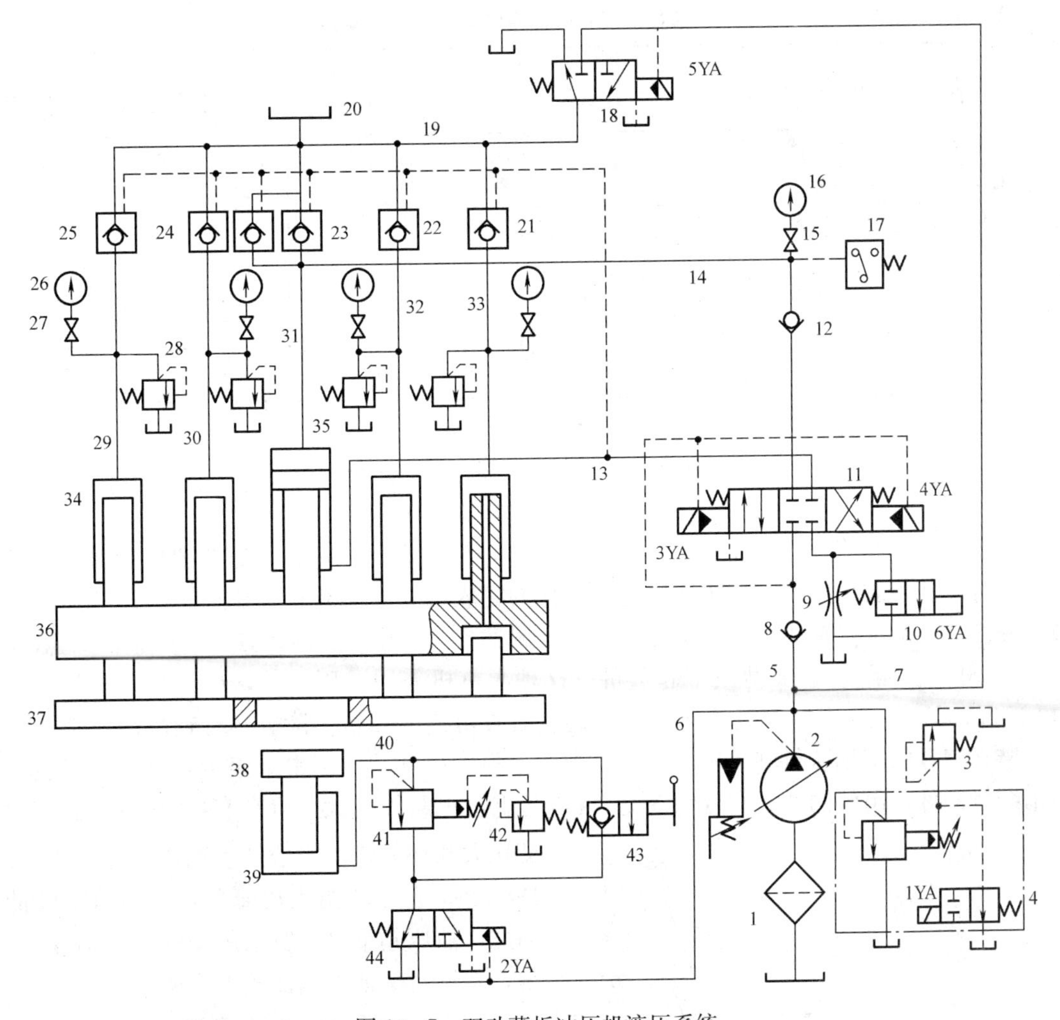


图 10-7　双动薄板冲压机液压系统

1—滤油器；2—变量泵；3、42—远程调压阀；4—电磁溢流阀；5、6、7、13、14、19、29、30、31、32、33、40—管路；8、12、21、22、23、24、25—单向阀；9—节流阀；10—电磁换向阀；11—电液换向阀；15、27—压力表开关；16、26—压力表；17—压力继电器；18、44—二位三通电液换向阀；20—高位油箱；28—安全阀；34—压边缸；35—拉伸缸；36—拉伸滑块；37—压边滑块；38—顶出块；39—顶出缸；41—先导溢流阀；43—手动换向阀

(8) 顶出缸上升。在行程开关 1S 发出信号使 4YA 失电的同时也使 2YA 得电，阀 44 右位接入工作，泵 2 输出的油经管路 6→阀 44→手动换向阀 43 左位→管路 40，进入顶出缸 39，顶出缸上行完成顶出工作，顶出压力由远程调压阀 42 设定。

(9) 顶出缸下降。在顶出缸顶出工件后，行程开关 4S（图中未画出）发出信号，使 1YA、2YA 均失电，泵 2 卸荷，阀 44 左位工作。阀 43 右位工作，顶出缸在自重作用下下降，回油经阀 43、44 回油箱。

该系统采用高压大流量恒功率变量泵供油，并利用拉延滑块自动充油的快速运动回路，既符合工艺要求，又节省了能量。

双动薄板冲压机液压系统电磁铁动作顺序见表 10-3。

表 10-3　　双动薄板冲压机液压系统电磁铁动作顺序

| 拉伸滑块 | 压边滑块 | 顶出缸 | 电磁铁 | | | | | | 手动换向阀 |
|---|---|---|---|---|---|---|---|---|---|
| | | | 1YA | 2YA | 3YA | 4YA | 5YA | 6YA | |
| 快速下降 | 快速下降 | | + | − | + | − | − | + | |
| 减速 | 减速 | | + | − | + | − | + | − | |
| 拉伸 | 压紧工件 | | + | − | + | − | + | + | |
| 快速返回 | 快速返回 | | + | − | − | + | − | − | |
| | | 上升 | + | + | − | − | − | − | 左位 |
| | | 下降 | − | − | − | − | − | − | 右位 |
| 液压泵荷 | | | − | − | − | − | − | − | |

## 10.5　汽车起重机液压系统

汽车起重机是将起重机安装在汽车底盘上的一种起重运输设备。它主要由起升、回转、变幅、伸缩和支腿等工作机构组成，这些动作的完成由液压系统来实现。对于汽车起重机的液压系统，一般要求输出力大，动作要平稳，耐冲击，操作要灵活、方便、可靠、安全。

图 10-8 所示为 $Q_2$-8 型汽车起重机。这种起重机采用液压传动，最大起重量为 80kN（幅度 3m 时），最大起重高度为 11.5m，起重装置可连续回转。该机具有较高的行走速度，可与装运工具的车编队行驶，机动性好。当装上附加吊臂后（图中未表示），可用于建筑工地吊装预制件，吊装的最大高度为 6m。液压起重机承载能力大，可在有冲击、振动、温度变化大和环境较差的条件下工作。但其执行元件要求完成的动作比较简单，位置精度较低。因此，液压起重机一般采用高中压手动控制系统，系统对保证安全性较为重视。

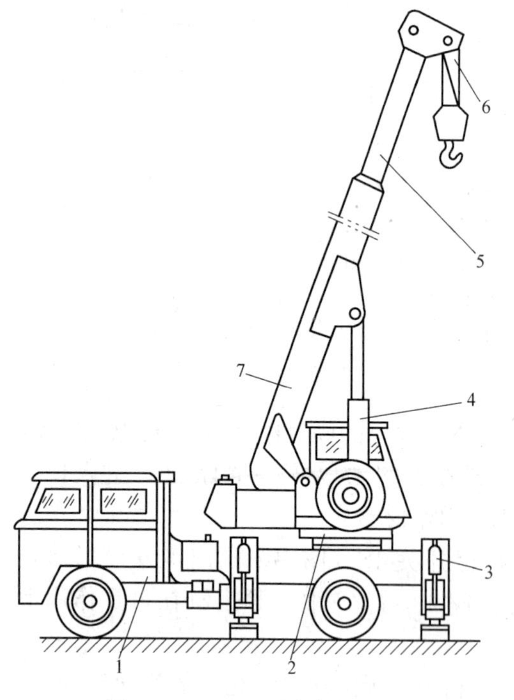

图 10-8　$Q_2$-8 型汽车起重机

1—载重汽车；2—回转机构；3—支腿；4—吊臂伸缩缸；5—吊臂变幅缸；6—起升机构；7—基本臂

图 10-9 所示为 $Q_2$-8 型汽车起重机液压系统。该系统的液压泵由汽车发动机通过装在汽车底盘变速箱上的取力箱传动。液压泵工作压力为 21MPa，每转排量为 40mL，转速为 1500r/min，泵通过中心回转接头从油箱吸油，输出的压力油经手动阀组 A 和手动阀组 B 输送到各个执行元件。阀 12 是安全阀，用以防止系统过载，调整压力为 19MPa，其实际工作压力可由压力表读取。这是一个单泵、开式、串联（串联式多路阀）液压系统。

系统中除液压泵、过滤器、安全阀、阀组 A 及支腿部分外，其他液压元件都装在可回转的上车部分。其中油箱也在上车部分，兼作配重。上车和下车部分的油路通过中心回转接头连通。

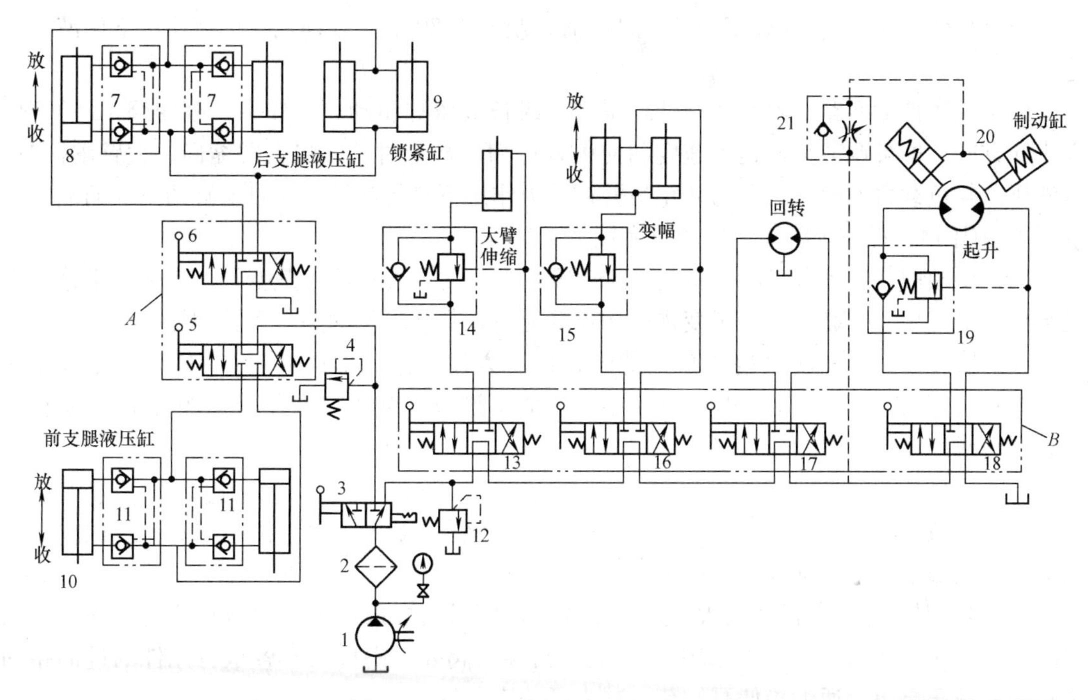


图 10-9　$Q_2$-8 型汽车起重机液压系统

1—液压泵；2—滤油器；3—二位三通手动换向阀；4、12—溢流阀；5、6、13、16、17、18—三位四通手动换向阀；7、11—液压锁；8—后支腿缸；9—锁紧缸；10—前支腿缸；14、15、19—平衡阀；20—制动缸；21—单向节流阀

起重机液压系统包含支腿收放、回收机构、起升机构、吊臂变幅等五个部分。各部分都有相对的独立性。

(1) 支腿收放回路。由于汽车轮胎的支承能力有限，在起重作业时必须放下支腿，使汽车轮胎架空。汽车行驶时则必须收起支腿。前后各有两条支腿，每一条支腿配有一个液压油缸。两条前支腿用一个三位四通手动换向阀 6 控制其收放，而两条后支腿则用另一个三位四通手动换向阀 5 控制。换向阀都采用 M 型中位机能，油路上是串联的。每一个油缸上都配有一个双向液压锁，以保证支腿可靠地锁住，防止在起重作业过程中发生“软腿”现象（液压缸上腔油路泄漏引起）或行车过程中液压支腿自行下落（液压缸下腔油路泄漏引起）。

(2) 起升回路。起升机构要求所吊重物可升降或在空中停留，速度要平稳、变速要方便、冲击要小、启动转矩和制动力要大。本回路中采用 ZMD40 型柱塞液压马达带动重物升降，变速和换向是通过改变手动换向阀 18 的开口大小来实现的，用液控单向顺序阀 19 来限制重物超速下降。单作用液压缸 20 是制动缸。单向节流阀 21 保证液压油先进入马达，使马达产生一定的转矩，再解除制动，以防止重物带动马达旋转而向下滑；而且保证吊物升降停止时，制动缸中的油马上与油箱相通，使马达迅速制动。

起升重物时，手动阀 18 切换至左位工作，液压泵 1 输出的油经滤油器 2，阀 3 右位，阀 13、16、17 中位，阀 18 左位，阀 19 中的单向阀进入马达左腔；同时压力油经单向节流阀到制动缸 20，从而解除制动，使马达旋转。

重物下降时，手动换向阀 18 切换至右位工作，液压马达反转，回油经阀 19 的液控顺序阀，阀 18 右位回油箱。

当停止作业时，阀 18 处于中位，泵卸荷。制动缸 20 上的制动瓦在弹簧作用下使液压马达制动。

（3）大臂伸缩回路。本机大臂伸缩采用单级长液压缸驱动。工作中，改变阀 13 的开口大小和方向，即可调节大臂运动速度和使大臂伸缩。行走时，应将大臂缩回。大臂缩回时，因液压力与负载力方向一致，为防止吊臂在重力作用下自行收缩，在收缩缸的下腔回油腔安置了平衡阀 14，提高了收缩运动的可靠性。

（4）变幅回路。大臂变幅机构是用于改变作业高度，要求能带载变幅，动作要平稳。本机采用两个液压缸并联，提高了变幅机构承载能力，其要求及油路与大臂伸缩油路相同。

（5）回转油路。回转机构要求大臂能在任意方位起吊。本机采用 ZMD40 柱塞液压马达，回转速度为 1～3r/min。由于惯性小，一般不设缓冲装置，操作换向阀 17，可使马达正、反转或停止。

该液压系统的特点有以下几个：

1）因重物在下降时以及大臂收缩和变幅时，负载与液压力方向相同，执行元件会失控，为此，在其回油路上必须设置平衡阀。

2）因工况作业的随机性较大，且动作频繁，所以大多采用手动弹簧复位的多路换向阀来控制各动作。换向阀常用 M 型中位机能。当换向阀处于中位时，各执行元件的进油路均被切断，液压泵出口通油箱使泵卸荷，减少了功率损失。

## 10.6 香皂装箱机气压系统

### 10.6.1 概述

香皂装箱机的工作过程是将每 480 块香皂装入一个纸箱内，其组成结构如图 10-10 所示。香皂装箱的全部动作由托箱气缸 A、装箱气缸 B、托皂气缸 C 和计数气缸 D 完成。其气压系统工作原理如图 10-11 所示，A、B、C 三个气缸都是普通型双作用气缸，但计数气缸是单作用气缸，并且它的气源由托皂气缸 C 直接供给，气压推动活塞伸出，活塞的返回靠弹簧作用来实现。

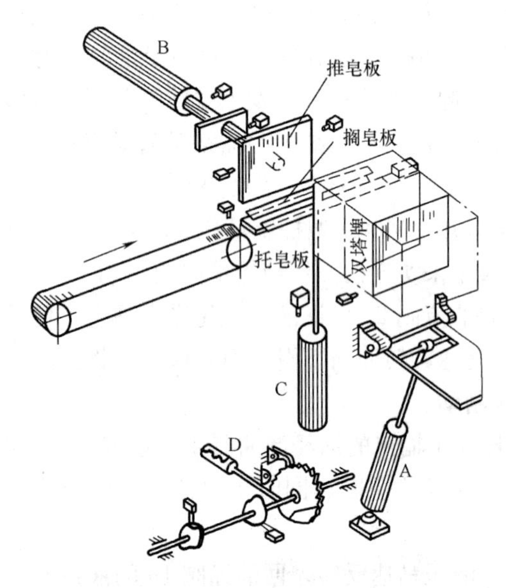

图 10-10 香皂装箱机组成结构

### 10.6.2 香皂装箱机气压系统的工作原理

香皂装箱机工作时，首先由人工将纸箱套在装箱框上，这时触动行程开关，使运输带的电路接通，运输带将香皂运送过来。这样，香皂排列在托皂板上，每排满 12 块，就碰到行程开关使运输带停止运转，同时电磁铁 1YA 通电，托皂气缸 C 将托皂板托起，使香皂通过搁皂板后就搁在搁皂板上（搁皂板只能向上翻，不能向下翻）。这时行程开关已被松开，运输带继续运送香皂，如此动作每满 12 块，托皂气缸 C 就上下一次，并通过计数气缸 D 将棘轮转过一齿。棘轮圆周上共有 40 个齿，在棘轮同一轴上还有两个凸轮，一个凸轮有 4 个缺口，另一个凸轮有两个缺口，凸轮的圆周各压住一个行程开关。

托皂板每升起 10 次，棘轮就转过 10 个齿，这时行程开关刚好落入凸轮的缺口而松开。由此发出的信号使电磁铁 3YA 通电，装箱气缸 B 推动装箱板，将叠成 10 层的一摞 120 块香皂推到装箱台上，推动的距离由行程开关 9 位置决定。当装箱气缸 B 活塞杆上的挡板碰到行程开关时，气缸就退回。

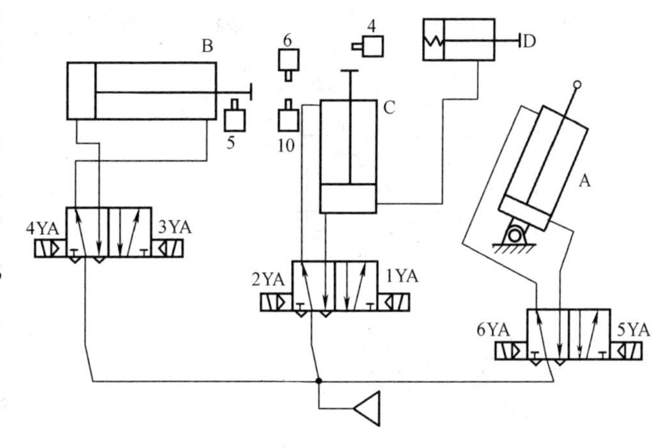


图 10 - 11　香皂装箱机气压系统工作原理

当托皂气缸 C 上下 20 次之后，装皂台上存有两摞 240 块香皂，这时凸轮上的缺口正好对正行程开关，它发出信号，一方面使行程开关断开，同时又将电磁铁 3YA 再次接通，因此装箱气缸 B 再次前进，直到其活塞杆上的挡板碰到行程开关才退回。此时，电磁铁 5YA 接通，托箱气缸 A 活塞杆伸出，使托板托住箱底。这样重复上述过程，直到将四摞 480 块香皂都通过装箱框装进纸箱内，这时托板又起来托住箱底，将装有香皂的纸箱送到运输带上，再由人工贴上封箱条，至此完成一次循环操作。

### 10.6.3　香皂装箱机气压系统的特点

(1) 系统采用凸轮与行程开关相结合的机—电控制，来实现气缸的顺序动作，既可任意调整气缸的行程，动作又可靠。

(2) 三个动作气缸均采用二位五通电磁阀作为主控阀，各行程信号由行程开关取得，使系统结构简单，调整方便。

(3) 计数气缸由托皂气缸供气。使两气缸连锁，且采用棘轮和凸轮联合计数，计数准确，可靠性好。

## 小　结

通过对典型液压系统的分析，掌握对液压系统进行分析的步骤和方法，并确定系统所具有的特点，特别要注意基本回路在一个复杂液压系统中的作用。

## 思考题和习题

10 - 1　在图 10 - 1 所示的动力滑台液压系统中，阀 3、6、13 在油路中起什么作用？

10 - 2　将图 10 - 1 所示的动力滑台液压系统由限压式变量叶片泵供油，改为双联泵和单定量泵供油。试分别画出其液压系统原理图，并比较分析采用限压式变量叶片泵、双联泵和单定量泵时系统的不同点。

10 - 3　图 10 - 12 所示为组合机床动力滑台上使用的一种液压系统。试写出其动作顺序表并说明桥式油路结构的作用。

10 - 4　写出图 10 - 13 所示液压系统的动作顺序表，并评述这个液压系统的特点。

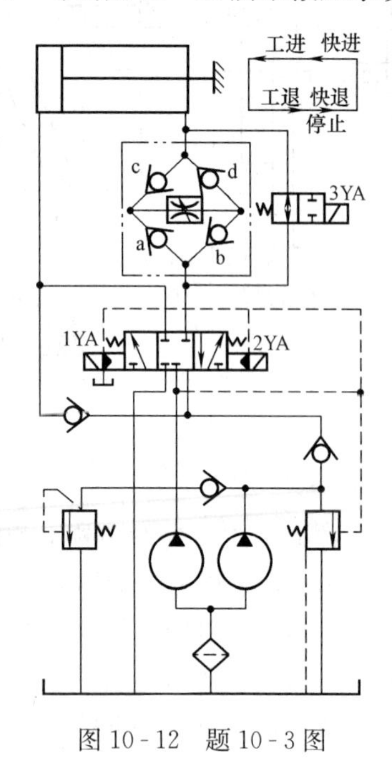


图 10 - 12　题 10 - 3 图

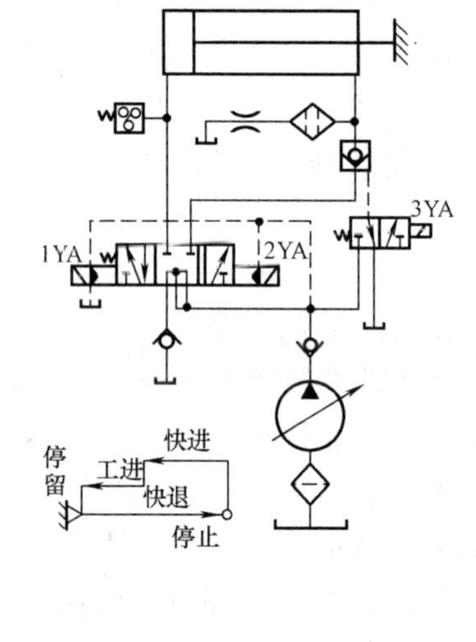


图 10 - 13　题 10 - 4 图

10 - 5　读懂图 10 - 14 所示的液压系统，并说明：(1) 快进时油液流动路线；(2) 液压系统的特点。

10 - 6　如图 10 - 15 所示的外圆磨床液压系统为什么要采用行程控制制动式换向回路？试根据图示的外圆磨床液压系统说明工作台换向的阶段和各阶段的作用。

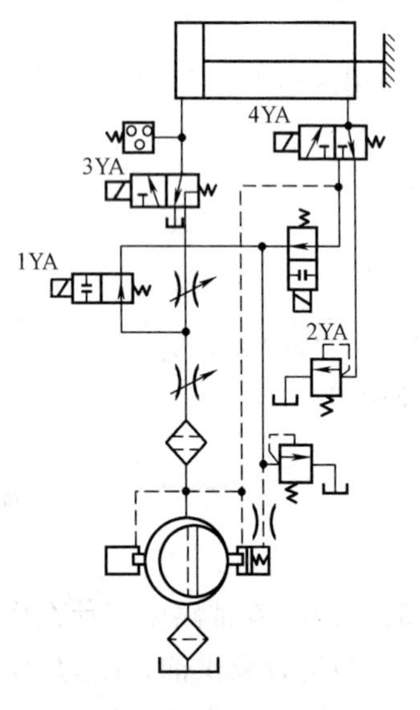


图 10 - 14　题 10 - 5 图

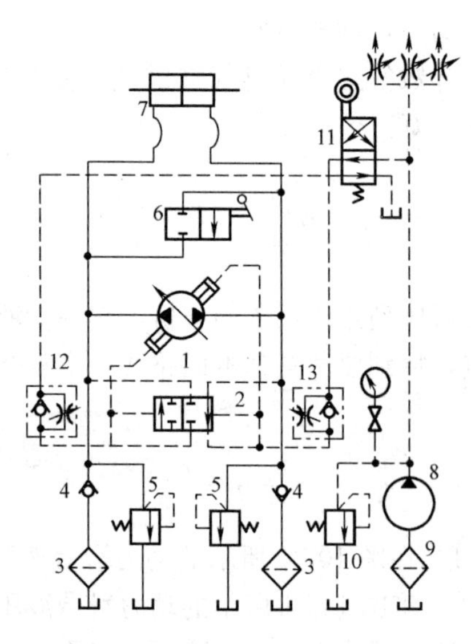


图 10 - 15　题 10 - 6 图

10 - 7　简述图 10 - 7 所示的液压机液压系统中高压腔中的释压过程。

10 - 8　在图 10 - 9 所示的 $Q_2$-8 型汽车起重机液压系统中，为什么采用弹簧复位式手动换向阀控制各执行元件动作?

10-9　指出图 10-5 所示 SZ-250A 型注塑机液压系统中各压力阀分别用于哪些工作阶段。

10-10　图 10-15 所示的卧轴矩台精密平面磨床液压系统中，工作台液压缸 7，一方面可由手动双向变量泵供油并换向，另一方面行程阀 11 由工作台行程撞块（图中未表示）改变阀芯位置，从而实现机动改变泵 1 的供油方向。此时工作台换向时间由阀 12、13 调节。试述油路工作原理，并回答：(1) 回路形式及调速方式；(2) 换向过程中冲击消除方式；(3) 系统如何补油及哪个阀是安全阀。

# 第 11 章　液压传动系统设计与计算

本章提要

本章简要介绍了液压传动系统的设计和计算，对于一般的液压传动系统，在设计拟订液压系统原理过程中应遵循以下几个步骤：①明确设计要求，进行工况分析；②拟订液压系统原理图；③计算和选择液压元件；④发热及系统压力损失的验算；⑤绘制工作图，编写技术文件。上述工作大部分情况下要穿插、交错进行，对于比较复杂的系统，需经过多次反复才能最后确定；在设计简单系统时，有些步骤可以合并或省略。通过本章学习，要求对液压系统设计的内容、步骤、方法有一个基本的了解，并学会如何拟订液压系统原理图、计算和选择液压元件。

液压系统设计的步骤大致如下：

（1）明确设计要求，进行工况分析。

（2）初定液压系统的主要参数。

（3）拟订液压系统原理图。

（4）计算和选择液压元件。

（5）估算液压系统性能。

（6）绘制工作图和编写技术文件。

根据液压系统的具体内容，上述设计步骤可能会有所不同，下面对各步骤的具体内容进行介绍。

## 11.1　明确设计要求进行工况分析

在设计液压系统时，首先应明确以下问题，并将其作为设计依据。

（1）主机的用途、工艺过程、总体布局及对液压传动装置的位置和空间尺寸的要求。

（2）主机对液压系统的性能要求，如自动化程度、调速范围、运动平稳性、换向定位精度、对系统的效率、温升等的要求。

（3）液压系统的工作环境，如温度、湿度、振动冲击，以及是否有腐蚀性和易燃物质存在等情况。

在上述工作的基础上，应对主机进行工况分析，工况分析包括运动分析和动力分析，对复杂的系统还需编制负载和动作循环图，由此了解液压缸或液压马达的负载和速度随时间变化的规律，以下对工况分析的内容作具体介绍。

### 11.1.1　运动分析

主机的执行元件按工艺要求的运动情况，可以用位移循环图（$L$-$t$）、速度循环图（$v$-$t$）或速度与位移循环图表示，由此对运动规律进行分析。

1. 位移循环图 $L$-$t$

图 11 - 1 所示为液压机的液压缸位移循环，纵坐标 $L$ 表示活塞位移，横坐标 $t$ 表示从活塞启动到返回原位的时间，曲线斜率表示活塞移动速度。该图清楚地表明了液压机的工作循环分别由快速下行、减速下行、压制、保压、泄压慢回和快速回程六个阶段组成。

2. 速度循环图 $v$-$t$（或 $v$-$L$）

工程中液压缸的运动特点可归纳为三种类型。图 11 - 2 所示为三种类型液压缸的 $v$-$t$ 图，第一种如图 11 - 2 中实线所示，液压缸开始做匀加速运动，然后匀速运动，最后匀减速运动到终点；第二种，液压缸在总行程的前一半做匀加速运动，在另一半做匀减速运动，且加速度的数值相等；第三种，液压缸在总行程的一大半以上以较小的加速度做匀加速运动，然后匀减速至行程终点。$v$-$t$ 图的三条速度曲线，不仅清楚地表明了三种类型液压缸的运动规律，也间接地表明了三种工况的动力特性。

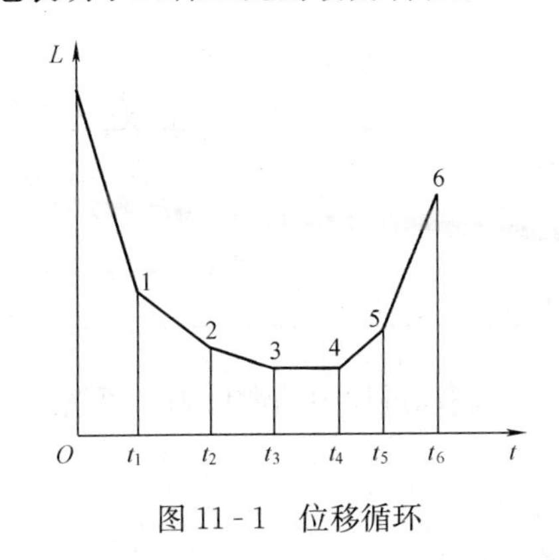


图 11 - 1　位移循环

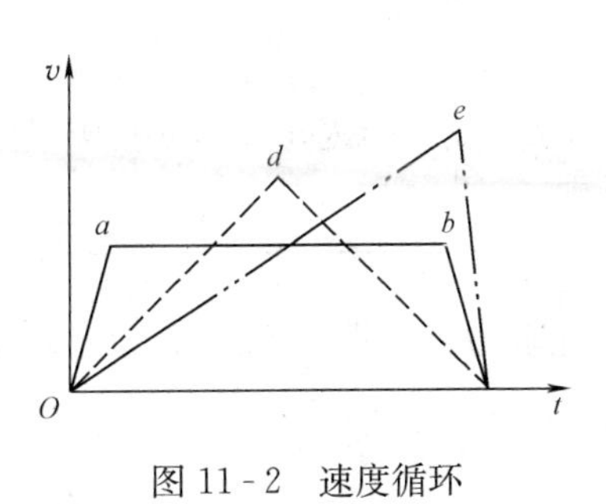


图 11 - 2　速度循环

### 11.1.2　动力分析

动力分析主要研究机器在工作过程中其执行机构的受力情况，对液压系统而言，就是研究液压缸或液压马达的负载情况。

1. 液压缸的负载及负载循环图

(1) 液压缸的负载力计算。工作机构做直线往复运动时，液压缸必须克服的负载由六部分组成，即

$$F = F_c + F_f + F_i + F_G + F_m + F_b \tag{11-1}$$

式中　$F_c$——切削阻力；

$F_f$——摩擦阻力；

$F_i$——惯性阻力；

$F_G$——重力；

$F_m$——密封阻力；

$F_b$——排油阻力。

1) 切削阻力 $F_c$。切削阻力 $F_c$ 为液压缸运动方向的工作阻力，对于机床而言就是沿工作部件运动方向的切削力。此作用力的方向如果与执行元件运动方向相反为正值，两者同向为负值。切削阻力可能是恒定的，也可能是变化的，其值要根据具体情况计算或由试验测定。

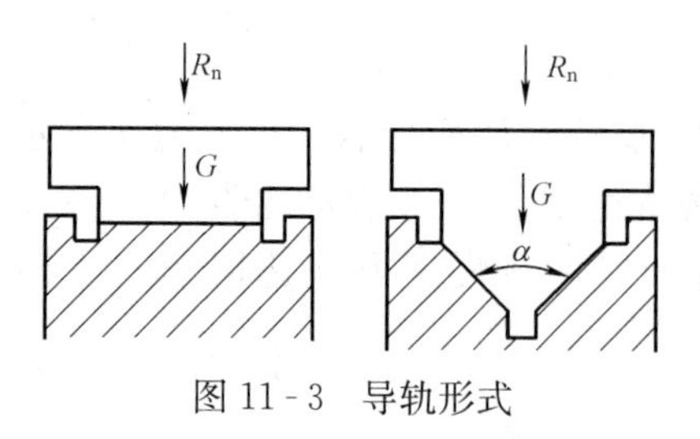

图 11-3 导轨形式

2）摩擦阻力 $F_f$。摩擦阻力 $F_f$ 为液压缸带动的运动部件所受的摩擦阻力，它与导轨的形状、放置情况和运动状态有关，其计算方法可查有关的设计手册。图 11-3 所示为最常见的两种导轨形式，其摩擦阻力的值为

平导轨 $$F_f = f\sum F_n \tag{11-2}$$

V 形导轨 $$F_f = f\sum F_n/[\sin(\alpha/2)] \tag{11-3}$$

式中 $f$——摩擦系数，参阅表 11-1 选取；

$\sum F_n$——作用在导轨上总的正压力或沿 V 形导轨横截面中心线方向的总作用力；

$\alpha$——V 形角，一般为 90°。

**表 11-1 摩擦系数 $f$**

| 导轨类型 | 导轨材料 | 运动状态 | 摩擦系数 $f$ |
|---|---|---|---|
| 滑动导轨 | 铸铁对铸铁 | 启动时<br>低速（$v$<0.16m/s）<br>高速（$v$>0.16m/s） | 0.15～0.20<br>0.1～0.12<br>0.05～0.08 |
| 滚动导轨 | 铸铁对滚柱（珠）<br>淬火钢导轨对滚柱（珠） | | 0.005～0.02<br>0.003～0.006 |
| 静压导轨 | 铸铁 | | 0.005 |

3）惯性阻力 $F_i$。惯性阻力 $F_i$ 为运动部件在启动和制动过程中的惯性力，可按式（11-4）计算

$$F_i = ma = \frac{G}{g}\frac{\Delta v}{\Delta t} \tag{11-4}$$

式中 $m$——运动部件的质量，kg；

$a$——运动部件的加速度，m/s²；

$G$——运动部件的重力，N；

$g$——重力加速度，$g$=9.81，m/s²；

$\Delta v$——速度变化值，m/s；

$\Delta t$——启动或制动时间，s，一般机床 $\Delta t$=0.1～0.5s，运动部件重量大的取大值。

4）重力 $F_G$。垂直放置和倾斜放置的移动部件，其本身的重量也成为一种负载，当上移时，负载为正值，下移时为负值。

5）密封阻力 $F_m$。密封阻力指装有密封装置的零件在相对移动时的摩擦力，其值与密封装置的类型、液压缸的制造质量和油液的工作压力有关。在初算时，可按缸的机械效率（$\eta_m$=0.9）考虑；验算时，按密封装置摩擦力的计算公式计算。

6）排油阻力 $F_b$。排油阻力为液压缸回油路上的阻力，该值与调速方案、系统所要求的稳定性、执行元件等因素有关，在系统方案未确定时无法计算，可放在液压缸的设计计算中考虑。

（2）液压缸运动循环各阶段的总负载力。液压缸运动循环各阶段的总负载力计算，一般包括启动加速、快进、工进、快退、减速制动等几个阶段，每个阶段的总负载力是有区别的。

1）启动加速阶段。这时液压缸或活塞处于由静止到启动并加速到一定速度，其总负载力包括导轨的摩擦力、密封装置的摩擦力（按缸的机械效率 $\eta_m=0.9$ 计算）、重力、惯性力等项，即

$$F = F_f + F_i \pm F_G + F_m + F_b \tag{11-5}$$

2）快速阶段

$$F = F_f \pm F_G + F_m + F_b \tag{11-6}$$

3）工进阶段

$$F = F_f + F_c \pm F_G + F_m + F_b \tag{11-7}$$

4）减速

$$F = F_f \pm F_G - F_i + F_m + F_b \tag{11-8}$$

对于简单液压系统，上述计算过程可简化。例如采用单定量泵供油，只需计算工进阶段的总负载力，若简单系统采用限压式变量泵或双联泵供油，则只需计算快速阶段和工进阶段的总负载力。

（3）液压缸的负载循环图。对较为复杂的液压系统，为了更清楚地了解该系统内各液压缸（或液压马达）的速度和负载的变化规律，应根据各阶段的总负载力和它所经历的工作时间 $t$ 或位移 $L$ 按相同的坐标绘制液压缸的负载时间（$F$-$t$）或负载位移（$F$-$L$）图，然后将各液压缸在同一时间 $t$（或位移）的负载力叠加。

图 11-4 所示为一部机器的 $F$-$t$ 图，其中：$0\sim t_1$ 为启动过程；$t_1\sim t_2$ 为加速过程；$t_2\sim t_3$ 为恒速过程；$t_3\sim t_4$ 为制动过程。它清楚地表明了液压缸在动作循环内负载的规律。图中最大负载是初选液压缸工作压力和确定液压缸结构尺寸的依据。

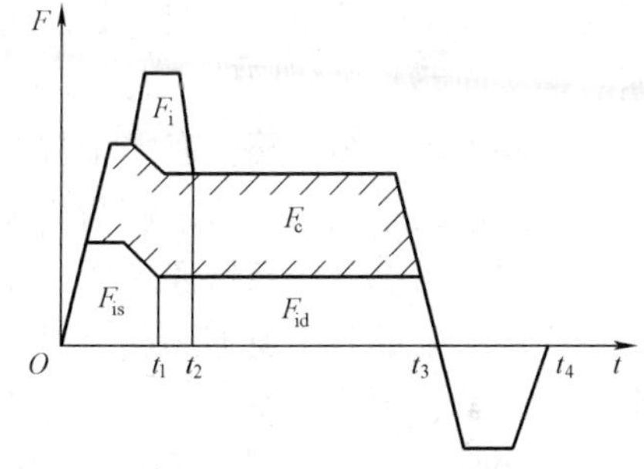

图 11-4　负载循环

2. 液压马达的负载

工作机构做旋转运动时，液压马达必须克服的外负载为

$$M = M_e + M_f + M_i \tag{11-9}$$

（1）工作负载力矩 $M_e$。工作负载力矩可能是定值，也可能随时间变化，应根据机器工作条件进行具体分析。

（2）摩擦力矩 $M_f$。摩擦力矩为旋转部件轴颈处的摩擦力矩，其计算公式为

$$M_f = GfR \tag{11-10}$$

式中　$G$——旋转部件的重力，N；

$f$——摩擦系数，启动时为静摩擦系数，启动后为动摩擦系数；

$R$——轴颈半径，m。

（3）惯性力矩 $M_i$。惯性力矩为旋转部件加速或减速时产生的惯性力矩，其计算公式为

$$M_i = J\varepsilon = J\frac{\Delta\omega}{\Delta t} \tag{11-11}$$

式中　$\varepsilon$——角加速度，$r/s^2$；

$\Delta\omega$——角速度的变化，r/s；

$\Delta t$——加速或减速时间，s；

$J$——旋转部件的转动惯量，kg·m$^2$，$J=1GD^2/4g$，$GD^2$ 为回转部件的飞轮效应，Nm$^2$，各种回转体的 $GD^2$ 可查《机械设计手册》。

根据式（11-9），分别算出液压马达在一个工作循环内各阶段的负载大小，便可绘制液压马达的负载循环图。

## 11.2 液压系统原理图的拟订

液压系统原理图是表示液压系统的组成和工作原理的重要技术文件。拟订液压系统原理图是设计液压系统的第一步，它对系统的性能及设计方案的合理性、经济性具有决定性的影响。

### 11.2.1 确定油路类型

一般具有较大空间可以存放油箱的系统，都采用开式油路；相反，凡允许采用辅助泵进行补油，并借此进行冷却交换来达到冷却目的的系统，可采用闭式油路。通常节流调速系统采用开式油路，容积调速系统采用闭式油路。

### 11.2.2 选择液压回路

在拟订液压系统原理图时，应根据各类主机的工作特点和性能要求，先确定对主机主要性能起决定性影响的主要回路，然后再考虑其他辅助回路。例如，对于机床液压系统，调速和速度换接回路是主要回路；对于压力机液压系统，调压回路是主要回路；有垂直运动部件的系统，要考虑平衡回路；有多个执行元件的系统，要考虑顺序动作、同步或回路隔离；有空载运行要求的系统，要考虑卸荷回路等。

### 11.2.3 绘制液压系统原理图

将挑选出来的各个典型回路合并、整理，增加必要的元件或辅助回路，加以综合，构成一个结构简单、工作安全可靠、动作平稳、效率高、调整和维护保养方便的液压系统，形成系统原理图。

## 11.3 确定液压系统主要参数

### 11.3.1 液压缸的设计计算

1. 初定液压缸工作压力

液压缸工作压力主要根据运动循环各阶段中的最大总负载力来确定，此外，还需要考虑以下因素：

（1）各类设备的不同特点和使用场合。

（2）考虑经济和重量因素，压力选得低，则元件尺寸大，重量重；压力选得高一些，则元件尺寸小，重量轻，但对元件的制造精度，密封性能要求高。

所以，液压缸工作压力的选择有两种方式：一是根据机械类型选；二是根据切削负载选。见表11-2和表11-3。

表 11-2 按负载选执行元件的工作压力

| 负载（N） | <500 | 500～10 000 | 10 000～20 000 | 20 000～30 000 | 30 000～50 000 | >50 000 |
|---|---|---|---|---|---|---|
| 工作压力（MPa） | ≤0.8～1 | 1.5～2 | 2.5～3 | 3～4 | 4～5 | >5 |

**表 11-3　按机械类型选执行元件的工作压力**

| 机械类型 | 机床 | | | | 农业机械 | 工程机械 |
|---|---|---|---|---|---|---|
| | 磨床 | 组合机床 | 龙门刨床 | 拉床 | | |
| 工作压力（MPa） | ≤2 | 3～5 | ≤8 | 8～10 | 10～16 | 20～32 |

2. 液压缸主要尺寸的计算

缸的有效面积和活塞杆直径，可根据缸受力的平衡关系具体计算，详见第 4 章 4.2。

3. 液压缸的流量计算

液压缸的最大流量

$$q_{max} = Av_{max} \tag{11-12}$$

式中　$A$——液压缸的有效面积 $A_1$ 或 $A_2$，$m^2$；

$v_{max}$——液压缸的最大速度，m/s。

液压缸的最小流量

$$q_{min} = Av_{min} \tag{11-13}$$

式中　$v_{min}$——液压缸的最小速度。

液压缸的最小流量 $q_{min}$，应不小于流量阀或变量泵的最小稳定流量。若不满足此要求时，则需重新选定液压缸的工作压力，使工作压力低一些，缸的有效工作面积大一些，所需最小流量 $q_{min}$ 也大一些，以满足上述要求。

流量阀和变量泵的最小稳定流量，可从产品样本中查到。

### 11.3.2　液压马达的设计计算

1. 液压马达排量

液压马达排量根据式（11-14）决定

$$v_m = 6.28T/\Delta p_m \eta_{min} \tag{11-14}$$

式中　$T$——液压马达的负载力矩，N·m；

$\Delta p_m$——液压马达进、出口压力差，$N/m^3$；

$\eta_{min}$——液压马达的机械效率，一般齿轮和柱塞马达取 0.9～0.95，叶片马达取 0.8～0.9。

2. 液压马达流量

液压马达所需的最大流量为

$$q_{max} = V_m n_{max}$$

式中　$V_m$——液压马达排量，$m^3/r$；

$n_{max}$——液压马达的最高转速，r/s。

## 11.4　液压元件的计算和选择

### 11.4.1　动力元件的选择

（1）确定液压泵的最大工作压力。液压泵所需工作压力的确定，主要根据液压缸在工作循环各阶段所需最大压力 $p_1$，再加上油泵的出油口到缸进油口处总的压力损失 $\sum\Delta p$，即

$$p_B = p_1 + \sum\Delta p \tag{11-15}$$

$\sum\Delta p$ 包括油液流经流量阀和其他元件的局部压力损失、管路沿程损失等，在系统管路未设计之前，可根据同类系统经验估计。一般管路简单的节流阀调速系统，$\sum\Delta p=(2\sim5)\times10^5\text{Pa}$；用调速阀及管路复杂的系统，$\sum\Delta p=(5\sim15)\times10^5\text{Pa}$。$\sum\Delta p$ 也可只考虑流经各控制阀的压力损失，而将管路系统的沿程损失忽略不计。各阀的额定压力损失可从液压元件手册或产品样本中查找，也可参照表 11-4 选取。

**表 11-4　　常用中低压各类阀的压力损失 $\Delta p_n$**

| 阀名 | $\Delta p_n$（$\times10^5$Pa） | 阀名 | $\Delta p_n$（$\times10^5$Pa） | 阀名 | $\Delta p_n$（$\times10^5$Pa） | 阀名 | $\Delta p_n$（$\times10^5$Pa） |
|---|---|---|---|---|---|---|---|
| 单向阀 | 0.3～0.5 | 背压阀 | 3～8 | 行程阀 | 1.5～2 | 转阀 | 1.5～2 |
| 换向阀 | 1.5～3 | 节流阀 | 2～3 | 顺序阀 | 1.5～3 | 调速阀 | 3～5 |

（2）确定液压泵的流量 $q_B$。泵的流量 $q_B$ 根据执行元件动作循环所需最大流量 $q_{max}$ 和系统的泄漏确定。

多液压缸同时动作时，液压泵的流量要大于同时动作的几个液压缸（或马达）所需的最大流量，并应考虑系统的泄漏和液压泵磨损后容积效率的下降，即

$$q_B\geqslant K(\sum q)_{max}\tag{11-16}$$

式中　$K$——系统泄漏系数，一般取 1.1～1.3，大流量取小值，小流量取大值；

$(\sum q)_{max}$——同时动作的液压缸（或马达）的最大总流量，$m^3/s$。

用差动液压缸回路时，液压泵所需流量

$$q_B\geqslant K(A_1-A_2)v_{max}\tag{11-17}$$

式中　$A_1$、$A_2$——液压缸无杆腔与有杆腔的有效面积，$m^2$；

$v_{max}$——活塞的最大移动速度，m/s。

系统使用蓄能器时，液压泵流量按系统在一个循环周期中的平均流量选取，即

$$q_B=\sum_{i=1}^{Z}V_iK/T_i\tag{11-18}$$

式中　$V_i$——液压缸在工作周期中的总耗油量，$m^3$；

$T_i$——机器的工作周期，s；

$Z$——液压缸的个数。

（3）选择液压泵的规格。根据上面所计算的最大压力 $p_B$ 和流量 $q_B$，查液压元件产品样本，选择与 $p_B$ 和 $q_B$ 相当的液压泵的规格型号。

上面所计算的最大压力 $p_B$ 是系统静态压力，系统工作过程中存在着过渡过程的动态压力，而动态压力往往比静态压力高得多，所以泵的额定压力 $p_B$ 应比系统最高压力大 25%～60%，使液压泵有一定的压力储备。若系统属于高压范围，压力储备取小值；若系统属于中低压范围，压力储备取大值。

（4）确定驱动液压泵的功率。

1）当液压泵的压力和流量比较衡定时，所需功率为

$$p=p_Bq_B/10^3\eta_B\tag{11-19}$$

式中　$p_B$——液压泵的最大工作压力，$N/m^2$；

$q_B$——液压泵的流量，$m^3/s$；

$\eta_B$——液压泵的总效率。

各种形式液压泵的总效率可参考表 11-5 估取，液压泵规格大，取大值，反之取小值；定量泵取大值；变量泵取小值。

**表 11-5　液压泵的总效率**

| 液压泵类型 | 齿轮泵 | 螺杆泵 | 叶片泵 | 柱塞泵 |
| --- | --- | --- | --- | --- |
| 总效率 | 0.6～0.7 | 0.65～0.80 | 0.60～0.75 | 0.80～0.85 |

2）在工作循环中，泵的压力和流量有显著变化时，可分别计算出工作循环中各个阶段所需的驱动功率，然后求其平均值，即

$$P=\sqrt{t_1P_1^2+t_2P_2^2+\cdots+t_nP_n^2/t_1+t_2+\cdots+t_n} \tag{11-20}$$

式中　$t_1$、$t_2$、…、$t_n$——一个工作循环中各阶段所需的时间，s；

$P_1$、$P_2$、…、$P_n$——一个工作循环中各阶段所需的功率，kW。

按上述功率和泵的转速，可以从产品样本中选取标准电动机，再进行验算，使电动机发出最大功率时，其超载量在允许范围内。

### 11.4.2　阀类元件的选择

1. 选择依据

选择依据为额定压力、最大流量、动作方式、安装固定方式、压力损失数值、工作性能参数、工作寿命等。

2. 选择阀类元件应注意的问题

（1）应尽量选用标准定型产品，除非不得已时才自行设计专用件。

（2）阀类元件的规格，主要根据流经该阀油液的最大压力和最大流量选取。选择溢流阀时，应按液压泵的最大流量选取；选择节流阀和调速阀时，应考虑其最小稳定流量满足机器低速性能的要求。

（3）一般选择控制阀的额定流量应比系统管路实际通过的流量大一些，必要时，允许通过阀的最大流量超过其额定流量的 20%。

### 11.4.3　辅助元件的选择

1. 蓄能器的选择

（1）蓄能器用于补充液压泵供油不足时，其有效容积为

$$V=\sum A_iL_iK-q_Bt \tag{11-21}$$

式中　$A_i$——液压缸 $i$ 的有效面积，$m^2$；

$L_i$——液压缸 $i$ 的行程，m；

$K$——液压缸损失系数，估算时可取 $K=1.2$；

$q_B$——液压泵供油流量，$m^3/s$；

$t$——动作时间，s。

（2）蓄能器作应急能源时，其有效容积为

$$V=\sum A_iL_iK \tag{11-22}$$

当蓄能器用于吸收脉动缓冲和液压冲击时，应将其作为系统中的一个环节与其关联部分一起综合考虑其有效容积。

根据求出的有效容积并考虑其他要求，即可选择蓄能器的形式。

2. 管道的选择

（1）油管类型的选择。液压系统中使用的油管分硬管和软管，选择的油管应有足够的通流截面和承压能力，同时，应尽量缩短管路，避免急转弯和截面突变。

1）钢管。高中压系统选用无缝钢管，低压系统选用焊接钢管。钢管价格低，性能好，使用广泛。

2）铜管。紫铜管工作压力在 6.5～10MPa 以下，易弯曲，便于装配；黄铜管承受压力较高，达 25MPa，不如紫铜管易弯曲。铜管价格高，抗振能力弱，易使油液氧化，应尽量少用，只用于液压装置配接不方便的部位。

3）软管。用于两个相对运动件之间的连接。高压橡胶软管中夹有钢丝编织物；低压橡胶软管中夹有棉线或麻线编织物；尼龙管是乳白色半透明管，承压能力为 2.5～8MPa，多用于低压管道。因软管弹性变形大，容易引起运动部件爬行，所以软管不宜装在液压缸和调速阀之间。

（2）油管尺寸的确定。

1）油管内径 $d$ 按式（11-23）计算

$$d=\sqrt{\frac{4}{\pi}\frac{q}{v}}=1.13\times10^{3}\sqrt{\frac{q}{v}} \tag{11-23}$$

式中 $q$——通过油管的最大流量，$m^3/s$；

$v$——管道内允许的流速，m/s，一般吸油管取 0.5～5m/s，压力油管取 2.5～5m/s，回油管取 1.5～2m/s。

2）油管壁厚 $\delta$ 按式（11-24）计算

$$\delta\geqslant pd/2[\sigma] \tag{11-24}$$

式中 $p$——管内最大工作压力；

$[\sigma]$——油管材料的许用压力，$[\sigma]=\sigma_b/n$，$\sigma_b$ 为材料的抗拉强度，$n$ 为安全系数。

钢管 $p<7$MPa 时，取 $n=8$；$p<17.5$MPa 时，取 $n=6$；$p>17.5$MPa 时，取 $n=4$。

根据计算出的油管内径和壁厚，查手册选取标准规格油管。

3. 油箱的设计

油箱的作用是储油，散发油的热量，沉淀油中杂质，逸出油中的气体。其形式有开式和闭式两种：开式油箱油液液面与大气相通；闭式油箱油液液面与大气隔绝。开式油箱应用较多。

（1）油箱设计要点。

1）油箱应有足够的容积以满足散热要求，同时其容积应保证系统中油液全部流回油箱时不渗出，油液液面不应超过油箱高度的 80%。

2）吸油管和回油管的间距应尽量大。

3）油箱底部应有适当斜度，泄油口置于最低处，以便排油。

4）注油器上应装滤网。

5）油箱的箱壁应涂耐油防锈涂料。

（2）油箱容量计算。油箱的有效容量 $V$ 可近似用液压泵单位时间内排出油液的体积确定。

$$V=K\sum q \tag{11-25}$$

式中　$K$——系数，低压系统取 2～4，高中压系统取 5～7；

$\sum q$——同一油箱供油的各液压泵流量总和。

4. 滤油器的选择

选择滤油器的依据有以下几点：

（1）承载能力。按系统管路工作压力确定。

（2）过滤精度。按被保护元件的精度要求确定，选择时可参阅表 11-6。

（3）通流能力。按通过最大流量确定。

（4）阻力压降。应满足过滤材料强度与系数要求。

**表 11-6**　　滤油器过滤精度的选择

| 系　　统 | 过滤精度（$\mu$m） | 元件 | 过滤精度（$\mu$m） |
|---|---|---|---|
| 低压系统 | 100～150 | 滑阀 | 1/3 最小间隙 |
| $70\times10^5$Pa 系统 | 50 | 节流孔 | 1/7 孔径（孔径小于 1.8mm） |
| $100\times10^5$Pa 系统 | 25 | 流量控制阀 | 2.5～30 |
| $140\times10^5$Pa 系统 | 10～15 | 安全阀溢流阀 | 15～25 |
| 电液伺服系统 | 5 | | |
| 高精度伺服系统 | 2.5 | | |

### 11.4.4　阀类元件配置形式的选择

对于固定式的液压设备，常将液压系统的动力源、阀类元件集中安装在主机外的液压站上，这样能使安装与维修方便，并消除了动力源的振动与油温变化对主机工作精度的影响。而阀类元件在液压站上的配置也有多种形式，配置形式不同，液压系统的压力损失和元件的连接、安装结构也有所不同，现分述如下。

（1）油路板式。油路板又称阀板，是一块较厚的液压元件安装板，板式阀类元件由螺钉安装在板的正面，管接头安装在板的侧面，各元件之间的油路全部由板内的加工孔道形成。这种配置形式的优点是结构紧凑，油管少，调节方便，不易出故障；缺点是加工较困难，油路的压力损失较大。

（2）叠加阀式。与一般管式、板式标准元件相比，其工作原理没有多大差别，但具体结构却不相同。它是自成系列的新型元件，每个叠加阀既起控制阀的作用，又起通道的作用。因此，叠加阀式配置不需要另外的连接块，只需用长螺栓直接将各叠加阀叠装在底板上，即可组成所需的液压系统。这种配置形式的优点是结构紧凑，油管少，体积小，重量轻，不需设计专用的连接块，并且油路的压力损失很小，但叠加阀需自成系列，互换性差。

（3）集成块式。集成块是一块通用化的六面体，四周除一面装通向执行元件的管接头之外，其余三面均安装阀类元件，块内由钻孔形成油路，通常一个块就是一个典型基本回路。一个液压系统往往由几个集成块组成，块的上、下两面作为块与块之间的结合面，各集成油路块与顶盖、底板一起用长螺栓叠装起来，即组成整个液压系统，总进油口开在底板上通过集成块的公共孔道直接通顶盖。这种配置形式的优点是结构紧凑，油管少，可标准化，便于设计与制造，更改设计方便，油路压力损失小。除此以外，还有管式连接，这种连接形式多用于工程机械等，在此不再赘述。

## 11.5　液压系统性能的验算

为了判断液压系统的设计质量，需要对系统的压力损失、发热温升、效率、系统的动态特性等进行验算。由于液压系统的验算较复杂，只能采用一些简化公式近似地验算某些性能指标，如果设计中有经过生产实践考验的同类型系统供参考或有较可靠的试验结果可以采用时，可以不进行验算。

### 11.5.1　管路系统压力损失的验算

当液压元件规格型号和管道尺寸确定之后，就可以较准确的计算系统的压力损失，压力损失 $\Delta p$ 包括油液流经管道的沿程压力损失 $\Delta p_L$、局部压力损失 $\Delta p_c$ 和流经阀类元件的压力损失 $\Delta p_v$，即

$$\Delta p = \Delta p_L + \Delta p_c + \Delta p_v \tag{11-26}$$

计算沿程压力损失时，如果管中为层流流动，可按经验公式（11-27）计算

$$\Delta p_L = 4.3\nu qL \times 10^6 / d^4 \tag{11-27}$$

式中　$q$——通过管道的流量，$m^3/s$；

$L$——管道长度，m；

$d$——管道内径，mm；

$\nu$——油液的运动黏度，$m^2/s$。

局部压力损失可按式（11-28）估算

$$\Delta p_c = (0.05 \sim 0.15)\Delta p_L \tag{11-28}$$

阀类元件的 $\Delta p_v$ 值可按式（11-29）近似计算

$$\Delta p_v = \Delta p_n (q/q_n)^2 \tag{11-29}$$

式中　$q_n$——阀的额定流量，$m^3/s$；

$q$——通过阀的实际流量，$m^3/s$；

$\Delta p_n$——阀的额定压力损失，Pa。

计算系统压力损失的目的，是为了正确确定系统的调整压力和分析系统设计的好坏。系统的调整压力为

$$p_0 \geqslant p_1 + \Delta p \tag{11-30}$$

式中　$p_0$——液压泵的工作压力或支路的调整压力，Pa；

$p_1$——执行元件的工作压力，Pa。

如果计算出来的 $\Delta p$ 比在初选系统工作压力时粗略选定的压力损失大得多，应该重新调整有关元件、辅件的规格，重新确定管道尺寸。

### 11.5.2　系统发热温升的验算

系统发热来源于系统内部的能量损失，如液压泵和执行元件的功率损失、溢流阀的溢流损失、液压阀及管道的压力损失等。这些能量损失转换为热能，使油液温度升高。油液的温升使黏度下降，泄漏增加，同时，使油分子裂化或聚合，产生树脂状物质，堵塞液压元件小孔，影响系统正常工作，因此必须使系统中油温保持在允许范围内。一般机床液压系统正常工作油温为 30～50℃；矿山机械正常工作油温为 50～70℃；最高允许油温为 70～90℃。

(1) 系统发热功率 $P$ 可按式 (11-31) 计算

$$P = P_B(1-\eta) \tag{11-31}$$

式中　$P_B$——液压泵的输入功率，W；

$\eta$——液压泵的总效率。

若一个工作循环中有几个工序，则可根据各个工序的发热量，求出系统单位时间的平均发热量

$$P = \frac{1}{T}\sum_{i=1}^{n} P_{bi}(1-\eta)t_i \tag{11-32}$$

式中　$T$——工作循环周期，s；

$t_i$——第 $i$ 个工序的工作时间，s；

$P_{bi}$——循环中第 $i$ 个工序的输入功率，W。

(2) 系统的散热和温升。系统的散热量可按式 (11-33) 计算

$$P' = \sum_{j=1}^{m} K_j A S_j \Delta t \tag{11-33}$$

式中　$K_j$——散热系数，W/(m² · ℃)，当周围通风很差时 $K\approx 8\sim 9$，周围通风良好时 $K\approx 15$，用风扇冷却时 $K\approx 23$，用循环水强制冷却时的冷却器表面 $K\approx 110\sim 175$；

$A$——散热面积，m²，当油箱长、宽、高比例为 1∶1∶1 或 1∶2∶3，油面高度为油箱高度的 80%时，油箱散热面积近似看成 $A=0.065\sqrt[3]{V^2}$，m²，$V$ 为油箱体积，L；

$\Delta t$——液压系统的温升，℃，即液压系统比周围环境温度的升高值；

$j$——散热面积的次序号。

当液压系统工作一段时间后，达到热平衡状态，则

$$P = P'$$

所以液压系统的温升为

$$\Delta t = \frac{P}{\sum_{j=1}^{m} K_j A_j} \tag{11-34}$$

计算所得的温升 $\Delta t$，加上环境温度，不应超过油液的最高允许温度。

当系统允许的温升确定后，也能利用式 (11-34) 来计算油箱的容量。

### 11.5.3　系统效率验算

液压系统的效率是由液压泵、执行元件和液压回路效率来确定的。

液压回路效率 $\eta_c$ 一般可用式 (11-35) 计算

$$\eta_c = \frac{p_1 q_1 + p_2 q_2 + \cdots}{p_{B1} q_{B1} + p_{B2} q_{B2}} \tag{11-35}$$

式中　$p_1$、$q_1$，$p_2$、$q_2$，…——每个执行元件的工作压力和流量；

$p_{B1}$、$q_{B1}$，$p_{B2}$、$q_{B2}$——每个液压泵的供油压力和流量。

液压系统总效率

$$\eta = \eta_B \eta_c \eta_m \tag{11-36}$$

式中 $\eta_B$——液压泵总效率；

$\eta_c$——回路效率；

$\eta_m$——执行元件总效率。

## 11.6 绘制正式工作图和编写技术文件

经过对液压系统性能的验算和必要的修改之后，便可绘制正式工作图，它包括绘制液压系统原理图、系统管路装配图和各种非标准元件设计图。

正式液压系统原理图上要标明各液压元件的型号规格。对于自动化程度较高的机床，还应包括运动部件的运动循环图和电磁铁、压力继电器的工作状态。

管道装配图是正式施工图，各种液压部件和元件在机器中的位置、固定方式、尺寸等应表示清楚。

自行设计的非标准件，应绘出装配图和零件图。

编写的技术文件包括设计计算书，使用维护说明书，专用件、通用件、标准件、外购件明细表，试验大纲等。

## 11.7 液压系统设计计算举例

某厂气缸加工自动线上要求设计一台卧式单面多轴钻孔组合机床，机床有主轴 16 根，钻 14 个 $\phi$13.9、2 个 $\phi$8.5 的孔，要求的工作循环是快速接近工件，然后以工作速度钻孔，加工完毕后快速退回原始位置，最后自动停止；工件材料为铸铁，硬度为 HB240；假设运动部件重 $G=9800\text{N}$；快进快退速度 $v_1=0.1\text{m/s}$；动力滑台采用平导轨，静、动摩擦系数 $\mu_s=0.2$、$\mu_d=0.1$；往复运动的加速、减速时间为 0.2s；快进行程 $L_1=100\text{mm}$；工进行程 $L_2=50\text{mm}$。试设计计算其液压系统。

### 11.7.1 明确系统设计要求

（1）计算切削阻力。钻铸铁孔时，其轴向切削阻力为

$$F_c = 25.5DS^{0.8}\text{HB}^{0.6}$$

式中 $D$——钻头直径，mm；

$S$——每转进给量，mm/r。

选择切削用量：钻 $\phi$13.9 的孔时，主轴转速 $n_1=360\text{r/min}$，每转进给量 $S_1=0.147\text{mm/r}$；钻 $\phi$8.5 孔时，主轴转速 $n_2=550\text{r/min}$，每转进给量 $S_2=0.096\text{mm/r}$。则

$$\begin{aligned}F_c &=14\times 25.5D_1S_1^{0.8}\text{HB}^{0.6}+2\times 25.5D_2S_2^{0.8}\text{HB}^{0.6}\\ &=14\times 25.5\times 13.9\times 0.147^{0.8}\times 240^{0.6}+2\times 25.5\times 8.5\times 0.096^{0.8}\times 240^{0.6}\\ &=30\ 500(\text{N})\end{aligned}$$

（2）计算摩擦阻力。

静摩擦阻力

$$F_s = f_sG = 0.2\times 9800 = 1960(\text{N})$$

动摩擦阻力

$$F_d = f_dG = 0.1\times 9800 = 980(\text{N})$$

(3) 计算惯性阻力

$$F_i = \frac{G}{g}\frac{\Delta v}{\Delta t} = \frac{9800}{9.8} \times \frac{0.1}{0.2} = 500(\text{N})$$

(4) 计算工进速度。工进速度可按加工 $\phi 13.9$ 的切削用量计算，即

$$v_2 = n_1 S_1 = 360/60 \times 0.147 = 0.88(\text{mm/s}) = 0.88 \times 10^{-3}(\text{m/s})$$

(5) 根据以上分析计算各工况负载见表 11-7。

**表 11-7　液压缸负载的计算**

| 工　况 | 计算公式 | 液压缸负载 $F$ (N) | 液压缸驱动力 $F_0$ (N) |
|---|---|---|---|
| 启动 | $F = f_d G$ | 1960 | 2180 |
| 加速 | $F = f_d G + G/g \Delta v/\Delta t$ | 1480 | 1650 |
| 快进 | $F = f_d G$ | 980 | 1090 |
| 工进 | $F = F_c + f_d G$ | 31 480 | 35 000 |
| 反向启动 | $F = f_s G$ | 1960 | 2180 |
| 加速 | $F = f_d G + G/g \Delta v/\Delta t$ | 1480 | 1650 |
| 快退 | $F = f_d G$ | 980 | 1090 |
| 制动 | $F = f_d G - G/g \Delta v/\Delta t$ | 480 | 532 |

其中，取液压缸机械效率 $\eta_{cm} = 0.9$。

(6) 计算快进、工进时间和快退时间。

快进　　$t_1 = L_1/v_1 = 100 \times 10^{-3}/0.1 = 1(\text{s})$

工进　　$t_2 = L_2/v_2 = 50 \times 10^{-3}/(0.88 \times 10^{-3}) = 56.6(\text{s})$

快退　　$t_3 = (L_1 + L_2)/v_1 = (100 + 50) \times 10^{-3}/0.1 = 1.5(\text{s})$

(7) 根据上述数据绘液压缸 $F$-$t$ 与 $v$-$t$ 图如图 11-5 所示。

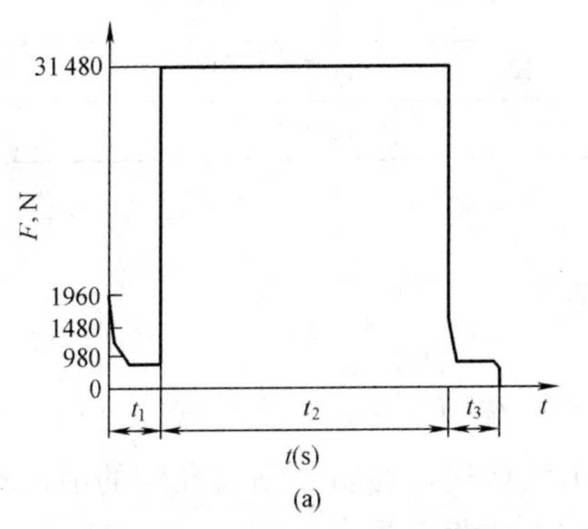


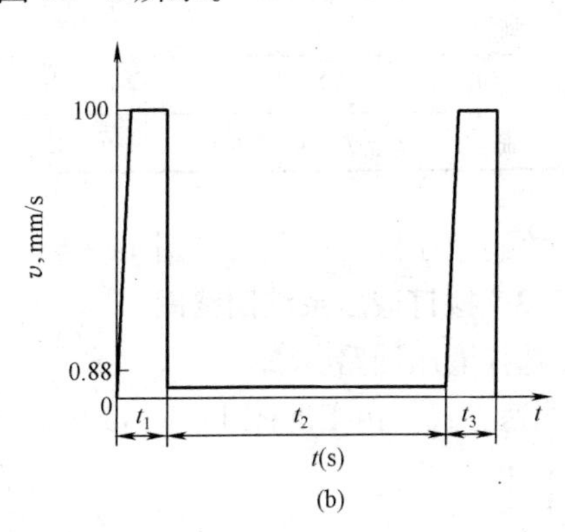


图 11-5　$F$-$t$ 与 $v$-$t$

### 11.7.2　确定液压系统参数

(1) 初选液压缸工作压力。由工况分析可知，工进阶段的负载力最大，所以，液压缸的工作压力按此负载力计算。根据液压缸与负载的关系，选 $p_1 = 40 \times 10^5$ Pa。本机床为钻孔组合机床，为防止钻通时发生前冲现象，液压缸回油腔应有背压，设背压 $p_2 = 6 \times 10^5$ Pa，为使快进快退速度相等，选用 $A_1 = 2A_2$ 差动油缸，假定快进、快退的回油压力损失为 $\Delta p = 7 \times 10^5$ Pa。

(2) 计算液压缸尺寸。由式 $(p_1A_1-p_2A_2)\eta_{cm}=F$，得

$$A_1=\frac{F}{\mu_{cm}\left(p_1-\frac{p_2}{2}\right)}=\frac{31\,480}{0.9\times(40-6/2)\times10^5}=94\times10^{-4}(\mathrm{m}^2)=94(\mathrm{cm}^2)$$

液压缸直径 $D=\sqrt{\frac{4A_1}{\pi}}=\sqrt{\frac{4\times94}{\pi}}=10.9(\mathrm{cm})$

取标准直径 $D=110\mathrm{mm}$

因为 $A_1=2A_2$，所以 $d=D/\sqrt{2}\approx80\mathrm{mm}$。

则液压缸有效面积为

$$A_1=\pi D^2/4=\pi\times11^2/4=95(\mathrm{cm}^2)$$

$$A_2=\pi(D^2-d^2)/4=\pi\times(11^2-8^2)/4=47(\mathrm{cm}^2)$$

(3) 计算液压缸在工作循环中各阶段的压力、流量和功率。液压缸工作循环各阶段压力、流量和功率计算见表 11-8。

**表 11-8　液压缸工作循环各阶段压力、流量和功率计算表**

| 工况 | | 计算公式 | $F_0$(N) | $p_2$(Pa) | $p_1$(Pa) | $Q(10^{-3}\mathrm{m}^3/\mathrm{s})$ | $P$(kW) |
|---|---|---|---|---|---|---|---|
| 快进 | 启动 | $p_1=F_0/A+p_2$ | 2180 | 0 | $4.6\times10^5$ | 0.5 | |
| | 加速 | $Q=av_1$ | 1650 | $7\times10^5$ | $10.5\times10^5$ | | |
| | 快进 | $p=10-3p_1q$ | 1090 | | $9\times10^5$ | | 0.5 |
| 工进 | | $p_1=F_0/a_1+p_2/2$<br>$q=A_1V_1$<br>$p=10^{-3}p_1q$ | 3500 | $6\times10^5$ | $40\times10^5$ | $0.83\times10^5$ | 0.033 |
| 快退 | 反向启动 | $p_1=F_0/a_1+2p_2$ | 2180 | 0 | $4.6\times10^5$ | | |
| | 加速 | | 1650 | | $17.5\times10^5$ | | |
| | 快退 | $Q=A_2V_2$ | 1090 | $7\times10^5$ | $16.4\times10^5$ | 0.5 | 0.8 |
| | 制动 | $p=10^{-3}p_1q$ | 532 | | $15.2\times10^5$ | | |

(4) 绘制液压缸工况图（见图 11-6）。

### 11.7.3 拟订液压系统回路图

(1) 选择液压回路。

1) 调速方式。由工况图 11-6 可知，该液压系统功率小，工作负载变化小，可选用进油路节流调速，为防止钻通孔时的前冲现象，在回油路上加背压阀。

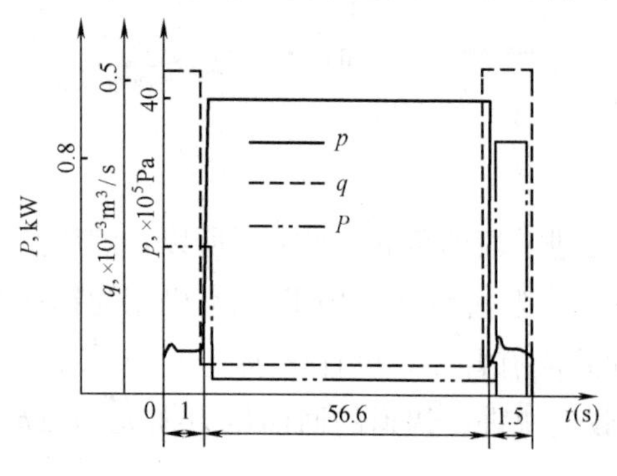

图 11-6　液压缸工况图

2) 液压泵形式的选择。从图 11-6 的 $q$-$t$ 图清楚地看出，系统工作循环主要由低压大流量和高压小流量两个阶段组成，最大流量与最小流量之比 $q_{max}/q_{min}=0.5/(0.83\times10^{-2})\approx60$，其相应的时间之比 $t_2/t_1=56$。根据该情况，选叶片泵较适宜，在本方案中，选用双联叶片泵。

3) 速度换接方式。因钻孔工序对位置精度及

工作平稳性要求不高，可选用行程调速阀或电磁换向阀。

4）快速回路与工进转快退控制方式的选择。为使快进快退速度相等，选用差动回路作快速回路。

（2）组成系统图。在所选定基本回路的基础上，再考虑其他一些有关因素组成图 11-7 所示液压系统图。

### 11.7.4　选择液压元件

1. 选择液压泵和电动机

（1）确定液压泵的工作压力。前面已确定液压缸的最大工作压力为 $40\times10^5$Pa，选取进油管路压力损失 $\Delta p=8\times10^5$Pa，其调整压力一般比系统最大工作压力大 $5\times10^5$Pa，所以泵的工作压力

$$p_B=(40+8+5)\times10^5=53\times10^5(\text{Pa})$$

这是高压小流量泵的工作压力。

由图 11-5 可知，液压缸快退时的工作压力比快进时大，取其压力损失 $\Delta p'=4\times10^5$Pa，则快退时泵的工作压力为

$$p_B=(16.4+4)\times10^5=20.4\times10^5(\text{Pa})$$

这是低压大流量泵的工作压力。

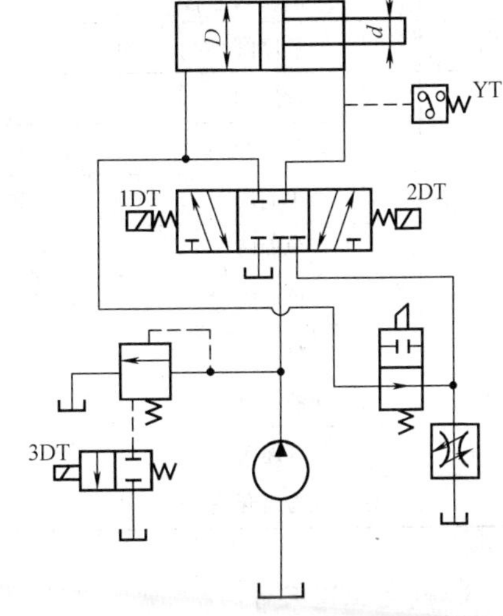


图 11-7　液压系统图

（2）确定液压泵的流量。由图 11-6 可知，快进时的流量最大，其值为 30L/min，最小流量在工进时，其值为 0.51L/min，取 $K=1.2$，则

$$q_B=1.2\times0.5\times10^{-3}=0.6\times10^{-3}(\text{m}^3/\text{s})=36(\text{L/min})$$

由于溢流阀稳定工作时的最小溢流量为 3L/min，故小泵流量取 3.6L/min。

根据以上计算，选用 YYB-AA36/6B 型双联叶片泵。

（3）选择电动机。由 $P$-$t$ 图可知，最大功率出现在快退工况，其数值如下式计算：

$$p=\frac{10^{-3}p_{B2}(q_1+p_2)}{\eta_B}=\frac{10^{-3}\times20.4\times105\times(0.6+0.1)10^{-3}}{0.7}=2(\text{kW})$$

式中　$\eta_B$——泵的总效率，取 0.7；

$q_1$——大泵流量，$q_1=36\text{L/min}=0.6\times10^{-3}\text{m}^3/\text{s}$；

$q_2$——小泵流量，$q_2=6\text{L/min}=0.1\times10^{-3}\text{m}^3/\text{s}$。

根据以上计算结果，查电动机产品目录，选与上述功率和泵的转速相适应的电动机。

2. 选择其他元件

根据系统的工作压力和通过阀的实际流量选择元、辅件，其型号、规格见表 11-9。

**表 11-9　所选液压元件的型号、规格**

| 序号 | 元件名称 | 通过阀的最大流量（L/min） | 规格 | | |
|---|---|---|---|---|---|
| | | | 型号 | 公称流量（L/min） | 公称压力（MPa） |
| 1、2 | 双联叶片泵 | | YYB-AA36/6 | 36/6 | 6.3 |
| 3 | 三位五通电液换向阀 | 84 | 35DY-100B | 100 | 6.3 |
| 4 | 行程阀 | 84 | 22C-100BH | 100 | 6.3 |

续表

| 序号 | 元件名称 | 通过阀的最大流量（L/min） | 规格 | | |
|---|---|---|---|---|---|
| | | | 型号 | 公称流量（L/min） | 公称压力（MPa） |
| 5 | 单向阀 | 84 | 1-100B | 100 | 6.3 |
| 6 | 溢流阀 | 6 | Y-10B | 10 | 6.3 |
| 7 | 顺序阀 | 36 | XY-25B | 25 | 6.3 |
| 8 | 背压阀 | ≈1 | B-10B | 10 | 6.3 |
| 9 | 单向阀 | 6 | 1-10B | 10 | 6.3 |
| 10 | 单向阀 | 36 | 1-63B | 63 | 6.3 |
| 11 | 单向阀 | 42 | 1-63B | 63 | 6.3 |
| 12 | 单向阀 | 84 | 1-100B | 100 | 6.3 |
| 13 | 滤油器 | 42 | XU-40×100 | | |
| 14 | 液压缸 | | SG-E10×180L | | |
| 15 | 调速阀 | | q-6B | 6 | 6.3 |
| 16 | 压力表开关 | | K-6B | | |

3. 确定管道尺寸

根据工作压力和流量，按式（11-27）和式（11-28）确定管道内径和壁厚。（从略）

4. 确定油箱容量

油箱容量可按经验公式估算，取 $V=(5\sim7)q$。

本例中，$V=6q=6\times(6+36)=252$（L）。有关系统的性能验算从略。

## 小结

通过液压传动系统设计与计算过程的学习，掌握液压系统的设计计算步骤和方法：首先根据主机用途、工艺、性能、工况等要求，明确液压系统的设计要求，进行运动分析和动力分析；然后拟订液压系统原理图；确定液压系统主要参数；再对液压元件进行计算和选择；最后对设计的液压系统进行技术性能验算，包括系统压力损失的验算和系统发热温升的验算；绘制工作图，编写技术文件。本章列举了卧式单面多轴钻孔组合机床液压系统的设计和计算实例，为今后设计液压系统打好基础。

## 思考题和习题

11-1 图11-7系统中，液压缸的直径 $D=70$mm，活塞杆直径 $d=45$，工作负载 $F=16\ 000$N，液压缸的效率 $\eta=0.95$，系统总的压力损失折合到进油管路为 $\sum\Delta p_i=5\times10^5$Pa。试求：

（1）系统实现快进→工进→快退→原位停止的工作循环时电磁铁、行程阀、压力继电器的动作顺序表。

（2）计算并选择系统所需要的元件，并在图上标明各元件的型号。

# 第 12 章　液压与气压伺服系统

本章提要

伺服系统又称为随动系统或跟踪系统，是一种自动控制系统。在这种系统中，执行元件能以一定的精度自动地按照输入信号的变化规律动作。液压与气压伺服系统是由液压元件或气压元件组成的伺服系统。

## 12.1　概　　述

### 12.1.1　伺服系统的工作原理和特点

图 12-1 所示为液压进口节流阀式节流调速回路。在这种回路中，调定节流阀的开口量后，液压缸就以某一调定速度运动。通过前述章节分析可知，当负载、油温等参数发生变化时，这种回路将无法保证原有的运动速度，因而其速度精度较低且不能满足精确的连续无级调速要求。

可以将节流阀的开口大小定义为输入量，将液压缸的运动速度定义为输出量或被调节量。在上述回路中，当负载、油温等参数的变化而引起输出量变化时，这个变化并不影响或改变输入量，这种输出量不影响输入量的控制系统称为开环控制系统。开环控制系统不能修正由于外界干扰（如负载、油温等）变化而引起的输出量或被调节量的变化，因此控制精度较低。

为了提高这种回路的控制精度，可以设想节流阀由操作者来调节。在调节过程中，操作者不断地观察液压缸的测速装置所测出的实际速度，并比较这一实际速度与所希望的速度之间的差别。然后，操作者按这一差别来调节节流阀的开口量，以减小这一差值（偏差）。例如，由于负载增大而使液压缸的速度低于希望值时，操作者就相应地加大节流阀的开口量，从而使液压缸的速度达到希望值。这一调节过程如图 12-2 所示。

由图 12-2 可以看出，输出量（液压缸速度）通过操作者的眼、脑和手来影响输入量（节流阀的开口量），这种作用称为反馈。在实际系统中，为了实现自动控制，必须以电气、机械等装置代替人来判断比较，这就是反馈装置。由于反馈的存在，控制作用形成了一个闭合回路，这种带有反馈装置的控制系统，称为闭环控制系统。图 12-3 所示为采用电液伺服阀控制的液压缸速度闭环控制系统，这一系统不仅使液压缸速度能任意调节，而且在外界干扰很大（如负载突变）的工况下，仍能使系统的实际输出速度与设定速度十分接近，即具有很高的控制精度和很快的响应性能。

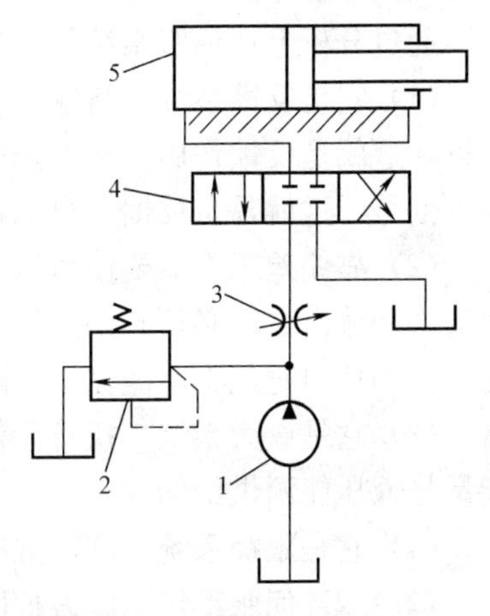


图 12-1　液压进口节流阀式节流调速回路

1—液压泵；2—溢流阀；3—节流阀；4—换向阀；5—液压缸

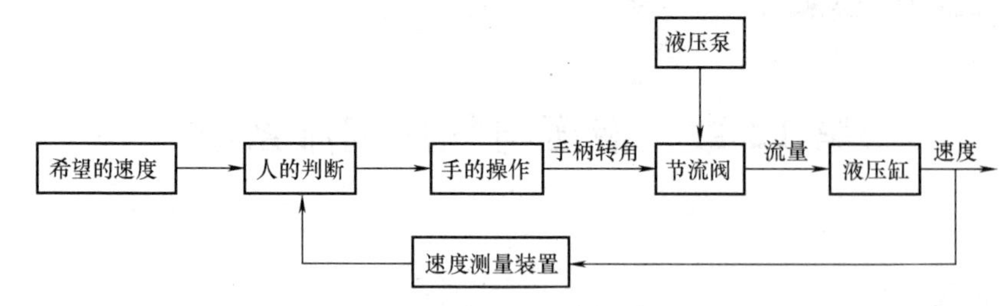


图 12-2 液压缸速度调节过程

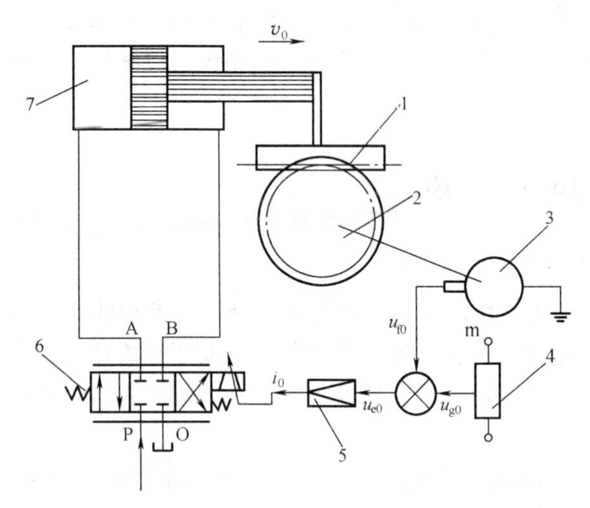

图 12-3 电液伺服阀控制的液压缸速度闭环控制系统
1—齿条；2—齿轮；3—测速发电机；4—给定电位计；
5—放大器；6—电液伺服阀；7—液压缸

上述系统的工作原理如下：在某一稳定状态下，液压缸速度由测速装置测得（齿条1、齿轮2和测速发电机3）并转换为电压 $u_{f0}$。这一电压与给定电位计4输入的电压信号 $u_{g0}$ 进行比较。其差 $u_{e0}=u_{g0}-u_{f0}$ 值经积分放大器放大后，以电流 $i_0$ 输入给电液伺服阀6。电液伺服阀按输入电流的大小和方向自动地调节其开口量的大小和移动方向，控制输出油液的流量大小和方向。对应所输入的电流 $i_0$，电液伺服阀的开口量稳定地维持在 $x_{v0}$，伺服阀的输出流量为 $q_0$，液压缸速度保持为恒值 $v_0$。如果由于干扰的存在引起液压缸速度增大，则测速装置的输出电压 $u_f>u_{f0}$，而使 $u_e=u_{g0}-u_f<u_{e0}$，放大器输出电流 $i<i_0$。电液伺服阀开口量相应减小，使液压缸速度降低，直到 $v=v_0$ 时，调节过程结束。按照同样原理，当输入给定信号电压连续变化时，液压缸速度也随之连续地按同样规律变化，即输出自动跟踪输入。

通过分析上述伺服系统的工作原理，可以看出伺服系统的特点有以下几个：

（1）它是反馈系统。将输出量的一部分或全部按一定方式回送到输入端，并和输入信号比较，这就是反馈作用。在上例中，反馈电压和给定电压是异号的，即反馈信号不断地抵消输入信号，这就是负反馈。自动控制系统中大多数反馈是负反馈。

（2）靠偏差工作。要使执行元件输出一定的力和速度，伺服阀必须有一定的开口量，因此输入和输出之间必须有偏差信号。执行元件运动的结果又试图消除这个误差。但在伺服系统工作的任何时刻都不能完全消除这一偏差，伺服系统正是依靠这一偏差信号进行工作的。

（3）它是放大系统。执行元件输出的力和功率远远大于输入信号的力和功率。其输出的能量是液压能源供给的。

（4）它是跟踪系统。液压缸的输出量完全跟踪输入信号的变化。

### 12.1.2 伺服系统职能方框图和系统的组成环节

图 12-4 所示为上述速度伺服控制系统的职能方框图。图中一个方框表示一个元件，方框中的文字表明该元件的职能。带有箭头的线段表示元件之间的相互作用，即系统中信号的传递方向。职能方框图明确地表示了系统的组成元件、各元件的职能及系统中各元件的相互

关系。因此，职能方框图是用来表示自动控制系统工作过程的。

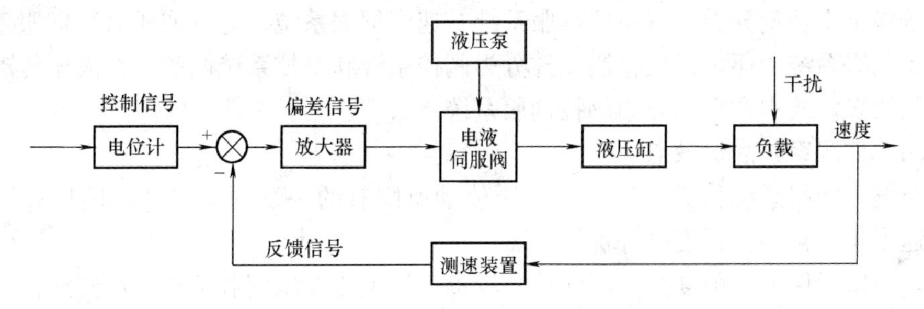


图 12 - 4　速度伺服控制系统职能方框图

由图 12 - 4 可以看出，上述速度伺服控制系统是由输入元件、比较元件、放大及转换元件、执行元件、反馈元件和控制对象组成的。实际上，任何一个伺服控制系统都是由这些元件组成的，如图 12 - 5 所示。

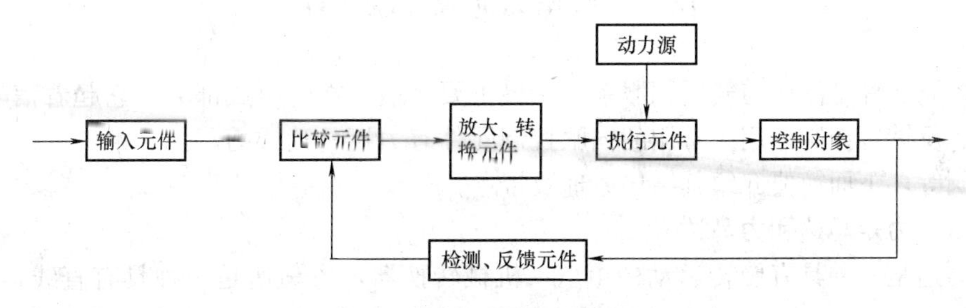


图 12 - 5　伺服控制系统的组成环节

（1）输入元件。通过输入元件，给出必要的输入信号。如上例中由电位计给出一定电压，作为系统的控制信号。

（2）检测、反馈元件。它随时测量输出量的大小，并将其转换成相应的反馈信号送回到比较元件。上例中是由测速发电机测得液压缸的运动速度，并将其转换成相应的电压作为反馈信号。

（3）比较元件。将输入信号和反馈信号进行比较，并将其差值作为放大转换元件的输入。有时系统中不一定有单独的比较元件，而是由反馈元件、输入元件或放大元件的一部分来实现比较的功能。

（4）放大、转换元件。将偏差信号放大并转换后，控制执行元件动作。如上例中的电液伺服阀。

（5）执行元件。执行元件指直接带动控制对象动作的元件。如上例中的液压缸。

（6）控制对象。控制对象是机器直接工作的部分，如工作台、刀架等。

### 12.1.3　伺服系统的分类

伺服系统可以从下面不同的角度加以分类：

（1）按输入信号变化规律分类，有定值控制系统、程序控制系统和伺服控制系统三类。

当系统输入信号为定值时，称为定值控制系统，其基本任务是提高系统的抗干扰能力。当系统的输入信号按预先给定的规律变化时，称为程序控制系统。伺服控制系统也称为随动系统，其输入信号是时间的未知函数，输出量能够准确、迅速地复现输入量的变化规律。

（2）按输入信号介质分类，有机液伺服系统、电液伺服系统、气液伺服系统等。

（3）按输出物理量分类，有位置伺服系统、速度伺服系统、力（或压力）伺服系统等。

在液压伺服系统中还可以按控制元件分为阀控系统和泵控系统两类。在液压传动中，阀控系统应用较多，故本章重点介绍阀控伺服系统。

### 12.1.4 伺服系统的优缺点

液压与气压伺服系统除具有液压与气压传动所固有的一系列优点外，还具有控制精度高、响应速度快、自动化程度高等优点。

但是，伺服元件加工精度高，因此价格较贵；特别是液压伺服系统对油液的污染比较敏感，因此可靠性受到影响；在小功率系统中，液压伺服控制不如电气控制灵活。随着科学技术的发展，液压与气压伺服系统的缺点将不断地得到克服。在自动化技术领域中，液压与气压伺服控制有着广泛的应用前景。

## 12.2 典型的伺服控制元件

伺服控制元件是液压与气压伺服系统中最重要、最基本的组成部分，它起着信号转换、功率放大、反馈等控制作用。常用的伺服控制元件有力矩马达或力马达、滑阀、射流管阀、喷嘴挡板阀等，下面简要介绍其结构原理及特点。

### 12.2.1 力矩马达和力马达

力矩马达是一种具有旋转运动的电气-机械转换器，力马达是一种具有直线运动的电气-机械转换器。它们在阀中的作用是将电控信号转换成转角（力矩马达）或直线位移（力马达），用来作为液压放大器的输入信号。

### 12.2.2 滑阀

根据滑阀控制边数（起控制作用的阀口数）的不同，有单边控制、双边控制和四边控制三种类型的滑阀。

图12-6所示为单边滑阀的工作原理。滑阀控制边的开口量 $x_s$ 控制着液压缸右腔的压力和流量，从而控制液压缸运动的速度和方向。来自泵的压力油 $p_s$ 进入单杆液压缸的有杆腔，通过活塞上小孔a进入无杆腔，压力由 $p_s$ 降至 $p_1$，再通过滑阀唯一的节流边流回油箱。在液压缸不受负载作用的条件下，$p_1A_1=p_sA_2$。当阀芯根据输入信号向左移动时，开口量 $x_s$ 增大，无杆腔压力减小，于是 $p_1A_1<p_sA_2$，缸体向左移动。因为缸体和阀体连接成一个整体，故阀体左移又使开口量 $x_s$ 减小（负反馈），直至平衡。

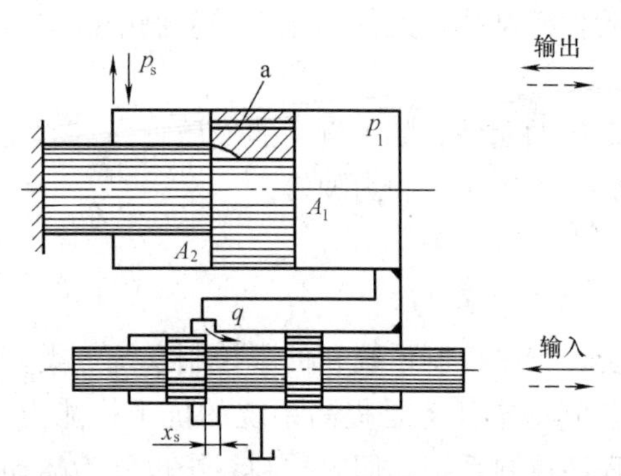

图12-6 单边滑阀的工作原理

图12-7所示为双边滑阀的工作原理。压力油一路直接进入液压缸有杆腔，另一路经滑阀左控制边的开口 $x_{s1}$ 和液压缸无杆腔相通，并经滑阀右控制边的开口 $x_{s2}$ 流回油箱。当滑阀向左移动时，$x_{s1}$ 减小、$x_{s2}$ 增大，液压缸无杆腔压力 $p_1$ 减小，两腔受力不平衡，缸体向左移动，反之缸体向右移动。双边滑阀比单边滑阀的调节灵敏度高、工作精度高。

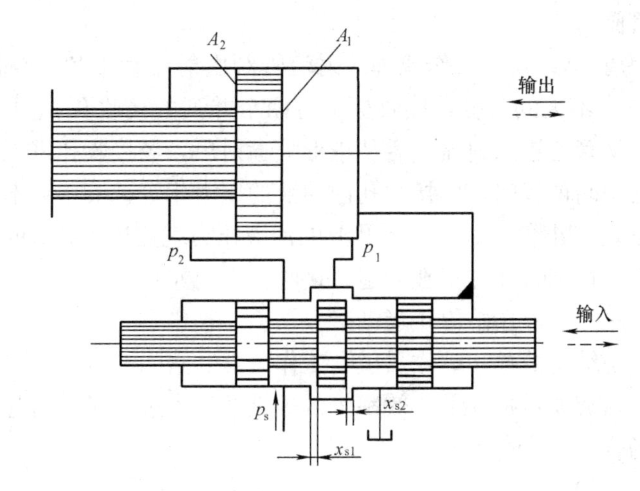


图 12-7　双边滑阀的工作原理

图 12-8 所示为四边滑阀的工作原理。滑阀有四个控制边，开口 $x_{s1}$、$x_{s2}$ 分别控制进入液压两腔的压力油，开口 $x_{s3}$、$x_{s4}$ 分别控制液压缸两腔的回油。当滑阀向左移动时，液压缸左腔的进油口 $x_{s1}$ 减小、回油口 $x_{s3}$ 增大，使 $p_1$ 迅速减小；与此同时，液压缸右腔的进油口 $x_{s2}$ 增大、回油口 $x_{s4}$ 减小，使 $p_2$ 迅速增大。这样就使活塞迅速左移。与双边滑阀相比，四边滑阀同时控制液压缸两腔的压力和流量，故调节灵敏度高，工作精度也高。

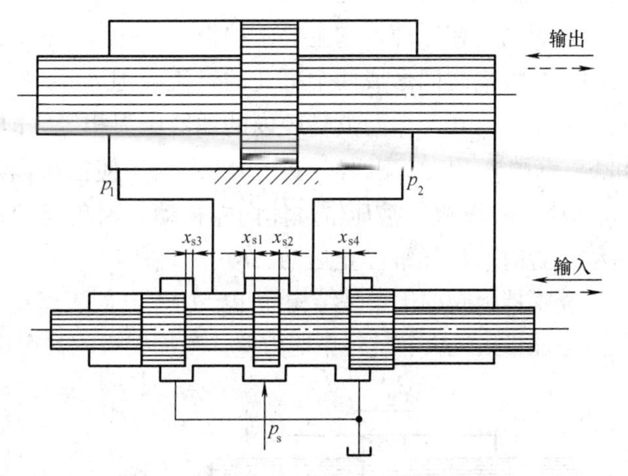


图 12-8　四边滑阀的工作原理

由上述可知，单边、双边和四边滑阀的控制作用是相同的，均起到换向和调节的作用。控制边数越多，控制质量越好，但其结构工艺性差。在通常情况下，四边滑阀多用于精度要求较高的系统，单边、双边滑阀用于一般精度系统。

四边滑阀在初始平衡的状态下，其开口有三种形式，即负开口（$x_s<0$）、零开口（$x_s=0$）和正开口（$x_s>0$），如图 12-9 所示。具有零开口的滑阀，其工作精度最高；负开口有较大的不灵敏区，较少采用；具有正开口的滑阀，工作精度较负开口高，但功率损耗大，稳定性也差。

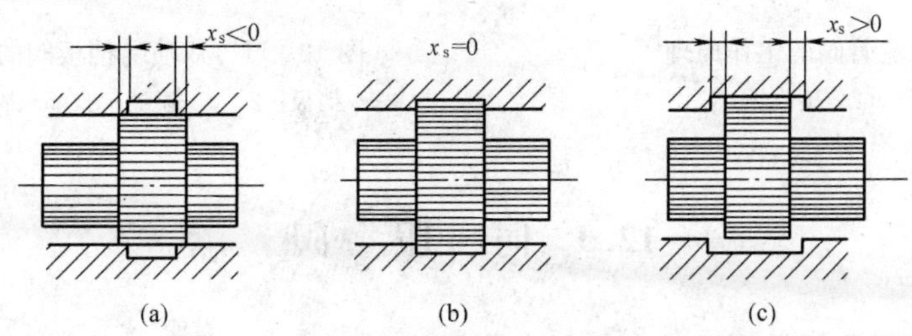


图 12-9　滑阀的三种开口形式

(a) 负开口；(b) 零开口；(c) 正开口

### 12.2.3 射流管阀

图12-10所示为射流管阀的工作原理。射流管阀由射流管1和接收板2组成。射流管可绕$O$轴左右摆动一个不大的角度，接收板上有两个并列的接收孔a、b，它们分别与液压缸两腔相通。压力油从管道进入射流管后从锥形喷嘴射出，经接收孔进入液压缸两腔。当射流管处于两接收孔的中间位置时，两接收孔内油液的压力相等，液压缸不动。当输入信号使射流管绕$O$轴向左摆动一小角度时，进入孔b的油液压力就比进入孔a的油液压力大，液压缸向左移动。由于接收板和缸体连接在一起，接收板也向左移动，形成负反馈，当射流管又处于两接受孔中间位置时，液压缸停止运动。

射流管阀的优点是结构简单、动作灵敏、工作可靠。它的缺点是射流管运动部件惯性较大、工作性能较差；射流能量损耗大、效率较低；供油压力过高时易引起振动。这种控制只适用于低压小功率场合。

### 12.2.4 喷嘴挡板阀

喷嘴挡板阀有单喷嘴和双喷嘴两种，两者的工作原理基本相同。图12-11所示为双喷嘴挡板阀的工作原理，它主要由挡板1、喷嘴2和3、固定节流小孔4和5等元件组成。挡板和两个喷嘴之间形成两个可变的节流缝隙$\delta_1$和$\delta_2$。当挡板处于中间位置时，两缝隙所形成的节流阻力相等，两喷嘴腔内的油液压力相等，即$p_1=p_2$，液压缸不动。压力油经孔道4和5、缝隙$\delta_1$和$\delta_2$流回油箱。当输入信号使挡板向左偏摆时，可变缝隙$\delta_1$关小、$\delta_2$开大，$p_1$上升、$p_2$下降，液压缸缸体向左移动。因负反馈作用，当喷嘴跟随缸体移动到挡板两边对称位置时，液压缸停止运动。

喷嘴挡板阀的优点是结构简单、加工方便、运动部件惯性小、反应快、精度和灵敏度高；缺点是能量损耗大、抗污染能力差。喷嘴挡板阀常用作多级放大伺服控制元件中的前置级。

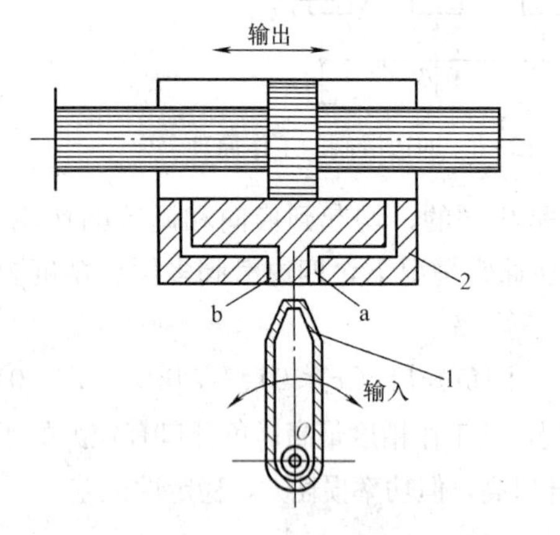


图12-10 射流管阀的工作原理

1—射流管；2—接收板

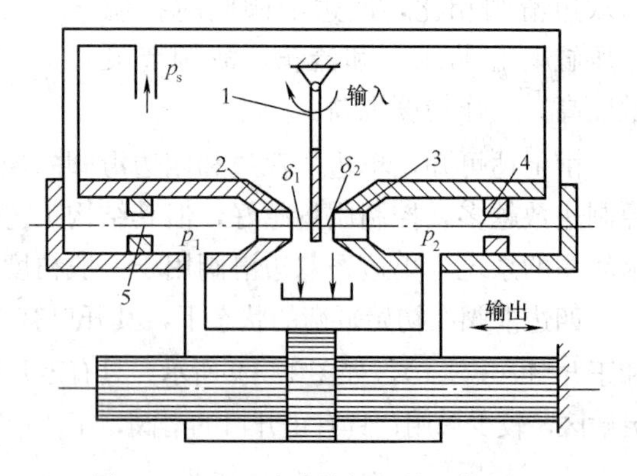


图12-11 双喷嘴挡板阀的工作原理

1—挡板；2、3—喷嘴；4、5—固定节流小孔

## 12.3 伺服阀

液压与气压用伺服阀是电液或电气联合控制的多级伺服元件，它能将微弱的电气输入信号放大成大功率的液压或气压能量输出，以实现对流量和压力的控制。它接受一种模拟量电

控信号，输出随电控信号的大小及极性变化的液压模拟量。电液或电气伺服阀具有控制精度高和放大倍数大等优点，在液压与气压控制系统中得到了广泛应用。

### 12.3.1　液压伺服阀的分类、结构和工作原理

1. 液压伺服阀的分类

液压伺服阀主要指电液伺服阀，它在接受电气模拟信号后，相应输出调制的流量和压力。电液伺服阀既是电液转换元件，也是功率放大元件，它能够将小功率的微弱电气输入信号转换为大功率的液压能（流量和压力）输出。在电液伺服系统中，电液伺服阀将电气部分与液压部分连接起来，实现电液信号的转换与液压放大。电液伺服阀是电液伺服系统控制的核心。

电液伺服阀广泛地应用于电液位置、速度、加速度、力伺服系统及伺服振动发生器中。它具有体积小、结构紧凑、功率放大系数高、控制精度高、直线性好、死区小、灵敏度高、动态性能好、响应速度快等优点。

电液伺服阀按用途、性能和结构特征可分为通用型和专用型；按输出量可分为流量控制伺服阀和压力控制伺服阀；按液压放大级数可分为单级、双级和三级伺服阀；按电气 - 机械转换后动作方式可分为力矩马达式（输出转角）和力马达式（输出直线位移）；按电气 - 机械转换装置可分为动铁式（一般为衔铁转动）与动圈式和干式与湿式；按液压前置级的结构形式可分为单喷嘴挡板式、双喷嘴挡板式、四喷嘴挡板式、射流管式、偏转板射流式和滑阀式；按反馈形式可分为位置反馈、负载流量反馈和负载压力反馈；按输入信号形式可分为连续控制式和脉宽调制式。

通用型流量伺服阀的分类情况如下：

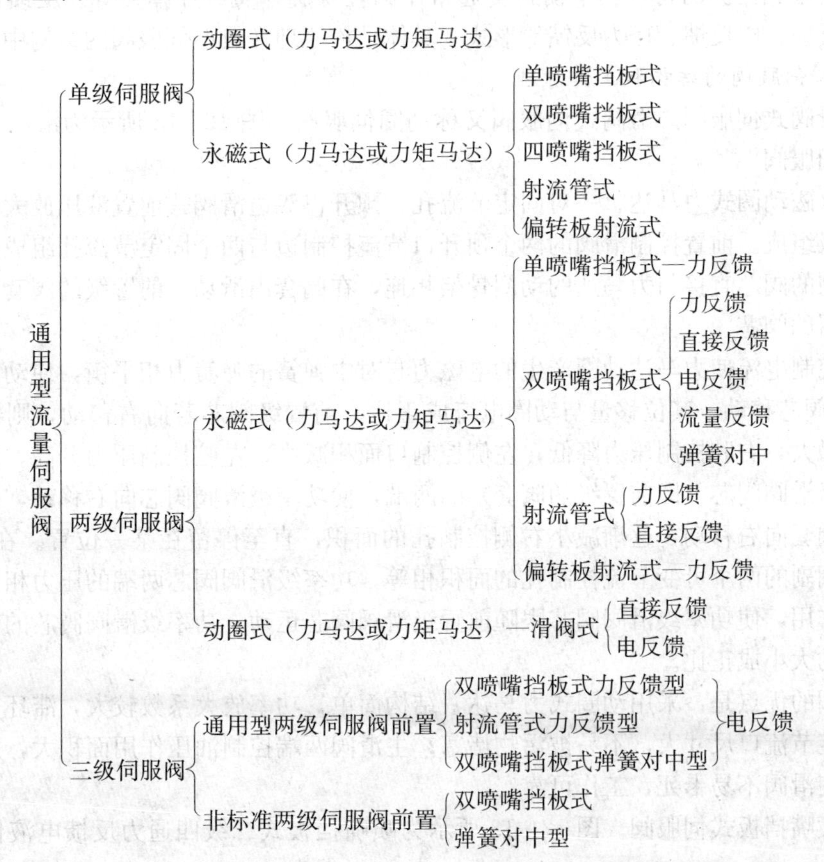

专用型流量伺服阀是为满足系统的某些特殊要求而制造的伺服阀。它通常是按特殊的性能、附加控制作用、安装尺寸及形式、工作环境、试验方法、质量保证措施、电气接插头、材料、工作液以及其他特殊要求等分类。

通用型压力伺服阀一般按液压控制阀的级数及压力反馈原理来分类。通用型压力伺服阀的分类情况如下：

- 通用型压力伺服阀
  - 单级压力伺服阀双喷嘴挡板式
  - 两级压力伺服阀
    - 阀芯力综合式压力反馈
    - 反馈喷嘴式压力反馈

在伺服阀中采用不同的反馈形式可以得到不同的伺服阀输出特性。利用位置反馈和负载流量反馈可实现流量控制，利用负载压力反馈可实现压力控制。而连续控制式伺服阀的输入信号是连续变化的信号，脉宽调制式伺服阀的输入信号是脉宽调制的脉冲信号。连续控制式伺服阀多用于模拟调制的伺服系统中，脉宽调制式伺服阀多用于计算机控制的系统中。

专用型压力伺服阀一般是按其特殊的压力控制特性、特殊的安装结构及其他特殊因素来分类的。

2. 液压伺服阀的组成

伺服阀通常由电气－机械转换器（力马达或力矩马达）、液压放大器和反馈或平衡机构三部分组成。其中，我们已经介绍过了电气－机械转换器（力马达或力矩马达）和液压放大器，而伺服阀的输出级所采用的反馈或平衡机构是为使伺服阀的输出流量或输出压力获得与输入电控信号成比例的特性。平衡机构通常用圆柱螺旋弹簧、片弹簧等。反馈常采用力反馈、位置反馈、电反馈、压力反馈等形式。具体结构原理在典型伺服阀的结构中阐述。

3. 典型伺服阀的结构和工作原理

（1）滑阀式伺服阀。滑阀式伺服阀又称动圈伺服阀。图 12－12 所示为滑阀式直接反馈二级电液伺服阀。

它由永磁动圈式力马达、一对固定节流孔、预开口双边滑阀式前置液压放大器和三通滑阀式功率级组成。前置控制滑阀的两个预开口节流控制边与两个固定节流孔组成一个液压桥路。滑阀副的阀芯直接与力马达的动圈骨架相连，在阀套内滑动。前置级的阀套又是功率级滑阀放大器的阀芯。

输入控制电流使力马达动圈产生的电磁力与对中弹簧的弹簧力相平衡，使动圈和前置级（控制级）阀芯移动，其位移量与动圈电流成正比。前置级阀芯若向右移动，则滑阀右腔控制口面积增大，右腔控制压力降低；左侧控制口面积减小，左腔控制压力升高。该压力差作用在功率级滑阀阀芯（即前置级的阀套）的两端，使功率级滑阀阀芯向右移动，也就是前置级滑阀的阀套向右移动，逐渐减小右侧控制孔的面积，直至停留在某一位置。在此位置上，前置级滑阀副的两个可变节流控制孔的面积相等，功率级滑阀阀芯两端的压力相等。这种直接反馈的作用，使功率级滑阀阀芯跟随前置级滑阀阀芯运动，功率级滑阀阀芯的位移与动圈输入电流的大小成正比。

这种阀的优点是：采用动圈式力马达，结构简单，功率放大系数较大，滞环小和工作行程大；固定节流口尺寸大，不易被污物堵塞；主滑阀两端控制油压作用面积大，从而加大了驱动力，使滑阀不易卡死，工作可靠。

（2）喷嘴挡板式伺服阀。图 12－13 所示为喷嘴挡板式二级四通力反馈电液伺服阀的结

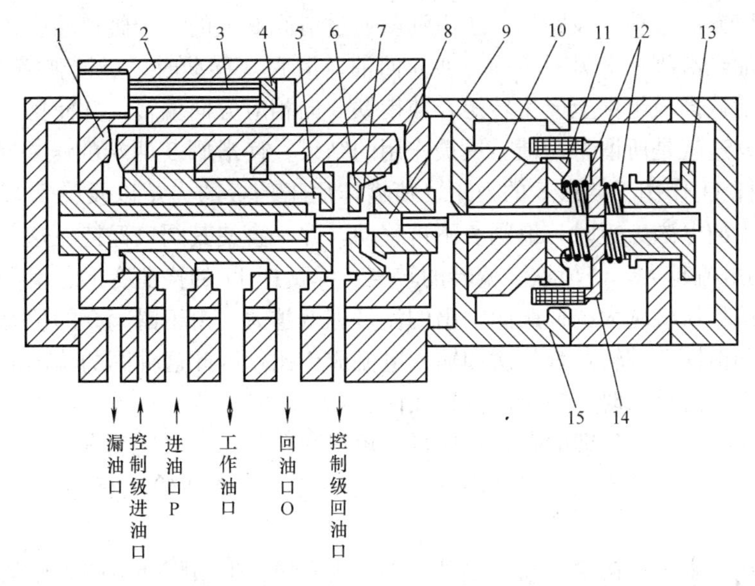


图 12-12　滑阀式二级三通电液伺服阀结构示意图

1—左节流孔；2—壳体；3—滤油器；4—减压孔板；5—控制级节流边；6—主滑阀（控制级阀套）；7—控制级节流边；8—右节流孔；9—控制阀芯；10—磁钢（永久磁铁）；11—动圈；12—对中弹簧；13—调节螺钉；14—内导磁体；15—外导磁体

构示意图。图中上半部为衔铁式力矩马达，下半部为喷嘴挡板式和滑阀式液压放大器。衔铁 3 与挡板 5 和反馈弹簧杆 11 连接在一起，由固定在阀体 10 上的弹簧管 12 支承。弹簧杆 11 下端为一球头，嵌放在滑阀 9 的凹槽内，永久磁铁 1 和导磁体 2、4 形成一个固定磁场。当线圈 13 中没有电流通过时，衔铁 3 和导磁体 2、4 间的四个气隙中的磁通相等，且方向相同，衔铁 3 与挡板 5 都处于中间位置，因此滑阀没有油输出。当有控制电流流入线圈 13 时，一组对角方向的气隙中的磁通增加，另一组对角方向的气隙中的磁通减小。于是衔铁 3 因在磁力作用下克服弹簧管 12 的弹性反作用力而以弹簧管 12 中的某一点为支点偏转 $\theta$ 角，并偏转到磁力所产生的转矩与弹簧管的弹性反作用力产生的反转矩平衡时为止。这时滑阀 9 尚未移动，而挡板 5 因随衔铁 3 偏转而发生挠曲，改变了它与两个喷嘴 6 之间的间隙，一个间隙减小，另一个间隙增大。

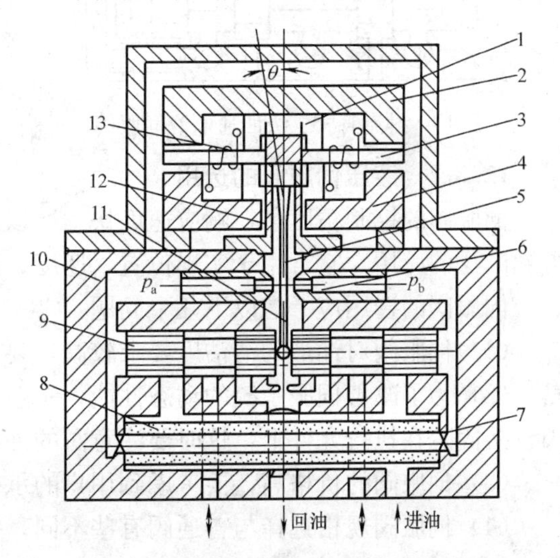


图 12-13　喷嘴挡板式二级四通电液伺服阀结构示意图

1—永久磁铁；2、4—导磁体；3—衔铁；5—挡板；6—喷嘴；7—固定节流口；8—滤油器；9—滑阀；10—阀体；11—反馈弹簧杆；12—弹簧管；13—线圈

通入伺服阀的压力油经滤油器 8，两个对称的固定节流孔 7 和左右喷嘴 6 流出，通向回油。当挡板 5 挠曲，喷嘴挡板的两个间隙不相等时，两喷嘴后侧的压力 $p_a$ 和 $p_b$ 就不相等，它们作用在滑阀 9 的左右端面上，

使滑阀 9 向相应方向移动一段距离，压力油就通过滑阀 9 上的一个阀口输向执行元件，由执行元件回来的油经滑阀 9 上另一个阀口通向回油。滑阀 9 移动时，反馈弹簧杆 11 下端球头跟着移动，在衔铁挡板组件上产生转矩，使衔铁 3 向相应方向偏转，并使挡板 5 在两喷嘴间的偏移量减少，这就是所谓力反馈。反馈作用的结果，使滑阀 9 两端的压差减小。当滑阀 9 通过反馈弹簧杆 11 作用于挡板 5 的力矩、喷嘴作用于挡板的力矩以及弹簧管反力矩之和等于力矩马达产生的电磁力矩时，滑阀 9 不再移动，并一直使其阀口保持在这一开度上。通入线圈 13 的控制电流越大，使衔铁 3 偏转的转矩、弹簧杆 11 的挠曲变形、滑阀 9 两端的压差以及滑阀 9 的偏移量就越大，伺服阀输出的流量也就越大。由于滑阀 9 的位移、喷嘴 6 与挡板之间的间隙和衔铁 3 的转角都依次和输入电流成正比，因此这种阀的输出流量也和输入电流成正比。输入电流反向时，输出流量也反向。

这种伺服阀，由于力反馈的存在，使得力矩马达在其零点附近工作，即衔铁偏转角 $\theta$ 很小，故线性度好。此外，改变反馈弹簧杆 11 的刚度，就能在输入相同电流时改变滑阀的位移。

喷嘴挡板式伺服阀结构紧凑，外形尺寸小，响应快。但喷嘴挡板的工作间隙较小，对油液的清洁度要求较高。

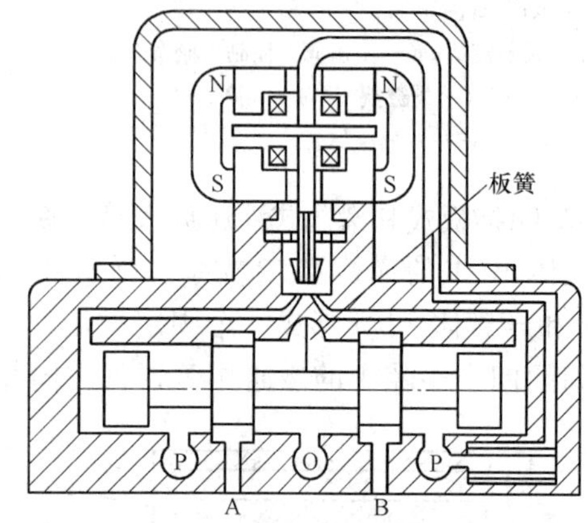

图 12－14　射流管式二级四通电液伺服阀

（3）射流管式伺服阀。图 12－14 所示为射流管式伺服阀的结构示意图。该阀采用衔铁式力矩马达带动射流管，两个接收孔直接和主阀两端面连接，控制主阀运动。主阀靠一个板簧定位，其位移与主阀两端压力差成比例。这种阀的最小通流尺寸（射流管口尺寸）比喷嘴挡板的工作间隙大 4～10 倍，故对油液的清洁度要求较低。缺点是零位泄漏量大；受油液黏度变化影响显著，低温特性差；力矩马达带动射流管，负载惯量大，响应速度低于喷嘴挡板阀。

### 12.3.2　液压伺服阀的选用

伺服阀的控制精度高，响应速度快，所以在航空、冶金、机械、船舶、化工等工业部门得到广泛的应用。它常用于实现位置、速度、加速度和力的控制。

伺服阀的选用应考虑以下几个问题：

（1）伺服阀对油液的清洁度要求较高，要考虑工作环境，采取较好的过滤措施。

（2）为了改善伺服系统的动态性能，一般要尽量缩短阀和执行元件间的连接管道，常将阀直接固定在执行元件上，这时要注意阀的外形尺寸是否妨碍机器的布局。

（3）伺服阀的价格高，要考虑到用户的承受能力。

（4）伺服阀规格选择与普通阀有些不同，一般按下列程序进行。

1）根据负载参数或负载轨迹求出最大负载功率。

2）由最大负载功率时的力 $F_{Lm}$（或转矩 $T_{Lm}$）计算负载压力 $p_L$ 及执行元件所需的流量 $q$。

执行元件为液压缸时

$$p_L = \frac{F_{Lm}}{A_p}$$

$$q = A_p v_{max}$$

式中　$A_p$——缸承载腔的有效作用面积；

$v_{max}$——最大功率时液压缸的速度。

执行元件为液压马达时

$$p_L = \frac{T_{Lm}}{V}$$

$$q = V\omega$$

式中　$V$——马达弧度排量；

$\omega$——最大功率时的角速度。

3）计算供油压力 $p_s$

$$p_s = \frac{3}{2}(p_L + \Delta p)$$

式中　$\Delta p$——阀到执行元件的压力损失。

4）伺服阀的输出流量 $q_L$

$$q_L = (1.15 \sim 1.30)q$$

5）计算伺服阀的压降 $p_v$

$$p_v = p_s - p_L - \Delta p$$

6）根据 $q_L$、$p_v$，从产品样本中的压降—负载流量曲线，找出合适的阀。将阀的额定流量选得大到能使压力—流量特性曲线上对应最大电流的那条曲线包住工作循环中负载流量和负载压力的所有各点，并且确保 $p_L < \frac{2}{3} p_s$，进而保证所有负载都在伺服阀的能力范围内。

7）根据系统执行元件的频率选择伺服阀的频宽，使之高于执行元件 - 负载环节的频宽。

### 12.3.3　气压伺服阀

在气压控制系统中，除了用气压伺服阀控制的气压伺服系统外，还有用比例阀控制的气压比例控制系统。比例控制阀结构简单，价格便宜，维修方便，它是介于普通的开关式控制阀和伺服控制阀之间的控制元件。

比例控制阀与伺服控制阀的区别并不明显。一般认为，比例控制阀消耗的电流大、响应慢、精度低、价廉和抗污染能力强；而伺服阀则相反，但随着科学的发展和技术的进步，比例阀和伺服阀的差距会越来越小。另外，通常而言，比例控制阀适用于开环控制，而伺服控制阀则适用于闭环控制。由于比例/伺服控制阀正处于不断的开发和完善中，新类型较多。下面仅就目前相对成熟的气压比例/伺服控制阀的类型及特性做简单介绍。

初期的气压伺服阀是仿照液压喷嘴挡板式伺服阀加工而成的，不仅价格贵，而且控制精度低，一直未能得到推广与应用。随着微电子、材料、传感器等科学技术的发展，现代控制理论和传感器很容易组合应用，使以低廉的价格实现伺服功能变为可能。气压伺服控制系统实现的可能性重新得到认识，新型气压伺服阀的开发和研究工作再度活跃起来。一般而言，直动式气压伺服阀主要由力马达、阀芯位移检测传感器、控制电路、主阀等构成。阀芯由力马达直接驱动，其位移由传感器检测，形成阀芯位移的局部负反馈，从而提高了响应速度和控制精度。其电源电压为 DC 24V，输入电压为 0～10V。

在图 12-15 所示的输入电压-输出流量的特性曲线中，不同的输入电压对应着不同的阀芯开口面积和位置，也即不同的流量和流动方向。电压为 5V 时，阀芯处于中位；0～5V 时，P 口与 A 口相通；5～10V 时，P 口与 B 口相通。突然停电时，阀芯返回到中位，气缸原位停止，提高了系统的安全性。该阀具有良好的静、动态特性。

气压伺服阀在使用中可用微机作为控制器，通过数/模转换器直接驱动。可使用标准气缸和位置传感器来组成价廉的伺服控制系统。但对于控制性能要求较高的自动化设备，应该使用厂家提供的伺服控制系统，如图 12-16 所示。它包括伺服阀、位移传感器、内置气缸、SPC 型控制器。在图 12-16 中，目标值以程序或模拟量的方式输入给控制器，由控制器向伺服阀发出控制信号，实现对气缸的运动控制。气缸的位移由位移传感器检测，并反馈到控制器等。控制器以气缸位移反馈量为基础，计算出速度、加速度反馈量，再根据运行条件（负载质量、缸径、行程及伺服阀尺寸），自动计算出控制信号的最优值，并作用于伺服阀，从而实现闭环控制。控制器与微机相连应该使用厂家提供的系统管理软件，可实现程序管理、条件设定、远距离操作、动特性分析等多项功能。控制器也可与可编程控制器相连接，从而实现与其他系统的顺序动作、多轴运行等功能。

气压伺服阀有多种规格，主要根据执行元件所需的流量来确定阀的规格。

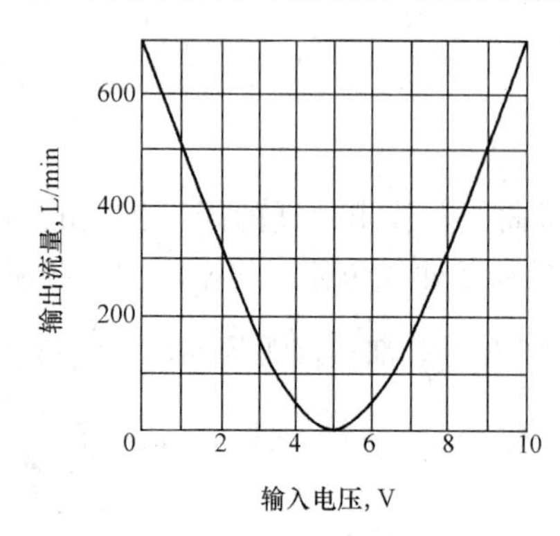


图 12-15 气压伺服阀输入电压—输出流量特性曲线

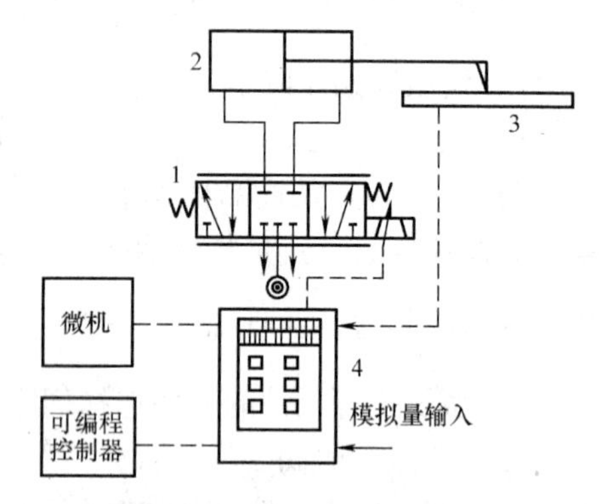


图 12-16 伺服控制系统的组成

1—伺服阀；2—气缸；3—位移传感器；4—SPC 型控制器

## 12.4 液压伺服系统

本节介绍车床液压仿形刀架、机械手伸缩运动伺服系统和钢带张力控制系统，它们分别代表不同类型的液压伺服系统。

### 12.4.1 车床液压仿形刀架

车床液压仿形刀架是机液伺服系统。下面结合图 12-17 来说明它的工作原理和特点。液压仿形刀架倾斜安装在车床溜板 5 的上面，工作时随溜板纵向移动。样板 12 安装在床身后侧支架上固定不动。液压泵站置于车床附近。仿形刀架液压缸的活塞杆固定在刀架 3 的底座上，缸体 6、阀体 7 和刀架连成一体，可在刀架底座的导轨上沿液压缸轴向移动。滑阀阀芯 10 在弹簧的作用下通过杆 9 使杠杆 8 的触销 11 紧压在样板上。

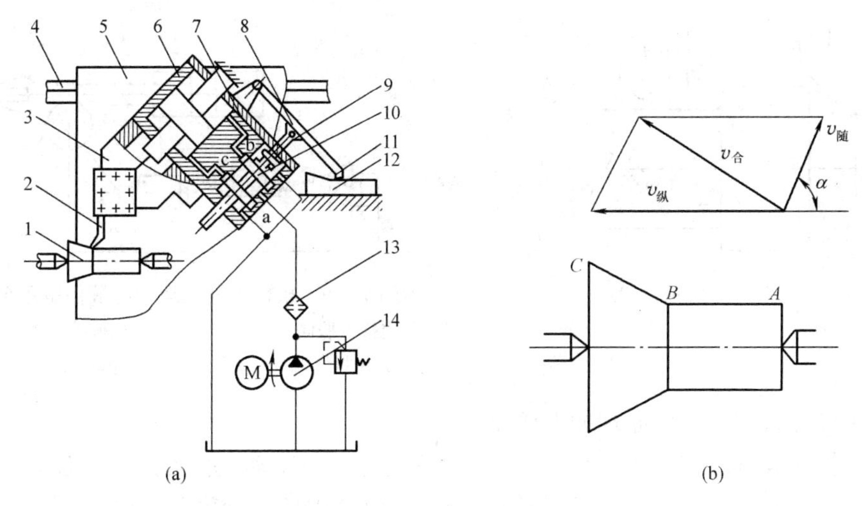


图 12 - 17　车床液压仿形刀架的工作原理

(a) 原理图；(b) 速度合成图

1—工件；2—车刀；3—刀架；4—导轨；5—溜板；6—缸体；7—阀体；8—杠杆；
9—杆；10—阀芯；11—触销；12—样板；13—滤油器；14—液压泵

在车削圆柱面时，溜板 5 沿床身导轨 4 纵向移动。杠杆触销在样板的圆柱段内水平滑动，滑阀阀口不打开，刀架只能随溜板一起纵向移动，刀架在工件 1 上车出 $AB$ 段圆柱面。

车削圆锥面时，触销沿样板的圆锥段滑动，使杠杆向上偏摆，从而带动阀芯上移，打开阀口，压力油进入液压缸上腔，推动缸体连同阀体和刀架轴向后退。阀体后退又逐渐使阀口关小，直至关闭。在溜板不断地做纵向运动的同时，触销在样板的圆锥段上不断抬起，刀架也就不断地做轴向后退运动，此两运动的合成就使刀具在工件上车出 $BC$ 段圆锥面。

其他曲面形状或凸肩也都是这样合成切削来形成的。如图 12 - 18 所示，图中 $v_1$、$v_2$ 和 $v$ 分别表示溜板带动刀架的纵向运动速度、刀具沿液压缸轴向的运动速度和刀具的实际合成速度。

液压缸（执行元件）是以一定的仿形精度按着触销输入位移信号的变化规律而动作的，所以仿形刀架液压系统是液压伺服系统。

### 12. 4. 2　机械手伸缩运动伺服系统

一般机械手能实现机械手的伸缩、回转、升降和手腕的动作，每一个动作都是由液压伺服系统驱动的，其原理相同。现仅以伸缩伺服系统为例，介绍其工作原理。

图 12 - 19 所示为机械手手臂伸缩电液伺服系统原理图。它主要由电液伺服阀 1、液压缸 2、活塞杆带动的机械手手臂 3、齿轮齿条机构 4、电位器 5、步进电动机 6、放大器 7 等元件组成，是电液位置伺服系统。当电位器的触头处在中位时，触头上没有电压输出；当它偏离这个位置时，由于产生了偏差就会输出相应的电压。电位器触头产生的微弱电压，经放大器放大后对电液伺服阀进行控制。电位器触头由步进电动机带动旋转，步进电动机的角位移和角速度由数字控制装置发出的脉冲数和脉冲频率控制。齿条固定在机械手手臂上，电位器壳体固定在齿轮上，所以当手臂带动齿轮转动时，电位器壳体同齿轮一起转动，形成负反馈。

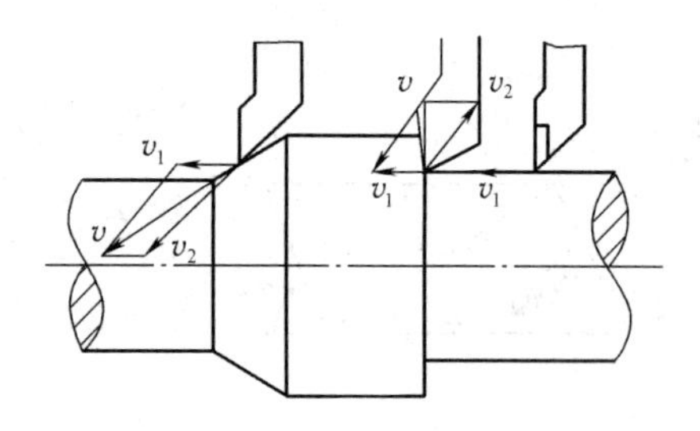

图 12-18 进给运动合成示意

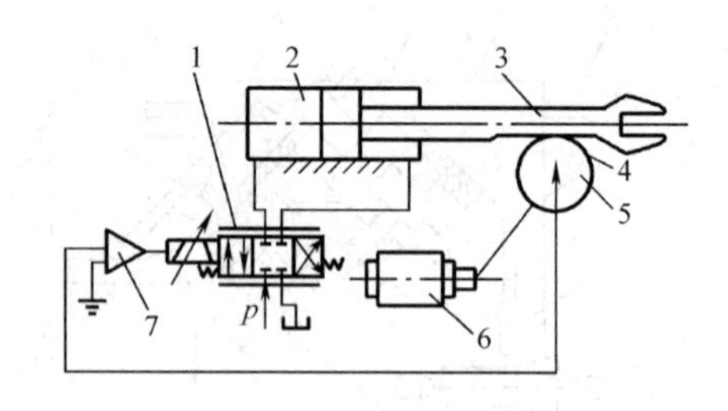

图 12-19 机械手伸缩运动电液伺服系统原理

1—电液伺服阀；2—液压缸；3—机械手手臂；4—齿轮齿条机构；5—电位器；6—步进电动机；7—放大器

机械手伸缩系统的工作原理如下所述。

由数字控制装置发出一定数量的脉冲，使步进电动机带动电位器 5 的动触头转过一定的角度 $\theta_i$（假定为顺时针方向转动），动触头偏离电位器中位，产生微弱电压 $u_1$，经放大器 7 放大成 $u_2$ 后，输入给电液伺服阀 1 的控制线圈，使伺服阀产生一定的开口量。这时压力油经阀的开口进入液压缸的左腔，推动活塞连同机械手手臂一起向右移动，行程为 $x_v$；液压缸右腔的回油经伺服阀流回油箱。由于齿轮和机械手手臂上齿条相啮合，手臂向右移动时，电位器随着做顺时针方向转动。当电位器的中位和触头重合时，偏差为零，则动触头输出电压为零，电液伺服阀失去信号，阀口关闭，手臂停止移动。手臂移动的行程决定于脉冲数量，速度决定于脉冲频率。当数字控制装置发出反向脉冲时，步进电动机逆时针方向转动，手臂缩回。

图 12-20 所示为机械手手臂伸缩运动伺服系统方框图。

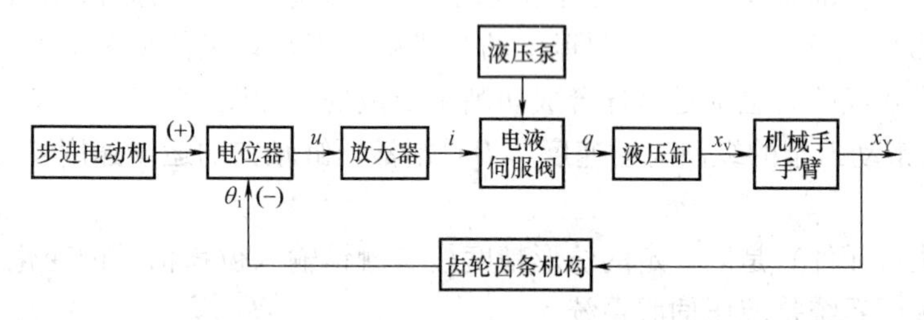

图 12-20 机械手伸缩运动伺服系统方框图

### 12.4.3 钢带张力控制系统

在钢带生产过程中，经常要求控制钢带的张力（如在热处理炉内进行热处理时），因此对薄带材的连续生产提出了高精度恒张力控制的要求。

图 12-21 所示为钢带张力控制液压伺服系统原理。

在钢带张力控制液压伺服系统中，热处理炉内的钢带张力由钢带牵引辊组 2 和张力辊组 8 来确定。用直流电动机 $M_1$ 作牵引，直流电动机 $M_2$ 作为负载，以形成所需的张力。如果用调节系统中某一部件的位置来控制张力，由于在系统中各部件惯量大，时间滞后大，控制精度低，不能满足要求，故在两辊组之间设置一液压伺服张力控制系统来控制精度。其工作原理是：在转向辊 4 左右两侧下方各设置力传感器 5，将它作为检测装置，两传感器检测所得到的信号平均值与给定信号值相比较，当出现偏差信号时，信号经电放大器 9 放大后输入给电液伺服阀 7。如果实际张力与给定值相等，则偏差信号为零，电液伺服阀没有输出，液

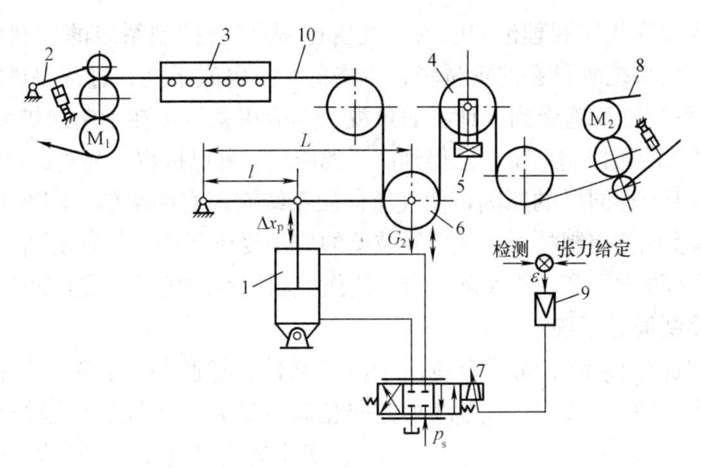


图 12 - 21　钢带液压张力控制系统原理

1—液压缸；2—牵引辊组；3—热处理炉；4—转向辊；5—力传感器；6—浮动辊；7—电液伺服阀；8—张力辊组；9—放大器；10—钢带

压缸 1 保持不动，浮动辊 6 不动。当张力增大时，偏差信号使电液伺服阀有一定的开口量，供给一定的流量，使液压缸向上移动，浮动辊上移，使张力减小到一定值。反之，当张力减小时，产生的偏差信号使电液伺服阀控制液压缸向下移动，浮动辊下移，使张力增大到一定值。因此，该系统是一个恒张力控制系统。它保证了钢带的张力符合要求，提高了钢材的质量。张力控制系统的职能方框图如图 12 - 22 所示。

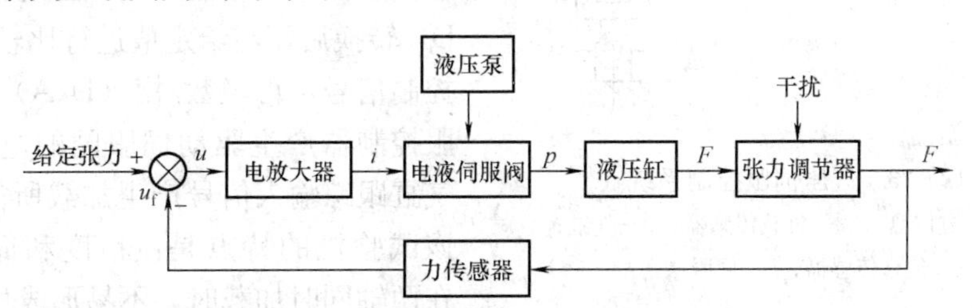


图 12 - 22　液压张力控制系统职能方框图

## 12.5　气压伺服系统

本节简单介绍气压力控制伺服系统、张力控制伺服系统和加压控制伺服系统，它们分别代表不同类型的气压伺服系统。

气压控制系统与液压控制系统相比，最大的不同点在于空气与油液的压缩性和黏性的不同，空气的压缩性大、黏性小，有利于构成柔软型驱动机构和实现高速运动。但是，压缩性大会带来压力响应的滞后；黏性小意味着系统阻尼小或衰减不足，易引起系统的振动。另外，由于阻尼小，系统的增益不可能高，系统的稳定性易受外部干扰和系统参数变化的影响，难于实现高精度控制。所以，过去人们一直认为气压控制系统只能用于气缸行程两端的开关控制，难于满足对位置或力连续可调的高精度控制要求。因此，在设计伺服控制系统时，除了一些特殊的应用场合，很少选择气压伺服控制系统。但是，随着新型的气压比例/

伺服控制阀的开发和现代控制理论的引入，气压比例/伺服控制系统的控制性能得到了极大的提高。再加上气压系统所具有的重量轻、价格低、抗电磁干扰、过载保护能力等优点，气压比例/伺服控制系统越来越受到设计者的重视，其应用领域正在不断地扩大。

比例控制技术在液压控制系统中已得到广泛的应用，并已取得了显著的经济效益。而在气压控制系统中，由于上述同样的原因，使气压伺服系统有固有频率低、刚度弱、非线性严重、不易稳定等缺点，使比例控制技术在气压领域上的应用受到了限制，研究进展速度相对缓慢。但随着相关技术的不断发展和工程实际需求，比例控制技术在气压领域上的应用将越来越多。

### 12.5.1 力控制伺服系统

气压比例/伺服控制系统非常适合应用于汽车部件、橡胶制品、轴承、键盘等产品的中小型疲劳试验机中。图 12-23 所示为汽车方向盘疲劳试验机的气压伺服控制系统。该试验机主要由试件 1（方向盘）、负载传感器 2、气缸 3、位移传感器 4、伺服控制阀 5、伺服控制器、计算机等组成。要求向试件方向盘的轴向、径向和螺旋方向，单独或复合（两轴同时）地施加正弦变化的负载，然后检测其寿命。在图 12-23 中，根据系统的要求，输入一定幅值和频率的信号。由负载传感器检测出实际气缸的施加力，经伺服控制放大器放大、滤波和模/数（A/D）转换后，与给定值进行比较，从而产生控制信号，再经数/模（D/A）转换后由伺服控制器产生驱动伺服阀的电流，从而使气缸跟踪输入信号产生加载所需要的负载。该试验机的特点是：精度和简单性兼顾；在两轴同时加载时，不易形成相互干涉。

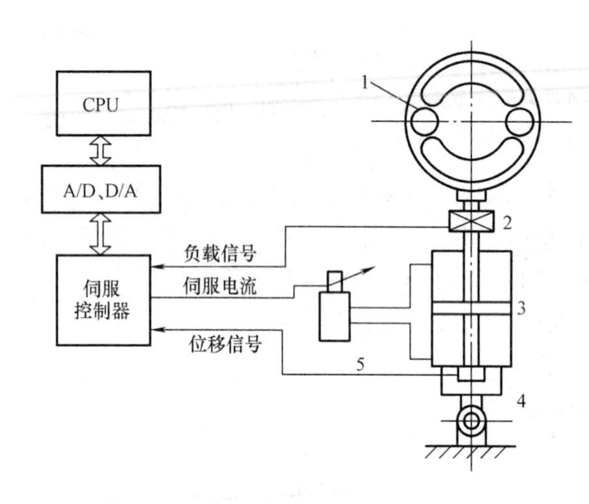


图 12-23 气压伺服控制系统
1—试件（方向盘）；2—负载传感器；3—气缸；4—位移传感器；5—伺服阀

### 12.5.2 张力控制伺服系统

在印刷、纺织、造纸等许多工业领域中，张力控制是不可缺少的工艺手段。例如，带材或板材（纸张、胶片、电线、金属薄板等）的卷绕机，在卷绕过程中，为了保证产品的质量，都要求卷筒张力保持一定。由于气压制动器具有价廉、维修简单、制动力矩范围变更方便等特点，所以在各种卷绕机中得到了广泛的应用。图 12-24 所示为采用比例压力阀组成的张力控制系统，它主要由卷筒 1、带材或板材 2、张力传感器 3、比例压力阀 4、气压制动器 5 等组成。系统工作时，高速运动的带材或板材的张力由张力传感器检测，并反馈到控制器，控制器以张力反馈值与输入值的偏差为基础，采用一定的控制算法，输出控制量到比例压力阀，从而调整气压制动器的制动压力，以保证带材的张力恒定。在张力控制中，控制精度比响应速度要求高，应该选用控制精度较高的喷嘴挡板式比例压力阀。

### 12.5.3 加压控制伺服系统

图 12-25 所示为磨床中的加压控制伺服系统。在这种应用场合下，控制精度比响应速度要求高，同样应选用控制精度较高的喷嘴挡板式或开关电磁阀式比例压力阀。值得注意的是，加压控制的精度不仅取决于比例压力阀的精度，气缸的摩擦阻力特性影响也很大。标准

气缸的摩擦阻力随着工作压力、运动速度等因素变化，难于实现平稳加压控制。所以在此应用场合下，应该选用低速、恒摩擦阻力气缸。该系统主要由比例压力阀 1、气缸 2、夹具 3、磨石 4、减压阀 5 等组成，系统中减压阀的作用是向气缸有杆腔加一恒压，以平衡活塞杆和夹具机构的自重。在工作过程中，首先关闭比例压力阀，调整减压阀的压力值，使气缸下腔作用在活塞上的力与活塞杆及夹具机构的自重相平衡。然后根据磨削所需要的力控制比例压力阀，使气缸产生所需的力施加于工件上。

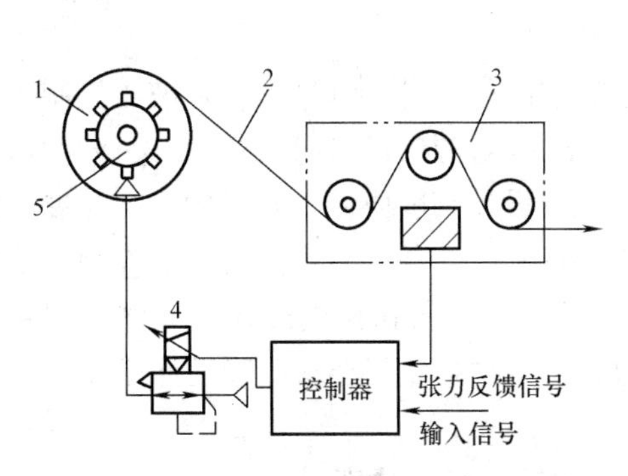


图 12 - 24　张力控制伺服系统

1—卷筒；2—带材或板材；3—张力传感器；4—比例压力阀；5—气压制动器

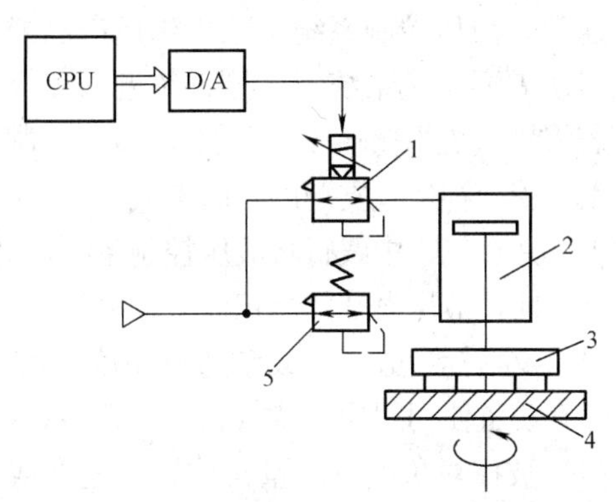


图 12 - 25　加压控制伺服系统

1—比例压力阀；2—气缸；3—夹具；4—磨石；5—减压阀

## 12.6　液压伺服系统设计

在液压伺服系统中采用液压伺服阀作为输入信号的转换与放大元件。液压伺服系统能以小功率的电信号输入，控制大功率的液压能（流量与压力）输出，并能获得很高的控制精度和很快的响应速度。位置控制、速度控制、力控制三类液压伺服系统一般的设计步骤如下：

（1）明确设计要求：明确液压控制系统的负载及工况、系统各项性能的要求。

（2）设计控制系统设计方案，画出控制系结构示意图、液压系统原理图、控制系统原理方块图；规划各组成部分的解决方案。

（3）静态计算：确定动力元件参数，选择反馈元件及其他电气元件。

（4）动态计算：确定系统的传递函数，绘制开环伯德图，分析稳定性，计算动态性能指标。

（5）校核精度和性能指标，选择校正方式和设计校正元件。

（6）选择液压能源及相应的附属元件。

（7）系统安装与调试，使之符合预期设计目标。

下面依照上述设计步骤，进一步说明液压伺服系统的设计原则和介绍具体设计计算方法。由于位置控制系统是最基本和应用最广的系统，所以介绍将以阀控液压缸位置系统为主。

### 12.6.1　全面理解设计要求

1. 全面了解被控对象

液压伺服控制系统是被控对象——主机的一个组成部分，它必须满足主机在工艺上和结构上对其提出的要求。例如轧钢机液压压下位置控制系统，除了应能够承受最大轧制负载，满足轧钢机轧辊辊缝调节最大行程、调节速度和控制精度等要求外，执行机构——压下液压缸在外形尺寸上还受轧钢机型号的约束，结构上还必须保证满足更换轧辊方便等要求。要设计一个好的控制系统，必须充分重视这些问题的解决。所以设计师应全面了解被控对象的工况，并综合运用电气、机械、液压、工艺等方面的理论知识，使设计的控制系统满足被控对象的各项要求。

2. 明确设计系统的性能要求

通常，液压控制系统不独立构成产品或设备，而只是机械设备和产品的重要组成部分。液压系统需要机械系统、电控系统融为一个整体。

若将机械机构比喻成“骨骼”，液压控制系统通常比喻成“肌肉或筋”，或者液压控制系统是可以接受“神经”支配的“肌肉或筋”。这种关系要求液压控制设计师具备机-电-液一体化的意识，并在工作中践行将液压控制系统设计与机械系统设计高度协调，乃至融合。在展开液压设计之前，液压设计师应积极了解主机用途、工作原理和工作条件，协商主机对控制系统的技术要求及指标参数等；或者通过阅读电液伺服系统设计任务书和整机设计任务书等相关资料，明确设备使用用途、特点和工作条件等；在此基础上，根据主机要求明确设计任务。

（1）被控对象的物理量：位置、速度或力。

（2）静态极限：最大行程、最大速度、最大力或力矩、最大功率。

（3）要求的控制精度：由给定信号、负载力、干扰信号、伺服阀及电控系统零漂、非线性环节（如摩擦力、死区等）及传感器引起的系统误差，定位精度，分辨率及允许的漂移量等。

（4）动态特性：相对稳定性可用相位裕量和增益裕量、谐振峰值和超调量等来规定，响应的快速性可用截止频率或阶跃响应的上升时间和调整时间来规定。

（5）工作环境：主机的工作温度、工作介质的冷却、振动与冲击、电气元件的噪声干扰以及相应的耐高温、防水防腐蚀、防振等要求。

（6）特殊要求：设备重量、安全保护、工作的可靠性及其他工艺要求。

3. 负载特性分析

正确确定系统的外负载是设计控制系统的一个基本问题。它直接影响系统的组成和动力元件参数的选择，所以分析负载特性应尽量反映客观实际。液压伺服系统的负载类型有惯性负载、弹性负载、黏性负载、各种摩擦负载（如静摩擦、动摩擦等），以及重力和其他不随时间、位置等参数变化的恒值负载等。

### 12.6.2 拟订控制方案、绘制系统原理图

在全面了解设计要求之后，可根据不同的控制对象，按表12-1所示的基本类型选定控制方案并拟订控制系统的方框图。例如对直线位置控制系统一般采用阀控液压缸的方案，控制方块图如图12-26所示。

**表12-1 液压伺服系统控制方式的基本类型**

| 伺服系统 | 控制信号 | 控制参数 | 运动类型 | 元件组成 |
|---|---|---|---|---|
| 机液<br>电液<br>气液<br>电气液 | 模拟量<br>数字量<br>位移量 | 位置、速度、加速度、力、力矩、压力 | 直线运动<br>摆动运动<br>旋转运动 | 阀控制：阀-液压缸，阀-液压马达<br>容积控制：变量泵-液压缸；变量泵-液压马达；阀-液压缸-变量泵-液压马达<br>其他：步进式力矩马达 |

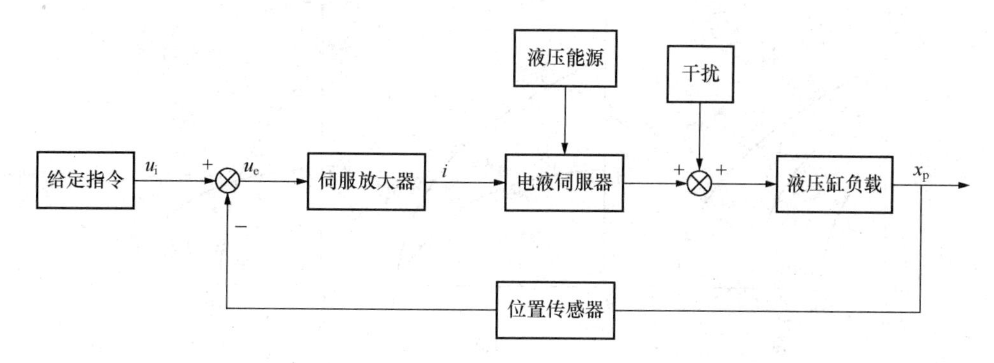


图 12 - 26　阀控液压缸位置控制系统方框图

### 12.6.3　动力元件参数选择

动力元件是伺服系统的关键元件。首先，需保证在整个工作循环中使负载按设定的速度运动。其次，其主要性能参数能满足整个系统所要求的动态特性。此外，动力元件参数的选择还必须考虑与负载参数的最佳匹配，以保证系统的功耗最小，效率提高。

动力元件的主要参数包括系统的供油压力、液压缸的有效面积（或液压马达排量）、伺服阀的流量。当选定液压马达作执行元件时，还应包括齿轮的传动比。

1. 供油压力的选择

选用较高的供油压力，在相同输出功率条件下，可减小执行元件——液压缸的活塞面积（或液压马达的排量），因而泵和动力元件尺寸小，重量轻，设备结构紧凑，同时油腔的容积减小，容积弹性模数增大，有利于提高系统的响应速度。但是随供油压力增加，由于受材料强度的限制，液压元件的尺寸和重量也有增加的趋势，元件的加工精度也要求提高，系统的造价也随之提高。同时，高压时，泄漏大，发热高，系统功率损失增加，噪声加大，元件寿命降低，维护也较困难。所以条件允许时，通常还是选用较低的供油压力。

常用的供油压力等级为 7～28MPa，可根据系统的要求和结构限制条件选择适当的供油压力。

2. 伺服阀流量与执行元件尺寸的确定

如上所述，动力元件参数选择除应满足拖动负载和系统性能两方面的要求外，还应考虑与负载的最佳匹配。下面着重介绍与负载最佳匹配问题。

（1）动力元件的输出特性。将伺服阀的流量 - 压力曲线经坐标变换，$F_L = p_L A$，$v = \frac{q_L}{A}$，绘于$v$- $F_L$平面上，所得的抛物线即为动力元件稳态时的输出特性，如图 12 - 27 所示。

图 12 - 27 中，$F_L$为负载力；$p_L$为伺服阀工作压力；$A$ 为液压缸有效面积；$v$ 为液缸活塞速度，$q_0$为伺服阀的空载流量；$p_s$为供油压力。

由图 12 - 27 可见，当伺服阀规格和液压缸面积不变时，提高供油压力，曲线向外扩展，最大功率提高，最大功率点右移，见图 12 - 27（a）。

当供油压力和液压缸面积不变时，加大伺服阀规格，曲线变高，曲线的顶点 $A_{ps}$ 不变，最大功率提高，最大功率点不变，见图 12 - 27（b）。

当供油压力和伺服阀规格不变时，加大液压缸面积 $A$，曲线变低，顶点右移，最大功率不变，最大功率点右移，见图 12 - 27（c）。

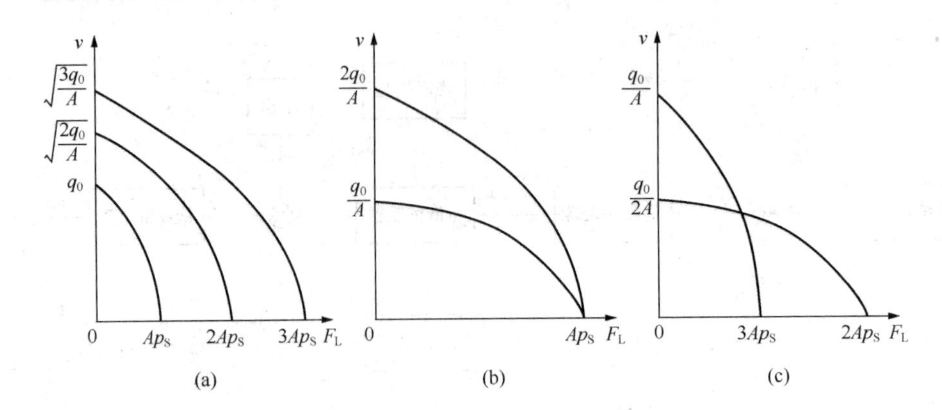


图 12-27 参数变化对动力机构输出特性的影响

(a) 供油压力变化；(b) 伺服阀容量变化；(c) 液压缸面积变化

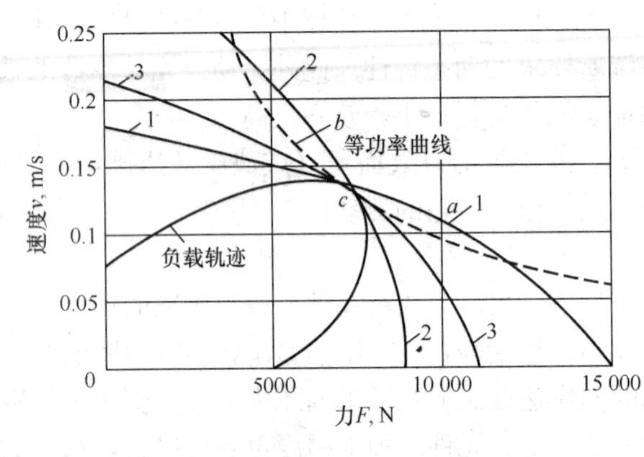


图 12-28 动力元件与负载匹配图

(2) 负载最佳匹配图解法。在负载轨迹曲线$v$-$F_L$平面上，画出动力元件输出特性曲线，调整参数，使动力元件输出特性曲线从外侧完全包围负载轨迹曲线，即可保证动力元件能够拖动负载。在图 12-28 中，曲线 1、2、3 代表三条动力元件的输出特性曲线。曲线 2 与负载轨迹最大功率点 $c$ 相切，符合负载最佳匹配条件，而曲线 1、3 上的工作点 $a$ 和 $b$，虽能拖动负载，但效率都较低。

(3) 近似计算法。在工程设计中，设计动力元件时常采用近似计算法，即按最大负载力$F_{Lmax}$选择动力元件。在动力元件输出特性曲线上，限定

$$F_{Lmax} \leqslant p_L A = \frac{2}{3} p_s A$$

并认为负载力、最大速度和最大加速度是同时出现的，这样液压缸的有效面积可按下式计算：

$$A = \frac{F_{Lmax}}{p_L} = \frac{m\ddot{x} + B\dot{x} + kx + F_L}{2p_s/3}$$

按油缸的有效面积公式求得 $A$ 值后，可计算负载流量$q_L$，即可根据阀的压降从伺服阀样本上选择合适的伺服阀。近似计算法应用简便，然而是偏于保守的计算方法，采用这种方法可以保证系统的性能，但传递效率稍低。

(4) 按液压固有频率选择动力元件。对功率和负载很小的液压伺服系统来说，功率损耗不是主要问题，可根据系统要求的液压固有频率来确定动力元件。

四边滑阀控制的液压缸，其活塞的有效面积为

$$A = \sqrt{\frac{V_0 m}{2\beta_e}}\,\omega_k$$

二边滑阀控制的液压缸，其活塞的有效面积为

$$A=\sqrt{\frac{V_0 m}{\beta_e}}\omega_k$$

其中，$\omega_k$为液压固有频率，可以按系统要求频宽的 5～10 倍来确定；$\beta_e$ 为油液的有效弹性模量，一般取 7000kgf/cm$^2$。对一些干扰力大，负载轨迹形状比较复杂的系统，不能按上述的几种方法计算动力元件，只能通过作图法来确定动力元件。

计算阀控液压马达组合的动力元件时，只要将上述计算方法中液压缸的有效面积 $A$ 换成液压马达的排量 $D$，负载力$F_L$换成负载力矩$T_L$，负载速度换成液压马达的角速度 $\dot{\delta}$，就可以得到相应的计算公式。当系统采用减速机构时，应注意把负载惯量、负载力、负载的位移、速度、加速度等参数都转换到液压马达的轴上才能作为计算的参数。同时在满足液压固有频率的要求下，求出的减速机构最小传动比即为最佳传动比。

3. 伺服阀的选择

根据所确定的供油压力$p_s$和由负载流量$q_L$（即要求伺服阀输出的流量）计算得到的伺服阀空载流量$q_0$，即可由伺服阀样本确定伺服阀的规格。因为伺服阀输出流量是限制系统频宽的一个重要因素，所以伺服阀流量应留有余量。通常可取 15%左右的负载流量作为伺服阀的流量储备。

4. 执行元件的选择

液压伺服系统的执行元件是整个控制系统的关键部件，直接影响系统性能的好坏。执行元件的选择与设计，除了按本节所述的方法确定液压缸有效面积 $A$（或液压马达排量 $D$）的最佳值外，还涉及密封、强度、摩擦阻力、安装结构等问题。

### 12.6.4　反馈传感器的选择

根据所检测的物理量，反馈传感器可分为位移传感器、速度传感器、加速度传感器和力（或压力）传感器。分别用于不同类型的液压伺服系统，作为系统的反馈元件。闭环控制系统的控制精度主要取决于系统的给定元件和反馈元件的精度，因此合理选择反馈传感器十分重要。

为了给系统提供被测量的瞬时真值，减小相位滞后，传感器的频宽一般应选择为控制系统频宽的 5～10 倍。如此选择对一般系统都能满足要求，因此传感器的传递函数可近似按比例环节来考虑。

### 12.6.5　确定系统方框图

根据系统原理图及系统各环节的传递函数，即可构成系统的控制方框图。根据系统的方块图可直接写出系统开环传递函数。阀控液压缸和阀控液压马达控制系统二者的传递函数具有相同的结构形式，只要把相应的符号变换一下即可。

### 12.6.6　绘制系统开环伯德图并确定开环增益

系统的动态计算与分析在这里是采用频率法。首先根据系统的传递函数，求出伯德图。在绘制伯德图时，需要确定系统的开环增益 $K$。

改变系统的开环增益 $K$ 时，开环伯德图上幅频曲线只升高或降低一个常数，曲线的形状不变，其相频曲线也不变。伯德图上幅频曲线的低频段、穿越频率及幅值增益裕量分别反映了闭环系统的稳态精度、截止频率及系统的稳定性。所以可根据闭环系统所要求的稳态精度、频宽及相对稳定性，在开环伯德图上调整幅频曲线位置的高低，来获得与闭环系统要求相适应的 $K$ 值。

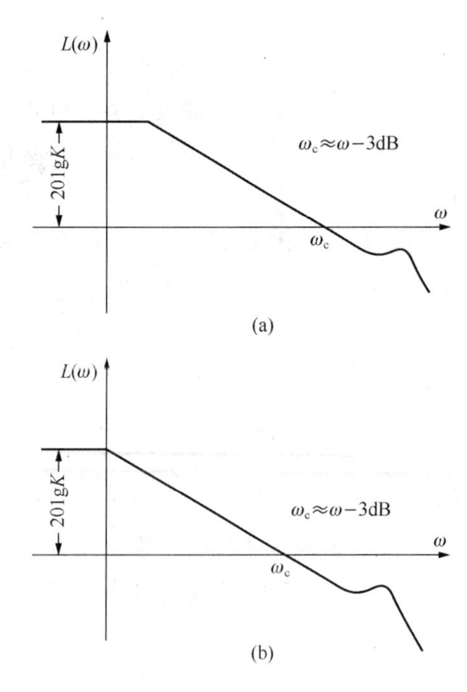


图 12-29 由 $\omega-3\text{dB}$ 绘制开环对数幅频特性

(a) 0 型系统；(b) I 型系统

1. 由系统的稳态精度要求确定 $K$

由控制原理可知，不同类型控制系统的稳态精度取决于系统的开环增益。因此，可以由系统对稳态精度的要求和系统的类型计算得到系统应具有的开环增益 $K$。

2. 由系统的频宽要求确定 $K$

分析二阶或三阶系统特性与伯德图的关系可知，当 $\xi_h$ 和 $K/\omega_h$ 都很小时，可近似认为系统的频宽等于开环对数幅值曲线的穿越频率，即 $\omega-3\text{dB}\approx\omega_c$，所以可绘制对数幅频曲线，使 $\omega_c$ 在数值上等于系统要求的 $\omega-3\text{dB}$ 值，如图 12-29 所示。由此图可得 $K$ 值。

3. 由系统相对稳定性确定 $K$

系统相对稳定性可用幅值裕量和相位裕量来表示。根据系统要求的幅值裕量和相位裕量来绘制开环伯德图，同样也可以得到 $K$。

实际上通过作图来确定系统的开环增益 $K$，往往要综合考虑，尽可能同时满足系统的几项主要性能指标。

### 12.6.7 系统静动态品质分析及确定校正特性

在确定系统传递函数的各项参数后，可通过闭环伯德图、时域响应过渡过程曲线或参数计算对系统的各项静动态指标和误差进行校核。如果设计的系统性能不满足要求，则应调整参数，重复上述计算或采用校正环节对系统进行补偿，改变系统的开环频率特性，直至满足系统的要求。

### 12.6.8 计算机仿真分析

在很多情况下，特别是系统动态响应较高时，较难实现伺服阀的频带远大于液压动力原件的固有频率（5～10 倍），电液伺服阀必须惯性环节或二阶振荡环节。上述分析方法将变得很困难，这时可以借助数字仿真软件进行系统的分析与设计。图 12-30 所示为四通阀液压马达电液伺服控制系统。为了表达仿真软件分析复杂模型的基本方法，本章将反馈传感器及放大器动态和伺服放大器动态均建立模型。依此建立 Simulink 仿真模型并在此环境中可方便地进行各种仿真分析，这里不再赘述。

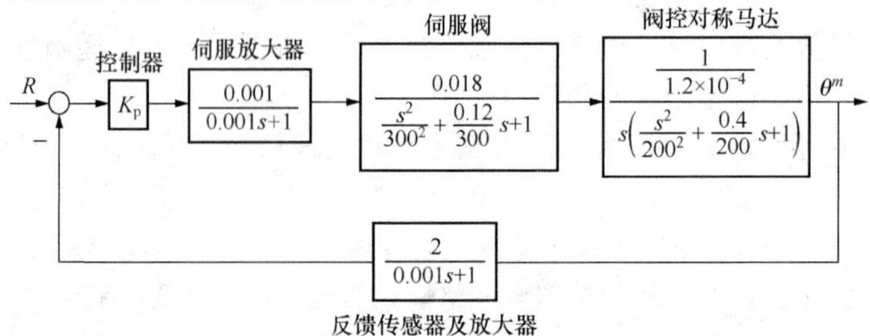


图 12-30 阀控马达伺服控制系统

下面给出一段 M 文件程序，在 Matlab 环境中运行，可以自动绘制出系统开环伯德图和系统闭环伯德图，查看系统打开伯德图，依据稳定裕度一般要求，选取$K_p=300$，绘制系统开环伯德图和系统闭环伯德图如图 12-31 所示。

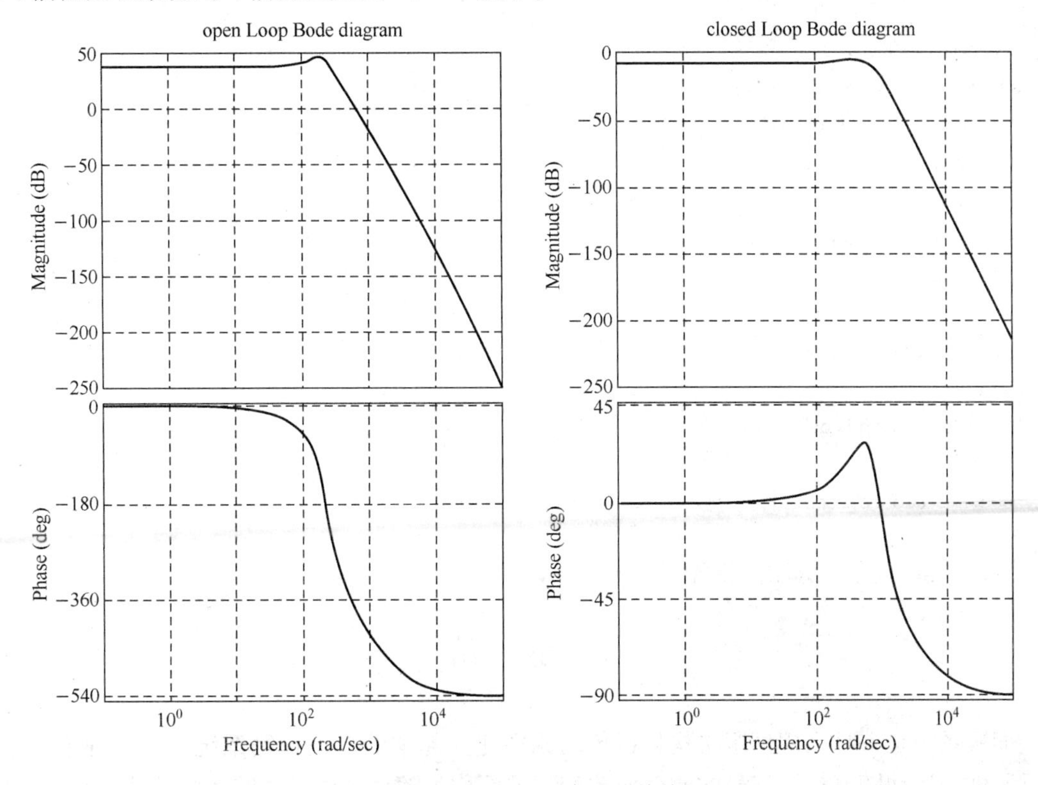


图 12-31　Matlab 程序绘制伯德图

```
%=========================================
%Frequence analysis example
%=========================================
% creates amplifier model
clear all
num_amp = [300 * 1e-3];
den_amp = [0.001 1];
sys_amp = tf(num_amp,den_amp);
%create Servo valve model
num_sv = [0.018];
den_sv = [(1/300^2) (2 * 0.6/300) 1];
sys_sv = tf(num_sv,den_sv);
%create Hydraulic power element model
num_hpe = [1/1.2e-4];
den_hpe = [(1/200^2)  (2 * 0.2/200) 1];
sys_hpe = tf(num_hpe,den_hpe);
```

```
%create forward path model
sys_fp = sys_amp * sys_sv * sys_hpe;
%create Feedback amplifier model
num_fb = [2];
den_fb = [0.001 1];
sys_fb = tf(num_fb,den_fb);
% Creates Simulation model
sys_open_loop = sys_fp * sys_fb;
sys_closed_loop = feedback(sys_fp,sys_fb, - 1);
%Bode diagram drawing
w = logspace( - 1,5,1000);
subplot(1,2,1)
bode(sys_open_loop,w);
grid
title('open Loop Bode diagram')
subplot(1,2,2)
bode(sys_closed_loop,w);
grid
title('closed Loop Bode diagram')
```

## 小　结

伺服系统是一种采用伺服机构根据传动原理建立起来的自动控制系统。在这种系统中，执行元件的运动随着控制信号的改变而改变，因而称为随动系统或跟踪系统。液压与气压伺服系统是由液压元件或气压元件组成的伺服系统。本章主要讲述典型的伺服控制元件、伺服阀的工作原理和液压与气压伺服系统的组成，并列举了液压与气压伺服系统的应用实例。

## 思考题和习题

12-1　什么是伺服系统？举例说明伺服系统是如何构成反馈控制的。

12-2　伺服系统分为几类？都由哪些部分组成？

12-3　伺服系统有什么特点？

12-4　车床上的液压仿形刀架是如何工作的？

12-5　若将液压仿形刀架上的控制滑阀与液压缸分开，成为一个系统中的两个独立部分，仿形刀架能工作吗？试分析说明。

12-6　液压伺服阀的功能是什么？常用的伺服阀有哪些种类？

12-7　滑阀式伺服阀按工作边数可分为几类？哪种控制性能最好？

12-8　什么是滑阀式伺服阀的正开口和负开口？各有何特点？

12-9　简述喷嘴挡板式电液伺服阀的工作原理。

12-10　简述射流管式电液伺服阀的工作原理。

12-11　简述液压伺服系统的设计步骤。

# 附　　录

## 部分常用液压气动图形符号（摘自 GB/T 786.1—2009）

### 一、符号要素、功能要素、管路及连接

| 名称 | 图形符号 | 名称 | 图形符号 | 名称 | 图形符号 |
|---|---|---|---|---|---|
| 工作管路<br>回油管路 | $b$ | 电磁操纵器 | | 连续放气装置 | |
| 控制管路<br>泄油管路<br>或放气管路 | $\frac{1}{3}b$ | 温度指示<br>或温度控制 | | 间断放气装置 | |
| 组合元件<br>框线 | | 原动机 | M | 单向放气装置 | |
| 液压符号 | | 弹簧 | W | 直接排气口 | |
| 气压符号 | | 节流 | | 带连接排气口 | |
| 流体流动<br>通路和方向 | ~30°　$0.3l$ | 单向阀简化<br>符号的阀座 | 90° | 不带单向阀<br>的快换接头 | |
| 可调性符号 | | 固定符号 | | 带单向阀的<br>快换接头 | |
| 旋转运动方向 | 90°　$l'$ | 连接管路 | | | |
| 电气符号 | | 交叉管路 | | 单通路旋转<br>接头 | |
| 封闭油、气路<br>和油、气口 | | 柔性管路 | | 三通路旋转<br>接头 | |

## 二、控制方式和方法

| 名称 | 图形符号 | 名称 | 图形符号 | 名称 | 图形符号 |
|---|---|---|---|---|---|
| 定位装置 | | 单向滚轮式机械控制 | | 液压先导加压控制 | |
| 按钮式人力控制 | | 单作用电磁铁控制 | | 液压二级先导加压控制 | |
| 拉钮式人力控制 | | 双作用电磁铁控制 | | 气压-液压先导加压控制 | |
| 按-拉式人力控制 | | 单作用可调电磁操纵器 | | 电磁-液压先导加压控制 | |
| 手柄式人力控制 | | 双作用可调电磁操纵器 | | 电磁-气压先导加压控制 | |
| 单向踏板式人工控制 | | 电动机旋转控制 | M | 液压先导卸压控制 | |
| 双向踏板式人工控制 | | 直接加压或卸压控制 | | 电磁-液压先导卸压控制 | |
| 顶杆式机械控制 | | 直接差动压力控制 | 2 1 | 先导式压力控制阀 | |
| 可变行程控制式机械控制 | | 内部压力控制 | 45° | 先导式比例电磁式压力控制阀 | |
| 弹簧控制式机械控制 | | 外部压力控制 | | 电外反馈 | |
| 滚轮式机械控制 | | 气压先导加压控制 | | 机械内反馈 | |

## 三、泵、马达及缸

| 名称 | 图形符号 | 名称 | 图形符号 |
| --- | --- | --- | --- |
| 泵、马达(一般符号) | 液压泵　气马达 | 液压整体式传动装置 | |
| 单向定量液压泵<br>空气压缩机 | | 双作用单杆活塞缸 | |
| 双向定量液压泵 | | 单作用单杆活塞缸 | |
| 单向变量液压泵 | | 单作用伸缩缸 | |
| 双向变量液压泵 | | 双作用伸缩缸 | |
| 定量液压泵 - 马达 | | 单作用单杆弹簧复位缸 | |
| 单向定量马达 | | 双作用双杆活塞缸 | |
| 双向定量马达 | | 双作用不可调单向缓冲缸 | |
| 单向变量马达 | | 双作用可调单向缓冲缸 | |
| 双向变量马达 | | 双作用不可调双向缓冲缸 | |
| 变量液压泵 - 马达 | | 双作用可调双向缓冲缸 | |
| 摆动马达 | 液动　气动 | 气 - 液转换器 | |

## 四、方向控制阀

| 名称 | 图形符号 | 名称 | 图形符号 |
|---|---|---|---|
| 单向阀 | 简化符号 | 常开式二位三通电磁换向阀 | |
| 液控单向阀（控制压力关闭） | | 二位四通换向阀 | |
| 液控单向阀（控制压力打开） | | 二位五通换向阀 | |
| 或门型梭阀 | 简化符号 | 二位五通液动换向阀 | |
| 与门型梭阀 | 简化符号 | 三位三通换向阀 | |
| 快速排气阀 | 简化符号 | 三位四通换向阀（中间封闭） | |
| 常闭式二位二通换向阀 | | 三位四通手动换向阀（中间封闭） | |
| 常开式二位二通换向阀 | | 伺服阀 | |
| 二位二通人力控制换向阀 | | 二级四通电液伺服阀 | |
| 常开式二位三通换向阀 | | 液压锁 | |
| 三位四通压力与弹簧对中并用外部压力控制电液换向阀（详细符号） | | 三位五通换向阀 | |
| 三位四通压力与弹簧对中并用外部压力控制电液换向阀（简化符号） | | 三位六通换向阀 | |

## 五、压力控制阀

| 名称 | 图形符号 | 名称 | 图形符号 |
|---|---|---|---|
| 直动内控溢流阀 | | 溢流减压阀 | |
| 直动外控溢流阀 | | 先导型比例电磁式溢流减压阀 | |
| 带遥控口先导溢流阀 | | 定比减压阀 | 3　1<br>减压比 1:3 |
| 先导比例电磁式溢流阀 | | 定差减压阀 | |
| 双向溢流阀 | | 内控内泄直动顺序阀 | |
| 卸荷溢流阀 | | 内控外泄直动顺序阀 | |
| 直动内控减压阀 | | 外控外泄直动顺序阀 | |
| 先导型减压阀 | | 先导型顺序阀 | |
| 直动卸荷阀 | | 单向顺序阀（平衡阀） | |
| 压力继电器 | | 制动阀 | |

## 六、流量控制阀

| 名称 | 图形符号 | 名称 | 图形符号 | 名称 | 图形符号 |
| --- | --- | --- | --- | --- | --- |
| 不可调节流阀 | 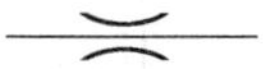 | 带消声器的节流阀 | 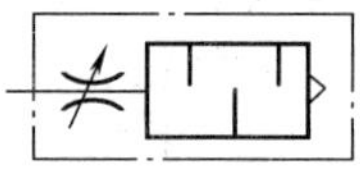 | 单向调速阀 | 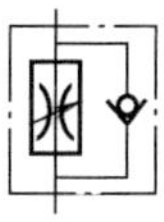 |
| 可调节流阀 | 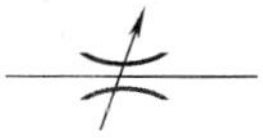 | 减速阀 | 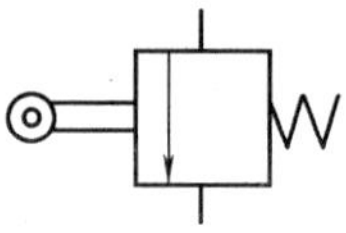 | 分流阀 | 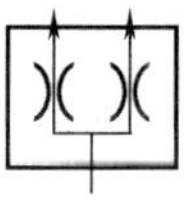 |
| 截止阀 |  | 普通型调速阀 |  | 集流阀 | 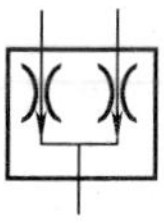 |
| 可调单向节流阀 | 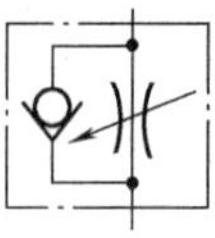 | 温度补偿型调速阀 |  | 分流集流阀 | 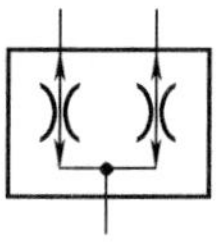 |
| 滚轮控制可调节流阀 | 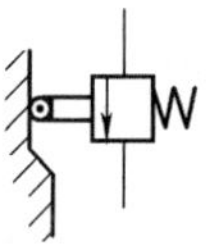 | 旁通型调速阀 | 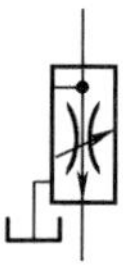 | | |

## 七、液压辅件和其他装置

| 名称 | 图形符号 | 名称 | 图形符号 | 名称 | 图形符号 |
| --- | --- | --- | --- | --- | --- |
| 管端在液面以上的通大气式油箱 |  | 局部泄油或回油 |  | 带磁性滤芯过滤器 | 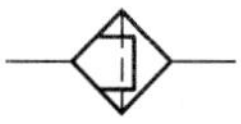 |
| 管端在液面以下的通大气式油箱 | 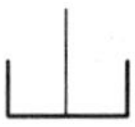 | 密闭式油箱 | 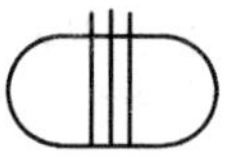 | 带污染指示器的过滤器 | 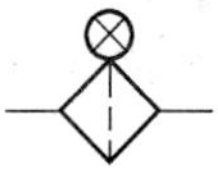 |
| 管端在油箱底部的通大气式油箱 | 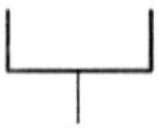 | 过滤器 | 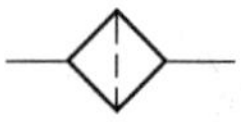 | 冷却器 | 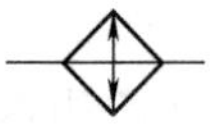 |
| 带冷却剂管路指示冷却器 | 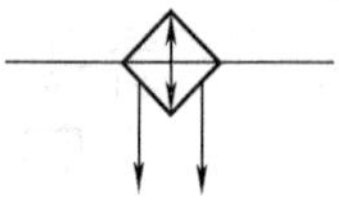 | 油雾器 | 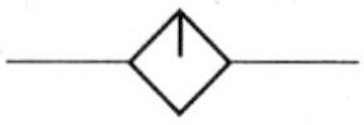 | 气体隔离式蓄能器 |  |
| 加热器 | 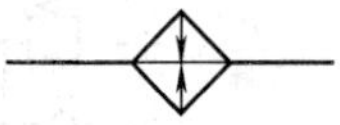 | 气源调节装置 | 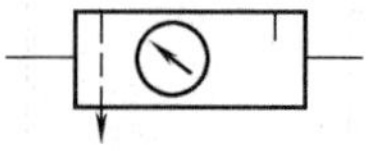 | 重锤式蓄能器 |  |

续表

| 名称 | 图形符号 | 名称 | 图形符号 | 名称 | 图形符号 |
|---|---|---|---|---|---|
| 温度调节器 | | 液位计 | | 弹簧式蓄能器 | |
| 压力指示器 | | 温度计 | | 气罐 | |
| 压力计 | | 流量计 | | 电动机 | M |
| 压差计 | | 累计流量计 | | 原动机 | M<br>（电动机除外） |
| 分水排水器 | （人工排出）<br>（自动排出） | 转速仪 | | 报警器 | |
| 空气过滤器 | （人工排出）<br>（自动排出） | 转矩仪 | | 行程开关 | 简化　详细 |
| 除油器 | （人工排出）<br>（人工排出） | 消声器 | | 液压源 | （一般符号） |
| 空气干燥器 | | 蓄能器 | | 气压源 | （一般符号） |

# 习题参考答案

## 第1章

1-11 (1) $p=25.46\text{MPa}$；(2) $F=100\text{N}$；(3) $S=1\text{mm}$

1-12 $V=1.973\text{L}$

1-13 $\mu=6.12\times10^{-2}\text{Pa}\cdot\text{s}$；$^{\circ}E=9.4$

1-14 $^{\circ}E=4.55$；$\nu=31.87\times10^{-6}\text{m}^2/\text{s}$；$\mu=2.87\times10^{-2}\text{Pa}\cdot\text{s}$

## 第2章

2-5 $p_M=p_a+0.5\rho_{Hg}+1.0\rho_{H_2O}$

2-6 $p=p_a+\rho_{Hg}(c+e-b-d)+\rho_{H_2O}(b-d+c-a)$

2-7 $\rho_2=h_1\rho_2/h_2$

2-8 $F=3949.66\text{N}$

2-9 (1) $v_A=6.0\text{m/s}$；(2) 水流方向为由 $A$ 到 $B$；(3) 压力损失为 $1.69\times10^4\text{Pa}$

2-10 (a) $p=6.37\text{MPa}$；(b) $p=6.37\text{MPa}$

2-11 $p_{pv}=100\,444.965\text{Pa}$

2-12 $\Delta p=2.426\times10^5\text{Pa}$

2-13 $\Delta p=70\,796.6\text{Pa}$

2-14 $H_{max}=1.696\text{m}$

2-15 $q=0.0435\text{m}^3/\text{s}$

2-16 $v=149.2\text{m/s}$

## 第3章

3-17 (1) $\eta_V=0.95$；(2) $q=34.72\text{L/min}$，$\eta_V'=0.95$；(3) $P_{i1}=4.907\text{kW}(n=1450\text{r/min})$，$P_{i2}=1.692\text{kW}(n=500\text{r/min})$

3-18 $\eta_V=0.767$

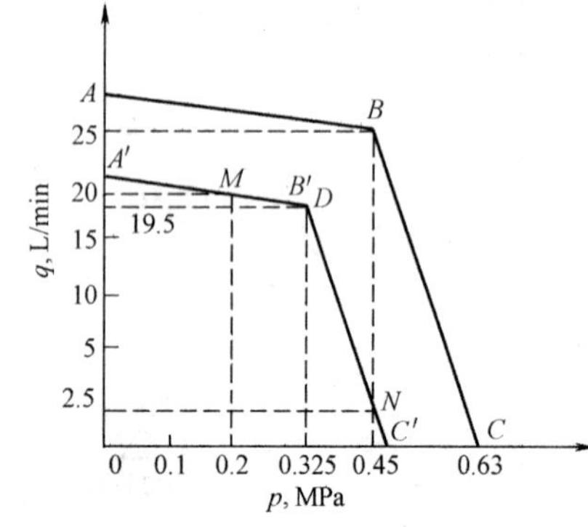


图1 答案3-20图

3-19 $P_{快进}=0.96\text{kW}$；$P_{工进}=0.8125\text{kW}$；圆整后所需电动机的功率为1kW

3-20 由快进时的压力和流量可得工作点 $M$，通过 $M$ 点作 $AB$ 的平行线 $A'B'$，根据工进时压力和流量可得工作点 $N$，过 $N$ 点作 $BC$ 的平行线 $DC'$，两线相交于 $B'$ 点，则 $A'B'C'$ 即为调整后泵的特性曲线，$B'$ 点为拐点，在图1上画出 $B'$ 点对应压力和流量 $p=32.5\times10^5\text{Pa}$，$q=19.5\text{L/min}$。变量泵的最大驱动功率可认为在拐点附近，故泵的最大驱动功率近似为 $P=1508\text{W}=1.5\text{kW}$

## 第4章

4-6　(1) 无杆腔进油，$F_1=12\ 762.5N$，$v_1=0.0212m/s$；

(2) 有杆腔进油，$F_2=7855N$，$v_1=0.0283m/s$

4-7　(1) $v=0.173m/s$；(2) $p=1.04\times10^6Pa$

4-8　$F=\pi d^2 p/4$，$v=4q/\pi d^2$

4-9　(a) $p_1=4.4\times10^6Pa$；(b) $p_1=5.5\times10^6Pa$；(c) $p_1=0$

4-10　$p_1=F_1/A_1+F_2/A_2$，$p_2=F_2/A_2$，$v_2=q_p/A_2$

4-11　$v_1=0$，$v_2=q_p/A_2$，$p=F_2/A_2$

4-12　(1) $D=0.103m$，$d=7.3\times10^{-2}m$；根据缸筒缸杆尺寸系列取 $D=0.1m$，$d=0.07m$

(2) $\delta\geqslant0.0013m$，根据冷拔精密无缝钢管系列，选取内径为 $\phi100mm$，壁厚为 $\delta=2.5mm$ 的无缝钢管

4-13　$T=15\ 360N\cdot m$，$\omega=1.09L/s$

4-14　最大行程时的耗气量 $q_1=0.003\ 8m^3/s$，回程时的耗气量 $q_2=0.003m^3/s$，总耗气量 $q=0.008\ 8m^3/s$

4-15　$F=1392.7N$

## 第6章

6-4　4MPa

6-8　0kN 时，能移动，$p_A=0.5MPa$，$p_B=0.2MPa$，$p_C=0MPa$；7.5kN 时，能移动，$p_A=2MPa$，$p_B=1.7MPa$；$p_C=1.5MPa$；30kN 时，不能移动，$p_A=5MPa$，$p_B=2.5MPa$，$p_C=2.5MPa$

6-9　(a) $p_b=9MPa$；(b) $p_b=2MPa$

6-10　(1) $p_A=4MPa$；(2) $p_A=2MPa$；(3) $p_A=0MPa$

6-11　(1) $p_A=4MPa$，$p_B=4MPa$；(2) $p_A=1MPa$，$p_B=3MPa$；(3) $p_A=5MPa$，$p_B=5MPa$

6-12　(a) B 阀；(b) A 阀

## 第7章

7-1　均不能对调

## 第8章

8-2　若蓄能器排油速度较慢，可按等温变化考虑，$\Delta V=0.67L$；若蓄能器排油速度较快，可按绝热变化 ($n=1.4$) 考虑，$\Delta V=0.59L$

8-4　(1) $q=120L/min$；(2) 按绝热变化 ($n=1.4$)，$V_n=7.36L$；(3) $q=14.72L/min$

8-7　$H=1.348cm$

8-10　选取液压泵压油管流速 $v=5m/s$，选用无缝钢管 $\phi18\times2.5$

## 第9章

9-26 (1) 当 $A_T=0.05\text{cm}^2$ 时，$v=0.033\text{m/s}=200\text{cm/min}$，$p_P=21\times10^5\text{Pa}=2.1\text{MPa}$，$\Delta p=3.25\times10^5\text{Pa}$，$\eta_{ci}=0.94$；当 $A_T=0.01\text{cm}^2$ 时，$v=0.010\ 456\text{m/s}=62.7\text{cm/min}$，$p_P=p_r=2.4\text{MPa}$，$\eta_{ci}=0.26$；(2) 当 $F=0$，$A_T=0.01\text{cm}^2$ 时，$p_P=p_r=p_1=24\times10^5\text{Pa}$，$p_2=\Delta p=48\times10^5\text{Pa}=4.8\text{MPa}$；(3) 当 $F=10\text{kN}$，$A_T=3.19\times10^{-8}\text{m}^2=3.19\times10^{-4}\text{cm}^2$，$v_{min}=3.3\times10^{-4}\text{m/s}$；改为进口节流调速回路后，$A_T=4.5\times10^{-8}\text{m}^2=0.045\times10^{-2}\text{cm}^2$，$v_{min}=0.000\ 17\text{m/s}$

9-28 (1) $p_r=2.5\text{MPa}$；(2) $P=0.25\text{kW}$；(3) $\Delta p_r=\Delta p_1=0.4\Delta p_b$

9-29 (1) $v=0.083\text{m/s}$，$p_r=p_1=6.3\times10^5\text{Pa}$；(2) $F=80\ 000\text{N}$，调整压力宜略大于$6.3\times10^5\text{Pa}$

9-30 (1) $q_r=14.57\times10^{-4}\text{m}^3/\text{s}$，$n_{mmax}=8.65\text{r/s}$，$P=869.6\text{W}$，$\eta_{ci}=0.071$，回路效率低的原因是进油调速回路有两部分功率损失（溢流损失和节流损失）；(2) $\eta_{mmax}=0.065$

9-32 (1) $p_1=2.2\text{MPa}$；(2) $F=0$ 时，$p_2=4.4\text{MPa}$，$F=9000\text{N}$ 时，$p_2=0.8\text{MPa}$；(3) $\eta_c=0.615$

9-33 (1) $p_2=1.6\text{MPa}$；(2) $q_{rmax}=7.6\text{L/min}$

# 参 考 文 献

[1] 雷天觉．液压工程手册．北京：机械工业出版社，1990.
[2] 章宏甲，黄谊．液压传动．北京：机械工业出版社，1993.
[3] 张利平．液压气动系统设计手册．北京：机械工业出版社，1997.
[4] 雷天觉．新编液压工程手册．北京：北京理工大学出版社，1998.
[5] 全国液压气动标准化技术委员会．液压气动标准汇编．北京：中国标准出版社，1997.
[6] 盛敬超．工程流体力学．北京：机械工业出版社，1988.
[7] 郭维东．流体力学．北京：中国农业出版社，2009.
[8] 蔡文彦，詹永麒．液压传动系统．上海：上海交通大学出版社，1990.
[9] 丁树模，姚如一．液压传动．北京：机械工业出版社，1992.
[10] 王明智，王春行．液压传动概论．北京：机械工业出版社，1992.
[11] 毛信理．液压传动和液力传动．北京：冶金工业出版社，1993.
[12] 陈奎生．液压与气压传动．武汉：武汉理工大学出版社，2004.
[13] 薛祖德．液压传动．北京：中央广播电视大学出版社，1995.
[14] 姜继海．液压传动．哈尔滨：哈尔滨工业大学出版社，1999.
[15] 黄谊，章宏甲．机床液压传动习题集．北京：机械工业出版社，1990.
[16] 王孝华，陆鑫盛．气动元件．北京：机械工业出版社，1991.
[17] 郑洪生．气压传动及控制．北京：机械工业出版社，1988.
[18] 林文坡．气压传动与控制．西安：西安交通大学出版社，1992.
[19] 吴振顺．气压传动与控制．哈尔滨：哈尔滨工业大学出版社，1995.
[20] 徐文灿．气动元件及系统设计．北京：机械工业出版社，1995.
[21] SMC（中国）有限公司．现代实用气动技术．北京：机械工业出版社，1998.
[22] 吴丛，薄钟佑．液压与气动．北京：北京理工大学出版社，1995.
[23] 左健民．液压与气压传动．北京：机械工业出版社，1996.
[24] 方昌林．液压、气压传动与控制．北京：机械工业出版社，2000.
[25] 何存兴．液压传动与气压传动．武汉：华中科技大学出版社，2000.
[26] 章宏甲，黄谊，王积伟．液压与气压传动．北京：机械工业出版社，2000.
[27] 李洪人．液压控制系统．北京：国防工业出版社，1990.
[28] 常恒毅．可编程序控制器．北京：人民邮电出版社，1991.
[29] 许福玲，陈光明．液压与气压传动．北京：机械工业出版社，1999.
[30] 北京钢铁设计研究总院冶金设备室．冶金机械液压传动100例．北京：冶金工业出版社，1986.
[31] 李壮云．液压元件与系统．北京：机械工业出版社，1999.
[32] 姜继海，宋锦春，高常识．液压与气压传动．北京：高等教育出版社，2005.
[33] 陈奎生．液压阀与液压控制系统．武汉：武汉工业大学出版社，1997.
[34] 王孝华，赵中林．气动元件及系统的使用与维护．北京：机械工业出版社，1996.
[35] 官忠范．液压传动系统．北京：机械工业出版社，1997.
[36] 程啸凡．液压传动．北京：冶金工业出版社，1983.
[37] 郑洪生．气压传动．北京：机械工业出版社，1981.
[38] 雷天觉．气压传动．北京：国防工业出版社，1985.

[39] 杨宝光．锻压机械液压传动．北京：机械工业出版社，1987.
[40] 吴大江．液压传动思考与分析．北京：中国铁道出版社，1987.
[41] 李寿刚．液压传动．北京：北京理工大学出版社，1994.
[42] 气动工程手册编委会．气动工程手册．北京：国防工业出版社，1995.
[43] 俞启荣．机床液压传动．北京：机械工业出版社，1990.
[44] 上海第二工业大学液压教研室．液压传动及控制．上海：上海科学技术出版社，1981.